U0351014

效应代数与伪效应代数的结构

颉永建　著

科学出版社

北　京

内 容 简 介

本书介绍了效应代数与伪效应代数的基本理论，是作者十多年来从事量子逻辑学习研究成果的总结，同时包括国际上量子逻辑研究领域中的相关成果. 全书共6章，内容包括 n-可分效应代数、具有 Riesz 分解性质的效应代数、区间效应代数、区间效应代数的张量积、MV-代数的 Greechie 图及黏合构造技巧、弱可换的伪效应代数及其理想、完全伪效应代数、量子逻辑上的量子测度理论等.

本书可作为数学及计算机专业的量子逻辑、智能计算、模糊数学等研究方向的研究生参考书或教材，也可供相关领域的本科生、教师及科研人员阅读参考.

图书在版编目（CIP）数据

效应代数与伪效应代数的结构/颉永建著. —北京：科学出版社，2017. 11
ISBN 978-7-03-055327-0

Ⅰ. ①效… Ⅱ. ①颉… Ⅲ. ①量子力学-研究 Ⅳ. ①O413.1

中国版本图书馆 CIP 数据核字 (2017) 第 281179 号

责任编辑：李 萍 刘艳华／责任校对：郭瑞芝
责任印制：张 伟／封面设计：陈 敬

科 学 出 版 社 出版
北京东黄城根北街 16 号
邮政编码：100717
http://www.sciencep.com

北京中石油彩色印刷有限责任公司 印刷
科学出版社发行 各地新华书店经销
*
2017 年 11 月第 一 版 开本：720 × 1000 B5
2019 年 3 月第三次印刷 印张：15 1/2
字数：310 000

定价：95.00 元
（如有印装质量问题，我社负责调换）

前　言

量子逻辑旨在为量子物理建立相应的数学模型，起源于解决 Hilbert 在 1900 年世界数学家大会上所提出的第六个问题，即物理学的公理化问题. 在 20 世纪 30 年代初期，Kolmogorov 将概率公理化，试图解决这个问题. 他的这个模型认为物理系统中的随机事件之集是 σ 布尔代数，该模型在刻画经典力学的运动规律方面有重要的应用并取得了成功. 但是量子力学系统中的随机事件之集不能用经典 Kolmogorov 概率论中随机事件的结构来描述，因此对量子力学中事件的公理化描述就成了量子理论研究的重要问题之一. 量子逻辑是量子力学存在的数学基础，是极富启发性的数学结构，同时也是一种全新的非经典逻辑，量子逻辑的研究内容涵盖经典逻辑与模糊逻辑. 量子逻辑不仅是量子力学的数学模型，还是计算机科学、量子计算、量子信息的数学基础，而量子计算、量子信息、量子概率等新兴学科的出现又为量子逻辑提供了广泛的应用领域.

自 1936 年 Birkhoff 和 von Neumann 提出量子逻辑的概念以来，经过近一个世纪的发展，量子逻辑的研究取得了丰硕的成果. 例如，1983 年 Kalmbach 出版的专著 *Orthomodular Lattices* 是 sharp 量子逻辑的重要著作，该著作从代数、几何及逻辑等方面深入系统地总结了 sharp 量子逻辑的研究成果. 2000 年，斯洛伐克科学院数学研究所的 Dvurečenskij 和 Pulmannová 教授出版了专著 *New Trends in Quantum Structures*，总结了自效应代数提出以来至 2000 年对 unsharp 量子逻辑的研究成果. 2007 年，Engesser, Gabbay 和 Lehmann 联合全球著名量子逻辑领域专家出版了 *Handbook of Quantum Logic and Quantum Structures* 一书，总结了自量子逻辑诞生以来的重要研究成果及当前研究的一些重要问题. 同时，我国学者在量子逻辑的研究领域也做了大量的工作. 然而，国内专门介绍量子逻辑的书籍较少，本书尝试总结近年来对量子逻辑的一些学习研究成果，同时也收录了国际上相关的部分研究内容.

本书共 6 章，第 1~4 章主要介绍量子逻辑领域中效应代数与伪效应代数这两种量子逻辑的代数结构；第 5 章使用态的性质研究非 Archimedean 伪效应代数的代数结构；第 6 章介绍量子逻辑上量子测度的结构.

在本书的撰写过程中，得到了许多老师、同事、同仁的关心和帮助. 在此特别感谢我的导师陕西师范大学的李永明教授多年来的教导、鼓励和支持，是他指引我从事量子逻辑的研究，是他的谆谆教诲及细心指导使我进入了量子逻辑领域的研究. 书中的许多内容及结论是在李永明教授的指导下取得的. 感谢 Dvurečenskij 教授邀请我于 2011 年在斯洛伐克科学院数学研究所跟随他学习和研究量子逻辑. 感谢陕西师范大学数学与信息科学学院院长吉国兴教授和副院长唐三一教授等的关心以及经费支持. 感谢尚云博士、李得超博士、郭建胜博士、席政军博士、李平博士、林运国博士、王拥兵博士、邵连合博士、张胜礼博士、魏秀娟博士、梁常建博士等的帮助和支持. 感谢我的研究生郭亚男和樊丰丽对书稿的校对及编辑工作.

本书的出版得到国家自然科学基金面上项目 (61673250)、陕西师范大学量子信息学交叉学科建设项目、陕西师范大学研究生教育教学改革研究项目的资助.

由于作者的水平有限, 书中的不妥之处在所难免, 恳请各位专家与读者不吝赐教.

颉永建

2017 年 8 月于陕西师范大学

目　录

第1章 效应代数与差分偏序集

量子力学和相对论是 20 世纪物理学最伟大的两项科学成就, 量子逻辑是伴随着量子物理的公理化而发展起来的一种理论. 自从 1936 年 Birkhoff 和 von Neumann 提出量子逻辑的概念以来, 经过近一个世纪的发展, 量子逻辑方面的研究取得了丰硕的成果, 请参见文献 [1]—[25]. 量子逻辑是能够描述量子系统的数学模型, 它是用代数方法研究量子系统中可观测量之集的代数结构, 用几何方法研究量子系统态之凸结构的数学分支. 经典力学中的可观测量之集是布尔代数, 而量子系统中的可观测量之集不再满足分配律, 是非分配的代数结构. 经典力学系统的态是定义在布尔代数上的概率测度, 量子系统上的态是经典可加测度的推广. 而最近出现的量子测度是一种能刻画量子干涉现象的非可加测度 [26−29]. 量子逻辑的发展主要经历了以下三个重要阶段.

第一阶段 ——sharp 量子逻辑的诞生与发展. 1936 年, Birkhoff 和 von Neumann 联合发表的题为 *The logic of quantum mechanics* 的论文标志着 sharp 量子逻辑的诞生. 他们认为量子力学是建立在复可分的 Hilbert 空间上的物理系统, 该系统包含 “state” 和 “observable” 两个基本量. State 是物理系统的态, 可以描述整个物理系统, 对应 Hilbert 空间中的单位向量; observable 是物理系统中的可观测量, 对应 Hilbert 空间中的正交投影算子或者闭子空间之格 [1]. 量子逻辑考虑的是物理系统的事件结构对应的命题演算, 而与 Hilbert 空间上的量子系统相联系的命题演算应与它的闭子空间之格的演算是一致的, 它应该是一个正交补的模格 L, 即

$$\text{如果 } x, a, b \in L, x \leqslant b, \text{那么} (a \vee x) \wedge b = (a \wedge b) \vee x,$$

其中 L 中的元素对应所考虑的系统中的命题. 但由于 Hilbert 空间的闭子空间格是模格当且仅当该空间是有限维的 [4], 因此模格的这种模型具有很大的局限性. 1937 年, Husimi 发现: 任意的 Hilbert 空间 H 的投影格 $\mathcal{P}(H)$ 满足一个比模律弱的规律, 也就是正交模律 [5], 即

$$\text{如果 } a, b \in \mathcal{P}(H), a \leqslant b, \text{那么} b = a \vee (a' \wedge b).$$

后来, Kaplansky 正式将其命名为 “orthomodular law (正交模律)” [6]. 如果一个正交补格满足正交模律, 则称为正交模格. 至此, 正交模格 (正交模偏序集) 或 σ 正交

模格 (σ 正交模偏序集) 就成了标准量子逻辑的代名词 [4]. 随后, 1957 年 Gleason 证明了 Hilbert 空间的闭子空间格上的概率表示定理 [3]. 1963 年, Mackey 出版了*Mathematical Foundations of Quantum Mechanics* 一书, 从量子试验的角度直接验证了量子系统的事件结构集是正交模格 [7]. 这进一步奠定了正交模格是量子逻辑研究的主要模型的地位 [8−10,12]. 1983 年, Kalmbach 出版的专著*Orthomodular Lattices* 是 sharp 量子逻辑的重要著作, 该著作从代数、几何及逻辑等方面深入系统地总结了 sharp 量子逻辑的研究成果 [4]. 值得一提的是, 该著作中还提供了 53 个开问题, 至今影响着量子逻辑的研究方向.

第二阶段 —— unsharp 量子逻辑的诞生与发展. 为了解决物理系统中非精确测量的需要集, 伴随模糊数学的出现与发展, 一些新的量子结构被作为量子逻辑的模型 [13−20]. 1992 年, Kôpka 在 fuzzy 集上引进了一种部分代数运算 $\ominus$, 定义 $b \ominus a$ 存在当且仅当 $a \leqslant b$, 具有这种运算的 fuzzy 集称为差分偏序集 [15]. 1994 年, Kôpka 和 Chovanec 把这种差分运算推广到一般的偏序集上, 引入了差分偏序集的定义 [16]. 从此差分偏序集作为一种新的量子结构出现, 差分偏序集对于解决非交换的测量理论与非交换概率问题起着重要的作用 [2].

Hilbert 空间效应代数 $\mathcal{E}(H)$ 是指 Hilbert 空间 H 中介于零算子 0 与单位算子 I 之间的自伴算子, $\mathcal{E}(H)$ 中的部分运算 $\oplus$ 定义为 $A \oplus B$ 存在当且仅当 $A + B \leqslant I$, 且 $A \oplus B = A + B$ [19]. Hilbert 空间效应在量子测量中具有重要的作用 [19]. 由于投影算子格 $\mathcal{P}(H) \subseteq \mathcal{E}(H)$, 其中 $\mathcal{P}(H)$ 代表 sharp 量子事件之集, $\varepsilon(H)$ 代表 unsharp 量子事件之集, 不同于 sharp 量子事件, unsharp 量子事件不满足矛盾律 $a \wedge a' = 0$. 从量子力学的角度, 这也可以看作是从 PV (projection valued, 投射算子) 测量过渡到 POV(positive operator valued, 正算子) 测量 [2, 19]. 为了描述量子测量中的 unsharp 事件, Foulis 和 Bennett 在文献 [19] 中推广了 Hilbert 空间效应代数, 给出了效应代数的定义. 效应代数的提出标志着 unsharp 量子逻辑的诞生. 事实上, 早在 1989 年, Giuntini 和 Greuling 已在文献 [14] 中引入了弱正交代数的定义. 而效应代数、差分偏序集、弱正交代数之间是代数等价的, 这些结构都可以看作量子逻辑, 它们是正交模格或正交模偏序集的推广 [2, 18]. 2000 年, 斯洛伐克科学院数学研究所的 Dvurečenskij 和 Pulmannová 教授出版了专著*New Trends in Quantum Structures*, 总结了自效应代数提出以来至 2000 年关于 unsharp 量子逻辑的研究成果, 系统介绍了差分偏序集、效应代数、MV-代数、BCK 代数等量子结构及它们之间的关系.

第三阶段 —— 非交换量子逻辑的诞生与发展. 为了解决量子力学中的一些新的问题, 满足物理系统中非交换性的需要, 又出现了许多新的量子结构模型[13,21−23]. 在这些模型中, 通过去掉MV-代数中"全部和"运算的交换性, Georgescu和Iorgulescu给出了伪 MV-代数的定义 [21]. 类似地, 通过去掉效应代数中"部分和"运算的交换性, Dvurečenskij 和 Vetterlein 给出了伪效应代数的概念 [22, 23]. 这标志着量子逻辑发展的第三阶段的到来. 目前量子逻辑的发展处于第三阶段, 效应代数和伪效应代数这两类量子结构成为量子逻辑研究的主要对象 [2, 13]. 2007 年, Engesser, Gabbay 和 Lehmann 联合全球著名量子逻辑领域专家编辑出版了 *Handbook of Quantum Logic and Quantum Structures* 一书, 总结了自量子逻辑诞生以来的重要研究成果及当前研究的一些重要问题. 我国学者也在量子逻辑领域做了许多重要的工作, 参见文献 [30]—[40]. 例如, 清华大学应明生教授最早研究了基于 sharp 量子逻辑的自动机理论; 中国科学院陆汝钤院士和尚云研究员及陕西师范大学的李永明教授后来研究了基于 unsharp 量子逻辑的自动机理论; 浙江大学武俊德教授研究了效应代数与算子代数之间的关系; 四川大学张德学教授对 Topos 理论及 Quantle 理论进行了深入的研究; 湖南大学李庆国教授在量子逻辑与剩余格之间建立了关系; 上海海事大学张小红教授对模糊逻辑与量子逻辑之间的关系进行了深入的研究, 等等.

本章主要给出本书所需的一些基本概念和结论, 包括偏序集、正交模格、差分偏序集、MV-代数、效应代数和伪效应代数等方面的基本知识. 同时由于广义效应代数与偏序群之间具有紧密的关系, 本章对部分可换半群及广义效应代数的结构进行了研究. 本章的内容主要取自于文献 [2], [4], [41]—[64].

1.1 正交模格

本节回忆偏序集、格及正交模格的相关概念和结论, 参见文献 [2], [4], [47], [50], [51], [53].

定义 1.1.1 设 X 是非空集, $\leqslant$ 是 X 上的二元关系, 如果

(i) $\leqslant$ 是**自反的**, 即 $x\leqslant x\ (\forall x\in X)$;

(ii) $\leqslant$ 是**传递的**, 即 $x\leqslant y, y\leqslant z\Rightarrow x\leqslant z\ (\forall x,\ y,\ z\in X)$;

(iii) $\leqslant$ 是**反对称的**, 即 $x\leqslant y, y\leqslant x\Rightarrow x=y\ (\forall x,\ y\in X)$,

则称 $\leqslant$ 为 X 上的**偏序关系**, 称 $(X;\leqslant)$ 为**偏序集**.

在不致引起混淆的情况下, 也把偏序集 $(X;\leqslant)$ 简写为 X. 设 $A\subset X$, 若对 A 中任意元 a 和 b, 都存在 $c\in A$ 使 $a\leqslant c, b\leqslant c$, 则称 A 为**上定向集**.

定义 1.1.2　设 $(X;\leqslant)$ 是偏序集, $A\subset X, a\in X$. a 叫做 A 的**上界**, 若对任意的 $x\in A$, 都有 $x\leqslant a$. 若 A 有一最小上界 a, 即 a 是 A 的上界, 且对 A 的任一上界 b 总有 $a\leqslant b$, 则称 a 为 A 的**上确界**, 记作 $a=\sup_X A$. 在不致引起混淆的情况下, 也把 A 的上确界简记作 $\sup A$ 或 $\vee A$. 对偶地, 可以定义 A 的下界与下确界 $\inf_X A$ 或 $\inf A$ (或 $\wedge A$).

若对 X 的任二元 a 与 b, $\sup\{a,b\}$ 与 $\inf\{a,b\}$ 恒存在, 则称 X 为**格**, 这时 $\sup\{a,b\}$ 和 $\inf\{a,b\}$ 可分别简记为 $a\vee b$ 与 $a\wedge b$. 一般情况下, 当偏序集 $(X;\leqslant)$ 是格时, 常记为 $(X;\vee,\wedge)$.

定义 1.1.3　设 X 是偏序集, 若 X 的每个子集 A 都有上确界及下确界, 即对任意的 $A\subset X, \sup A$ 与 $\inf A$ 恒存在, 则称 X 为**完备格**.

注 1.1.4　完备格 X 一定有最大元与最小元, 即 $\sup X$ 与 $\inf X$, 今后把它们分别记为 1 和 0. 完备格 X 的空子集 $\varnothing$ 的上确界和下确界分别为 0 和 1.

定义 1.1.5　设 L 是偏序集, $':L\to L$ 是 L 到自身的映射, 如果

(i)$'$ 是对合对应, 即 $(a')'=a$ $(\forall a\in L)$;

(ii)$'$ 是逆序对应, 即 $a\leqslant b$ 蕴涵 $b'\leqslant a'$ $(\forall a,\ b\in L)$,

则称 $'$ 为 L 上的**逆序对合对应**, 简称为**逆合对应**.

定义 1.1.6　设 L_1 与 L_2 是完备格, $f:L_1\to L_2$ 是映射.

(i) 如果对 L_1 的任二元 a 与 b, $a\leqslant b\Longrightarrow f(a)\leqslant f(b)$, 则称 f 是**保序映射**;

(ii) 如果对 L_1 的任二元 a 与 b, $a\leqslant b\Longrightarrow f(b)\leqslant f(a)$, 则称 f 是**逆序映射**;

(iii) 如果对 L_1 的任一子集 A, $f(\sup A)=\sup f(A)$ (也常写作 $f(\vee A)=\vee f(A)$), 则称 f 为**保并映射**;

(iv) 如果对 L_1 的任一子集 A, $f(\inf A)=\inf f(A)$ (也常写作 $f(\wedge A)=\wedge f(A)$), 则称 f 为**保交映射**.

定义 1.1.7　设 L 是完备格. 对任意的 $a,b,c\in L, b_j\in L$, 其中 $j\in J$.

(i) 称

$$a\wedge\left(\bigvee_{j\in J}b_j\right)=\bigvee_{j\in J}(a\wedge b_j)$$

为**第一无限分配律**; 称

$$a\vee\left(\bigwedge_{j\in J}b_j\right)=\bigwedge_{j\in J}(a\vee b_j)$$

为**第二无限分配律**. 可以证明第一无限分配律与第二无限分配律不等价.

(ii) 分配律是指

$$a\wedge(b\vee c)=(a\wedge b)\vee(a\wedge c)$$

及

$$a \vee (b \wedge c) = (a \vee b) \wedge (a \vee c).$$

可以证明这两式等价. 将满足分配律的格称为**分配格**.

定义 1.1.8 设 $(P; \leqslant, 0, 1)$ 是有界偏序集, 其中 0 与 1 分别是最小元和最大元. 若 P 上存在逆序对合对应 $' : P \to P$ 满足如下条件:

$$x' \vee x = 1, \quad x' \wedge x = 0,$$

则称 $(P; \leqslant, ', 0, 1)$ 是**正交偏序集**. 这里称 $'$ 为**正交补运算**.

注 1.1.9 设 $(P; \leqslant, ', 0, 1)$ 是正交偏序集.

(i) 若 $x \leqslant y'$, 则称 x 与 y **正交**.

(ii) De Morgan 对偶律成立, 即

$$\left(\bigvee_{i\in I} a_i\right)' = \bigwedge_{i\in I} a_i', \quad \left(\bigwedge_{i\in I} a_i\right)' = \bigvee_{i\in I} a_i',$$

只要左边的并与交存在.

定义 1.1.10 若正交偏序集 $(P; \leqslant, ', 0, 1)$ 是格, 则称其为**正交格**.

定义 1.1.11 若正交格 $(P; \vee, \wedge, ', 0, 1)$ 满足分配律, 则称其为**布尔代数**.

定义 1.1.12 若格 $(P; \vee, \wedge, 0, 1)$ 满足模律, 即对任意的 $a, b, c \in P$,

$$\text{若 } a \leqslant b, \text{则 } a \vee (b \wedge c) = b \wedge (a \vee c),$$

则称其为**模格**.

定义 1.1.13 若正交格 $(P; \vee, \wedge, 0, 1)$ 满足正交模律, 即对任意的 $a, b \in P$,

$$\text{若 } a \leqslant b, \text{则 } b = a \vee (a \wedge b'),$$

则称其为**正交模格**.

注 1.1.14 在正交格中, 分配律 $\Rightarrow$ 模律 $\Rightarrow$ 正交模律. 反之则不成立, 反例见文献 [4].

定义 1.1.15 设 $(P; \leqslant, ', 0, 1)$ 是正交格, $x, y \in P$, 称 x 与 y 是**可交换的**, 若 $x = (x \wedge y) \vee (x \wedge y')$. 当 x 与 y 可交换时, 记为 xCy.

例 1.1.16 设 $(P; \vee, \wedge, ', 0, 1)$ 是布尔代数, 则对任意的 $x, y \in P$, xCy.

例 1.1.17 设 $O_6 = \{0, x, y, x', y', 1(= 0')\}$, 且 $0 < x < y < 1$, $0 < y' < x' < 1$, $x \wedge x' = x \wedge y' = y \wedge x' = y \wedge y' = 0$, $x \vee x' = x \vee y' = y \vee x' = y \vee y' = 1$, 则 O_6 是不满足正交模律的正交格.

注 1.1.18　在正交格中, 可交换关系 C 不是对称的, 即 x 与 y 是交换的一般不能得到 y 与 x 是交换的. 如例 1.1.17 所示, 在 O_6 中, xCy 成立但是 yCx 不成立. 而正交格 P 中的关系 C 是对称的, 当且仅当 P 是正交模格, 见下面定理.

定理 1.1.19　设 $(P;\leqslant,',0,1)$ 是正交格, 则下列各条等价.

(i) P 是正交模格.

(ii) 若 $x\leqslant y$ 且 $y\wedge x'=0$, 则 $x=y$.

(iii) O_6 不是 P 的子代数.

(iv) 若 $x\leqslant y$, 则由 x,y 生成的正交子格 $\Gamma\{x,y\}$ 是 P 的布尔子代数.

(v) xCy 当且仅当 yCx.

证明　(i) $\Rightarrow$ (ii). 若 $x\leqslant y$ 且 $y\wedge x'=0$, 则由正交模律可知 $y=x\vee(x'\wedge y)=x$.

(ii) $\Rightarrow$ (iii). 若 O_6 是 P 的子代数, 则存在 $x\leqslant y\in P$, 且 $y\wedge x'=0$, 但 $x\neq y$.

(iii) $\Rightarrow$ (iv). 反设 $x\leqslant y$ 且 $\Gamma\{x,y\}$ 是不满足分配律的. 由 $x\vee(x'\wedge y)=y, y'\vee(x'\wedge y)=x'$ 可知, $\Gamma\{x,y\}=\{0,1,x,x',y,y',x'\wedge y,x\vee y'\}$ 满足分配律, 从而可设 $x\vee(x'\wedge y)\neq y$. 这样, $\{0,1,x\vee(x'\wedge y),y,y',x'\wedge(x\vee y')\}$ 是同构于 O_6 的子代数.

(iv) $\Rightarrow$ (v). 只需证明由 xCy 可得 yCx . 设 xCy 且 $x=(x\wedge y)\vee(x\wedge y')$, 则 $x'\wedge y=((x'\vee y')\wedge(x'\vee y))\wedge y=(x'\vee y')\wedge y=(x\wedge y)'\wedge y$. 又注意到 $\Gamma\{x\wedge y,y\}$ 是分配子代数, 从而有 $(x\wedge y)\vee(x'\wedge y)=(x\wedge y)\vee((x\wedge y)'\wedge y)=y$, 故有 yCx.

(v) $\Rightarrow$ (i). 若 $x\leqslant y$, 则 $x=(x\wedge y)\vee(x\wedge y')$, 从而 xCy. 由 (v) 可知 yCx, 故 $y=(y\wedge x)\vee(y\wedge x')=x\wedge(x'\wedge y)$. □

定义 1.1.20　设 H 是复数域 C 上的线性空间, 若从 $H\times H$ 到 C 定义一个映射 $\langle\cdot\rangle$ 使得对任意的 $x,y,z\in H$, 满足

(i) $\langle x,y\rangle=\overline{\langle y,x\rangle}$, 其中 $\overline{\langle y,x\rangle}$ 为 $\langle x,y\rangle$ 的共轭复数;

(ii) 对任意的复数 α,β 有 $\langle\alpha x+\beta y,z\rangle=\alpha\langle x,z\rangle+\beta\langle y,z\rangle$;

(iii) $\langle x,x\rangle\geqslant 0$. $\langle x,x\rangle=0$ 当且仅当 $x=0$,

则称该映射为 H 中的**内积**, 定义了内积的空间称为**内积空间**. 完备的内积空间称为**Hilbert 空间**, 这里的完备指 H 中任意的 Cauchy 列均收敛在 H 中.

例 1.1.21　设 H 为 Hilbert 空间, $C(H)$ 为它的闭子空间集, 则 $(C(H);\vee,\wedge,',0,1)$ 是一个完备的正交模格. 定义 $M\wedge N=M\cap N$, 定义 $M\vee N$ 为包含 $M+N$ 的最小的闭子空间. 这里对于 $M,N\in C(H),M+N=\{m+n\mid m\in M,n\in N\}$, $M'=\{x\in H\mid\langle x,y\rangle=0,\forall y\in M\}$.

1.2 差分偏序集

本节给出差分偏序集和 BCK 代数的相关概念和基本结论. 所提及的概念和命题参见文献 [2], [16].

Kôpka 和 Chovanec 在文献 [16] 中结合模糊数学与量子逻辑的思想提出了差分偏序集的定义.

定义 1.2.1 设 P 是偏序集且 $\ominus$ 是 P 上的部分二元运算. 称代数系统 $(P;\leqslant,\ominus)$ 是**带差的偏序集**, 对任意的 $a,b,c\in P$, 若 $\ominus$ 满足如下条件:

(D1) $b\ominus a$ 有定义当且仅当 $a\leqslant b$;

(D2) 若 $a\leqslant b$, 则 $b\ominus a\leqslant b$ 且 $b\ominus(b\ominus a)=a$;

(D3) 若 $a\leqslant b\leqslant c$, 则 $c\ominus b\leqslant c\ominus a$ 且 $(c\ominus a)\ominus(c\ominus b)=b\ominus a$.

若 P 是格, 则称 $(P;\leqslant,\ominus)$ 是**带差的格.**

例 1.2.2 (1) 设 N 是自然数集, 其上的偏序 $\leqslant$ 为自然数通常的大小关系. 若定义 N 上的部分运算 $\ominus$ 如下: $m,n\in N$, $m\ominus n:=m-n$ 当且仅当 $n\leqslant m$, 其中 $m-n$ 表示通常的自然数的减法, 则 $(N;\leqslant,\ominus)$ 是带差的格.

(2) 设 $P=\{a,b\}$ 是二元集, 其上的偏序 $\leqslant$ 为 $a\leqslant a, b\leqslant b$, a 与 b 不可比较. 若定义 P 上的部分运算 $\ominus$ 如下: $a\ominus a:=a$ 且 $b\ominus b:=b$, 则 $(P;\leqslant,\ominus)$ 是带差的偏序集.

(3) 设 $\mathcal{R}$ 是非空集合 X 上的集环, 即 $\mathcal{R}\subset\mathcal{P}(X)$, 且对任意的 $A,B\in\mathcal{R}$ 总有 $A\cup B\in\mathcal{R}$, $A-B\in\mathcal{R}$, $\mathcal{R}$ 上的序 $\leqslant$ 为集合之间的包含关系. 若定义 $\mathcal{R}$ 上的部分运算 $\ominus$ 如下: $A,B\in\mathcal{R}$, $A\ominus B:=A-B$ 当且仅当 $B\leqslant A$, 则 $(\mathcal{R};\leqslant,\ominus)$ 是带差的格.

(4) 设 $[0,1]^X$ 是非空集合 X 上的模糊集, 按点式序 $[0,1]^X$ 是偏序集. 若定义 $[0,1]^X$ 上的部分运算 $\ominus$ 如下: $f,g\in[0,1]^X$, $f\ominus g:=f-g$ 当且仅当 $g\leqslant f$, 则 $([0,1]^X;\leqslant,\ominus)$ 是带差的格.

定义 1.2.3 设 $0\in X$, 称代数系统 $(X;*,0)$ 是**BCK 代数**, 若对任意的 $x,y,z\in X$, 二元运算 $*$ 满足下面条件:

(B1) $x*(x*y)=y*(y*x)$;

(B2) $(x*y)*z=(x*z)*y$;

(B3) $x*x=0$;

(B4) $x*0=x$.

例 1.2.4　设 $\mathcal{R}$ 是非空集合 X 上的集环. 若定义 $\mathcal{R}$ 上的二元运算 $*$ 如下: $A, B \in \mathcal{R}$, $A * B := A - B$, 则 $(\mathcal{R}; *, \varnothing)$ 是 BCK 代数.

命题 1.2.5　设 $(X; *, 0)$ 是 BCK 代数. 若对任意的 $x, y \in X$, 定义 $x \leqslant y$ 当且仅当 $x * y = 0$; 且定义 $y \ominus x = y * x$ 当且仅当 $x \leqslant y$, 则 $(X; \leqslant, \ominus)$ 是带差的偏序集.

证明　先证 $\leqslant$ 是 X 上的偏序关系. 由 $x * x = 0$ 可知 $x \leqslant x$. 下设 $x \leqslant y, y \leqslant x$, 则 $x * y = y * x = 0$. 从而 $x = x * 0 = x * (x * y) = y * (y * x) = y * 0 = y$. 若 $x \leqslant y, y \leqslant z$, 则 $x * y = y * z = 0$. 从而 $x * z = (x * z) * (x * y) = (x * (x * y)) * z = (y * (y * x)) * z = (y * z) * (y * x) = (y * y) * (y * x) = (y * (y * x)) * y = (x * (x * y)) * y = (x * y) * (x * y) = 0$. 故有 $x \leqslant z$.

下证 $\ominus$ 满足 (D1), (D2), (D3). 只需证 (D2), (D3). 设 $x \leqslant y$, 则 $y \ominus x = y * x$. 又 $(y * x) * y = (y * y) * x = 0 * x = (x * x) * (x * 0) = (x * (x * 0)) * x = (0 * (0 * x)) * x = (0 * x) * (0 * x) = 0$. 从而 $y * x \leqslant y$. 因此 $y \ominus (y \ominus x) = y * (y * x) = x$. 对 (D3), 设 $x \leqslant y \leqslant z$, 则 $z \ominus x = z * x$, $z \ominus y = z * y$, $x * y = y * z = x * z = 0$. 由于 $(z * y) * (z * x) = (z * (z * x)) * y = (x * (x * z)) * y = x * y = 0$, 从而 $z \ominus y \leqslant z \ominus x$. 进一步, $(z \ominus x) \ominus (z \ominus y) = (z * x) * (z * y) = (z * (z * y)) * x = (y * (y * z)) * x = y * x = y \ominus x$. □

命题 1.2.6　设 $(P; \leqslant, \ominus)$ 是带差的偏序集, 对任意的 $a, b, c \in P$, 以下各条均成立.

(i) 若 $a \leqslant b \leqslant c$, 则 $b \ominus a \leqslant c \ominus a$ 且 $(c \ominus a) \ominus (b \ominus a) = c \ominus b$.

(ii) 若 $b \leqslant c, a \leqslant c \ominus b$, 则 $b \leqslant c \ominus a$ 且 $(c \ominus b) \ominus a = (c \ominus a) \ominus b$.

(iii) 若 $a \leqslant b \leqslant c$, 则 $a \leqslant c \ominus (b \ominus a)$ 且 $(c \ominus (b \ominus a)) \ominus a = c \ominus b$.

(iv) 若 $a \leqslant c, b \leqslant c$, 则 $c \ominus a = c \ominus b$ 当且仅当 $a = b$.

(v) 若 $d \in P, d \leqslant a, b$, 且 $a, b \leqslant c$, 则 $c \ominus a = b \ominus d$ 当且仅当 $c \ominus b = a \ominus d$.

证明　利用定义 1.2.1 可直接证明, 具体过程请读者自己完成. □

注 1.2.7　设 $(P; \leqslant, \ominus)$ 是带差的偏序集.

(i) P 不一定具有最小元和最大元, 如例 1.2.2(2). 但对任意的 $a \in P$, $a \ominus a$ 是 P 的极小元. 事实上, 若 $b \leqslant a \ominus a$, 则有 $b \leqslant a \leqslant a$, $b \leqslant b \leqslant a$, 从而 $a \ominus b = (a \ominus b) \ominus (a \ominus a)$, $a \ominus b = (a \ominus b) \ominus (b \ominus b)$. 由此可知 $a \ominus a = b \ominus b \leqslant b$, 故 $a \ominus a = b$.

(ii) 若 $a \leqslant b$, 则 $a \ominus a = b \ominus b$. 事实上, 由 $a \leqslant a \leqslant b$, $a \leqslant b \leqslant b$, 从而 $b \ominus a = (b \ominus a) \ominus (a \ominus a)$, $b \ominus a = (b \ominus a) \ominus (b \ominus b)$, 由命题 1.2.6(iv) 可知 $a \ominus a = b \ominus b$, $a \ominus b = (a \ominus b) \ominus (b \ominus b)$. 由此可知 $a \ominus a = b \ominus b \leqslant b$, 故 $a \ominus a = b$.

(iii) 若 P 具有最大元 1, 则 $1\ominus 1$ 是 P 的最小元. 对任意的 $a\in P$, 由 (ii) 可知 $1\ominus 1=a\ominus a\leqslant a$. 通常将 P 中最小元记为 0.

定义 1.2.8 设 $(P;\leqslant,\ominus)$ 是带差的偏序集. 若 P 具有最大元 1 (因此具有最小元 0), 则称代数系统 $(P;\leqslant,\ominus,1)$ 是**差分偏序集**.

注 1.2.9 设 $(P;\leqslant,\ominus)$ 是差分偏序集. 对任意的 $a\in P$, 称元素 $1\ominus a\in P$ 为 a 的正交补, 常记为 a'. 那么可定义 P 上的一元运算 $':P\longrightarrow P$, 对任意的 $a\in P$, $'(a)=a'$. 一元运算 $'$ 是 P 上的逆序对合映射. 对任意的 $a,b\in P$, 若 $a\leqslant b$, 则 $b'=1\ominus b\leqslant 1\ominus a=a'$. 故 $'$ 是逆序的. 又 $a''=1\ominus(1\ominus a)=a$, 从而 $'$ 是对合的. 在差分偏序集中 $a\wedge a'=0$ 一般不成立, 从而差分偏序集不一定是正交偏序集.

例 1.2.10 设 $(B;\leqslant,\vee,\wedge,',0,1)$ 是布尔代数. 定义 B 上的部分二元运算 $\ominus$ 如下: 对任意的 $a,b\in B$, $b\ominus a$ 存在当且仅当 $a\leqslant b$, 且 $b\ominus a=b\wedge a'$. 则容易验证 $(B;\leqslant,\ominus,0,1)$ 是差分偏序集.

设 $(P;\leqslant,\ominus)$ 是带差的偏序集, 下面的条件 (C) 称为消去律.

(C) 若 $a\leqslant b,c$ 且 $b\ominus a=c\ominus a$, 则 $b=c$.

在带差的偏序集 P 中消去律不一定成立, 如下例.

例 1.2.11 设 $P=\{0,a,b,c\}$ 是偏序集, 这里 $0\leqslant a\leqslant b$, 且 $0\leqslant a\leqslant c$, b 与 c 不可比较大小. 其中 $b\ominus a=c\ominus a$ 且对任意的 $x\in P$, $x\ominus x=0, x\ominus 0=x$. 则容易验证 $(B;\leqslant,\ominus,0,1)$ 是带差的偏序集且不满足消去律 (C).

定义 1.2.12 设 $(P;\leqslant,\ominus)$ 是带差的偏序集. 若 P 具有最小元 0, 且满足消去律 (C), 则称代数系统 $(P;\leqslant,\ominus,0)$ 是**广义差分偏序集**.

在广义差分偏序集 P 中利用部分二元运算 $\ominus$ 可通过下面的条件 (S) 定义部分二元运算 $\oplus$.

(S) $a\oplus b$ 存在且 $a\oplus b=c$ 当且仅当 $c\ominus b=a$.

事实上, 若 $a\oplus b=c$ 且 $a\oplus b=d$, 则 $c\ominus b=a=d\ominus b$, 利用消去律可知 $c=d$, 从而二元运算 $\oplus$ 是定义好的.

命题 1.2.13 设 $(P;\leqslant,\ominus)$ 是带差的偏序集. 若 P 是上定向的, 则 P 满足消去律 (C). 特别地, 当 P 是差分偏序集时, P 也满足条件 (C).

证明 设 $a,b,c\in P$, $b\ominus a=c\ominus a$. 由于 P 是上定向的, 存在 $d\in P$, 使得 $b,c\leqslant d$. 从而 $d\ominus b=(d\ominus a)\ominus(b\ominus a)=(d\ominus a)\ominus(c\ominus a)=d\ominus c$, 因此 $b=d\ominus(d\ominus b)=d\ominus(d\ominus c)=c$. □

命题 1.2.14 设 $(P;\leqslant,\ominus 0,1)$ 是差分偏序集. 对任意的 $a,b,c\in P$, 则下列各条成立.

(i) $a \oplus b$ 在 P 中存在当且仅当 $a \leqslant b'$ 且 $a \leqslant (a \oplus b)$, $(a \oplus b) \ominus a = b$.

(ii) 若 $a \leqslant b'$, $a \oplus b \leqslant c$, 则 $c \ominus (a \oplus b) = (c \ominus a) \ominus b = (c \ominus b) \ominus a$.

(iii) 若 $a \leqslant b \leqslant c'$, 则 $a \oplus c \leqslant b \oplus c$ 且 $(b \oplus c) \ominus (a \oplus c) = b \ominus a$.

(iv) 若 $a \leqslant b \leqslant c$, 则 $a \oplus (c \ominus b) = c \ominus (b \ominus a)$ 且 $(c \ominus b) \ominus (b \ominus a) = c \ominus a$.

(v) 若 $a \leqslant b$, 则 $b = a \oplus (b \ominus a)$.

(vi) 设 $a \leqslant b'$, $a \leqslant c'$, 则 $a \oplus b = a \oplus c$ 当且仅当 $b = c$.

(vii) 设 $a \leqslant b \leqslant c'$, $c \leqslant d \leqslant a'$, 则 $a \oplus d = b \oplus c$ 当且仅当 $b \ominus a = d \ominus c$.

(viii) 若 $a \leqslant b' \leqslant c'$, 则 $a \oplus (b \ominus c) = (a \oplus b) \ominus c$.

(ix) 若 $c \leqslant a \leqslant b', c \leqslant b$, 则 $(a \ominus c) \oplus (b \ominus c) = ((a \oplus b) \ominus c) \ominus c$.

证明 证明留给读者作为练习. □

类似于效应代数的态射, 回忆如下差分偏序集间态射的定义.

定义 1.2.15 设 P, Q 是差分偏序集, $f: P \to Q$ 是映射. 称 $f: P \to Q$ 是差分偏序集间的**态射**, 若

(1) $f(0) = 0, f(1) = 1$;

(2) 当 $a, b \in P$ 且 $b \leqslant a$ 时, 有 $f(a \ominus b) = f(a) \ominus f(b)$.

1.3 效应代数

为了描述不可精确测量的量子理论, 1994 年, 作为 $\mathcal{E}(H)$ 的推广, Foulis 和 Bennett 在文献 [19] 中引入了效应代数的定义. 事实上, 效应代数与 Kôpka 和 Chovanec 在文献 [15], [16] 中引入的差分偏序集是等价的. 本节内容主要取自文献 [2], [16], [19].

定义 1.3.1 设 E 是一个含有特殊元 0, 1 的非空集合 $(0 \neq 1)$ 且 $\oplus$ 是 E 上的部分二元运算. 称代数系统 $(E; \oplus, 0, 1)$ 是**效应代数**, 对任意的 $p, q, r \in E$, 若 $\oplus$ 满足如下条件.

(Ei) (交换律) 若 $p \oplus q$ 有定义, 则 $q \oplus p$ 有定义且 $p \oplus q = q \oplus p$.

(Eii) (结合律) 若 $q \oplus r$ 和 $p \oplus (q \oplus r)$ 有定义, 则 $p \oplus q$ 和 $(p \oplus q) \oplus r$ 有定义且 $p \oplus (q \oplus r) = (p \oplus q) \oplus r$.

(Eiii) (正交补律) 任意的 $p \in E$, 存在唯一的 $q \in E$ 使得 $p \oplus q = 1$.

(Eiv) (0-1 律) 若 $a \oplus 1$ 有定义, 则有 $a = 0$.

注 1.3.2 设 E 是效应代数, $a, b \in E$.

(i) 定义 $a \leqslant b$ 当且仅当存在 $c \in E$ 使得 $b = a \oplus c$, 则容易验证 $0 \leqslant a \leqslant 1$ $(\forall a \in E)$, 以及 $(E; \leqslant, 0, 1)$ 是偏序集. 若偏序集 $(E; \leqslant, 0, 1)$ 是一个格, 则称 E 是**格效应代数**.

(ii) 若 $a \oplus b = 1$, 则称 b 是 a 的**正交补**, 并记为 a'.

(iii) 定义 E 上二元关系 $\perp$ 如下: $a \perp b$ 当且仅当 $a \oplus b$ 有定义. 当 $a \perp b$ 时, 称 a 与 b 正交.

设 E 是效应代数, $a,\ b \in E$. 在 E 上引入如下部分二元运算 $\ominus$:

(D) $a \ominus b$ 在 E 中存在且 $a \ominus b = c$ 当且仅当 $b \leqslant a$ 且 $a = b \oplus c$.

引理 1.3.3 设 E 是效应代数.

(i) $a \leqslant b'$ 当且仅当 $a \oplus b$ 有定义, 从而 $a \perp b$ 当且仅当 $a \leqslant b'$.

(ii) $(a \oplus b)' = a' \ominus b = b' \ominus a$.

证明 (i) 事实上, $a \leqslant b'$, 当且仅当存在 $c \in E$ 使得 $a \oplus c = b'$, 当且仅当存在 $c \in E$ 使得 $b \oplus (a \oplus c) = 1$, 当且仅当存在 $c \in E$ 使得 $a \oplus b = c'$.

(ii) 利用 (D), 记 $1 \ominus a = a'$. 则 $1 \ominus (a \oplus b) = (1 \ominus a) \ominus b = a' \ominus b$. 其余的等式对称可证. □

命题 1.3.4 设 E 是效应代数. 对任意的 $p, q, r \in E$, 下面的性质成立.

(i) $p \perp q$ 当且仅当 $q \perp p$.

(ii) $0' = 1,\ 1' = 0,\ p'' = p$.

(iii) $p \perp 1$ 当且仅当 $p = 0$.

(iv) $p \leqslant q \Rightarrow q = p \oplus (p \oplus q')'$.

(v) $p \oplus r = q \oplus r \Rightarrow p = q$.

(vi) $p \oplus r \leqslant q \oplus r \Rightarrow p \leqslant q$.

(vii) 若 $a,\ b \in E$ 使得 $a \oplus b$ 与 $a \vee b$ 存在, 则 $a \wedge b$ 也存在且 $a \oplus b = (a \vee b) \oplus (a \wedge b)$. 但是, 若 $a \oplus b$ 和 $a \wedge b$ 存在, 则 $a \vee b$ 不一定存在.

证明 留给读者作为练习. □

例 1.3.5[61] 设 H 是一个复 Hilbert 空间, 其中, $\langle \cdot \rangle$ 是它的内积. 令 $\mathcal{E}(H)$ 表示 H 上介于 0 与 I 之间的自伴算子 A 的全体, 即对任意 $\phi \in H$, $0 \leqslant \langle A\phi,\ \phi \rangle \leqslant \|\ \phi\ \|^2$. 则 $\mathcal{E}(H)$ 按如下定义构成一个偏序集: 定义 $A_1 \leqslant A_2$ 当且仅当 $\forall \phi \in H$, $0 \leqslant \langle A_1\phi,\ \phi \rangle \leqslant \langle A_2\phi,\ \phi \rangle$. 显然 0 是 $\mathcal{E}(H)$ 的最小元, I 是 $\mathcal{E}(H)$ 的最大元. 对于 $A, B \in \mathcal{E}(H)$, 如果 $A + B \in \mathcal{E}(H)$, 则 $A \perp B$ 且定义 $A \oplus B = A + B$. 对于 $A \in \mathcal{E}\ (H)$, 如果令 $A' = I - A$, 则易证 $(\mathcal{E}(H); \oplus, 0, I)$ 是一个效应代数, 称它为 Hilbert 空间效应代数. 它不是格效应代数, 反例参见文献 [62].

例 1.3.6 设 $[0,1]$ 带着通常的自然序, 对于 $a,\ b\in[0,1]$, $a\oplus b$ 有定义当且仅当 $a+b\leqslant 1$, 且令 $a\oplus b=a+b$, 则 $([0,1];\oplus,0,1)$ 是一个效应代数.

例 1.3.7 设 $(B;\leqslant,\vee,\wedge,',0,1)$ 是一个 Boolean 代数, 如果 $p,\ q\in B$, 定义 $p\perp q$ 当且仅当 $p\wedge q=0$, 并且令 $p\oplus q=p\vee q$, 则 $(B;\oplus,0,1)$ 是一个效应代数.

例 1.3.8 设 $(L;\leqslant,\vee,\wedge,',0,1)$ 是一个正交模格, 如果 $p,\ q\in L$, 定义 $p\perp q$ 当且仅当 $p\leqslant q'$, 并且令 $p\oplus q=p\vee q$, 则 $(L;\oplus,0,1)$ 是一个效应代数.

定义 1.3.9 设 E 是效应代数, 子集 $Q\subset E$ 被称为 E 的**子效应代数**当且仅当 $0,\ 1\in Q$, Q 对 $p\mapsto p'$ 封闭, 且对任意 $p,q\in Q$, $p\perp q\Rightarrow p\oplus q\in Q$.

定义 1.3.10 设 E,F 是效应代数, $f:E\to F$ 是映射.

(i) 称 $f:E\to F$ 是效应代数间的**态射**, 若

(1) $f(0)=0, f(1)=1$;

(2) 当 $a,b\in E$ 且 $a\oplus b$ 存在时, 有 $f(a\oplus b)=f(a)\oplus f(b)$.

(ii) 称 $f:E\to F$ 是效应代数间的**单态射**, 若

(1) f 是效应代数间的态射;

(2) 当 $a,b\in E$ 且 $f(a)\oplus f(b)$ 存在时, 有 $a\oplus b$ 存在.

(iii) 称 $f:E\to F$ 是效应代数间的**同构**, 若

(1) f 是效应代数间的单态射;

(2) f 是满射.

若 $f:E\to F$ 是效应代数间的同构, 则称 E 与 F 是**同构的**, 记为 $E\cong F$.

定理 1.3.11 (i) 设 $(P;\leqslant,\ominus,0,1)$ 是差分偏序集. 利用条件 (S) 定义 P 上的部分二元运算 $\oplus$, 则 $E(P)=(P;\oplus,0,1)$ 是效应代数, 且由 $\oplus$ 所诱导的偏序关系与 P 中原来的偏序关系 $\leqslant$ 是一致的. 对每一个差分偏序集间的态射 $h:P\to Q$, 存在唯一的效应代数间的态射 $g:E(P)\longrightarrow E(Q)$, 使得对任意的 $x\in P$, $h(x)=g(x)$.

(ii) 设 $(E;\oplus,0,1)$ 是效应代数. 利用条件 (D) 定义 E 上的部分二元运算 $\ominus$, 则 $D(E)=(E;\leqslant,\ominus,0,1)$ 是差分偏序集, 且 $D(E)$ 中的偏序关系与效应代数 E 中原来的偏序关系是一致的. 对每一个效应代数间的态射 $h:E\to F$, 存在唯一的效应代数间的态射 $g:D(E)\longrightarrow D(F)$, 使得对任意的 $x\in E$, $h(x)=g(x)$.

证明 证明留给读者作为练习或参见文献 [2] 的定理 1.3.4. □

由定理 1.3.11 可知, 效应代数与差分偏序集是等价的代数结构.

定义 1.3.12 设 E 是效应代数. E 的非空子集 I 称为**理想**, 若

(i) 对任意 $a\in E, i\in I$, $a\leqslant i$ 蕴涵 $a\in I$;

(ii) 对任意 $i,\ j\in I$, 当 $i\oplus j$ 有定义时, 则有 $i\oplus j\in I$.

定义 1.3.13 设 E 是效应代数.

(i) $a \in E$, 称 a 是 E 的**分明元**, 若 $a \wedge a' = 0$. 记 E 的分明元之集为 $S(E)$.

(ii) $a \in E$, 称 a 是 E 的**主要元**, 若对任意 $b, c \in E, b, c \leqslant a$ 且 $b \oplus c$ 存在, 都有 $b \oplus c \leqslant a$. 记 E 的主要元之集为 $P(E)$.

(iii) $a \in E$, 称 a 是 E 的**中心元**, 若

(1) a, a' 是 E 的主要元;

(2) 对任意的 $p \in E$, 存在 $q, r \in E$ 使得 $q \leqslant a, r \leqslant a'$ 且 $p = q \oplus r$.

注 1.3.14 记 $C(E) = \{a \mid a \text{ 是 } E \text{ 的中心元}\}$, $S(E) = \{a \mid a \text{ 是 } E \text{ 的分明元}\}$, $P(E) = \{a \in E \mid a \text{ 是 } E \text{ 的主要元}\}$, 则在效应代数 E 中有: $C(E) \subseteq P(E) \subseteq S(E)$. 显然, 当 a 是 E 的主要元时, $E[0, a] = \{x \in E \mid x \leqslant a\}$ 是 E 的理想. 将 E 中的部分二元运算限制在 $E[0, a]$ 上时, $(E[0, a]; \oplus, 0, a)$ 是效应代数.

设 $(E_i)_{i \in I}$ 是一族效应代数, 则按照坐标定义直积 $E = \prod_i E_i$ 上的运算 E 也是效应代数. 效应代数中的主要元可用来给出效应代数的直积分解, 有下面结论.

定理 1.3.15 若 $e_1, e_2, \cdots, e_n$ 是效应代数 E 中的有限个正交的非零的主要元. 定义映射 $\phi : \prod_j E[0, e_j] \to E$ 如下: 对任意的 $(p_1, p_2, \cdots, p_n) \in \prod_j E[0, e_j]$, $\phi(p_1, p_2, \cdots, p_n) := \oplus_j p_j$. 则 ϕ 是同构当且仅当 ϕ 是满射, 且若 ϕ 是同构, 则对任意的 $p \in E$, 下确界 $p \wedge e_1, p \wedge e_2, \cdots, p \wedge e_n$ 存在, 且有 $p = \oplus_j (p \wedge e_j)$.

证明 请读者参见文献 [2] 的定理 1.9.9. □

效应代数中的中心元可用来研究效应代数的直积分解.

定理 1.3.16 设 E 是效应代数且 $a \in E$. 若 a 是 E 的中心元, 则存在效应代数间的同构 $f : E \to E[0, a] \times E[0, a']$, 这里对任意的 $x \in E, f(x) = (x \wedge a, x \wedge a')$.

证明 不妨假设 $a \notin \{0, 1\}$. 注意到 a, a' 构成 E 中的正交的主要元序列, 且 $a \oplus a' = 1$. 又由中心元的定义可知 $\phi : E[0, a] \times E[0, a'] \to E$ 是满射, 由定理 1.3.15 可知, ϕ 是同构且 $\phi(x \wedge a, x \wedge a') = (x \wedge a) \oplus (x \wedge a') = x$. 取 $f = \phi^{-1}$, 可知结论成立. □

1.4 差分格与 MV-代数

利用关系 (S) 与 (D), 可得差分偏序集与效应代数是等价的, 详见定理 1.3.11. 本节主要给出差分格与 MV-代数的关系, 也是效应代数与 MV-代数的关系. 本节内容取自于文献 [2] 第一章第八节.

下面的命题是差分偏序集的一些基本性质, 其证明过程读者可参考文献 [2] 第一章第八节的内容或者作为练习, 这里不再给出.

命题 1.4.1 (1) 设 $(P;\leqslant,\ominus)$ 是带差的偏序集, 对任意的 $a,b,c\in P$, $a,b\leqslant c$. 若 $a\vee b$ 在 P 中存在, 则 $(c\ominus a)\wedge(c\ominus b)$ 在 P 中存在, 且 $c\ominus(a\vee b)=(c\ominus a)\wedge(c\ominus b)$.

(2) 设 $(P;\leqslant,\ominus)$ 是带差的格, 对任意的 $a,b,c\in P$, $a,b\leqslant c$. 则 $c\ominus(a\wedge b)=(c\ominus a)\vee(c\ominus b)$.

特别地, 当 $c=a\vee b$ 时, $(a\vee b)\ominus(a\wedge b)=((a\vee b)\ominus a)\vee((a\vee b)\ominus b)$.

(3) 设 $(P;\leqslant,\ominus)$ 是带差的格, 对任意的 $a,b,c\in P$, 若 $c\leqslant a,b$, 则 $(a\wedge b)\ominus c=(a\ominus c)\wedge(b\ominus c)$.

命题 1.4.2 设 $(P;\leqslant,\ominus)$ 是具有最小元 0 的带差的偏序集. 若 $a\vee b$ 在 P 中存在, 则 $((a\vee b)\ominus a)\wedge((a\vee b)\ominus b)$ 在 P 中存在, 且 $((a\vee b)\ominus a)\wedge((a\vee b)\ominus b)=0$.

命题 1.4.3 设 $(P;\leqslant,\ominus)$ 是带差的格. 若 $c\leqslant a,b$, 则 $(a\ominus c)\vee(b\ominus c)=(a\vee b)\ominus c$.

命题 1.4.4 设 $(P;\leqslant,\ominus)$ 是带差的格. 若 $a,b\in P$, 则 $(a\ominus(a\wedge b))\wedge(b\ominus(a\wedge b))=0$.

命题 1.4.5 设 $(P;\leqslant,\ominus)$ 是带差的格. 若 $a\oplus b,a\oplus c\in P$, 则

(1) $a\oplus(b\wedge c)=(a\oplus b)\wedge(a\oplus c)$;

(2) $a\oplus(b\vee c)=(a\oplus b)\vee(a\oplus c)$.

命题 1.4.6 设 $(b_i)_{i\in I}$ 是效应代数中 $(E;\oplus,0,1)$ 的一族元素. 若 $\bigvee_{i\in I}b_i$ 在 E 中存在且 $a\in E$ 使得 $a\perp\bigvee_{i\in I}b_i$, 则 $a\oplus\bigvee_{i\in I}b_i=\bigvee_{i\in I}(a\oplus b_i)$.

命题 1.4.7 设 $(b_i)_{i\in I}$ 是效应代数 $(E;\oplus,0,1)$ 中的一族元素. 若 $\bigwedge_{i\in I}b_i$ 在 E 中存在且 $a\in E$ 使得 $a\perp\bigwedge_{i\in I}b_i$, 则 $a\oplus\bigwedge_{i\in I}b_i=\bigwedge_{i\in I}(a\oplus b_i)$.

命题 1.4.8 设 $(P;\leqslant,\ominus,0,1)$ 是差分格. 定义 P 上的二元运算 $-$ 如下: 对任意的 $a,b\in P$, $b-a:=b\ominus(a\wedge b)$. 则对任意的 $a,b,c\in P$, 下列各条成立.

(i) $a-0=a$.

(ii) $a-(a-b)=b-(b-a)$.

(iii) 若 $a\leqslant b$, 则 $c-b\leqslant c-a$.

(iv) 若 $a\leqslant b\leqslant c$, 则 $(c-a)-(c-b)=b-a$.

反之, 设 $(P;\leqslant,0,1)$ 是偏序集, 且 P 上的二元运算 $-$ 满足条件 (i)—(iv). 若定义 P 上的部分二元运算 $\ominus$ 如下: 对任意的 $a,b\in P$, $b\ominus a:=b-a$ 当且仅当 $a\leqslant b$. 则 $(P;\leqslant,\ominus,0,1)$ 是差分格.

MV-代数在效应代数中的角色如布尔代数在正交模偏序集中的作用 [2, 24]. 格效应代数可以表示成一族 MV-代数的并 [2, 41]. 若格效应代数中任何两个元素是相容的, 则它是 MV-代数 [41]. ϕ-对称的格效应代数是 MV-代数 [54], 布尔差分偏序集

是 MV-代数 [54]. 更多关于 MV-代数的研究请参见文献 [63]. 下面回忆 MV-代数的定义.

定义 1.4.9 代数结构 $(M;+,^*,0,1)$ 称为**MV-代数**, 其中 $+$ 是 M 上的二元运算且 0 和 1 是两个特殊元, 如果对任意 $a,b,c\in M$, 下面的条件成立:

(MVi) $a+b=b+a$;

(MVii) $(a+b)+c=a+(b+c)$;

(MViii) $a+0=0+a=a$;

(MViv) $1+a=1$;

(MVv) $(a^*)^*=a$;

(MVvi) $0^*=1$;

(MVvii) $a+a^*=1$;

(MVviii) $(a^*+b)^*+b=(a+b^*)^*+a$.

注 1.4.10 设 $(M;+,^*,0,1)$ 是 MV-代数, 对任意的 $a,b\in M$, 可引入如下运算:

(1) $a\circ b=(a^*+b^*)^*$;

(2) $a\wedge b=(a+b^*)\circ b$;

(3) $a\vee b=(a\ \circ b^*)+b$.

定义 $(M;+,^*,0,1)$ 上的二元关系 $\leqslant$ 如下: $a\leqslant b$ 当且仅当 $a=a\wedge b$. 则 $(M;\wedge,\vee,0,1)$ 是分配格.

在 MV-代数 $(M;+,^*,0,1)$ 中, 下面的消去律是成立的. 若 $a\leqslant c^*$, $b\leqslant c^*$, $a+c=b+c$ 则 $a=b$. 事实上, $a=a\wedge c^*=(a+c)\circ c^*=(b+c)\circ c^*=b\wedge c^*=b$.

下面的两个定理给出了 MV-代数与差分格以及 MV-代数与效应代数之间的关系, 详细证明参见文献 [2] 第一章第八节.

定理 1.4.11[2] 设 $(M;+,^*,0,1)$ 是 MV-代数. 定义 M 中的部分二元运算 $\ominus$ 如下: 对 $a,b\in M$, 当 $a\leqslant b$ 时, $b\ominus a:=(a+b^*)^*$, 则 $(M;\leqslant,\ominus,0,1)$ 是分配的差分格.

反之, 设 $(P;\leqslant,\ominus,0,1)$ 是差分格, 定义二元运算 $+$ 如下: 对任意的 $a,b\in P$, $a+b:=a\oplus(a'\wedge b)$. 定义 $a^*=1\ominus a$, 则 $(P;+,^*,0,1)$ 是 MV-代数当且仅当 $a\ominus(a\wedge b)=(a\vee b)\ominus b$.

类似地, 有下面定理.

定理 1.4.12[2, 41] (i) 设 $(M;+,^*,0,1)$ 是 MV-代数. 若在 M 上定义部分二元运算 $\oplus$, $a,b\in M$, $a\oplus b$ 存在当且仅当 $a\leqslant b^*$, 且 $a\oplus b=a+b$, 则 $(M;\oplus,0,1)$ 是效

应代数.

(ii) 设 $(E;\oplus,0,1)$ 是格效应代数, 对任意的 $a,b\in E$, 都有 $a\ominus(a\wedge b)=(a\vee b)\ominus b$. 若在 E 上定义二元运算 $+$, $a+b=a\oplus(a'\wedge b)$, 则 $(E;+,',0,1)$ 是 MV-代数.

定义 1.4.13　设 $(P;\leqslant,0,1)$ 是偏序集. 若 P 上的二元运算 $-$ 满足下列条件, 则称代数系统 $(P;\leqslant,-,0,1)$ 是布尔差分偏序集.

(BD1) 对任意的 $a\in P$, $a-0=a$.

(BD2) 对任意的 $a,b\in P$, $a-(a-b)=b-(b-a)$.

(BD3) 若 $a,b,c\in P$ 且 $a\leqslant b$, 则 $c-b\leqslant c-a$.

(BD4) 若 $a,b,c\in P$, 则 $(a-b)-c=(a-c)-b$.

下面三个定理给出了布尔差分偏序集与 MV-代数的等价性, 详细证明参见文献 [2] 第一章第八节.

定理 1.4.14　设 $(P;\leqslant,-,0,1)$ 是布尔差分偏序集. 若定义二元部分运算 $\ominus$ 如下: 对任意的 $a,b\in P$, 当 $a\leqslant b$ 时, $b\ominus a:=b-a$, 则 $(P;\leqslant,\ominus,0,1)$ 是差分格.

定理 1.4.15　设 $(P;\leqslant,-,0,1)$ 是布尔差分偏序集. 若定义二元运算+如下: 对任意的 $a,b\in P$, $a+b:=(a^*-b)^*$, 且定义 $a^*=1-a$, 则 $(P;+,^*,0,1)$ 是 MV-代数.

定理 1.4.16　设 $(P;+,^*,0,1)$ 是 MV-代数. 若定义二元运算 $-$ 如下: 对任意的 $a,b\in P$, $b-a:=(a+b^*)^*$, 则 $(P;\leqslant,-,0,1)$ 是布尔差分偏序集.

2001 年, Dvurečenskij 和 Vetterlein 在文献 [22], [23] 中推广伪 MV-代数的定义并引入了伪效应代数的定义, 关于伪 MV-代数的定义可参见文献 [21]. 下面回忆伪效应代数的定义及一些性质.

定义 1.4.17　部分代数结构 $(E;\oplus,0,1)$ 称为**伪效应代数**, 其中 $\oplus$ 是一个部分二元运算且 0 和 1 是两个特殊元, 如果对任意的 $a,b,c\in E$, 下面的条件成立:

(PEi) $a\oplus b$ 和 $(a\oplus b)\oplus c$ 存在当且仅当 $b\oplus c$ 和 $a\oplus(b\oplus c)$ 存在, 并且 $(a\oplus b)\oplus c=a\oplus(b\oplus c)$;

(PEii) 存在唯一的 $d\in E$ 以及唯一的 $e\in E$ 使得 $a\oplus d=e\oplus a=1$;

(PEiii) 如果 $a\oplus b$ 存在, 则存在 $d,e\in E$ 使得 $a\oplus b=d\oplus a=b\oplus e$;

(PEiv) 如果 $1\oplus a$ 或 $a\oplus 1$ 存在, 则 $a=0$.

显然, 若 $\oplus$ 满足交换律, 则 $(E;\oplus,0,1)$ 是效应代数.

例 1.4.18　令 $G=Z\times Z\times Z$, 对 G 中加法的定义如下:

$$(a_1,b_1,c_1)+(a_2,b_2,c_2)=\begin{cases}(a_1+a_2,\ b_1+b_2,\ c_1+c_2), & a_2\text{是偶数},\\(a_1+a_2,\ b_2+c_1,\ b_1+c_2), & a_2\text{是奇数},\end{cases}$$

且定义 $(a_1,b_1,c_1)\leqslant(a_2,b_2,c_2)$ 成立, 如果 $a_1<a_2$ 或 $a_1=a_2,b_1\leqslant b_2$ 且 $c_1\leqslant c_2$, 则 $(G;+,\leqslant)$ 是一个格序群, 且

$$\Gamma(G,(1,0,0))=\{(0,b,c)\mid b,c\geqslant 0\}\cup\{(1,b,c)\mid b,c\leqslant 0\}$$

是一个伪效应代数, 其中 $\oplus$ 是群的加法在 $\Gamma(G,(1,0,0))$ 上的限制. 由于 $(0,1,2)+(1,-2,-2)=(1,0,-1)$, 而 $(1,-2,-2)+(0,1,2)=(1,-1,0)$, 因此, 格序群 G 和伪效应代数 $\Gamma(G,(1,0,0))$ 都不满足交换律.

注 1.4.19 设 E 是伪效应代数. 如果定义 $a\leqslant b$ 当且仅当存在 $c\in E$ 使得 $a\oplus c=b$, 则 $\leqslant$ 是 E 上的一个偏序, 并且对任意的 $a\in E$, $0\leqslant a\leqslant 1$. 并且易证 $a\leqslant b$ 当且仅当存在 $c,d\in E$, 使得 $b=a\oplus c=d\oplus a$. 记 $c=b\ominus_l a$, $d=b\ominus_r a$, 则 $(b\ominus_r a)\oplus a=a\oplus(b\ominus_l a)=b$, 并且记 $a^\sim=1\ominus_l a, a^-=1\ominus_r a$.

命题 1.4.20 设 E 是伪效应代数. 对任意的 $a,b,c\in E$, 下面的性质成立:

(i) $a\oplus 0=0\oplus a=a, a\oplus b=0\Rightarrow a=b=0$;

(ii) $0^\sim=0^-=1, 1^-=1^\sim=0, a^{\sim-}=a^{-\sim}=a$;

(iii) $a\oplus b=a\oplus c\Rightarrow b=c, a\oplus b=c\oplus b\Rightarrow a=c$;

(iv) $a\oplus b=c\Leftrightarrow a=(b\oplus c^\sim)^-\Leftrightarrow b=(c^-\oplus a)^\sim$;

(v) $a\leqslant b\Leftrightarrow b^-\leqslant a^-\Leftrightarrow b^\sim\leqslant a^\sim$;

(vi) 若 $a\oplus b$ 存在, $c\leqslant a, d\leqslant b$, 则 $c\oplus d$ 也存在;

(vii) $a\oplus b$ 存在, 当且仅当 $a\leqslant b^-$, 当且仅当 $b\leqslant a^\sim$;

(viii) 设 $b\oplus c$ 存在, 则 $a\leqslant b$ 时, $a\oplus c$ 存在且 $a\oplus c\leqslant b\oplus c$. 设 $c\oplus b$ 存在, 则 $a\leqslant b$ 时, $c\oplus a$ 存在且 $c\oplus a\leqslant c\oplus b$.

证明 证明留作读者练习. □

1.5 部分可换半群与广义效应代数

设 G 是偏序 Abelian 群, $u\in G^+$, 在 G 的区间 $G^+[0,u]=\{x\in G|0\leqslant x\leqslant u\}$ 上定义部分二元运算 $\oplus$ 如下: $a,b\in G^+[0,u]$, $a\oplus b$ 存在且 $a\oplus b=a+b$ 当且仅当 $a+b\leqslant u$. 则 $(G^+[0,u],\oplus,0,u)$ 是效应代数. 若存在偏序 Abelian 群 G 使得效应代数 E 同构于 G 的区间 $G^+[0,u]$, 则称 E 是区间效应代数 [2, 44]. 由区间效应代数的定义可知, 对区间效应代数的研究事实上是对偏序 Abelian 群 G 的某个区间的研究. 反之, 对偏序 Abelian 群 G 的研究对于效应代数的研究也有重要意义 [55]. 自文献 [57], [58] 中引入了部分半群的定义后, 文献 [55], [59] 中深入研究了部分可换半

群和部分可换半群的理想之间的关系. 本节首先引入部分可换半群的 Riesz 子代数的定义, 澄清 Riesz 子代数与 Riesz 理想之间的关系, 通过由 Riesz 子代数及 Riesz 理想诱导的二元关系对部分可换半群的结构进行了研究. 其次, 引入了广义效应代数的素理想的定义, 并对其进行了刻画. 最后, 证明了上定向的具有 Riesz 分解性质的广义效应代数有子直积表示. 本节主要结论取自于文献 [64].

定义 1.5.1[57, 58] 设 P 是非空集合, $\perp\subseteq P\times P$ 是 P 的非空二元关系. 称代数结构 $(P;\oplus,0)$ 是**部分可换半群**, 即部分阿贝尔半群 (partial Abelian monoid, PAM), 其中 $0\in P$, $\oplus$ 是 P 上的部分的二元运算, 若满足如下条件:

(P1) 若 $p\perp q$, 则 $q\perp p$ 且 $p\oplus q=q\oplus p$;

(P2) 若 $q\perp r$ 且 $p\perp(q\oplus r)$, 则 $p\perp q$ 和 $(p\oplus q)\perp r$ 且 $p\oplus(q\oplus r)=(p\oplus q)\oplus r$;

(P3) 若 $p\in P$, 则 $p\oplus 0=p$.

称 PAM $(P;\oplus,0)$ 是**满足消去律的**, 若 $a\oplus c=b\oplus c$, 则 $a=b$. 简记为 CPAM.

称 PAM $(P;\oplus,0)$ 是**满足正律的**, 若 $a\oplus b=0$, 则 $a=b=0$.

定义 1.5.2 设 $(P;\oplus,0)$ 是 PAM. 若 P 满足消去律和正律, 则称 P 是**广义效应代数**.

定义 1.5.3[59] 设 $\sim$ 是 PAM P 上的二元关系. 称 $\sim$ 是 P 上的**弱同余关系**, 若满足如下条件:

(C1) $\sim$ 是 P 上的等价关系;

(C2) 若 $a\perp b, a_1\perp b_1, a_1\sim a, b_1\sim b$, 则 $a\oplus b\sim a_1\oplus b_1$.

称 P 上的弱同余关系 $\sim$ 是**同余的**, 若满足条件:

(C3) 若 $a\perp b, c\sim a$, 则存在 $d\in P$ 使得 $d\perp c, d\sim b$.

称 P 上的同余关系 $\sim$ 是***c*-同余的**, 若满足条件:

(C4) 若 $a\perp b, a_1\perp b_1, a_1\sim a, a_1\oplus b_1\sim a\oplus b$, 则 $b_1\sim b$.

例 1.5.4[2] 设 P 表示非负整数连同整数的加法构成的代数系统, 则 P 是 CPAM. 定义 $a\sim b$ 当且仅当 $a\equiv b(\mathrm{mod}\ 3)$, 则 $\sim$ 是 c-同余的, $P/\sim$ 与 $Q=\{0,1,2\}$ 同构, $Q=\{0,1,2\}$ 是 CPAM 但不满足正律.

命题 1.5.5 设 $(E;\oplus,0)$ 是满足正律的 CPAM, 则 E 是广义效应代数.

命题 1.5.6[2] 设 $(E;\oplus,0)$ 是广义效应代数, 则 E 是效应代数当且仅当 E 有最大元.

定义 1.5.7 (i) 设 E,F 是广义效应代数, $f:E\to F$ 是映射. 若 $f(0)=0$, 当 $a\oplus b$ 存在时, $f(a\oplus b)=f(a)\oplus f(b)$, 则称 f 是广义效应代数间的**态射**.

(ii) 设 $f: E \to F$ 是广义效应代数之间的态射. 若 f 满足: 对任意的 $a, b \in E$, $a \oplus b$ 存在当且仅当 $f(a) \oplus f(b)$ 存在, 则称 f 是**单态射**.

定义 1.5.8[59] 若 P 是 CPAM, $I \subseteq P$ 满足条件件:

(i) $0 \in I$;

(ii) 若 $a, b \in I, a \perp b$, 则 $a \oplus b \in I$,

则称 I 是 P 的**子代数**.

定义 1.5.9[2] 设 P 是 CPAM, 定义 P 上的二元关系 $\leqslant$ 为: $a \leqslant b$ 当且仅当存在 $c \in P$ 使得 $a \oplus c = b$.

命题 1.5.10[2] (i) 设 P 是 CPAM, 定义 1.5.9 中定义的二元关系 $\leqslant$ 是预序.

(ii) 设 P 是 CPAM, 定义 1.5.9 中定义的二元关系 $\leqslant$ 是偏序当且仅当 P 满足正律.

命题 1.5.11[2] 设 P 是 CPAM, 可在 P 中如下定义部分二元运算 $\ominus$: $a \ominus b = c$ 当且仅当 $b \oplus c = a$. 设 $a, b, c, d \in P$, 则 $\ominus$ 满足如下各条件:

(i) 若 $a \perp b, c \leqslant a, d \leqslant b$, 则 $c \perp d, c \oplus d \leqslant a \oplus b$ 且 $(a \ominus c) \oplus (b \ominus d) = (a \oplus b) \ominus (c \oplus d)$;

(ii) 若 $c \leqslant b \leqslant a, c \perp a \ominus b$, 则 $c \oplus (a \ominus b) = a \ominus (b \ominus c)$;

(iii) 若 $a \ominus b \leqslant a \ominus c$, 则 $c \leqslant b$;

(iv) 若 $c \leqslant b \leqslant a$, 则 $a \ominus b \leqslant a \ominus c$;

(v) 若 $b \leqslant a, c \leqslant a \ominus b$, 则 $(a \ominus b) \ominus c = a \ominus (b \oplus c)$.

定义 1.5.12[2] 设 I 是 CPAM P 的子代数. 若 I 满足条件: 当 $i \in I, a \in P, a \leqslant i$ 时, 有 $a \in I$. 则称 I 是 P 的**理想**.

定义 1.5.13 若 P 是 CPAM, I 是 P 的子代数, 定义 P 上的二元关系 $\sim_I$ 为: $a \sim_I b$ 当且仅当存在 $i, j \in I, i \leqslant a, j \leqslant b, a \ominus i \leqslant b, b \ominus j \leqslant a$.

定义 1.5.14 若 P 是 CPAM, I 是 P 的子代数且满足条件:

(R1) 若 $i \in I, a, b \in P, a \perp b, i \leqslant a \oplus b$, 则存在 $j, k \in I$ 使得 $j \leqslant a, k \leqslant b, i \leqslant j \oplus k$, 则称 I 是 P 的**(R1)-子代数**.

定义 1.5.15 若 P 是 CPAM, I 是 P 的 (R1)-子代数且满足条件:

(R2) 若 $i \in I, a, b \in P, i \leqslant a, a \ominus i \perp b$, 则存在 $j \in I$ 使得 $j \leqslant b, a \perp b \ominus j$, 则称 I 是 P 的**Riesz 子代数**.

定义 1.5.16[2] 设 P 是 CPAM, I 是 P 的理想.

(i) I 称为**(R1)-理想** 当且仅当 I 满足条件 (R1);

(ii) I 是 P 的 (R1)-理想, I 称为**Riesz 理想** 当且仅当 I 满足条件 (R2).

命题 1.5.17 若 P 是 CPAM, I 是 P 的 Riesz 子代数, 则 $\sim_I$ 是 P 的 c-同余.

证明　由于 $0 \in I$, 对任意的 $a \in P, a \sim_I a$. 若 $a, b \in P, a \sim_I b$, 显然, $b \sim_I a$. 若 $a, b, c \in P, a \sim_I b, b \sim_I c$, 则存在 $i, j, k, l \in I$ 使得 $a \ominus i \leqslant b, b \ominus j \leqslant a; b \ominus k \leqslant c, c \ominus l \leqslant b$. 设 $(c \ominus l) \oplus d = b$, 则 $b \ominus j = ((c \ominus l) \oplus d) \ominus j \leqslant a$, 由 I 满足 (R1) 可知, 存在 $m, n \in I$ 使得 $((c \ominus l) \ominus m) \oplus (d \ominus n) \leqslant a$, $(c \ominus l) \ominus m \leqslant a$, 从而存在 $l \oplus m \in I$ 使得 $c \ominus (l \oplus m) \leqslant a$. 类似地, 存在 $x \in I$ 使得 $a \ominus x \leqslant c$. 那么 $a \sim_I c$. 由此 $\sim_I$ 是 P 上的等价关系.

若 $a, b, c, d \in P, a \perp c, b \perp d, a \sim_I b, c \sim_I d$, 则存在 $i, j, k, l \in I$ 使得 $a \ominus i \leqslant b, b \ominus j \leqslant a$, $c \ominus k \leqslant d, d \ominus l \leqslant c$. 那么 $(b \oplus d) \ominus (j \oplus l) = (b \ominus j) \oplus (d \ominus l) \leqslant a \oplus c$, $(a \oplus c) \ominus (i \oplus k) = (a \ominus i) \oplus (c \ominus k) \leqslant b \oplus d$, 则 $a \oplus c \sim_I b \oplus d$. 由此 $\sim_I$ 是 P 上的弱同余关系.

若 $a \perp b, c \sim_I a$, 则存在 $i, j \in I$ 使得 $c \ominus i \leqslant a, a \ominus j \leqslant c$. 由于 $a \perp b$, $(c \ominus i) \perp b$, 又由 I 满足 (R2) 可知, 存在 $k \in I$ 使得 $c \perp b \ominus k$. 令 $d = b \ominus k$, 则 $c \perp d, d \sim_I b$. 由此 $\sim_I$ 是 P 上的同余关系.

若 $a, b, c, d \in P, a \perp c, b \perp d, a \sim_I b, a \oplus c \sim_I b \oplus d$. 由于 $\sim_I$ 是 P 上的同余关系, 则存在 $e \in P$ 使得 $a \perp e, e \sim_I d$, 那么 $a \oplus c \sim_I b \oplus d \sim_I a \oplus e$. 由此, 存在 $i, j \in I$ 使得 $(a \oplus c) \ominus i \leqslant a \oplus e, (a \oplus e) \ominus j \leqslant a \oplus c$. 由 I 满足 (R1) 可知, 存在 $k, l \in I, k \leqslant a, l \leqslant c$, 使得 $i \leqslant k \oplus l \leqslant a \oplus c$, 则 $(a \oplus c) \ominus (k \oplus l) = (a \ominus k) \oplus (c \ominus l) \leqslant a \oplus e$, 存在 $f \in P$ 使得

$$(a \ominus k) \oplus (c \ominus l) \oplus f = a \oplus e = (a \ominus k) \oplus k \oplus e.$$

由于 P 满足消去律, 由上式有 $(c \ominus l) \oplus f = k \oplus e$, 从而 $((c \ominus l) \oplus f) \ominus k = e$. 由 I 满足 (R1) 可知, 存在 $p, q \in I, p \leqslant c \ominus l, q \leqslant f$, 使得 $k \leqslant p \oplus q \leqslant (c \ominus l) \oplus f$, $((c \ominus l) \ominus p) \oplus (f \ominus q) = ((c \ominus l) \oplus f) \ominus (p \oplus q) \leqslant e$. 这样 $c \ominus (l \oplus p) = (c \ominus l) \ominus p \leqslant e$, 其中 $l \oplus p \in I$. 类似地, 存在 $r \in I$ 使得 $e \ominus r \leqslant c$. 从而 $c \sim_I e$, $c \sim_I d$. 至此, $\sim_I$ 是 P 的 c-同余. □

命题 1.5.18　设 P 是 CPAM, I 是 P 的 Riesz 子代数.

(i) 若 $a \in I$, 则 $a \sim_I 0$.

(ii) 若 $a \sim_I 0$ 时, 有 $a \in I$, 则 I 是 Riesz 理想.

(iii) 若 I 是 Riesz 理想, 则当 $a \sim_I 0$ 时, 有 $a \in I$.

(iv) Riesz 子代数 I 是 Riesz 理想的充要条件是: 若 $a \sim_I 0$, 则 $a \in I$.

证明　(i) 若 $a \in I$, 则 $a \ominus a = 0 \ominus 0$, $a \sim_I 0$.

(ii) 若 $b \leqslant a, a \in I$, 则 $a \sim_I 0, b \ominus 0 \leqslant a$, $a \ominus a = 0 \leqslant b$, $a \sim_I b$, 则 $b \sim_I 0$, 由假设知 $b \in I$, 故 I 是 Riesz 理想.

(iii) 若 $a \sim_I 0$, 则存在 $i \in I$ 使得 $a \ominus i \leqslant 0$, 由 I 是 Riesz 理想, $a \ominus i \in I$, 因此, $(a \ominus i) \oplus i = a \in I$.

(iv) 由 (ii) 和 (iii) 可得. □

命题 1.5.19 设 P 是满足正律的 CPAM, I 是 P 的 Riesz 子代数. 则下面各条成立.

(i) $a \in I$ 当且仅当 $a \sim_I 0$.

(ii) I 是 P 的 Riesz 理想.

证明 (i) 只需证当 $a \sim_I 0$ 时有 $a \in I$. 设 $a \sim_I 0$, 则存在 $i \in I, a \ominus i \leqslant 0$, 又 P 是满足正律的, $a = i \in I$.

(ii) 由命题 1.5.18 和 (i) 可得. □

命题 1.5.20[55] 若 P 是 CPAM, $\sim$ 是 P 的 c-同余, 则 $P/\sim$ 是 CPAM.

命题 1.5.21 (i) 若 P 是 CPAM, I 是 P 的 Riesz 子代数, 则 $P/\sim_I$ 是 CPAM.

(ii) 若 P 是满足正律的 CPAM, I 是 P 的 Riesz 子代数, 则 $P/\sim_I$ 是满足正律的 CPAM.

证明 (i) 由于 $\sim_I$ 是 c-同余的. 又由命题 1.5.20 可知 $P/\sim_I$ 是 CPAM.

(ii) 由 (i), 这里只需证明 $P/\sim_I$ 是满足正律的. 设 $[a],[b] \in P/\sim_I, [a]\oplus[b] = [0]$. 存在 $a_1, b_1 \in P$ 使得 $a_1 \sim_I a, b_1 \sim_I b, a_1 \perp b_1$, 则 $[a] \oplus [b] = [a_1 \oplus b_1] = [0]$, 从而 $a_1 \oplus b_1 \sim_I 0$, 则存在 $i \in I, i = a_1 \oplus b_1$, 又 I 满足 (R1), 故存在 $j, k \in I, j \leqslant a_1, k \leqslant b_1, i \leqslant j \oplus k \leqslant a_1 \oplus b_1$, 则 $j = a_1, k = b_1$. 由此, $a_1 \sim_I 0, b_1 \sim_I 0, [a] = [0], [b] = 0$. □

下面的例子给出由 Riesz 子代数诱导的 c-同余, 并且商代数是满足正律的, 而例子中的 Riesz 子代数不是 Riesz 理想, 但在参考文献 [60] 中的例子误将此例中的 Riesz 子代数看成是 Riesz 理想.

例 1.5.22 若 P_1 和 P_2 是 CPAM, $Q = P_1 \times P_2, a = (a_1, a_2) \in Q, b = (b_1, b_2) \in Q$. 定义 $a \sim b$ 当且仅当 $a_1 \leqslant b_1$ 且 $b_1 \leqslant a_1$. 令 $I = \{0\} \times P_2$, 则 I 是 Riesz 子代数. 从而 $\sim_I$ 是 Q 上的 c-同余. 事实上, $\sim=\sim_I$. 若 $a \sim_I b$, 则存在 $i, j \in I$ 使得 $a \ominus i \leqslant b, b \ominus j \leqslant a$, 从而 $a_1 \leqslant b_1$ 且 $b_1 \leqslant a_1$. 反之, 若 $a \sim b$, 则 $a_1 \leqslant b_1$ 且 $b_1 \leqslant a_1$. 设 $i = (0, a_2), j = (0, b_2)$, 则 $i, j \in I$, $a \ominus i = (a_1, 0) \leqslant b, b \ominus j = (b_1, 0) \leqslant a$, 从而 $a \sim_I b$.

定义 $a_1 \approx b_1$ 当且仅当 $a_1 \leqslant b_1$ 且 $b_1 \leqslant a_1$, 这里 $a_1, b_1 \in P_1$. 易知 $\approx$ 是 P_1 上的 c-同余关系. 记 $P_0 = P_1/\approx = \{\overline{a_1} : a_1 \in P_1\}$, 则 P_0 是满足正律的 CPAM. 事实上, 若 $\overline{a_1} \oplus \overline{b_1} = \overline{0}$, 则存在 $x_1, y_1 \in P_1, x_1 \approx a_1, y_1 \approx b_1, x_1 \perp y_1$ 使得 $0 \approx x_1 \oplus y_1$, 则 $x_1 \oplus y_1 \leqslant 0, 0 \leqslant x_1 \oplus y_1$, 从而 $x_1, y_1 \leqslant 0$, $0 \leqslant x_1, y_1, x_1 \approx 0, y_1 \approx 0$, 则 $\overline{a_1} = \overline{b_1} = \overline{0}$.

定义 $\phi: Q/\sim \to P_0$, $\phi([a]) = \overline{a_1}$, 这里 $a = (a_1, a_2)$. 显然, ϕ 的定义是合理的且是满的. 若 $[a] \perp [b]$, 则存在 $(x_1, x_2), (y_1, y_2) \in Q, (x_1, x_2) \perp (y_1, y_2), (x_1, x_2) \sim a = (a_1, a_2), (y_1, y_2) \sim b = (b_1, b_2)$, 使得 $[a] \oplus [b] = [(x_1 \oplus y_1, x_2 \oplus y_2)], \phi([a] \oplus [b]) = \phi([(x_1 \oplus y_1, x_2 \oplus y_2)]) = \overline{x_1 \oplus y_1} = \overline{x_1} \oplus \overline{y_1} = \overline{a_1} \oplus \overline{b_1} = \phi([a]) \oplus \phi([b])$. 又若 $\phi([a]) \perp \phi([b])$, 则 $\overline{a_1} \perp \overline{b_1}$, 则存在 $x_1, y_1 \in P_1, x_1 \approx a_1, y_1 \approx b_1, x_1 \perp y_1$, $(x_1, 0) \sim a, (y_1, 0) \sim b$ 且 $(x_1, 0) \perp (y_1, 0), [a] \perp [b]$. 由此可知 ϕ 是同构, 从而 $Q/\sim$ 是满足正律的 CPAM.

事实上, 有如下结论.

命题 1.5.23 若 P 是 CPAM, 则 $I = \{0\}$ 是 Riesz 子代数, P/I 是满足正律的 CPAM.

证明 显然 $I = \{0\}$ 是 Riesz 子代数. 若 $[a] \oplus [b] = [0]$, 则存在 $a_1, b_1 \in P, a_1 \perp b_1, a_1 \sim_I a, b_1 \sim_I a$ 使得 $a_1 \oplus b_1 \sim_I 0$, 则存在 $i \in I$, 使得 $(a_1 \oplus b_1) \ominus i \leqslant 0$. 由 $I = \{0\}$ 知, $i = 0, a_1 \oplus b_1 \leqslant 0$ 则 $a_1 \leqslant 0, b_1 \leqslant 0$. 由此, $a_1 \sim_I 0, b_1 \sim_I 0, [a] = [b] = [0]$. □

命题 1.5.24 设 P 是 CPAM. 若 I 是 Riesz 子代数, 则 P/I 是满足正律的 CPAM.

证明 由命题 1.5.21, 只需证明 P/I 满足正律. 若 $[a] \oplus [b] = [0]$, 则存在 $a_1, b_1 \in P, a_1 \perp b_1, a_1 \sim_I a, b_1 \sim_I b$ 使得 $a_1 \oplus b_1 \sim_I 0$, 且存在 $i \in I$ 使得 $(a_1 \oplus b_1) \ominus i \leqslant 0$. 由 I 是 Riesz 子代数知, 存在 $j, k \in I, j \leqslant a_1, k \leqslant b_1$ 使得 $i \leqslant j \oplus k \leqslant a_1 \oplus b_1$. 则 $(a_1 \ominus j) \oplus (b_1 \ominus k) \leqslant 0, a_1 \ominus j \leqslant 0, b_1 \ominus k \leqslant 0$. 由此, $a_1 \sim_I 0, b_1 \sim_I 0, [a] = [b] = [0]$. □

命题 1.5.25 (i) 设 P 是 CPAM, 定义 P 上的二元关系 $\approx$ 为: $a \approx b$ 当且仅当 $a \leqslant b$ 且 $b \leqslant a$, 这里 $a, b \in P$. 则 $\approx$ 是 P 上的 c-同余关系, 且 $P/\approx$ 是满足正律的 CPAM.

(ii) 设 P 是 CPAM, $\sim$ 是 P 的 c-同余. $P/\sim$ 是满足正律的 CPAM, 则 $\approx \subseteq \sim$.

(iii) 设 P 是 CPAM, $\sim$ 是 P 的 c-同余. 若 P 满足下列条件:

(1) 当 $[a] \leqslant [0]$ 时, 存在 $a_1 \sim a$ 使得 $a_1 \leqslant 0$;

(2) 当 $a \approx 0$ 时, 有 $a \sim 0$,

则 $P/\sim$ 是满足正律的 CPAM.

证明 (i) 显然, $\approx$ 为 P 上的等价关系. 若 $a \perp b$, $a_1 \perp b_1$, $a \approx a_1$, $b \approx b_1$, 则 $a \oplus b \leqslant a_1 \oplus b_1, a_1 \oplus b_1 \leqslant a \oplus b$, $a \oplus b \approx a_1 \oplus b_1$. 因此, $\approx$ 为 P 上的弱同余关系. 设 $a \perp b$, $a \approx c$, 由 $c \leqslant a$ 得 $c \perp b$ 存在, 从而由 $b \approx b$ 可得 $\approx$ 是同余关系. 设 $a \perp b, a_1 \perp b_1, a \approx a_1, a_1 \oplus b_1 \approx a \oplus b$. 由 $a \approx a_1$ 可得, 存在

a_2, a_3, 使得 $a \oplus a_2 = a_1, a_1 \oplus a_3 = a$. 由 $a_1 \oplus b_1 \approx a \oplus b$ 可得, 存在 x, y, 使得 $a_1 \oplus b_1 \oplus x = a \oplus b, a_1 \oplus b_1 = a \oplus b \oplus y$. 因此, $a \oplus a_2 \oplus b_1 \oplus x = a \oplus b, a_1 \oplus b_1 = a_1 \oplus a_3 \oplus b \oplus y$. 因此, 由消去律可得 $b \approx b_1$. 这样, $\approx$ 是 c-同余关系, 由命题 1.5.20 可得 $P/\approx$ 是 CPAM. 又若 $[a], [b] \in P/\approx$, $[a] \oplus [b] = [0]$. 不妨设 $a \oplus b = 0$, 则 $a \leqslant 0$, $b \leqslant 0$, 这样 $[a] = [0], [b] = [0]$. 因此 $P/\approx$ 是满足正律的 CPAM.

(ii) a 关于 $\sim$ 的等价类记为 $[a]$. 设 $a \approx b$, 则 $a \leqslant b, b \leqslant a$, $[a] \leqslant [b], [b] \leqslant [a]$. 又由 $P/\sim$ 是满足正律的 CPAM 可得 $[a] = [b]$, 从而 $\approx \subseteq \sim$.

(iii) 若 $[a] \oplus [b] = [0]$, 则 $[a] \leqslant [0]$. 由假设, 存在 $a_1 \sim a, a_1 \leqslant 0$, 则 $a_1 \approx 0$, $a_1 \sim 0$. 因此, $[a] = [0]$, $P/\sim$ 是满足正律的. □

下面主要研究具有 Riesz 分解性质的广义效应代数的子直积表示.

定义 1.5.26[2] 设 $(E; \oplus, 0)$ 是广义效应代数. 若当 $a, b, c, d \in E, a \oplus b = c \oplus d$ 时, 存在 $x_{11}, x_{12}, x_{21}, x_{22} \in E$ 使得 $a = x_{11} \oplus x_{12}, b = x_{21} \oplus x_{22}, c = x_{11} \oplus x_{21}, d = x_{12} \oplus x_{22}$, 则称 E 是具有**Riesz 分解性质的**.

定义 1.5.27[2] 设 $(E; \oplus, 0)$ 是广义效应代数. 若对任意的 $a, b \in E$, 存在 $c \in E$ 使得 $a, b \leqslant c$, 则称 E 是**上定向的**.

命题 1.5.28[2] 若 $(E; \oplus, 0)$ 是上定向的 CPAM, 则任意的 (R1)-理想是 Riesz 理想.

由命题 1.5.28 可得如下命题.

命题 1.5.29 若 $(E; \oplus, 0)$ 是上定向的具有 Riesz 分解性质的广义效应代数, 则任意的理想是 Riesz 理想.

定义 1.5.30[2] 设 $(E; \oplus, 0)$ 是广义效应代数. 记 E 中的理想之集是 $I(E)$. $I \in I(E)$, 称 I 是**素的**, 若对任意的 $J, K \in I(E), J \cap K \subseteq I$, 则 $J \subseteq I$ 或 $K \subseteq I$.

定义 1.5.31 设 $(E; \oplus, 0)$ 是广义效应代数, $a \in E$ 且 $a \neq 0$, $I \in I(E)$. 若 I 是不包含 a 的极大理想, 则称 I 是 a 的值.

命题 1.5.32[55] 设 $(E; \oplus, 0)$ 是具有 Riesz 分解性质的广义效应代数, 则 $I(E)$ 按照集合的包含序关系是满足第一无限分配律的完备格, 即满足 $I \cap (\bigvee_i I_i) = \bigvee_i (I \cap I_i)$.

命题 1.5.33 设 $(E; \oplus, 0)$ 是具有 Riesz 分解性质的广义效应代数, 任意 $a \in E$. 若 V 是 a 的值, 则 V 是素理想.

证明 设 V 是非零元 a 的值, $I, J \in I(E)$, $I \cap J \subseteq V$. 由命题 1.5.32 可得, $V = V \vee (I \cap J) = (V \vee I) \cap (V \vee J)$. 由于 $a \notin V$, 则 $a \notin V \vee I$ 或 $a \notin V \vee J$. 由 V 的极大性可得 $V = V \vee I$ 或 $V = V \vee J$, 因此, $I \subseteq V$ 或 $J \subseteq V$. □

命题 1.5.34　设 $(E;\oplus,0)$ 是具有 Riesz 分解性质的广义效应代数, 则以下各条等价.

(i) I 是素理想.

(ii) 若 $J\cap K=I$, 则 $J=I$ 或 $K=I$.

(iii) 若 $I(a)\cap I(b)\subseteq I$, 则 $a\in I$ 或 $b\in I$. 这里 $I(a)(I(b))$ 指由 $a(b)$ 生成的理想.

证明　(i) $\Rightarrow$(ii). 设 $J\cap K=I$, 则 $J\supseteq I$ 且 $K\supseteq I$. 又由 I 是素理想可得 $J\subseteq I$ 或 $K\subseteq I$, 因此, $J=I$ 或 $K=I$.

(ii) $\Rightarrow$(i). 设 $J\cap K\subseteq I$, 则 $I=I\vee(J\cap K)=(I\vee J)\wedge(I\vee K)$, 从而 $I=I\vee J$ 或 $I=I\vee K$, 则 $J\subseteq I$ 或 $K\subseteq I$.

(i) $\Rightarrow$(iii). 由素理想的定义易知.

(iii) $\Rightarrow$(i). 设 $J\cap K\subseteq I$, $J=\bigvee_{a\in J}I(a), K=\bigvee_{b\in K}I(b)$. 则 $J\cap K=\bigvee_{a,b}(I(a)\wedge I(b))\subseteq I$. 若存在 $a\in J-I, b\in K-I$, 则由 $I(a)\wedge I(b)\subseteq I$ 得 $a\in I$ 或 $b\in I$, 这是与 $a\in J-I, b\in K-I$ 矛盾的. □

命题 1.5.35　设 $(E;\oplus,0)$ 是具有 Riesz 分解性质的广义效应代数, $I\in I(E)$. 若 $\{J\in I(E)|I\subseteq J\}$ 是反格, 则 I 是素理想.

证明　设 $J\cap K=I$, 则 $J\supseteq I$ 且 $K\supseteq I$. 由于 $\{J\in I(E)|I\subseteq J\}$ 是反格, 则 $J\subseteq K$ 或 $K\subseteq J$, 从而 $J=I$ 或 $K=I$, 由命题 1.5.34 知 I 是素理想. □

命题 1.5.36[2]　设 $(E;\oplus,0)$ 是广义效应代数. 若 I 是理想, 则 $a\sim_I b$ 当且仅当存在 $i,j\in I$ 使得 $a\ominus i=b\ominus j$.

命题 1.5.37　设 $(E;\oplus,0)$ 是具有 Riesz 分解性质的广义效应代数. 若 I 是理想, 则 $E/\sim_I$ 是具有 Riesz 分解性质的广义效应代数.

证明　由命题 1.5.21 可知 $E/\sim_I$ 是广义效应代数. 下证 $E/\sim_I$ 具有 Riesz 分解性质. 设 $[a_1]\oplus[a_2]=[b_1]\oplus[b_2]$. 不失一般性, 假设 $a_1\oplus a_2\sim_I b_1\oplus b_2$, 则存在 $i,j\in I$ 使得 $(a_1\oplus a_2)\ominus i=(b_1\oplus b_2)\ominus j$, $a_1\oplus a_2=((b_1\oplus b_2)\ominus j)\oplus i$. 由 Riesz 分解性质可知, 存在 $c_{11},c_{12},c_{21},c_{22}\in E$ 使得 $a_1=c_{11}\oplus c_{12}$, $a_2=c_{21}\oplus c_{22}$, $(b_1\oplus b_2)\ominus j=c_{11}\oplus c_{21}$, $i=c_{12}\oplus c_{22}$. 从而 $b_1\oplus b_2=(c_{11}\oplus c_{21})\oplus j$, 利用 Riesz 分解性质可知, 存在 d_{11},d_{12}, d_{21},d_{22}, $d_{31},d_{32}\in E$ 使得 $b_1=d_{11}\oplus d_{21}\oplus d_{31}$, $b_2=d_{12}\oplus d_{22}\oplus d_{32}$, $c_{11}=d_{11}\oplus d_{12}$, $c_{21}=d_{21}\oplus d_{22}$, $j=d_{31}\oplus d_{32}$. 由 $i,j\in I$ 可得 $c_{12},c_{22},d_{31},d_{32}\in I$, 则 $[a_1]=[c_{11}]=[d_{11}]\oplus[d_{12}]$, $[a_2]=[c_{21}]=[d_{21}]\oplus[d_{22}]$, $[b_1]=[d_{11}]\oplus[d_{21}]$, $[b_2]=[d_{12}]\oplus[d_{22}]$. □

定义 1.5.38　设 $(E;\oplus,0)$ 是广义效应代数. 称 E 是**有限次直既约的** (finitely subdirectly irreducible), 若 $I, J \in I(E), I \cap J = \{0\}$, 则 $I = \{0\}$ 或 $J = \{0\}$.

命题 1.5.39 设 $(E; \oplus, 0)$ 是具有 Riesz 分解性质的广义效应代数, 若 $A \neq \varnothing, A \subseteq E$, 记 $A^{\perp} = \{x \in E | x \wedge a = 0, \forall a \in A\}$, 则 $A^{\perp}$ 是理想.

证明 $0 \in A^{\perp}$. 若 $x \in E, y \in A^{\perp}, x \leqslant y$, 则 $x \in A^{\perp}$. 设 $a \in A, x, y \in A^{\perp}, x \oplus y \in E$, 对任意的 $z \in E$, 若 $z \leqslant a, z \leqslant x \oplus y$, 则由 Riesz 分解性质可得, 存在 $z_1 \leqslant x$, $z_2 \leqslant y$ 使得 $z = z_1 \oplus z_2$. 再由 $z \leqslant a$, 可知 $z_1 = z_2 = z = 0$, 因此, $x \oplus y \in A^{\perp}$. □

命题 1.5.40 设 $(E; \oplus, 0)$ 是上定向的具有 Riesz 分解性质的广义效应代数. E 是反格当且仅当对任意 $a, b \in E - \{0\}$, $a \wedge b \neq 0$.

证明 E 是反格, 反设 $a, b \in E - \{0\}$ 且 $a \wedge b = 0$. 则由反格的定义得 $a = 0$ 或 $b = 0$, 这与 $a, b \in E - \{0\}$ 矛盾. 反之, 设 $a, b \in E$ 且 $a \wedge b = c$. 下证 $a = c$ 或 $b = c$. 由于 $a \wedge b = c$, 则 $(a \wedge b) \ominus c = c \ominus c = 0$, 而 $(a \wedge b) \ominus c = (a \ominus c) \wedge (a \ominus b)$, 从而 $a \ominus c = 0$ 或 $b \ominus c = 0$, 则 $a = c$ 或 $b = c$. □

命题 1.5.41 设 $(E; \oplus, 0)$ 是上定向的具有 Riesz 分解性质的广义效应代数. E 是有限次直既约的当且仅当 E 是反格.

证明 设存在非零理想 I, J 且 $I \cap J = \{0\}$. 对任意的 $a \in I - \{0\}, b \in J - \{0\}$, $a \wedge b = 0$, 则 E 不是反格.

反之, 设 E 是有限次直既约的. 反设 $a, b \in E - \{0\}$, $a \wedge b = 0$, 则 $a \in b^{\perp}$, $b \in a^{\perp}$. 又由 E 是上定向的可知存在 $c \in E$ 使得 $a, b \leqslant c$, 则存在 $a_1, b_1 \in E$ 使得 $a \oplus a_1 = b \oplus b_1 = c$. 由 Riesz 分解性质可知存在 d_{11}, d_{12}, $d_{21}, d_{22} \in E$ 使得 $a = d_{11} \oplus d_{12}, a_1 = d_{21} \oplus d_{22}, b = d_{11} \oplus d_{21}, b_1 = d_{12} \oplus d_{22}$, 从而 $d_{11} = 0, a = d_{12}, b = d_{21}$ 且 $a \oplus b$ 存在. 又对于任意的 $d \in E$, 当 $a, b \leqslant d$ 时, 如上可得 $a \oplus b \leqslant d$, 因此 $a \oplus b = a \vee b$. 下证 $a^{\perp} \cap b^{\perp} = (a \oplus b)^{\perp}$. 一方面, 显然有 $a^{\perp} \cap b^{\perp} \supseteq (a \oplus b)^{\perp}$; 另一方面, 若 $x \in a^{\perp} \cap b^{\perp}$, 则 $x \notin (a \oplus b)^{\perp}$. 设 $x_1 \neq 0$, 并且 $x_1 \leqslant x, x_1 \leqslant a \oplus b$, 由 Riesz 分解性质可知存在 $x_3 \leqslant a, x_4 \leqslant b$ 使得 $x_1 = x_3 \oplus x_4$, 由 $x \notin (a \oplus b)^{\perp}$ 得 $x_3 = x_4 = 0$, 从而 $x_1 = 0$, 这与 $x_1 \neq 0$ 矛盾, 从而 $x \in (a \oplus b)^{\perp}$, 则 $a^{\perp} \cap b^{\perp} \subseteq (a \oplus b)^{\perp}$. 由于 $(a \oplus b)^{\perp} \cap (a \oplus b)^{\perp\perp} = \{0\}$, 而 $a \oplus b \in (a \oplus b)^{\perp\perp}$, 由 E 是有限次直既约的得 $(a \oplus b)^{\perp} = \{0\}$, 因此 $a^{\perp} \cap b^{\perp} = \{0\}$. 从而 $b \in a^{\perp} = \{0\}$, 或 $a \in b^{\perp} = \{0\}$, 这与 $a, b \in E - \{0\}$ 矛盾. 由命题 1.5.40 可得 E 是反格. □

定义 1.5.42 设 $\{E_i\}_{i \in I}$ 是一族广义效应代数. 若在集合 $\prod_{i \in I} E_i$ 上如下定义部分运算 $\oplus: \forall a, b \in \prod_{i \in I} E_i$, $a \oplus b$ 存在当且仅当对任意的 $i \in I, a_i \oplus b_i$ 存在, 且 $(a \oplus b)_i = a_i \oplus b_i$, 则称广义效应代数 $(\prod_{i \in I} E_i; \oplus, 0)$ 是 $\{E_i\}_{i \in I}$ 的**直积**.

定义 1.5.43　设 $(E;\oplus,0)$ 是广义效应代数. 若存在广义效应代数间的态射 $f: E \to \prod_{i\in I} E_i$ 满足:

(i) $f(a) \leqslant f(b)$ 当且仅当 $a \leqslant b$;

(ii) $\pi_i \circ f: E \to E_i$ 是满的态射,

则称 E **有子直积表示**, 这里 $\pi_i: \prod_{i\in I} E_i \to E_i$ 是投影态射.

命题 1.5.44　设 $(E;\oplus,0)$ 是上定向的具有 Riesz 分解性质的广义效应代数, $I \in I(E)$. I 是素的当且仅当 E/I 是反格.

证明　设 I 是素的, I, J 是满足 $I \cap J = \{0\}$ 的 E/I 的两个理想. 令 $I_0 = \{x \in E | x/I \in I\}$, $J_0 = \{x \in E | x/I \in J\}$, 则 I_0, J_0 是 E 的两个理想且 $I_0 \cap J_0 = I$, 由命题 1.5.34 可得 $I_0 = I$ 或 $J_0 = I$. 由命题 1.5.41, E/I 是反格. □

命题 1.5.45[2]　设 $(E;\oplus,0)$ 是上定向的具有 Riesz 分解性质的广义效应代数. 则存在上定向的偏序 Abelian 群 G 使得 $G^+ = \mathrm{ssg}(\phi(E))$, 其中 $\phi: E \to G^+$ 是广义效应代数间的单态射, $\mathrm{ssg}(\phi(E))$ 表示由 $\phi(E)$ 生成的半群.

命题 1.5.46　设 $(E;\oplus,0)$ 是上定向的具有 Riesz 分解性质的广义效应代数. 则 E 有子直积表示.

证明　设 $\mathcal{P}$ 表示 E 的真的素理想之集. 则 $\cap\{P \in \mathcal{P}\} = \{0\}$. 事实上, 设存在 $a \in \cap\{P \in \mathcal{P}\}$, 但 $a \neq 0$. 由 1.5.33 可知 a 的值 $V(a)$ 是真的素理想, 则 $a \notin V(a)$, 这与 $a \in \cap\{P \in \mathcal{P}\}$ 矛盾. 作直积 $\prod_{P\in\mathcal{P}} E/P$, 定义映射 $f: E \to \prod_{P\in\mathcal{P}} E/P, f(a) = (a/P)_{P\in\mathcal{P}}$, 则 f 是广义效应代数之间的态射.

下证 f 是单态射. 设 $f(a) \leqslant f(b)$. 从而对任意的 $P \in \mathcal{P}$, $a/P \leqslant b/P$. 令 $g = a - b$. 设 $g \nleqslant 0$. 由命题 1.5.45 知存在 $\phi: E \to G^+$ 是单态射, $\mathrm{ssg}(\phi(E))$ 表示由 $\phi(E)$ 生成的半群. 则 $g \in G$, 令 $U(g) = \{h \in G | h \geqslant g\}$. 设 $A(g)$ 是满足 $U(g) \cap A(g) = \varnothing$ 的 E 的极大理想. 下证 $A(g)$ 是素的. 设 I, J 是 E 的理想, $I \cap J = A(g)$. 若 $I \neq A(g), J \neq A(g)$, 则存在 $a, b \in E$ 使得 $a \in I \cap U(g), b \in J \cap U(g)$, 则 $0, g \leqslant a, b$, 从而由 G 具有 Riesz 分解性质知存在 $c \in E$ 使得 $0, g \leqslant c \leqslant a, b$. 这样, $c \in I \cap J$, $c \in A(g) \cap U(g)$, 这与 $A(g)$ 的定义矛盾, 则 $A(g)$ 是素的. 从而 $a/A(g) \leqslant b/A(g)$, 则存在 $e \in A(g)$ 使得 $a - e \leqslant b$, $g = a - b \leqslant e$, 则 $e \in U(g) \cap A(g)$, 这与 $A(g)$ 的定义矛盾. 由此可得 $g \leqslant 0$, 则 $a \leqslant b$. 因此, f 是单态射.

显然, 任意的 $P \in \mathcal{P}$, $\pi_P \circ f: E \to E/P$ 是满的. □

第 2 章　区间效应代数

一个量子力学系统 E 如果按通常方式表示为 Hilbert 空间 H, 那么 H 上的每个 $0 \leqslant A \leqslant I$ 的自伴算子 A 对应 E 的一个效应 [2]. 在表示系统 E 的不可精确测量时, 效应是一个重要的概念. 为了描述不可精确测量的量子理论, 1994 年, Foulis 和 Bennett 给出了效应代数的定义 [19]. 正如经典物理系统事件的逻辑代数是布尔代数, 效应代数可作为量子力学系统 E 的逻辑代数. 其中, 一类重要的效应代数是区间效应代数, 如 Hilbert 空间效应代数 $\mathcal{E}(H)$、具有 Riesz 分解性质的效应代数、凸效应代数、可分效应代数和 MV-代数等 [2,65−69]. 对区间效应代数结构的刻画仍是当前量子逻辑研究的重要内容之一 [65,70−93] .

本章主要介绍区间效应代数的结构, 内容安排如下. 2.1 节介绍区间效应代数的定义及其与偏序群之间的关系. 2.2 节引入 n-可分效应代数的定义, 讨论 n-可分效应代数的性质, 并使用字的技巧证明 n-可分效应代数是区间效应代数且可嵌入到可分效应代数中. 2.3 节主要研究区间效应代数的张量积, 两个相互独立的量子系统的复合系统可用张量积来描述, 对区间效应代数张量积的结构的刻画是个开问题 [76, 78]. 在文献 [83] 中研究了区间效应代数的张量积与它们的泛群的张量积之间的关系, 讨论了 [0, 1] 与 [0, 1] 在区间效应代数范畴中张量积的结构, 指出 [0, 1] 与 [0, 1] 的张量积不是格序的, 从而否定回答了文献 [74] 中的猜想. 2.4 节主要研究具有 Riesz 分解性质 (RDP) 的效应代数与 MV-代数之间的关系. 具有 Riesz 分解性质的效应代数总是具有插值性质的偏序 Abelian 群的一个区间 [2]. 任何一个 MV-代数都满足 Riesz 分解性质, 但是具有 Riesz 分解性质的效应代数不一定是 MV-代数 [2], 具有 Riesz 分解性质的有限的效应代数是 MV-代数. 本节将研究具有 Riesz 分解性质的效应代数成为 MV-代数的条件, 并证明具有 Riesz 分解性质的可数完备的原子的效应代数是 MV-代数 [89]. 同时对正交完备与链完备之间的关系进行了讨论 [85, 86]. 2.5 节主要对标度效应代数的结构进行完整的刻画, 证明 Archimedean 的标度效应代数同构于区间效应代数 [0, 1] 的子代数, 满足特殊条件的非 Archimedean 的标度效应代数同构于 Archimedean 的标度效应代数与全序群的字典序的乘积. 本节一方面对标度效应代数的结构进行刻画, 另一方面提供对量子结构与偏序群之间关系的研究的新领域. 2.6 节主要对非 Archimedean 的效应代数结构及其与偏序群之间关系进行研究. 李永明教授在文献 [91] 中对非 Archimedean 标度效应代数的结构进行了深入的研究, 给出了比较完整的结果. Dvurečenskij 在文献 [44] 中对一类非 Archimedean 具有 Riesz 分解性质的效应代数进行研究, 得到了效应代数和偏序 Abelian 群之间的关系. 本节是上述工作的继续, 进一步研究非 Archimedean 的具有 Riesz 分解性质的效应代数的结构. 引入 E 完全效应代数的定义, 通过无限小元构成的理想作商研究 E 完全效应代数的结构. 证明 E 完全效应代数同构于 Archimedean 效应代数与上定向的偏序 Abelian 群的字典序乘积 [92].

2.1　效应代数与交换群

定义 2.1.1[56]　(i) 代数结构 $(G;\leqslant,+,0)$ 称为**偏序交换群**, 若 $(G;+,0)$ 是交换群, $(G;\leqslant)$ 是偏序集, 且对任意的 $x,y,z\in G$, 当 $x\leqslant y$ 时, 都有 $x+z\leqslant y+z$.

(ii) 设 $(G;\leqslant,+,0)$ 是偏序交换群, 若 $x\in G$ 且 $x\geqslant 0$, 则称 x 是 G 的**正元**.

定义 2.1.2[56]　(i) 交换群 $(G;+,0)$ 的子集 C 称为**锥**, 若 $0\in C$, 且对任意的 $x,y\in C, x+y\in C$.

(ii) 交换群 $(G;+,0)$ 的锥 C 称为**严格的**, 若 $x\in C,-x\in C$, 则 $x=0$.

注 2.1.3[2]　设 C 是交换群 $(G;+,0)$ 的锥, 定义 G 上的二元关系 $\leqslant_C$: $x\leqslant_C y$ 当且仅当 $y-x\in C$. 则 $\leqslant_C$ 是预序. 易知 $\leqslant_C$ 是偏序当且仅当 C 是严格的锥.

注 2.1.4[2]　偏序交换群 $(G;\leqslant,+,0)$ 的正元之集是 $(G;\leqslant,+,0)$ 的严格的锥, 记为 G^+, 通常称 G^+ 是 G 的正锥. 由偏序交换群 $(G;\leqslant,+,0)$ 的正锥 G^+ 得到的偏序关系 $\leqslant_{G^+}$ 和 $\leqslant$ 是相同的.

设 $(G;\leqslant,+,0)$ 是偏序交换群. $u\in G^+$, 定义区间 $G^+[0,u]=\{x\in G^+|x\leqslant u\}$. 容易证明下面的结论.

定理 2.1.5[2]　设 $(G;\leqslant,+,0)$ 是偏序交换群, $u\in G^+$. 在区间 $G^+[0,u]$ 上定义部分二元运算 $\oplus$: 对任意的 $x,y\in G^+[0,u]$, $x\oplus y$ 存在当且仅当 $x+y\leqslant u$, 且当 $x\oplus y$ 存在时, $x\oplus y=x+y$. 则 $(G^+[0,u];\oplus,0,u)$ 是效应代数.

定义 2.1.6[2]　称效应代数 E 是**区间效应代数**, 若存在偏序交换群 $(G;\leqslant,+,0)$ 使得效应代数 E 与效应代数 $(G^+[0,u];\oplus,0,u)$ 同构.

例 2.1.7　由定理 2.1.5 及定义 2.1.6 可知实数单位区间 $[0,1]$ 是区间效应代数.

例 2.1.8　Hilbert 空间效应代数 $(\mathcal{E}(H);\oplus,0,I)$ 是 Hilbert 空间 H 上的自伴算子构成的偏序交换群 $\mathcal{B}_{\rm sa}(H)$ 的一个区间, 由定义 2.1.6 可知 $\mathcal{E}(H)$ 是区间效应

代数.

定义 2.1.9[2] 设 E 是效应代数, $(G;+,0)$ 是交换群. 称映射 $\phi: E\to G$ 是**群值测度**, 若 ϕ 满足如下条件: 对任意的 $x,y\in E, x\perp y$, 都有 $\phi(x\oplus y)=\phi(x)+\phi(y)$. 称群值测度 ϕ 是**正的** (positive), 若当 $\phi(p)=0$ 时必有 $p=0$. 称群值测度 ϕ 是**非退化的**, 若 $\phi(1)\neq 0$.

定义 2.1.10[2] 设 E 是效应代数, $(G;+,0)$ 是偏序交换群. 称群值测度 $\phi: E\to G$ 是**群表示**, 若 $\phi(E)\subseteq G^{+}$. 称群表示 ϕ 是**忠实的** (faithful), 若 $p,q\in E$, 当 $\phi(p)\leqslant\phi(q)$ 时必有 $p\leqslant q$.

定义 2.1.11[2] 设 E 是效应代数, $(\mathcal{G};+,0)$ 是交换群. 称序对 $(\mathcal{G},\gamma)$ 是 E 的**泛群**, 若群值测度 $\gamma: E\to\mathcal{G}$ 满足如下条件:

(i) $\gamma(E)$ 生成 $\mathcal{G}$;

(ii) 设 G 是交换群, $\phi: E\to G$ 是群值测度, 则存在群同态 $\phi^{*}:\mathcal{G}\to G$ 使得 $\phi=\phi^{*}\circ\gamma$.

设 $\psi: E\to Z$ 是映射, 其中 E 是效应代数, Z 是整数加群. 定义 ψ 的支撑为 $\mathrm{supp}(\psi)=\{x\in E\mid\psi(x)\neq 0\}$ 且 $Z^{[E]}=\{\psi: E\to Z\mid \mathrm{supp}(\psi)$ 是有限集 $\}$. 在 $Z^{[E]}$ 上逐点定义加法运算可使其成为加法交换群. 下面定理给出了构造效应代数泛群的方法, 并建立了效应代数与交换群之间的关系.

定理 2.1.12[2] 若 E 是效应代数, 则存在 E 的泛群 $(\mathcal{G},\gamma)$, 且在同构意义下 $(\mathcal{G},\gamma)$ 是唯一的.

证明 对任意的 $p\in E$, 如下定义 $\delta_p\in Z^{[E]}$: 当 $q=p$ 时, $\delta_p(q)=1$; 当 $q\neq p$ 时, $\delta_p(q)=0$. 设 H 是由集合 $\{\delta_p+\delta_q-\delta_r\mid p\oplus q=r, p,q,r\in E\}$ 所生成的 $Z^{[E]}$ 的子群. 设 $\mathcal{G}$ 表示商群 $Z^{[E]}/H$, $\eta: Z^{[E]}\to\mathcal{G}$ 是典型的满同态且其核为 H. 如下定义 $\gamma: E\to\mathcal{G}$: $\gamma(p)=\eta(\delta_p)$, $p\in E$. 从而对任意的 $p,q,r\in E$, 若 $p\oplus q=r$, 则有 $\eta(\delta_p+\delta_q-\delta_r)=0$, $\gamma(p)+\gamma(q)-\gamma(r)=\eta(\delta_p)+\eta(\delta_q)-\eta(\delta_r)=0$, 这样, $\gamma: E\to\mathcal{G}$ 是效应代数 E 上的 $\mathcal{G}$ 值测度.

下设 $\phi: E\to G$ 是 E 上的 G 值测度. 可如下定义群同态 $\phi': Z^{[E]}\to G$, $\phi'(\psi)=\sum_{p\in\mathrm{supp}\psi}\psi(p)\phi(p)$, 这里 $\psi\in Z^{[E]}$. 显然, 对任意的 $p\in E$, $\phi'(\delta_p)=\phi(p)$ 成立. 对任意的 $p,q,r\in E$, $p\oplus q=r$, 则有 $\phi'(\delta_p+\delta_q-\delta_r)=\phi(\delta_p)+\phi(\delta_q)-\phi(\delta_r)$, 因此 $H=\ker(\eta)\subseteq\ker(\phi')$. 由群同态定理可知, 存在群同态 $\phi^{*}:\mathcal{G}\to G$ 使得 $\phi'=\phi^{*}\circ\eta$. 进而对任意的 $p\in E$, $\phi^{*}(\gamma(p))=\phi^{*}(\eta(\delta_p))=\phi'(\delta_p)=\phi(p)$, 因此 $\phi^{*}\circ\gamma=\phi$.

若 $(\mathcal{G},\gamma)$ 和 $(\mathcal{F},\chi)$ 都是 E 的泛群, 则由 $\gamma(E)$ 及 $\chi(E)$ 可分别生成 $\mathcal{G}$ 及 $\mathcal{F}$ 可知存在群同构 $\chi^{*}:\mathcal{G}\to\mathcal{F}$ 使得 $\chi=\chi^{*}\circ\gamma$, 因此 E 的泛群是唯一的. □

定义 2.1.13[2]　设 Δ 是效应代数 E 上的一族态射.

(i) 称 Δ 是**正的**, 若当 $p\in E$ 且 $p\neq 0$ 时, 必存在 $\phi\in\Delta$ 使得 $\phi(p)\neq 0$.

(ii) 称 Δ 是**可分的**, 若当 $p,q\in E$ 且 $p\neq q$ 时, 必存在 $\phi\in\Delta$ 使得 $\phi(p)\neq\phi(q)$.

(iii) 称 Δ 是**单位的**, 若当 $p\in E$ 且 $p\neq 0$ 时, 必存在 $\phi\in\Delta$ 使得 $\phi(p)=1$.

(iv) 称 Δ 是**序决定的**, 若当 $p,q\in E$ 且对任意的 $\phi\in\Delta$ 都有 $\phi(p)\leqslant\phi(q)$ 时, 必有 $p\leqslant q$.

(v) 称 Δ 是**丰富的** (rich), 若当 $p,q\in E$ 且对任意的 $p\nleqslant q$ 时, 必存在 $\phi\in\Delta$ 使得 $\phi(p)=1,\phi(q)\neq 1$.

下面的定理反映了效应代数上的态与其结构之间的相互关系.

定理 2.1.14[2]　若 $(\mathcal{G},\gamma)$ 是效应代数 E 的泛群, 则

(i) γ 是非退化的, 当且仅当 E 具有非退化的群值测度.

(ii) γ 是正的, 当且仅当 E 具有一族正的群值测度.

(iii) γ 是单的, 当且仅当 E 具有一族可分的群值测度.

(iv) $\mathcal{G}$ 是偏序群且使得 γ 是 E 上的正的群表示, 当且仅当 E 具有一族正的群表示.

(v) $\mathcal{G}$ 是偏序群且使得 γ 是 E 上的忠实的群表示, 当且仅当 E 具有一族忠实的群表示.

证明　参见文献 [2] 的定理 1.4.14. □

2.2　n-可分效应代数

本节给出 n-可分效应代数的定义及一些基本的性质. 本节内容主要取自于文献 [69].

定义 2.2.1[66]　对任意的自然数 $n\geqslant 1$, 若效应代数 $(E;\oplus,0,1)$ 中的任意元素 x, 存在唯一的 y 使得 $ny=x$, 则称 E 是**可分的效应代数**, 并记 $y=\dfrac{1}{n}x$.

定义 2.2.2　对某个自然数 $n\geqslant 1$, 若对效应代数 $(E;\oplus,0,1)$ 中的任意元素 x, 都存在唯一的 y 使得 $ny=x$, 则称 E 是 **n-可分的效应代数**, 并记 $y=\dfrac{1}{n}x$.

例 2.2.3　设 $G(2)=\left\{\dfrac{k}{2^n}\,\middle|\, n\in N,k\in Z\right\}$, 则 $(G(2);\leqslant,+,0)$ 是线性序的交换群, 这里 $+$ 是指实数的加法, $\leqslant$ 是指实数中通常意义下的大小关系. 则 $(G(2)^+[0,1];\oplus,0,1)$ 是 2 可分的效应代数, 但不是可分的效应代数. 显然, 对元素 $1\in G(2)^+[0,1]$, $G(2)^+[0,1]$ 中任何元素 x 都不满足 $3x=1$.

由 n-可分的效应代数的定义易得下面的命题.

命题 2.2.4 效应代数 E 是可分的当且仅当对任意的自然数 $n \geqslant 2$, E 是 n-可分的效应代数.

命题 2.2.5 设自然数 $n \geqslant 1$. 效应代数 E 是 n 可分的, 当且仅当对任意的自然数 $k \geqslant 1$, E 是 k 可分的效应代数, 这里 k 是 n 的因子.

本书主要讨论 2 可分的效应代数, 因为 $n \geqslant 3$ 时, n 可分的效应代数与 2-可分的效应代数有类似的性质.

下列“字”的技术是由 Wyler[68] 和 Baer[80] 首先采用的, 具体参考文献 [2].

若 $(E;\oplus,0,1)$ 是效应代数, 则 E 中元素的有限序列 $W=(a_1,a_2,\cdots,a_n)$ 称为**字**. 该字的长度记为 $|W|$, 定义为序列的长度 n, 其中元素 $a_i, i=1,2,\cdots,n$, 称为字 W 的分量. 对 $a\in E$, 字 (a) 的长度为 1, 且字 (a) 常记为 a. E 上的字的全体记为 $\mathcal{W}(E)$.

规定 $\mathcal{W}(E)$ 上的一个二元运算 $+$ 为: 对任意两个字 $W_1=(a_1,a_2,\cdots,a_n)$ 和 $W_2=(b_1,b_2,\cdots,b_m)$, $W_1+W_2=(a_1,a_2,\cdots,a_n,b_1,b_2,\cdots,b_m)$. 可证 $(\mathcal{W}(E);+)$ 构成半群.

两个字 W_1 和 W_2 称为直接相似的, 或者称 W_2 可由 W_1 通过基本变换得到, 记为 $W_1\to W_2$, 若 $W_1=(a_1,\cdots,a_k,a_{k+1},\cdots,a_n)$, $a_k\perp a_{k+1}$, $W_2=(a_1,\cdots,a_{k-1},a_k\oplus a_{k+1},a_{k+2},\cdots,a_n)$. 明显地, $|W_1|-1=|W_2|$.

规定 $\mathcal{W}(E)$ 上的一个二元关系 $\sim$ 为: 对两个字 W^1 和 W^2, $W^1\sim W^2$ 当且仅当存在有限序列的字 $W_0=W^1,W_1,\cdots,W_{m-1},W_m=W^2$ 满足: 对于 $0\leqslant i\leqslant m-1$, 或者 $W_i\to W_{i+1}$, 或者 $W_{i+1}\to W_i$. 易证 $\sim$ 为 $\mathcal{W}(E)$ 上的等价关系. 在该等价关系下的等价类集合记为 $T(E)$.

在 $T(E)$ 上定义二元运算 $+$ 为, $[W^1]+[W^2]=[W^1+W^2]$, 易知 $+$ 的定义是合理的且在该运算下 $T(E)$ 是 $\mathcal{W}(E)$ 的商半群.

引理 2.2.6 设 E 是 2 可分的效应代数, 则

(i) 对任意的 $a_1,a_2,\cdots,a_n,b\in E$, $(a_1,a_2,\cdots,a_n)\sim(b)$ 当且仅当 $a_1\oplus a_2\oplus\cdots\oplus a_n=b$. 特别地, 若 $b=0$, 则 $a_1=a_2=\cdots=a_n=0$. 并且 $[a]=[b]$ 当且仅当 $a=b$.

(ii) $a,b\in E$, 则 $(a,b)\sim(b,a)$.

(iii) 对任意的 $W=(a_1,a_2,\cdots,a_n)\in\mathcal{W}(E)$, $k\in N$, 定义 $\dfrac{1}{2^k}W=\left(\dfrac{1}{2^k}a_1,\dfrac{1}{2^k}a_2,\cdots,\dfrac{1}{2^k}a_n\right)$. 设 $W^1,W^2\in\mathcal{W}(E)$, 则 $W^1\sim W^2$ 当且仅当 $\dfrac{1}{2^k}W^1\sim\dfrac{1}{2^k}W^2$.

(iv) 设 $W^1, W^2, W^3 \in \mathcal{W}(E)$, 则 $W^1 \sim W^2$ 当且仅当 $W^1 + W^3 \sim W^2 + W^3$. 这样, $[W^1] = [W^2]$ 当且仅当 $[W^1] + [W^3] = [W^2] + [W^3]$.

证明　(i) 参见文献 [2, 推论 1.7.9].

(ii) 注意到对任意的 $x, y \in E$, $\frac{1}{2}x \oplus \frac{1}{2}y$ 是存在的. 这样, 若 $a, b \in E$, 则 $(a,b) \sim \left(\frac{1}{2}a, \frac{1}{2}a, \frac{1}{2}b, \frac{1}{2}b\right) \sim \left(\frac{1}{2}a, \frac{1}{2}a \oplus \frac{1}{2}b, \frac{1}{2}b\right) \sim \left(\frac{1}{2}a, \frac{1}{2}b \oplus \frac{1}{2}a, \frac{1}{2}b\right) \sim \left(\frac{1}{2}a, \frac{1}{2}b, \frac{1}{2}a, \frac{1}{2}b\right) \sim \left(\frac{1}{2}a \oplus \frac{1}{2}b, \frac{1}{2}a \oplus \frac{1}{2}b\right) \sim \left(\frac{1}{2}b \oplus \frac{1}{2}a, \frac{1}{2}b \oplus \frac{1}{2}a\right) \sim \left(\frac{1}{2}b, \frac{1}{2}a \oplus \frac{1}{2}b, \frac{1}{2}a\right) \sim \left(\frac{1}{2}b, \frac{1}{2}b \oplus \frac{1}{2}a, \frac{1}{2}a\right) \sim \left(\frac{1}{2}b \oplus \frac{1}{2}b, \frac{1}{2}a \oplus \frac{1}{2}a\right) \sim (b, a)$.

(iii) 设 $W^1 = (a_1, a_2, \cdots, a_n), W^2 = (b_1, b_2, \cdots, b_m)$, 若 $W^1 \sim W^2$, 则由 $\frac{1}{2^k}(x \oplus y) = \frac{1}{2^k}x \oplus \frac{1}{2^k}y$ 可得 $\frac{1}{2^k}W^1 \sim \frac{1}{2^k}W^2$. 反之, 由 $\frac{1}{2^k}W^1 \sim \frac{1}{2^k}W^2$ 可得 $2^k\left(\frac{1}{2^k}W^1\right) \sim 2^k\left(\frac{1}{2^k}W^2\right)$.

(iv) 一方面, 设 $W^1 \sim W^2$, $W_0 = W^1, W_1, \cdots, W_{m-1}, W_m = W^2$, 对于 $0 \leqslant i \leqslant m-1$, 或者 $W_i \to W_{i+1}$, 或者 $W_{i+1} \to W_i$. 则对于序列 $W_0 + W^3, W_1 + W^3, \cdots, W_{m-1} + W^3, W_m + W^3$, $0 \leqslant i \leqslant m-1$, 或者 $W_i + W^3 \to W_{i+1} + W^3$, 或者 $W_{i+1} + W^3 \to W_i + W^3$, 从而 $W^1 + W^3 \sim W^2 + W^3$.

另一方面, 只需证明 $|W^3| = 1$ 时结论成立. 不妨设 $W^1 = (a_1, a_2, \cdots, a_n), W^2 = (b_1, b_2, \cdots, b_m), W^3 = (c)$, 且 $n \geqslant m, (a_1, a_2, \cdots, a_n, c) \sim (b_1, b_2, \cdots, b_m, c)$, 这样, $\frac{1}{2^n}(a_1, a_2, \cdots, a_n, c) \sim \frac{1}{2^n}(b_1, b_2, \cdots, b_m, c)$, 则 $\frac{1}{2^n}a_1 \oplus \frac{1}{2^n}a_2 \oplus \cdots \oplus \frac{1}{2^n}a_n \oplus \frac{1}{2^n}c = \frac{1}{2^n}b_1 \oplus \frac{1}{2^n}b_2 \oplus \cdots \oplus \frac{1}{2^n}b_m \oplus \frac{1}{2^n}c$, $\frac{1}{2^n}a_1 \oplus \frac{1}{2^n}a_2 \oplus \cdots \oplus \frac{1}{2^n}a_n = \frac{1}{2^n}b_1 \oplus \frac{1}{2^n}b_2 \oplus \cdots \oplus \frac{1}{2^n}b_m$, $\frac{1}{2^n}W^1 \sim \frac{1}{2^n}W^2$, 由 (iii) 可得 $W^1 \sim W^2$. □

在 $T(E) \times T(E)$ 上定义二元运算 + 为: 对任意的 $[W_1], [W_2], [W_3], [W_4] \in T(E)$, $([W_1], [W_2]) + ([W_3], [W_4]) = ([W_1] + [W_3], [W_2] + [W_4])$.

在 $T(E) \times T(E)$ 上定义二元关系 $\approx$ 为: 对任意的 $[W_1], [W_2], [W_3], [W_4] \in T(E)$, $([W_1], [W_2]) \approx ([W_3], [W_4])$ 当且仅当 $[W_1] + [W_4] = [W_2] + [W_3]$. 记 $\langle [W_1], [W_2] \rangle = \{([W_1'], [W_2']) |\ ([W_1'], [W_2']) \approx ([W_1], [W_2]), [W_1'], [W_2'] \in T(E)\}$. $G(E) = \{\langle [W_1], [W_2] \rangle |\ [W_1], [W_2] \in T(E)\}$, $G^+(E) = \{\langle [W_1], [0] \rangle |\ [W_1] \in T(E)\}$. 规定 $G(E)$ 上的加法运算 +: $\langle [W_1], [W_2] \rangle + \langle [W_3], [W_4] \rangle = \langle [W_1] + [W_3], [W_2] + [W_4] \rangle$. 显然 $\theta = \langle [0], [0] \rangle \in G(E)$, 是 $G(E)$ 上运算 + 的单位元.

引理 2.2.7 设 E 是 2 可分的效应代数.

(i) 在 $T(E)\times T(E)$ 上定义的二元关系 $\approx$ 是等价关系.

(ii) 对任意的 $([W_1],[W_2]),([W_3],[W_4]),([W_5],[W_6]),([W_7],[W_8])\in T(E)\times T(E)$, 若 $([W_1],[W_2])\approx([W_3],[W_4]),([W_5],[W_6])\approx([W_7],[W_8])$, 则 $([W_1],[W_2])+([W_5],[W_6])\approx([W_3],[W_4])+([W_7],[W_8])$.

(iii) $(G(E);\leqslant,+,\theta)$ 是偏序交换群, 且 $G(E)=G^+(E)-G^+(E)$.

(iv) 映射 $\pi:T(E)\to G^+(E),[W_1]\mapsto[W_1],[0]$ 是半群同构.

证明 (i) 对任意的 $[W_1],[W_2],[W_3],[W_4],[W_5],[W_6]\in T(E)$, $([W_1],[W_2])\approx([W_1],[W_2])$. 并且 $([W_1],[W_2])\approx([W_3],[W_4])$ 当且仅当 $[W_1]+[W_4]=[W_2]+[W_3]$, 当且仅当 $[W_3]+[W_2]=[W_4]+[W_1]$, 当且仅当 $([W_3],[W_4])\approx([W_1],[W_2])$. 若 $([W_1],[W_2])\approx([W_3],[W_4]),([W_3],[W_4])\approx([W_5],[W_6])$, 则 $[W_1]+[W_4]=[W_2]+[W_3]$, $[W_3]+[W_6]=[W_4]+[W_5]$, $[W_1]+[W_4]+[W_3]+[W_6]=[W_2]+[W_3]+[W_4]+[W_5]$. 因此, $[W_1]+[W_6]=[W_2]+[W_5]$, $([W_1],[W_2])\approx([W_5],[W_6])$.

(ii) 首先证明 $T(E)\times T(E)$ 上定义的二元运算 $+$ 是定义合理的. 设 $[W_1],[W_2],[W_3],[W_4],[W_1'],[W_2']\in T(E),[W_1]=[W_1'],[W_2]=[W_2']$, 则 $([W_1],[W_2])+([W_3],[W_4])=([W_1]+[W_3],[W_2]+[W_4])=([W_1+W_3],[W_2+W_4])=([W_1'+W_3],[W_2'+W_4])=([W_1'],[W_2'])+([W_3],[W_4])$.

下设 $([W_1],[W_2]),([W_3],[W_4]),([W_5],[W_6]),([W_7],[W_8])\in T(E)\times T(E)$. 若 $([W_1],[W_2])\approx([W_3],[W_4]),([W_5],[W_6])\approx([W_7],[W_8])$, 则 $[W_1]+[W_4]=[W_2]+[W_3],[W_5]+[W_8]=[W_6]+[W_7]$. 因此, $[W_1]+[W_4]+[W_5]+[W_8]=[W_2]+[W_3]+[W_6]+[W_7]$, $([W_1]+[W_5],[W_2]+[W_6])\approx([W_3]+[W_7],[W_4]+[W_8])$, $([W_1],[W_2])+([W_5],[W_6])\approx([W_3],[W_4])([W_7],[W_8])$.

(iii) 由 (i) 和 (ii) 可知 $G(E)$ 上定义的二元运算 $+$ 是定义合理的, 且满足交换律和结合律. 又对任意的 $\langle[W_1],[W_2]\rangle\in G(E)$, $\langle[W_1],[W_2]\rangle+\langle[W_2],[W_1]\rangle=\langle[0],[0]\rangle$. 从而 $(G(E);\theta,+)$ 是交换群. $G^+(E)$ 是 $G(E)$ 的严格的锥, 从而 $(G(E);+,\theta,\leqslant)$ 是偏序交换群. 显然, $G(E)=G^+(E)-G^+(E)$.

(iv) 由 $+$ 的定义和 π 是一一映射可得 π 是半群同构. □

定理 2.2.8 设 E 是 2 可分的效应代数, 则 $\pi:E\to G^+(E)[\theta,\langle[1],[0]\rangle]$ 是效应代数之间的同构态射. 这里 $\langle[1],[0]\rangle$ 是 $G(E)$ 的序单位.

证明 首先证明 π 是单射. 假设 $a,b\in E,\pi(a)=\pi(b)$, 则 $[a]=[b]$, 从而由引理 2.2.6 得 $a=b$.

下证 π 是满射. 设 $\langle[W_1],[0]\rangle \leqslant \langle[1],[0]\rangle$, 则存在 $\langle[W_2],[0]\rangle$ 使得 $\langle[W_1],[0]\rangle \oplus \langle[W_2],[0]\rangle = \langle[1],[0]\rangle$, 从而 $[W_1]+[W_2]=[1]$. 由引理 2.2.6 可知存在 $a,b\in E$ 使得 $a\in[W_1], b\in[W_2]$, $a\oplus b=1$, 因此 $\pi(a)=\langle[W_1],[0]\rangle$.

其次, π 和 π^{-1} 是效应代数间的态射. 事实上, 对任意的 $a,b,c\in E$, $a\oplus b$ 存在且 $a\oplus b=c$ 当且仅当 $(a,b)\sim(c)$, 当且仅当 $[a]+[b]=[c]$, 当且仅当 $\langle[a],[0]\rangle+\langle[b],[0]\rangle = \langle[c],[0]\rangle$, 当且仅当 $\pi(a)+\pi(b)=\pi(c)$. 由此可知, π 为同构态射.

由于 $G(E)=G^+(E)-G^+(E)$, 且 $G^+(E)$ 同构于 $T(E)$, 对任意的 $a_1,a_2,\cdots,a_n\in E$, $[(a_1,a_2,\cdots,a_n)]\in T(E)$, 存在 $[(a_1',a_2',\cdots,a_n')]\in T(E)$ 使得 $(a_1,a_2,\cdots,a_n)+(a_1',a_2',\cdots,a_n')\sim(1,1,\cdots,1)$, 从而 $[(a_1,a_2,\cdots,a_n)]+[(a_1',a_2',\cdots,a_n')]=[(1,1,\cdots,1)]$, $\langle[(a_1,a_2,\cdots,a_n)],[0]\rangle\leqslant n\langle[1],[0]\rangle$, 故 $\langle[1],[0]\rangle$ 是 $G(E)$ 的序单位. □

由区间效应代数的定义及定理 2.2.8 可知如下结论成立.

推论 2.2.9　若 E 是 2 可分的效应代数, 则 E 是区间效应代数.

推论 2.2.10　若 E 是 2 可分的效应代数, 则定理 2.2.8 中的 $G(E)$ 是 E 的泛群.

证明　首先, 由于 $\pi: E\to G^+(E)[\theta,\langle[1],[0]\rangle]$ 是效应代数之间的同构态射, $G^+(E)$ 是由 $\pi(E)$ 生成的半群且 $G(E)=G^+(E)-G^+(E)$, 从而群 $G(E)$ 可由 $\pi(E)$ 生成.

设 $\phi: E\to K$ 是群值测度, 定义 $\phi^*: G(E)\to K$ 如下: 对任意的 $\langle[(a_1,a_2,\cdots,a_n)],[0]\rangle\in G^+(E)$, $\phi^*(\langle[(a_1,a_2,\cdots,a_n)],[0]\rangle)=\phi(a_1)+\phi(a_2)+\cdots+\phi(a_n)$, $\langle[(a_1,a_2,\cdots,a_n)],[(b_1,b_2,\cdots,b_m)]\rangle\in G(E)$, $\phi^*(\langle[(a_1,a_2,\cdots,a_n)],[(b_1,b_2,\cdots,b_m)]\rangle)=\phi(a_1)+\phi(a_2)+\cdots+\phi(a_n)-\phi(b_1)-\phi(b_2)-\cdots-\phi(b_m)$. 下证 ϕ^* 的定义是合理的. 由 $G(E)=G^+(E)-G^+(E)$ 可知只需证明 ϕ^* 在 $G^+(E)$ 上是定义合理的. 设 $\langle[(a_1,a_2,\cdots,a_n)],[0]\rangle$, $\langle[(b_1,b_2,\cdots,b_m)],[0]\rangle\in G^+(E)$, $\langle[(a_1,a_2,\cdots,a_n)],[0]\rangle=\langle[(b_1,b_2,\cdots,b_m)],[0]\rangle, n\leqslant m$, 则 $(a_1,a_2,\cdots,a_n)\sim(b_1,b_2,\cdots,b_m)$, $\frac{1}{2^n}(a_1,a_2,\cdots,a_n)\sim\frac{1}{2^n}(b_1,b_2,\cdots,b_m)$, $\frac{1}{2^n}a_1\oplus\frac{1}{2^n}a_2\oplus\cdots\oplus\frac{1}{2^n}a_n=\frac{1}{2^n}b_1\oplus\frac{1}{2^n}b_2\oplus\cdots\oplus\frac{1}{2^n}b_m$, 这样 $\phi\left(\frac{1}{2^n}a_1\oplus\frac{1}{2^n}a_2\oplus\cdots\oplus\frac{1}{2^n}a_n\right)=\phi\left(\frac{1}{2^n}b_1\oplus\frac{1}{2^n}b_2\oplus\cdots\oplus\frac{1}{2^n}b_m\right)$, $\phi^*(a_1+a_2+\cdots+a_n)=2^n\left(\phi\left(\frac{1}{2^n}a_1\right)+\phi\left(\frac{1}{2^n}a_2\right)+\cdots+\phi\left(\frac{1}{2^n}a_n\right)\right)=2^n\left(\phi\left(\frac{1}{2^n}a_1\oplus\frac{1}{2^n}a_2\oplus\cdots\oplus\frac{1}{2^n}a_n\right)\right)=2^n\left(\phi\left(\frac{1}{2^n}b_1\oplus\frac{1}{2^n}b_2\oplus\cdots\oplus\frac{1}{2^n}b_m\right)\right)=2^n\left(\phi\left(\frac{1}{2^n}b_1\right)+\phi\left(\frac{1}{2^n}b_2\right)+\cdots+\phi\left(\frac{1}{2^n}b_m\right)\right)=\phi^*(b_1+b_2+\cdots+b_m)$.

下证 ϕ^* 是群同态. 对任意的 $g_1, g_2 \in G(E)$, 存在 $g_{11}, g_{12}, g_{21}, g_{22} \in G^+(E)$ 使得 $g_1 = g_{11} - g_{12}, g_2 = g_{21} - g_{22}$, $\phi^*(g_1 + g_2) = \phi^*((g_{11} + g_{21}) - (g_{12} + g_{22})) = \phi^*(g_{11}+g_{21}) - \phi^*(g_{12}+g_{22}) = \phi^*(g_{11}) - \phi^*(g_{12}) + \phi^*(g_{21}) - \phi^*(g_{22}) = \phi^*(g_1) + \phi^*(g_2)$. 又 $\phi^* \circ \pi(a) = \phi^*([a],[0]) = \phi(a)$. 由此可知 ϕ^* 是群同态并且 $\phi = \phi^* \circ \pi$. 因此, $G(E)$ 是 E 的泛群. □

偏序交换群 G 是无孔的是指: 对任意的 $x \in G$, 若 n 为某一自然数且使得 $nx \geqslant 0$, 则 $x \geqslant 0$ [56]. 在无孔交换群 G 和集合 $M = \{2^m | m \in N\}$ 的笛卡儿积 $G \times M$ 上定义二元关系 $\equiv$ 如下: $(a, 2^n) \equiv (b, 2^m)$ 当且仅当 $2^m a = 2^n b$. 易证 $\equiv$ 是 $G \times M$ 上的等价关系, 记 H 为其等价类之集, 记 $(a, 2^n)$ 的等价类为 $\dfrac{a}{2^n}$, 在 H 上定义二元运算 $+$ 如下: $\dfrac{a}{2^n} + \dfrac{b}{2^m} = \dfrac{2^m a + 2^n b}{2^{m+n}}$. 可以证明 $+$ 是定义合理的, 则 $(H;+)$ 形成交换群, 且称 $(H;+)$ 是群 G 的 2 可分的壳.

定理 2.2.11 效应代数 E 可同构嵌入到 2 可分的效应代数 F 中, 当且仅当 E 是区间效应代数且其泛群是无孔交换群.

证明 首先, 设 G 是无孔交换群并且是区间效应代数 E 的泛群. 令$E = G^+[0,a], a \in G^+$, H 是其 2 可分的壳. 在 H 上定义如下二元关系$\leqslant$: $\dfrac{a}{2^n} \leqslant \dfrac{b}{2^m}$ 当且仅当 $2^m a \leqslant 2^n b$ 在 G 中成立, 这里 $m, n \in N$. 易见 $\leqslant$ 是偏序关系, 从而 H 是 2 可分的无孔偏序交换群. 定义 $h: G \to H, g \mapsto \dfrac{g}{1}$, 显然 h 是保序的嵌入映射, 且 E 可嵌入到 $H^+[0, h(a)]$, 而这里 $H^+[0, h(a)]$ 是 2 可分的区间效应代数.

反之, 设 E 可同构嵌入到 2 可分的效应代数 F 中, $G(F)$ 是 F 的泛群, 且 F 同构于 $G(F)$ 的区间 $G^+(F)[0,u]$, 从而可将 E 看成区间 $G^+(F)[0,u]$ 的子代数. 令 $G(E)$ 是由 E 在 $G(F)$ 中生成的子群, $G^+(E)$ 表示 E 中元素在 $G(E)$ 中的有限和, 则 $0, u \in G^+(E)$ 且 $G^+(E)$ 是 $G(E)$ 的生成锥. 因此, E 同构于 $G^+(E) \cap G^+(F)[0,u]$, 而 $G(E)$ 是 $G(F)$ 的子群, 由于 $G(F)$ 是无孔群, 则 $G(E)$ 也是无孔群, 又 $G(F)$ 是 F 的泛群, 从而 $G(E)$ 是 E 的泛群. □

定理 2.2.12[66] 效应代数 E 可同构嵌入到可分的效应代数 F 中当且仅当 E 是区间效应代数且其泛群是无孔交换群.

推论 2.2.13 2 可分的效应代数可同构嵌入到可分效应代数中.

证明 由定理 2.2.11 及定理 2.2.12 直接可得. □

2.3 区间效应代数的张量积

两个相互独立的量子系统的复合系统可用张量积来描述 [77, 76]. 为了研究复合系统的逻辑代数结构, 效应代数的张量积首先由 Dvurečenskij 在文献 [71] 中提出, 但是在效应代数范畴中张量积是不封闭的, 也就是说, 两个效应代数的张量积可能不存在 [2, 72, 73]. 对区间效应代数张量积的结构的刻画是个开问题 [76, 78]. 事实上, 区间效应代数 [0, 1] 与 [0, 1] 的张量积是否是区间效应代数也不清楚, Gudder 在文献 [74] 中猜想它们的张量积是 [0, 1]. 本节主要研究了区间效应代数的张量积与它们的泛群的张量积之间的关系, 讨论了 [0, 1] 与 [0, 1] 在区间效应代数范畴中张量积的结构, 指出 [0, 1] 与 [0, 1] 的张量积不是格序的, 从而否定回答了文献 [74] 中的猜想. 但是, 由于并不知道区间效应代数 [0, 1] 与区间效应代数 [0, 1] 的张量积是否是区间效应代数, 这样对区间效应代数 [0, 1] 与区间效应代数 [0, 1] 的张量积的结构的研究还将继续. 本节内容主要取自文献 [83].

定义 2.3.1[2] 设 P, Q 和 R 是效应代数. 称映射 $\beta: P\times Q\to R$ 是**双态射**, 若 β 满足下面两个条件:

(i) $\beta(1,1)=1$;

(ii) 任意的 $a, a_1, a_2 \in P, b, b_1, b_2 \in Q$, 若 $a_1\oplus a_2$ 与 $b_1\oplus b_2$ 分别在 P 与 Q 中存在, 则 $\beta(a, b_1\oplus b_2)=\beta(a,b_1)\oplus\beta(a,b_2)$, $\beta(a_1\oplus a_2, b)=\beta(a_1,b)\oplus\beta(a_2,b)$.

定义 2.3.2[2] 设 P, Q 与 T 是效应代数, $\tau: P\times Q\to T$ 是双态射. 称序对 (T,τ) 为效应代数 P 和 Q 的**张量积**, 若 (T,τ) 满足下面两个条件:

(i) 任意 $t\in T$, 存在有限个元 $(a_1,b_1),\cdots,(a_n,b_n)\in P\times Q$, 使得 $\tau(a_1,b_1)\oplus\cdots\oplus\tau(a_n,b_n)$ 在 T 中存在且 $t=\tau(a_1,b_1)\oplus\cdots\oplus\tau(a_n,b_n)$;

(ii) 若 R 是效应代数, $\beta: P\times Q\to R$ 是双态射, 则存在态射 $\phi: T\to R$ 使得 $\beta=\phi\circ\tau$.

在区间效应代数范畴中引入下面的定义.

定义 2.3.3 若 P, Q 与 T 是区间效应代数, $\tau: P\times Q\to T$ 是双态射, 且 (T,τ) 满足条件:

(i) 任意 $t\in T$, 存在有限个元 $(a_1,b_1),\cdots,(a_n,b_n)\in P\times Q$, 使得 $\tau(a_1,b_1)\oplus\cdots\oplus\tau(a_n,b_n)$ 在 T 中存在且 $t=\tau(a_1,b_1)\oplus\cdots\oplus\tau(a_n,b_n)$;

(ii) 若 R 是区间效应代数, $\beta: P\times Q\to R$ 是双态射, 则存在态射 $\phi: T\to R$ 使得 $\beta=\phi\circ\tau$,

则称序对 (T,τ) 为区间效应代数 P 和 Q 的**区间张量积**.

命题 2.3.4 若 (T,τ) 和 (T^*,τ^*) 都是区间效应代数 P 和 Q 的区间张量积, 则存在唯一的同构态射 $\phi:T\to T^*$.

证明 若 (T,τ) 和 (T^*,τ^*) 都是区间效应代数 P 和 Q 的区间张量积, 则存在态射 $\phi:T\to T^*$, $\phi^*:T^*\to T$, 使得 $\tau=\phi^*\circ\tau^*$, $\tau^*=\phi\circ\tau$. 令 $E=\{e|(\phi^*\circ\phi)(e)=e,e\in T\}$, 则 $0,1\in E$. 若 $e\in E$, 则 $(\phi^*\circ\phi)(e')=\phi^*(\phi(e'))=\phi^*((\phi(e))')=(\phi^*(\phi(e)))'=e'$, $e'\in E$. 若 $a,b\in E$, $a\oplus b$ 存在, 则 $(\phi^*\circ\phi)(a\oplus b)=(\phi^*\circ\phi)(a)\oplus(\phi^*\circ\phi)(b)=a\oplus b$, $a\oplus b\in E$. 从而 E 是 T 的子效应代数. 由于 $\tau=\phi^*\circ\tau^*=(\phi^*\circ\phi)\circ\tau$ 和 T 由 $\tau(P\times Q)$ 生成, 则 $T\subseteq E$. 因此, $T=E$, 则 $\phi^*\circ\phi=\mathrm{id}_T$. 类似地, 有 $\phi\circ\phi^*=\mathrm{id}_{T^*}$. 由此可知, $\phi^{-1}=\phi^*$, ϕ 是同构.

若 $\phi_1:T\to T^*$ 是同构且 $\tau^*=\phi_1\circ\tau$. 令 $F=\{r|\phi_1(r)=\phi(r),r\in T\}$, 则 F 是 T 的子代数. 又 $\phi_1(\tau(a,b))=\tau^*(a,b)=\phi(\tau(a,b)),\tau(P\times Q)\subseteq F$, $T=F$, 由此, $\phi_1=\phi$, ϕ 是唯一的. □

由命题 2.3.4 可知区间效应代数 P 和 Q 的区间张量积在同构意义下是唯一的, 因此记 $T=P\otimes Q$.

命题 2.3.5[2] 若 (G,γ) 是效应代数 E 的泛群, G^+ 是由 $\gamma(E)$ 生成的 G 的子半群. E 是区间效应代数当且仅当 G^+ 是 G 的严格正锥, 且 γ 是 E 与 $G^+[0,\gamma(1)]$ 之间的同构态射.

命题 2.3.6 区间效应代数 [0, 1] 的泛群是 (R,γ). 这里 $(R;\leqslant,+,0)$ 表示实数集连同通常的序及通常的加法构成的偏序交换群, $\gamma:[0,1]\to R,\gamma(a)=a,a\in[0,1]$.

证明 任意的 $x\in R^+=\{x|x\geqslant 0\}$, 存在非零的自然数 n 使得 $\dfrac{1}{n}x\in[0,1]$, 则 [0, 1] 生成 R. 若 H 是交换群, $\phi:[0,1]\to H$ 是群值测度. 定义 $\phi^*:R\to H$ 如下: 若 $x\in R^+$, 则 $\phi^*(x)=n\phi\left(\dfrac{1}{n}x\right)$, 这里 $\dfrac{1}{n}x\in[0,1],n\neq 0$; 若 $x\in R^-=\{x:x\leqslant 0\}$, 则 $\phi^*(x)=-\phi^*(-x)$. 事实上, 若 $x\in R^+$, $\dfrac{1}{m}x,\dfrac{1}{n}x\in[0,1]$, 则 $\dfrac{1}{m\times n}x\in[0,1]$, 并且 $\phi^*(x)=(m\times n)\phi\left(\dfrac{1}{m\times n}x\right)=n\phi\left(\dfrac{1}{n}x\right)=m\phi\left(\dfrac{1}{m}x\right)$, 从而 ϕ^* 是定义合理的. 对任意的 $x,y\in R^+$, 若 $x\leqslant y$, 且存在非零的自然数 n 使得 $\dfrac{1}{n}x,\dfrac{1}{n}y\in[0,1]$, 则 $\phi^*(y-x)=n\left(\phi\left(\dfrac{1}{n}(y-x)\right)\right)=n\left(\phi\left(\dfrac{1}{n}y\right)\right)-n\left(\phi\left(\dfrac{1}{n}x\right)\right)=\phi^*(x)-\phi^*(y)$; $\phi^*(x-y)=-\phi^*(y-x)=-(\phi^*(x)-\phi^*(y))=\phi^*(y)-\phi^*(x)$. 一般地, 对任意的 $x,y\in R$, 存在 $x_1,x_2,y_1,y_2\in R^+$ 使得 $x=x_1-x_2,y=y_1-y_2$, 则 $\phi^*(x-y)=\phi^*((x_1+y_2)-(x_2+y_1))=\phi^*(x_1+y_2)-\phi^*(x_2+y_1)=\phi^*(x_1)-\phi^*(x_2)-\phi^*(y_1)+\phi^*(y_2)=\phi^*(x)-\phi^*(y)$.

从而 ϕ^* 是群同态. 显然, $\phi = \phi^* \circ \gamma$. □

命题 2.3.7[2] 设区间效应代数 P 和 Q 的单位元分别是 u 和 v, 若它们的泛群分别是 G 和 H , 则以 (u,v) 为单位元的效应代数 $P \times Q$ 的泛群是以 $G^+ \times H^+$ 为正锥的偏序交换群 $G \times H$, 且 (u,v) 为 $G \times H$ 的序单位.

命题 2.3.8[81, 82] 若 G_1 和 G_2 是偏序交换群, 则它们的张量积是偏序交换群 $G_1 \otimes G_2$. 这里 $G_1 \otimes G_2$ 的正锥是 $\{a \otimes b|(a,b) \in G_1^+ \times G_2^+\}$ 生成的半群.

定理 2.3.9 若区间效应代数 A 和 B 的单位元分别是 u 和 v, 且它们的泛群分别是偏序交换群 G_A 和 G_B, 则区间张量积 $A \otimes B = (G_A \otimes G_B)^+[0, u \otimes v]$.

证明 设 G_A 与 G_B 在偏序交换群中的张量积为 $G_A \otimes G_B$. 下证 $(G_A \otimes G_B)^+[0, u \otimes v]$ 是 A 和 B 的区间张量积. 首先, $A \times B$ 生成 $G_A^+ \times G_B^+$, $\otimes(G_A^+ \times G_B^+) = \{a \otimes b|(a,b) \in G_A^+ \times G_B^+\}$ 生成 $(G_A \otimes G_B)^+$, 则 $\otimes(A \times B) = \{a \otimes b|(a,b) \in A \times B\}$ 生成 $(G_A \otimes G_B)^+[0, u \otimes v]$. 其次, 设 C 是任意一个区间效应代数, G_C 是 C 的泛群. 若 $\phi : A \times B \to C$ 是双态射, 则 $\phi : A \times B \to G_C$ 是群值测度. 由于 $G_A \times G_B$ 是 $A \times B$ 的泛群, 存在唯一的群同态 $\varphi : G_A \times G_B \to G_C$ 使得 $\phi = \varphi \circ \iota$, 这里 $\iota : A \times B \to G_A \times G_B$ 是嵌入映射. 由偏序交换群的张量积的定义可知存在唯一的偏序交换群的态射 $\psi : G_A \otimes G_B \to G_C$ 使得 $\psi(a \otimes b) = \varphi(a,b), (a,b) \in G_A \times G_B$. 限制 ψ 在 $G_A \otimes G_B$ 的区间 $(G_A \otimes G_B)^+[0, u \otimes v]$ 上, 那么它是从 $(G_A \otimes G_B)^+[0, u \otimes v]$ 到 $G_C^+[0, w]$ 的态射, 这里 w 是效应代数的单位元. 任意的 $x \in (G_A \otimes G_B)^+[0, u \otimes v]$, 存在有限个元素 $(a_1, b_1), \cdots, (a_n, b_n) \in A \times B$ 使得 $x = \sum_{i=1}^n (a_i \otimes b_i)$ 且 $\psi(\otimes((a_1, b_1) \oplus \cdots \oplus (a_n, b_n))) = \varphi((a_1, b_1) \oplus \cdots \oplus (a_n, b_n)) = \phi((a_1, b_1) \oplus \cdots \oplus (a_n, b_n)) \in C$. 因此, $\phi = \psi \circ \otimes$. □

推论 2.3.10 区间效应代数 [0, 1] 与区间效应代数 [0, 1] 的区间张量积是 $(R \otimes R)^+[0, 1 \otimes 1]$.

引理 2.3.11[74] 映射 $\beta : [0,1] \times [0,1] \to [0,1]$ 是效应代数间的双态射当且仅当任意的 $a, b \in [0,1]$, $\beta(a,b) = ab$.

命题 2.3.12[82] 若 G 和 H 都是无扭群, 当 $g_1, g_2 \in G - \{0\}, h_1, h_2 \in H - \{0\}, g_1 \otimes h_1 = g_2 \otimes h_2$ 时, 则存在整数 m_1, m_2, n_1, n_2 且 $(m_1, m_2) \neq (0,0), (n_1, n_2) \neq (0,0)$, 使得 $m_1 g_1 = m_2 g_2, n_1 h_1 = n_2 h_2$.

定理 2.3.13 区间效应代数 [0, 1] 与区间效应代数 [0, 1] 的区间张量积 $(R \otimes R)^+[0, 1 \otimes 1]$ 不是格序的.

证明 令$x = \dfrac{1}{2} \otimes 1, y = \dfrac{1}{\sqrt{2}} \otimes \dfrac{1}{\sqrt{2}}$, 假设 $x \vee y$ 在 $(R \otimes R)^+[0, 1 \otimes 1]$ 中存在.

$\{a_n\}$ 与 $\{b_n\}$ 分别是 [0, 1] 中单调递增与单调递减的两个有理数列, 且 $\lim\limits_{n\to+\infty} a_n = \lim\limits_{n\to+\infty} b_n = \dfrac{1}{\sqrt{2}}$. 则 $a_n \otimes a_n \leqslant \dfrac{1}{\sqrt{2}} \otimes \dfrac{1}{\sqrt{2}} \leqslant b_n \otimes b_n$, $a_n \otimes a_n = a_n^2(1\otimes 1) \leqslant \dfrac{1}{2}(1\otimes 1) = \dfrac{1}{2} \otimes 1 \leqslant b_n^2(1\otimes 1) = b_n \otimes b_n, n = 0,1,\cdots$, 则 $a_n \otimes a_n \leqslant x \vee y \leqslant b_n \otimes b_n$, $(x\vee y)\ominus x \leqslant (b_n\otimes b_n)\ominus(a_n\otimes a_n) = (b_n^2 - a_n^2)(1\otimes 1), n = 0,1,\cdots$. 对双态射 $\beta: [0,1]\times[0,1] \to [0,1]$, 存在唯一的态射 $\phi: (R\otimes R)^+[0,1\otimes 1] \to [0,1]$ 使得 $\phi(a\otimes b) = \beta(a,b) = ab, (a,b)\in[0,1]\times[0,1]$. 从而 $x \in (R\otimes R)^+[0,1\otimes 1], \phi(x) = 0$ 当且仅当 $x = 0$. 由于 $\phi((x\vee y)\ominus x) \leqslant b_n^2 - a_n^2, n = 0,1,\cdots, \phi((x\vee y)\ominus x) = 0, x\vee y = x$. 类似可得 $x\vee y = y$, 从而 $x = y$. 由命题 2.3.12 存在整数 p, q, 且 $p\times q \neq 0$, 使得 $p\times\dfrac{1}{2} = q\times\dfrac{1}{\sqrt{2}}$, 但这是不可能的. 因此, $x\vee y$ 在 $(R\otimes R)^+[0,1\otimes 1]$ 中不存在, $(R\otimes R)^+[0,1\otimes 1]$ 不是格序的. □

定理 2.3.14 区间效应代数 [0, 1] 与区间效应代数 [0, 1] 的张量积不是 [0, 1].

证明 假设区间效应代数 [0, 1] 与区间效应代数 [0, 1] 的张量积是 [0, 1]. 效应代数 [0, 1] 是区间效应代数, 由区间张量积的唯一性可知 [0, 1] 与 $(R\otimes R)^+[0,1\otimes 1]$ 是同构的效应代数, 则 $(R\otimes R)^+[0,1\otimes 1]$ 是格, 这与定理 2.3.13 矛盾. 因此, 区间效应代数 [0, 1] 与区间效应代数 [0, 1] 的张量积不是 [0, 1]. □

2.4 具有 Riesz 分解性质的效应代数

具有 Riesz 分解性质的效应代数总是具有插值性质的偏序交换群的一个区间. 任何一个 MV-代数都具有 Riesz 分解性质, 但是具有 Riesz 分解性质的效应代数不一定是 MV-代数, 只有具有 Riesz 分解性质的有限的效应代数是 MV-代数. 本节研究具有 Riesz 分解性质的效应代数成为 MV-代数的条件, 并证明具有 Riesz 分解性质的可数完备的原子的效应代数是 MV-代数. 同时, 对正交完备与链完备之间的关系进行讨论. 本节关于正交完备与链完备之间的关系的研究成果取自于文献 [85], [86], 其余内容主要取自于文献 [87]—[89].

定义 2.4.1 设 E, F 是效应代数, $f: E\to F$ 为效应代数间的态射, 称 f 为**单态射**, 若对 $a, b\in E$ 且 $f(a)\oplus f(b)$ 在 F 中存在时必有 $a\oplus b$ 在 E 中存在.

命题 2.4.2 设 E, F 是效应代数, $f: E\to F$ 是效应代数间的态射, 则

(i) 对任意的 $a\in E$, $f(a') = (f(a))'$;

(ii) f 是单态射当且仅当 $f(a)\leqslant f(b)$ 时, $a\leqslant b$.

证明 (i) 设 $a\in E$, 由 $f(1) = f(a\oplus a') = f(a)\oplus f(a') = 1$, 可得 $f(a') = (f(a))'$.

(ii) 设 f 是单态射, 且 $f(a) \leqslant f(b)$, 则 $f(a) \leqslant (f(b'))'$, $f(a) \oplus f(b')$ 存在, 从而 $a \oplus b'$ 存在, 则 $a \leqslant b$. 反之, 设 $f(a) \oplus f(b)$ 存在, 则 $f(a) \leqslant (f(b))' = f(b'), a \leqslant b'$, 从而 $a \oplus b$ 存在, f 是单态射. □

命题 2.4.3[2] 设 E 是效应代数. 在 E 上可以引入如下部分二元运算 $\ominus$: 对任意 $a, b, c \in E$, $c \ominus b = a$ 当且仅当 $a \oplus b = c$. 则 $(E; \ominus, 0, 1)$ 是差分偏序集.

定义 2.4.4[2] 设 E 是效应代数. E 的非空子集 I 称为 E 的**理想**, 若 I 满足:

(i) 若 $i \in I, x \in E, x \leqslant i$, 则 $x \in I$;

(ii) 若 $i, j \in I, i \oplus j$ 存在, 则 $i \oplus j \in I$.

定义 2.4.5[2] 设 E 是效应代数. 若 E 满足对任意的 $a, b, c, d \in E, a \oplus b = c \oplus d$, 存在 $x_{11}, x_{12}, x_{21}, x_{22}$ 使得 $a = x_{11} \oplus x_{12}, b = x_{21} + x_{22}, c = x_{11} \oplus x_{21}, d = x_{12} \oplus x_{22}$, 则称 E 具有**Riesz 分解性质**, 或称 E 满足 RDP.

定义 2.4.6[2] 设 G 是偏序 Abelian 群. 对任意的 $a, b, c, d \in G^+$, 若 $a + b = c + d$, 存在 $x_{11}, x_{12}, x_{21}, x_{22} \in G^+$ 使得 $a = x_{11} + x_{12}, b = x_{21} + x_{22}, c = x_{11} + x_{21}, d = x_{12} + x_{22}$, 则称 G 具有**Riesz 分解性质**, 或称 G 满足 RDP.

定义 2.4.7[2] 设 $(E; \oplus, 0)$ 是效应代数. 若 $a, b, c, d \in E$, 当 $a, b \leqslant c, d$ 时, 存在 $e \in E$ 使得 $a, b \leqslant e \leqslant c, d$, 则称 E 具有**Riesz 插值性质**, 或称 E 满足 RIP.

例 2.4.8 设 E 是非空集合 $\{0, a, b, 1\}$. 定义 E 上部分二元运算 $\oplus$ 如下: $a \oplus a = b \oplus b = 1, 0 \oplus a = a \oplus 0 = a, 0 \oplus b = b \oplus 0 = b, 1 \oplus 0 = 0 \oplus 1 = 1$. 则代数系统 $(E; \oplus, 0, 1)$ 是效应代数, 通常称这个效应代数为钻石 (diamond). 可以验证对任意的 $x, y, u, v \in E$, 若 $x, y \leqslant u, v$, 则存在 $e \in E$ 使得 $x, y \leqslant e \leqslant u, v$, 从而效应代数 E 满足 RIP. 但是容易验证效应代数 E 不满足 RDP.

一般地, 有下面的结论.

命题 2.4.9[2] 设 $(E; \oplus, 0, 1)$ 是效应代数, 则下列两条等价:

(i) 效应代数 E 满足 RDP;

(ii) 对任意的 a, b, $c \in E$, 当 $a \leqslant b \oplus c$ 时存在 a_1, $a_2 \in E$ 使得 $a = a_1 \oplus a_2$, 且 $a_1 \leqslant b$, $a_2 \leqslant c$.

证明 (i) $\Rightarrow$(ii). 设 $a \leqslant b \oplus c$, 则存在 $d \in E$ 使得 $a \oplus d = b \oplus c$. 由 (i) 可知存在 a_1, a_2, d_1, $d_2 \in E$ 使得 $a = a_1 \oplus a_2$, $d = d_1 \oplus d_2$, $b = a_1 \oplus d_1$, $c = a_2 \oplus d_2$. 显然, $a_1 \leqslant b$, $a_2 \leqslant c$.

(ii) $\Rightarrow$ (i). 设 a, b, $c, d \in E$, 且 $a \oplus b = c \oplus d$. 由 $a \leqslant c \oplus d$ 及 (ii) 可知存在 $a_1, a_2 \in E$ 使得 $a = a_1 \oplus a_2$ 且 $a_1 \leqslant c$, $a_2 \leqslant d$. 令 $b_1 = c \ominus a_1$, $b_2 = d \ominus a_2$, 则 $c = a_1 \oplus b_1$, $d = a_2 \oplus b_2$. 又由 $a \oplus b = c \oplus d$ 可知 $b = b_1 \oplus b_2$. 故 (i) 成立. □

以后在证明效应代数 E 要满足 RDP 时, 经常证明命题 2.4.9 中条件 (ii) 成立.

定理 2.4.10[54] 若效应代数 E 满足 RDP, 则 E 满足 RIP.

证明 设 $x, y \leqslant p, q$, 令 $a = p \ominus x, b = p \ominus y, c = q \ominus x, d = q \ominus y$. 由 $c \leqslant q = y \oplus d$ 可知存在 y_1, d_1 使得 $c = y_1 \oplus d_1$, 且 $y_1 \leqslant y, d_1 \leqslant d$. 记 $y_2 = y \ominus y_1$, $d_2 = d \ominus d_1$. 由 $q = x \oplus c = y \oplus d$ 可得 $x \oplus y_1 \oplus d_1 = y_1 \oplus y_2 \oplus d_1 \oplus d_2$, 从而 $x = y_2 \oplus d_2$. 注意到 $p = x \oplus a = y \oplus b$, 可得 $y_2 \oplus d_2 \oplus a = y_1 \oplus y_2 \oplus b$, $d_2 \oplus a = y_1 \oplus b$. 使用 RDP 可知存在 $a_{11}, a_{12}, d_{21}, d_{22}$ 使得 $a = a_{11} \oplus a_{12}, d_2 = d_{21} \oplus d_{22}$, $y_1 = a_{11} \oplus d_{21}, b = a_{12} \oplus d_{22}$. 从而 $c = y_1 \oplus d_1 = a_{11} \oplus d_{21} \oplus d_1$, $d = d_1 \oplus d_2 = d_1 \oplus d_{21} \oplus d_{22}$. 记 $d_3 = d_1 \oplus d_{21}$, 则 $c = a_{11} \oplus d_3$, $d_3 \leqslant d_3 \oplus d_{22} = d$. 令 $z = x \oplus a_{11}$, 则 $x \leqslant z \leqslant x \oplus a = p$. 而由 $y \oplus d_3 \leqslant y \oplus d = q = x \oplus c = x \oplus a_{11} \oplus d_3$ 可知 $y \leqslant z$. 又 $z = x \oplus a_{11} \leqslant x \oplus c = q$. 因此 $x, y \leqslant z \leqslant p, q$. □

定义 2.4.11[84] 称偏序群 $(G; +, 0)$ 具有**Riesz 分解性质**, 若对任意的 a, b_1, $b_2 \in G^+$ 且 $a \leqslant b_1 + b_2$, 存在 a_1, $a_2 \in G^+$ 使得 $a = a_1 + a_2$, 且 $a_i \leqslant b_i$, $i \in \{1, 2\}$.

设 $(G; \leqslant, +, 0)$ 是偏序交换群且 $u \in G^+ \setminus \{0\}$. 记 $\Gamma(G, u) := \{x \in G \mid 0 \leqslant x \leqslant u\}$, 定义 $\Gamma(G, u)$ 上的运算 $\oplus$, 使得 $a \oplus b$ 在 $\Gamma(G, u)$ 总有意义只要 $a \leqslant u - b$, 且此时 $\Gamma(G, u)$ 中的和 $a \oplus b$ 就是 a 与 b 在群 G 中的和. 则 $(\Gamma(G, u), \oplus, 0, u)$ 是效应代数, 且效应代数 $\Gamma(G, u)$ 上的序正好是偏序群 G 上的序在区间 $\Gamma(G, u)$ 上的限制.

设 G 是偏序交换群且 u 是 G 的序单位. 若效应代数 E 是区间效应代数 $(\Gamma(G, u); \oplus, 0, u)$, G^+ 是由 $\Gamma(G, u)$ 所生成的子半群, 从而对任意的 $g \in G^+$, 存在自然数 $n \geqslant 1$ 及 $g_1, g_2, \cdots, g_n \in \Gamma(G, u)$ 使得 $g = g_1 + g_2 + \cdots + g_n$. 然而, 当效应代数 $\Gamma(G, u)$ 满足 RDP 时, 偏序群 G 不一定满足 RDP. 下面讨论 G 满足 RDP 的充分必要条件.

定义 2.4.12 (i) 效应代数 E 的元素 a 称为**原子**, 若区间 $E[0, a] = \{x \in E \mid 0 \leqslant x \leqslant a\}$ 是集合 $\{0, a\}$.

(ii) 效应代数 E 称为**原子的**, 若 x 为 E 中任意非零元, 总存在一个原子 $a \in E$ 使得 $a \leqslant x$.

定义 2.4.13 设 E 是原子的效应代数, $A(E)$ 是 E 的原子之集.

(i) 设 $a_i, b_j \in A(E)$, $i = 1, \cdots, n$; $j = 1, \cdots, n$. 称序列 $A = (a_1, a_2, \cdots, a_n)$, $B = (b_1, b_2, \cdots, b_n)$ 是**相似的**, 若存在 $(1, 2, \cdots, n)$ 的置换 $(p_1, p_2, \cdots, p_n)$ 使得 $a_i = b_{p_i}$, $i = 1, \cdots, n$.

(ii) 称效应代数 E 具有**原子表示唯一性** (UARP), 若效应代数 E 满足下面的条件: 对任意的 $x \in E$, 存在有限原子序列 $a_1, a_2, \cdots, a_m$ 使得 $x = \sum_{i=1}^{m} a_i$. 且若存在另外的原子序列 $b_1, b_2, \cdots, b_n$ 使得 $x = \sum_{j=1}^{n} b_j$, 则序列 $(a_1, \cdots, a_m)$ 与 $(b_1, \cdots, b_n)$ 是相似的.

类似地, 下面给出交换偏序群的一些相关定义.

定义 2.4.14 设 G 是交换偏序群且 $G^+ = \mathrm{ssg}(E)$, 这里 $E = \Gamma(G, u)$ 且 u 是 G 的序单位. 记 $A(G^+)$ 是 G^+ 的原子之集.

(i) 设 $a_i, b_j \in A(G^+)$, $i = 1, \cdots, n$; $j = 1, \cdots, n$. 称序列 $A = (a_1, a_2, \cdots, a_n)$ 及 $B = (b_1, b_2, \cdots, b_n)$ 是**相似的**, 若存在 $(1, 2, \cdots, n)$ 的置换 $(p_1, p_2, \cdots, p_n)$ 使得 $a_i = b_{p_i}$, $i = 1, \cdots, n$.

(ii) 称偏序交换群 G 具有**原子表示唯一性**(UARP), 若偏序群 G 满足下面的条件: 对任意的 $x \in G^+$, 存在有限原子序列 $a_1, a_2, \cdots, a_m$ 使得 $x = \sum_{i=1}^{m} a_i$. 且若存在另外的原子序列 $b_1, b_2, \cdots, b_n$ 使得 $x = \sum_{j=1}^{n} b_j$, 则序列 $(a_1, \cdots, a_m)$ 与 $(b_1, \cdots, b_n)$ 是相似的.

命题 2.4.15 设 G 是偏序交换群且 u 是序单位, $G^+ = \mathrm{ssg}(E)$, 这里 $E = \Gamma(G, u)$ 是区间效应代数. 若 $E = \Gamma(G, u)$ 满足条件: $\Gamma(G, u) + \Gamma(G, u) = \Gamma(G, 2u)$, 则 $A(\Gamma(G, 2u)) = A(\Gamma(G, u))$, 这里 $A(\Gamma(G, u))$ 及 $A(\Gamma(G, 2u))$ 分别表示效应代数 $\Gamma(G, u)$ 及 $\Gamma(G, 2u)$ 的原子之集.

证明 假设 $a \in A(\Gamma(G, u))$, $b \in \Gamma(G, 2u)$ 且 $b < a$. 则存在元素 $c, d \in \Gamma(G, u)$ 使得 $b = c + d$. 这样可得 $c, d \leqslant b < a$, 从而 $c = d = 0$. 因此, $b = 0$, $a \in A(\Gamma(G, 2u))$.

反之, 假设 $a \in A(\Gamma(G, 2u))$, 则存在元素 $b, c \in \Gamma(G, u)$ 使得 $a = b + c$, 因此 $b, c \leqslant a$. 由于 $a \in A(\Gamma(G, 2u))$, 则有 $b = 0$ 或者 $c = 0$, 这样 $a \in \Gamma(G, u)$, 从而 $a \in A(\Gamma(G, u))$. □

命题 2.4.16 设 E 是满足 RDP 的效应代数. 若存在原子序列 $A = (a_1, a_2, \cdots, a_n)$ 和 $B = (b_1, b_2, \cdots, b_m)$ 使得 $x = \oplus_{i=1}^{n} a_i = \oplus_{j=1}^{m} b_j$, 则序列 A 与 B 相似.

证明 对 n 使用归纳法.

若 $n = 1$, 则 $x = a_1$. 由于 $x = a_1$ 是原子, 则 $m = 1$. 结论成立.

若 $n = 2$, 则 $x = a_1 \oplus a_2$. 由于 $x = \oplus_{j=1}^{m} b_j$, 且对任意的 $j = 1, \cdots, m$, 元素 b_j 是 E 的原子, 从而 $m \geqslant 2$. 利用 RDP, 存在 $x_{1j}, x_{2j} \in E$ $(j = 1, \cdots, m)$ 使得 $a_1 = \oplus_{j=1}^{m} x_{1j}$, $a_2 = \oplus_{j=1}^{m} x_{2j}$, 且 $b_j = x_{1j} \oplus x_{2j}$, 对任意的 $j = 1, 2, \cdots, m$. 由于 a_1 和 a_2 是 E 中的原子, 则存在 j_1 和 j_2, 使得 $a_1 = x_{1j_1}$, $a_2 = x_{2j_2}$, 这里 $j \neq j_1$, $x_{1j} = 0$, 且 $j \neq j_2$, $x_{2j} = 0$. 注意到 $b_j = x_{1j} \oplus x_{2j}$, 对任意的 $j = 1, 2, \cdots, m$, 有 $j_1 \neq j_2$. 若 $m \geqslant 3$, 则存在 $j_0 \notin \{j_1, j_2\}$, 从而 $b_{j_0} = x_{1j_0} \oplus x_{2j_0} = 0$, 这是不可能的. 因此 $m = 2$,

且 $b_{j_1} = x_{1j_1} = a_1$, $b_{j_2} = x_{2j_2} = a_2$.

假设当 n' 满足 $n' \leqslant n-1$ 时结论成立.

设 $x = \oplus_{i=1}^{n} a_i = \oplus_{j=1}^{m} b_j$, 则有 $m \geqslant n$. 否则, 若 $m \leqslant n-1$, 则有 $x = \oplus_{i=1}^{n} a_i = \oplus_{j=1}^{m} b_j$. 由归纳假设可知原子序列 $a_1, a_2, \cdots, a_n$ 和 $b_1, b_2, \cdots, b_m$ 相似, 这里 $m \leqslant n-1$, 这是不可能的.

由等式 $x = \oplus_{i=1}^{n} a_i = \oplus_{j=1}^{m} b_j$ 及 RDP 可知, 存在元素 $x_{ij} \in E$ 使得 $a_i = \oplus_{j=1}^{m} x_{ij}$, $b_j = \oplus_{i=1}^{n} x_{ij}$, 这里 $i = 1, 2, \cdots, n$; $j = 1, 2, \cdots, m$. 对任意的 $i \in \{1, 2, \cdots, n\}$, a_i 是 E 的原子, 则存在 $j_i \in \{1, 2, \cdots, m\}$ 使得 $a_i = x_{ij_i}$, 且对任意的 $j \neq j_i$, $x_{ij} = 0$. 注意到, 对任意的 $j = 1, 2, \cdots, m$, $b_j = \oplus_{i=1}^{n} x_{ij}$, b_j 是 E 的原子, 从而有 $b_{j_i} = x_{ij_i}$, 这里 $i \in \{1, 2, \cdots, n\}$. 现设 $m > n$, 则存在指标 $j_0 \in \{1, 2, \cdots, m\}$ 使得 $j_0 \neq j_i$, 这里 $i \in \{1, 2, \cdots, m\}$. 但是 $b_{j_0} = \oplus_{i=1}^{n} x_{ij_0} = 0$, 这矛盾于 b_{j_0} 是 E 的原子. 因此, 必有 $m = n$. 而且当 $i \neq k$ 时就有 $j_i \neq j_k$. 因此, $(j_1, j_2, \cdots, j_n)$ 是 $(1, 2, \cdots, n)$ 的置换且 $a_i = x_{ij_i} = b_{j_i}$, 这里 $i \in \{1, 2, \cdots, n\}$. □

命题 2.4.17 设 G 是满足 RDP 的偏序群, u 是序单位. 假设 $G^+ = \mathrm{ssg}(E)$, 这里 $E = \Gamma(G, u)$ 是原子的效应代数. 若对任意的 $x \in E$, 存在 E 中的原子序列 $a_1, \cdots, a_n$ 使得 $x = a_1 \oplus \cdots \oplus a_n$, 则偏序群 G 满足 UARP.

证明 集合 $A(G^+) = \{a \mid a$ 是 G^+ 的原子$\}$ 与集合 $A(E) = \{a \mid a$ 是 E 的原子$\}$ 相等. 由于 E 是原子的, 从而 $A(E) \neq \varnothing$. 对任意的 $a \in A(E)$, 若 $b \in G^+$ 且 $b < a$, 则有 $b < u$, 从而 $b = 0$, 因此 $a \in A(G^+)$. 反之, 若 $a \in A(G^+)$, 则 $a \in G^+$, 从而存在 $a_1, \cdots, a_n \in E$ 使得 $a = a_1 + \cdots + a_n$. 由于 a 是 G^+ 的原子, 从而存在唯一的 $i \in \{1, \cdots, n\}$ 使得 $a = a_i$ 且当 $j \neq i$ 时 $a_j = 0$. 因此, $a \in E$, 这样 $a \in A(E)$.

由于 $G^+ = \mathrm{ssg}(E)$, 对任意的 $g \in G^+$, 存在 $e_1, e_2, \cdots, e_s \in E$ 使得 $g = e_1 + e_2 + \cdots + e_s$. 而且, 利用假设对任意的 $i \in \{1, 2, \cdots, s\}$, 存在原子序列 $a_{i1}, a_{i2}, \cdots, a_{it_i} \in E$ 使得 $e_i = a_{i1} + a_{i2} + \cdots + a_{it_i}$, 因此存在原子序列 $a_{11}, a_{12}, \cdots, a_{1t_1}, \cdots, a_{s1}, a_{s2}, \cdots, a_{st_s} \in E$ 使得 $g = a_{11} + a_{12} + \cdots + a_{1t_1} + \cdots + a_{s1} + a_{s2} + \cdots + a_{st_s}$. 其余部分证明类似于命题 2.4.16. □

命题 2.4.18 设 G 是满足 UARP 的偏序交换群, u 是 G 的序单位, 且 $E = \Gamma(G, u)$ 是区间效应代数. 若 $G^+ = \mathrm{ssg}(E)$, 则下列各条成立.

(i) $\Gamma(G, u)$ 满足 RDP.

(ii) 对任意的自然数 $n \geqslant 1$, 效应代数 $\Gamma(G, nu)$ 满足 RDP.

(iii) $\Gamma(G,nu)=\underbrace{\Gamma(G,u)+\cdots+\Gamma(G,u)}_{n次}$.

(iv) 偏序交换群 G 满足 RDP.

证明　(i) 对 $x,y,z\in\Gamma(G,u)$, 若 $x\leqslant y\oplus z$, 则存在元素 $w\in\Gamma(G,u)$ 使得 $x\oplus w=y\oplus z$. 由于 G 满足 UARP, 存在唯一的原子序列 $(x_1,\cdots,x_m)$, $(w_1,\cdots,w_q)$, $(y_1,\cdots,y_n)$ 及 $(z_1,\cdots,z_p)$ 使得 $x=x_1+\cdots+x_m$, $w=w_1+\cdots+w_q$, $y=y_1+\cdots+y_n$ 且 $z=z_1+\cdots+z_p$, $x_1+\cdots+x_m+w_1+\cdots+w_q=y_1+\cdots+y_n+z_1+\cdots+z_p$. 因此, 序列 $(x_1,\cdots,x_m,w_1,\cdots,w_q)$ 和 $(y_1,\cdots,y_n,z_1,\cdots,z_p)$ 是相似的. 从而对任意的 $i\in\{1,2,\cdots,m\}$ 存在唯一的 $y_{p(i)}$ 或唯一的 $z_{q(i)}$ 使得 $x_i=y_{p(i)}$ 或 $x_i=z_{q(i)}$. 令 $I_1=\{i\mid 存在\ y_{p(i)}\ 使得\ x_i=y_{p(i)}\}$, $I_2=\{i\mid 存在\ z_{q(i)}\ 使得\ x_i=z_{q(i)}\}$, 设 $a=\sum_{i\in I_1}y_{p(i)}$, $b=\sum_{i\in I_2\setminus I_1}z_{q(i)}$. 这样, $x=a\oplus b$ 且 $a\leqslant y$, $b\leqslant z$.

(ii) 注意到 nu 是 G 的序单位且 $\Gamma(G,u)\subseteq\Gamma(G,nu)$, 因此 $G^+=\mathrm{ssg}(\Gamma(G,nu))$. 由 (i) 可知效应代数 $\Gamma(G,nu)$ 满足 RDP.

(iii) 易知 $\Gamma(G,nu)\supseteq\underbrace{\Gamma(G,u)+\cdots+\Gamma(G,u)}_{n次}$. 由 (ii) 知效应代数 $\Gamma(G,nu)$ 满足 RDP, 因此, 对任意的 $x\in\Gamma(G,nu)$, 存在 n 个元素 x_1, x_2, $\cdots$, x_n, 使得 $x=x_1+x_2+\cdots+x_n$, 从而 $x\in\underbrace{\Gamma(G,u)+\cdots+\Gamma(G,u)}_{n次}$.

(iv) 对任意的 $a,b,c,d\in G^+$, 若 $a+b=c+d$, 则存在自然数 n 使得 $a+b\leqslant nu$. 由 (ii), $\Gamma(G,nu)$ 满足 RDP, 从而存在 x_1, x_2, x_3, $x_4\in\Gamma(G,nu)$, 使得 $a=x_1+x_2$, $b=x_3+x_4$, $c=x_1+x_3$, $d=x_2+x_4$. □

推论 2.4.19　设 G 是偏序交换群, u 是 G 的序单位, $E=\Gamma(G,u)$ 是原子的效应代数且 $G^+=\mathrm{ssg}(E)$. 若对任意的 $x\in E$, 存在 E 中的原子序列 $a_1,\cdots,a_n$ 使得 $x=a_1\oplus\cdots\oplus a_n$, 则 G 满足 RDP 当且仅当 G 满足 UARP.

例 2.4.20[2]　设 G 是具有正锥 $G^+=\{(a,b)\in G\mid 2a\geqslant b\geqslant 0\}$ 的交换群 Z^2.

(i) G 不满足 RIP.

取 $x_1=(0,0)$, $x_2=(0,1)$, $y_1=(1,1)$, $y_2=(1,2)$. 则对任意的 $i,j\in\{1,2\}$, 都有 $x_i\leqslant y_j$, 但是不存在 $z\in G$ 使得 $x_i\leqslant z\leqslant y_j$, $i,j\in\{1,2\}$.

(ii) 元素 $u=(2,1)$ 是 G 的序单位.

任取 $(a,b)\in G$, 存在自然数 m 使得 $(a,b)\leqslant m(2,1)=(2m,m)$. 注意到, $(a,b)\leqslant n(2,1)=(2n,n)$, 当且仅当 $4n-2a\geqslant n-b\geqslant 0$, 当且仅当 $3n\geqslant 2a-b$, $n\geqslant b$. 设 $n_0=\max\left\{1,b,\left[\dfrac{1}{3}(2a-b)\right]+1\right\}$. 令 $m=n_0$, 则有 $m\geqslant 1$, 因此 $2m\geqslant$

$m = \max\left\{1, b, \left[\frac{1}{3}(2a-b)\right]+1\right\}$, 从而不等式 $(a,b) \leqslant m(2,1) = (2m,m)$ 成立.

因此对任意的 $(a,b),(c,d) \in G$, 存在两个正整数 m_1, m_2 使得 $(a,b) \leqslant m_1(2,1)$, $(c,d) \leqslant m_2(2,1)$. 令 $m = \max\{m_1, m_2\}$, 则有 $(a,b),(c,d) \leqslant m(2,1)$. 因此, 证明了 G 是上定向的且 $(2,1)$ 是序单位.

(iii) 由 (ii), 偏序群 G 是上定向的, 从而 $G = G^+ - G^+$.

(iv) 用 0 和 u 分别表示 $(0,0)$ 和 $(2,1)$. 则 $\Gamma(G,u) = \{0,(1,0),(1,1),u\}$ 是满足 RDP 的区间效应代数.

(v) 注意到 $G^+ = \bigcup_{n\in N} \Gamma(G,nu)$ 且 $G^+ \neq \mathrm{ssg}(\Gamma(G,u))$, 因此 u 不是 G 的生成序单位, 群 G 不是 E 的环绕群.

$$\Gamma(G,2u) = \{0,(1,0),(2,0),(3,0),(1,1),(2,1),(3,1),(1,2),(2,2),(3,2),(4,2)\},$$

$\Gamma(G,2u) \neq \Gamma(G,u) + \Gamma(G,u)$. 尽管 $(1,2) \in \Gamma(G,2u) \subseteq G^+$, 但对任意的自然数 n, 没有元素 $x_i \in \Gamma(G,u), i = 1,\cdots,n$, 使得 $(1,2) = x_1 + \cdots + x_n$, 从而 $(1,2) \notin \mathrm{ssg}(\Gamma(G,u))$.

(vi) 尽管 $\Gamma(G,u)$ 是布尔代数, 但效应代数 $\Gamma(G,2u)$ 不满足 RDP 及 RIP.

例如, 尽管 $(3,0) \oplus (1,2) = (3,1) \oplus (1,1)$, 然而不存在元素 $x_1,x_2,x_3,x_4 \in \Gamma(G,2u)$ 使得 $(3,0) = x_1 \oplus x_2, (1,2) = x_3 \oplus x_4$, $(3,1) = x_1 \oplus x_3, (1,1) = x_2 \oplus x_4$.

又 $(2,0),(2,1) \leqslant (3,1),(3,2)$, 没有元素 $x \in \Gamma(G,2u)$ 使得 $(2,0),(2,1) \leqslant x \leqslant (3,1),(3,2)$.

例 2.4.21 设 G 是整数群 Z, 且 $G^+ = \{n \in Z \mid n = 0, 或\ n \geqslant 2\}$, 则 G^+ 是严格的正部. 因此, G 连同偏序 $\leqslant_1$ 是偏序交换群, 这里对任给 $a,b \in G$, $a \leqslant_1 b$ 当且仅当 $b - a \in G^+$. 设 $u = 5$, 则正元 u 是偏序群 G 的序单位且 $G^+ = \mathrm{ssg}(E)$, 这里 $E = G^+[0,5]$. 用 $\leqslant$ 表示整数集 Z 中元素通常的大小关系.

对任意的自然数 n, 等式 $\Gamma(G,nu) = \underbrace{\Gamma(G,u) + \cdots + \Gamma(G,u)}_{n次}$ 成立.

区间效应代数 $G^+[0,5]$ 同构于布尔代数 2^2 且满足 RDP, 但效应代数 $G^+[0,10]$ 并不满足 RDP. 事实上, $3 \oplus 3 = 2 \oplus 4$, 但不存在元素 x_1, x_2, x_3, $x_4 \in G^+[0,10]$ 使得 $3 = x_1 \oplus x_2$, $3 = x_3 \oplus x_4$, $2 = x_1 \oplus x_3$, $4 = x_2 \oplus x_4$.

对任意的自然数 $n \geqslant 2$, 效应代数 $G^+[0,5n]$ 不满足 RIP. 事实上, $3,4,6,7 \in G^+[0,5n]$, 且 $3,4 \leqslant_1 6,7$, 然而, 不存在元素 $i \in G^+[0,5n]$ 使得 $3,4 \leqslant_1 i \leqslant_1 6,7$.

注 2.4.22 (i) 设 G 是具有正锥 G^+ 的偏序交换群, 正元 u 是 G 的序单位. 由例 2.4.20 可知方程 $G^+ = \mathrm{ssg}(\Gamma(G,u))$ 不一定成立.

(ii) 设 G 是具有正锥 G^+ 的偏序交换群, 正元 u 是 G 的序单位. 由例2.4.20可知方程 $\Gamma(G,nu)=\underbrace{\Gamma(G,u)+\cdots+\Gamma(G,u)}_{n次}$ 不一定成立.

(iii) 设 G 是具有正锥 G^+ 的偏序交换群, 正元 u 是 G 的序单位. 设 G 的正锥 $G^+=\mathrm{ssg}(\Gamma(G,u))$ 且对任意的自然数 $n\geqslant 1$ 都有 $\Gamma(G,nu)=\underbrace{\Gamma(G,u)+\cdots+\Gamma(G,u)}_{n次}$. 但是, 由例 2.4.21 可知尽管效应代数 $\Gamma(G,u)$ 满足 RDP, 但效应代数 $\Gamma(G,2u)$ 不一定满足 RDP, 这说明偏序群 G 不满足 RDP.

当格效应代数满足 RDP 时, 格效应代数必然是 MV-代数 [41]. 特别地, 满足 RDP 的有限效应代数是格序的, 从而也是 MV-代数 [54]. 但是, 满足 RDP 的无限效应代数不一定是 MV-代数.

下证满足 RDP 的链有限的效应代数是 MV-代数, 首先回忆下面结论.

引理 2.4.23　设 E 是满足 RIP 的效应代数. 若 E 是有限集, 则 E 是格效应代数.

证明　设 $a,b\in E$, 由 $a,b\leqslant 1$ 可知 a,b 的上界之集 $U(a,b)$ 是非空的. 由于 E 是有限集, 从而 a,b 的上界之集是有限的, 故 $U(a,b)$ 中存在极小元. 若 c 是 $U(a,b)$ 中的极小元, 则对任意的 $d\in U(a,b)$, 由于 E 满足 RIP , 从而存在 $e\in E$ 使得 $a,b\leqslant e\leqslant c,d$. 由这个不等式可知 $e\in U(a,b)$, 且 $c=e\leqslant d$. 故 c 是 $U(a,b)$ 中的最小元, 这样 $a\vee b$ 在 E 中存在. 类似地, 可证 $a\wedge b$ 在 E 中存在. □

引理 2.4.24[54]　设 E 是满足 RDP 的效应代数. 若 E 是格序的, 则 E 是 MV-代数.

定义 2.4.25[2]　设 E 是效应代数. 若 E 中任意的链是有限长的, 则称 E 满足**链条件.**

引理 2.4.26[19]　若效应代数 E 满足链条件, 则 E 中任意非零元是 E 中原子有限序列的和.

命题 2.4.27　若满足 RDP 的效应代数 E 满足链条件, 则

(i) E 是有限集;

(ii) E 是 MV-代数.

证明　由引理 2.4.23 及引理 2.4.24, 只需证明结论 (i) 成立. 由于效应代数 E 满足链条件, 则存在原子有限序列 $A=(x_1,x_2,\cdots,x_n)$ 使得 $1=x_1\oplus x_2+\cdots\oplus x_n$. 由命题 2.4.16, 若存在原子序列 $B=(b_1,b_2,\cdots,b_m)$ 使得 $1=b_1\oplus b_2\oplus\cdots\oplus b_m$, 则原子序列 A 和 B 是相似的. 对任意的原子 a, 有 $a\oplus a'=1$. 存在原子序列 $C=(c_1,$

$c_2, \cdots, c_m)$ 使得 $a' = c_1 \oplus c_2 \oplus \cdots \oplus c_m$, 从而序列 $(a, c_1, c_2, \cdots, c_m)$ 与序列 $A = (x_1, x_2, \cdots, x_n)$ 相似. 因此, $a \in \{x_i \mid i = 1, \cdots, n\}$. 这样, E 的原子之集为 $\{x_i \mid i = 1, \cdots, n\}$. 因此, 对任意的非零元 $x \in E$, $x \leqslant 1 = x_1 \oplus x_2 \oplus \cdots \oplus x_n$, 利用 RDP, 存在 $m \leqslant n$ 及原子序列 $y_1, y_2, \cdots, y_m$ 使得 $x = y_1 \oplus y_2 \oplus \cdots \oplus y_m$, 这里 $y_j \in \{x_i \mid i = 1, \cdots, n\}$ 对任意的 $j = 1, 2, \cdots, m$. 因此, E 中至多存在 2^n 个元素, 从而 E 是有限集. □

一般地, 链有限的效应代数不满足 RDP 时未必是有限的.

例 2.4.28 对任意的 $i \in N$, 设 $E_i = \{0, a_i, 1\}$ 是标度效应代数, E 是效应代数 $(E_i)_{i \in N}$ 的水平和. 则 E 是链有限的 σ-正交完备的原子的无限效应代数, 但 E 不满足 RDP.

下面直接证明原子的 σ-正交完备的效应代数满足 RDP 时是 MV-代数.

首先回忆关于正交完备性的定义 [86]. 设 E 是效应代数.

令 $F = (a_1, a_2, \cdots, a_n)$ 是效应代数 E 中有限系统. 对任意的 $n \geqslant 3$, 若 $a_1 \oplus a_2 \oplus \cdots \oplus a_{n-1}$ 和 $(a_1 \oplus a_2 \oplus \cdots \oplus a_{n-1}) \oplus a_n$ 在 E 中存在, 则 $a_1 \oplus a_2 \oplus \cdots \oplus a_n$ 在 E 中存在且 $a_1 \oplus a_2 \oplus \cdots \oplus a_n = (a_1 \oplus a_2 \oplus \cdots \oplus a_{n-1}) \oplus a_n$. 若 $a_1 \oplus a_2 \oplus \cdots \oplus a_n$ 在 E 中存在, 则称 $F := (a_1, a_2, \cdots, a_n)$ **是正交的**, 且记 $a_1 \oplus a_2 \oplus \cdots \oplus a_n$ 为 $\oplus_{i=1}^n a_i$, 元素 $\oplus_{i=1}^n a_i$ 称为有限系统 F 的**和**. 系统 F 的和存在时常记为 $\oplus F$.

设 $G = (a_i)_{i \in I}$ 是 E 中元素所组成的系统, 称 G **是正交的**, 若 G 的任意有限子系统 F 是正交的. 而且, 对任意的正交系统 G, 若上确界 $\vee\{\oplus F \mid F$ 是 G 的有限系统 $\}$ 在 E 中存在, 则称元素 $\vee\{\oplus F \mid F$ 是 G 的有限系统 $\}$ 是 G 的**和**. 系统 G 的和存在时常记为 $\oplus G$.

若效应代数 E 的任意正交系统都有和, 则称效应代数 E **是正交完备的**. 设 m 是一基数, $G = (a_i : i \in I)$ 是 E 中元素所组成的正交系统, 若只要 $\mathrm{card}(I) \leqslant m$, G 的和 $\oplus G$ 总存在, 则称效应代数 E **是$\boldsymbol{m}$-正交完备的**. 特别地, 若效应代数 E 中任意的可数正交系统都有和, 称效应代数 E **是$\boldsymbol{\sigma}$-正交完备的**.

引理 2.4.29[85] 设 E 是 m 正交完备的效应代数, τ 是满足条件 $\mathrm{card}(\tau) \leqslant m$ 的序数. 若 E 中的系统 $(y_\alpha : \alpha < \tau)$ 满足下面条件:

(i) $y_0 = 0$;

(ii) 当 $\alpha \leqslant \beta < \tau$ 时, $y_\alpha \leqslant y_\beta$;

(iii) 当 $\beta < \tau$ 是极限序数时, $\vee(y_\alpha : \alpha < \beta)$ 存在且 $\vee(y_\alpha : \alpha < \beta) = y_\beta$,

则对满足 $2 \leqslant \beta < \tau$ 的序数都有 $\vee(y_\alpha : \alpha < \beta) = \oplus(y_{\rho+1} \ominus y_\rho : \rho + 1 < \beta)$.

证明 先证上确界 $\vee(y_\alpha:\alpha<\beta)$ 在 E 中的存在性. 事实上, 当 β 是极限序数时, 由假设 (iii) 可知 $\vee(y_\alpha:\alpha<\beta)$ 存在. 若当 β 不是极限序数时, $\vee(y_\alpha:\alpha<\beta)=y_{\beta-1}$.

下证 $\oplus(y_{\rho+1}\ominus y_\rho:\rho+1<\beta)$ 存在且等于 $\vee(y_\alpha:\alpha<\beta)$. 为此先证系统 $(y_{\rho+1}\ominus y_\rho:\rho+1<\beta)$ 是正交的.

令 $z_\rho=y_{\rho+1}\ominus y_\rho$. 对任意的有限子系统 $y_{\rho_1},y_{\rho_2},\cdots,y_{\rho_n}$, $\rho_i+1<\beta$, $i=1,2,\cdots,n$. 假设 $\rho_1<\rho_2<\cdots<\rho_n$. 则 $y_{\rho_1}\leqslant y_{\rho_1+1}\leqslant y_{\rho_2}\leqslant y_{\rho_2+1}\leqslant\cdots\leqslant y_{\rho_n}\leqslant y_{\rho_n+1}$. 因此 $y_{\rho_n+1}\ominus y_{\rho_1}=(y_{\rho_1+1}\ominus y_{\rho_1})\oplus(y_{\rho_2}\ominus y_{\rho_1+1})\oplus(y_{\rho_2+1}\ominus y_{\rho_2})\oplus\cdots\oplus(y_{\rho_n+1}\ominus y_{\rho_n})\geqslant z_{\rho_1}\oplus z_{\rho_2}\oplus\cdots\oplus z_{\rho_n}$. 从而系统 $(y_{\rho+1}\ominus y_\rho:\rho+1<\beta)$ 是正交的.

由不等式 $y_{\rho_n+1}\ominus y_{\rho_1}\geqslant z_{\rho_1}\oplus z_{\rho_2}\oplus\cdots\oplus z_{\rho_n}$ 可知, 对任意的有限系统 $y_{\rho_1},y_{\rho_2},\cdots,y_{\rho_n}$, $z_{\rho_1}\oplus z_{\rho_2}\oplus\cdots\oplus z_{\rho_n}\leqslant y_{\rho_n+1}$, 从而 $\oplus(y_{\rho+1}\ominus y_\rho:\rho+1<\beta)\leqslant\vee(y_\alpha:\alpha<\beta)$. 由此只需证明论断 $P(\beta):\vee(y_\alpha:\alpha<\beta)\leqslant\oplus(y_{\rho+1}\ominus y_\rho:\rho+1<\beta)$ 成立.

注意到 $y_0=0$, 由于 $y_1\leqslant y_1\ominus y_0$, 从而 $P(2)$ 成立. 假设对所有的 $\gamma<\beta$ 论断 $P(\gamma)$ 成立. 若 β 是极限序数, 则对任意的 $\alpha<\beta$ 有 $\alpha+1<\beta$, 再利用归纳假设可知 $y_\alpha=\vee(y_\tau:\tau<\alpha)\leqslant\vee(y_\tau:\tau<\alpha+1)\leqslant\oplus(y_{\rho+1}\ominus y_\rho:\rho+1<\alpha+1)\leqslant\oplus(y_{\rho+1}\ominus y_\rho:\rho+1<\beta)$. 因此, $\vee(y_\alpha:\alpha<\beta)\leqslant\oplus(y_{\rho+1}\ominus y_\rho:\rho+1<\beta)$. 当 β 不是极限序数时, $\vee(y_\alpha:\alpha<\beta)=\vee(y_\alpha:\alpha\leqslant\beta-1)$. 按照 $\beta-1$ 是否是极限序数有以下两种情况: ①当 $\beta-1$ 是极限序数时利用归纳假设和 (iii), $y_{\beta-1}=\vee(y_\alpha:\alpha<\beta-1)\leqslant\oplus(y_{\rho+1}\ominus y_\rho:\rho+1<\beta-1)\leqslant\oplus(y_{\rho+1}\ominus y_\rho:\rho+1<\beta)$; ② 若 $\beta-1$ 不是极限序数, 则 $\oplus(y_{\rho+1}\ominus y_\rho:\alpha<\beta)=\oplus(y_{\rho+1}\ominus y_\rho:\alpha\leqslant\beta-1)=(y_{\beta-1}\ominus y_{\beta-2})\oplus(y_\alpha:\alpha<\beta-1)\geqslant(y_{\beta-1}\ominus y_{\beta-2})\oplus\vee(y_\alpha:\alpha<\beta-1)=(y_{\beta-1}\ominus y_{\beta-2})\oplus y_{\beta-2}=y_{\beta-1}$. 由此可知论断 $P(\beta)$ 成立. □

定理 2.4.30[85] 设 E 是效应代数, m 是基数. 若效应代数 E 是 m-正交完备的, 则 E 中任何一条包含至多 m 个元的链在 E 中都有上确界.

证明 令 $(x_\alpha:\alpha\in\Sigma)$ 是 E 中的上升链且 $\mathrm{card}(\Sigma)\leqslant m$. 设 E 中任意上升链的指标集 Σ' 满足 $\mathrm{card}(\Sigma')<\mathrm{card}(\Sigma)$ 时上确界都是存在的. 记 τ 是相应于基数 $\mathrm{card}(\Sigma)$ 最小的序数. 假设 τ 是无限的, 用集合 $\{\alpha:\alpha<\tau\}$ 代替 Σ, 这样将考虑序数为指标集的链 $(x_\alpha:\alpha<\tau)$. 由归纳假设 $y_\gamma:=\vee(x_\alpha:\alpha<\gamma)$ 对任意的 $\gamma<\tau$ 均成立. 这样链 $(y_\alpha:\alpha<\tau)$ 满足引理 2.4.29 中条件 (i), (ii). 对极限序数 β, 若 $\beta<\tau$, 则 $\vee(y_\alpha:\alpha<\beta)=\bigvee_{\alpha<\beta}\vee(x_\rho:\rho<\alpha)=\vee(x_\rho:\rho<\beta)=y_\beta$. 这样 $(y_\alpha:\alpha<\tau)$ 也满足引理 2.4.29 中条件 (iii).

由于 E 是 m-正交完备的效应代数, 从而 $z = \oplus(y_{\alpha+1} \ominus y_\alpha : \alpha+1 < \tau)$ 在 E 中存在. 下证 $z = \vee(x_\rho : \rho < \tau)$. 若 τ 不是极限序数, 则 $\vee(x_\rho : \rho < \tau) = y_{\rho-1}$, 结论成立. 下设 τ 是极限序数. 若 $\beta < \sigma$, 则 $\beta + 2 < \sigma$, 因此 $x_\beta \leqslant \vee(x_\rho : \rho < \beta+1) = y_{\beta+1} = \vee(y_\alpha : \alpha \leqslant \beta+1) = \vee(y_\alpha : \alpha < \beta+2) = \oplus(y_{\rho+1} \ominus y_\rho : \rho+1 < \beta+2) \leqslant z$. 从而 z 是 $(x_\rho : \rho < \tau)$ 的上界. 设对任意的 $\rho \leqslant \tau$, $w \geqslant x_\rho$, 则对任意的 $\alpha+1 \leqslant \tau$, 有 $w \geqslant \vee(x_\rho : \rho < \alpha+1) = y_{\alpha+1} \geqslant y_{\alpha+1} \ominus y_\alpha$. 对任意的有限集 $\rho_1 < \rho_2 < \cdots < \rho_n$ 且 $\rho_n + 1 < \tau$, 有 $\rho_1 \leqslant \rho_1 + 1 \leqslant \rho_2 \leqslant \rho_2 + 1 \leqslant \cdots \leqslant \rho_{n-1} + 1 \leqslant \rho_n \leqslant \rho_n + 1$, 且 $(y_{\rho_1+1} \ominus y_{\rho_1}) \oplus (y_{\rho_2+1} \ominus y_{\rho_2}) \oplus \cdots \oplus (y_{\rho_n+1} \ominus y_{\rho_n}) \leqslant y_{\rho_n+1} \ominus y_1 \leqslant y_{\rho_n+1} \leqslant w$, 因此 $z \leqslant w$. □

定理 2.4.31[86] 设 E 是效应代数, m 是基数. 若 E 中任何一条包含至多 m 个元的链在 E 中都有上确界, 则 E 是 m-正交完备的.

证明 设 X 是 E 的正交子集且 $\mathrm{card}(X) \leqslant m$. 假设 γ 是使得 $\mathrm{card}(\gamma) = \mathrm{card}(X)$ 的第一个序数. 下证 $\oplus X$ 在 E 中存在且 $\oplus X = \vee F$, 这里 $F = (\oplus(x_\alpha : \alpha < \beta) : \beta < \gamma)$.

对 $\mathrm{card}(X)$ 使用归纳法. 当 X 是有限集时, 结论显然成立. 若 X 是无限集, $\mathrm{card}(X) \leqslant m$ 且 $\mathrm{card}(\gamma) = \mathrm{card}(X)$. 假设对所有的正交子集 Y 当 $\mathrm{card}(Y) = \beta < \gamma$ 时 $\oplus Y$ 存在且 $\oplus Y = \vee(\oplus(x_\alpha : \alpha < \nu) : \nu < \beta)$.

设 X 可记为 $(x_\alpha : \alpha < \gamma)$. 由归纳假设可知链 $F = (\oplus(x_\alpha : \alpha < \beta) : \beta < \gamma)$ 在 E 中存在. 由于 $\mathrm{card}(F) = \mathrm{card}(X) \leqslant m$, 则上确界 $s = \vee F$ 在 E 中存在. 设 $x_{\alpha_1}, x_{\alpha_2}, \cdots, x_{\alpha_n}$ 是 X 中的一个有限序列且 $\alpha_1, \alpha_2, \cdots, \alpha_n < \gamma$. 不失一般性假设 $\alpha_1 < \alpha_2 < \cdots < \alpha_n < \gamma$. 从而 $(x_{\alpha_1}, x_{\alpha_2}, \cdots, x_{\alpha_n}) \subseteq (x_\alpha : \alpha < \alpha+1)$, 因此 $\oplus(x_{\alpha_1}, x_{\alpha_2}, \cdots, x_{\alpha_n}) \leqslant \oplus(x_\alpha : \alpha < \alpha+1) \leqslant s$. 这样 s 是集合 $\oplus(x_\alpha : \alpha \in M)$ 的上界, M 是指标集 $(\alpha : \alpha < \gamma)$ 的有限子集. 下设 p 是 $\oplus(x_\alpha : \alpha \in M)$ 的任一上界, M 是 $(\alpha : \alpha < \gamma)$ 的有限子集. 则对任意的 $\beta < \gamma$, p 是 $\oplus(x_\alpha : \alpha < \beta)$ 的上界, 从而 p 是 F 的上界, 因此 $p \geqslant s$. □

命题 2.4.32 设 E 是满足 RDP 的效应代数. 若 E 是 σ-正交完备的且 E 的原子之集为 $A(E) = \{a_i \mid i \in N\}$, 则下面各条成立.

(i) 对任意的 $a_i, a_j \in A(E)$, 若 $a_i \neq a_j$, 则 $a_i \oplus a_j$ 和 $a_i \vee a_j$ 存在且 $a_i \oplus a_j = a_i \vee a_j$.

(ii) 对任意的自然数 $n \geqslant 2$, 有限集 $\{a_1, \cdots, a_n\} \subseteq A(E)$ 在 E 中正交且 $\oplus_{i=1}^n a_i = \bigvee_{i=1}^n a_i$.

(iii) 原子之集 $A(E)$ 是正交集且 $\oplus A(E) = \vee A(E)$.

证明　(i) 设 $c \in E$ 使得 $a_i, a_j \leqslant c$, 则存在 $a, b \in E$ 使得 $a_i \oplus a = a_j \oplus b = c$. 利用 RDP, 存在 $d_{11}, d_{12}, d_{21}, d_{22} \in E$ 使得 $a_i = d_{11} \oplus d_{12}$, $a_j = d_{11} \oplus d_{21}$, $a = d_{21} \oplus d_{22}$, $b = d_{12} \oplus d_{22}$. 注意到 a_i, a_j 是原子, 从而 $d_{11} = 0$, $a_i = d_{12}, a_j = d_{21}$, 因此 $a_i \oplus a_j$ 存在且 $a_i \oplus a_j \leqslant a_i \oplus a_j \oplus d_{22} = c$. 显然 $a_i, a_j \leqslant a_i \oplus a_j$, 从而 $a_i \oplus a_j = a_i \vee a_j$.

又可参见文献 [22] 中引理 3.2 (ii).

(ii) 对 n 使用归纳法.

若 $n = 2$, 由 (i), $\{a_1, a_2\}$ 是正交集且 $a_1 \oplus a_2 = a_1 \vee a_2$.

假设对任意的自然数 m', 当 $m' < m$ 时命题成立. 对有限集 $\{a_1, \cdots, a_m\} \subseteq A(E)$, 由归纳假设, $\oplus_{i=1}^{m-1} a_i = \bigvee_{i=1}^{m-1} a_i$. 注意到对任意的 $i \in \{1, \cdots, m-1\}$, $a_i \oplus a_m$ 存在, 因此 $(\bigvee_{i=1}^{m-1} a_i) \oplus a_m$ 存在, 从而 $\oplus_{i=1}^{m} a_i$ 存在. 下证 $\oplus_{i=1}^{m} a_i = \bigvee_{i=1}^{m} a_i$.

断言　若 $x \leqslant a_m, \bigvee_{i=1}^{m-1} a_i$, 则 $x = 0$.

由于 a_m 是原子, 则当 $x \leqslant a_m$ 时, $x = 0$ 或 $x = a_m$. 假设 $x = a_m$, 则存在 b_1 使得 $a_m \oplus b_1 = (\oplus_{i=1}^{m-2} a_i) \oplus a_{m-1}$. 利用 RDP 及 $a_m \wedge a_{m-1} = 0$, 可得 $a_m \leqslant \oplus_{i=1}^{m-2} a_i$. 这样存在 b_2 使得 $a_m \oplus b_2 = (\oplus_{i=1}^{m-3} a_i) \oplus a_{m-2}$. 重复这个过程有限次可得元素 b 使得 $a_m \oplus b = a_1 \oplus a_2$, 再使用 RDP 可得 $a_m \leqslant a_1$ 或 $a_m \leqslant a_2$, 这是不可能的. 因此, $x = 0$.

现在假设 $a_m, \bigvee_{i=1}^{m-1} a_i \leqslant u$. 则存在 $a, b \in E$ 使得 $a_m \oplus a = (\bigvee_{i=1}^{m-1} a_i) \oplus b = u$. 利用 RDP 及断言可知 $a_m \leqslant b$, 从而 $\oplus_{i=1}^{m} a_i = (\bigvee_{i=1}^{m-1} a_i) \oplus a_m \leqslant u$. 因此, $\oplus_{i=1}^{m} a_i = \bigvee_{i=1}^{m} a_i$.

(iii) 由 (ii), E 的原子之集 $A(E) = \{a_i \mid i \in N\}$ 是正交集. 由于 E 是 σ-正交完备效应代数, 从而有 $\oplus A(E) = \vee\{\oplus F \mid F$ 是 $A(E)$ 的有限子集 $\} = \vee\{\oplus_{i=1}^{n} a_i \mid n \in N, n \geqslant 1\} = \bigvee_{i \in N} a_i$. □

命题 2.4.33　设 E 是满足 RDP 的效应代数. 若 E 是 σ-正交完备的且 E 的原子之集为 $A(E) = \{a_i \mid i \in N\}$, 则下面各条成立.

(i) 任意的 $a_i \in A(E)$, a_i 的迷向指数 $\imath_i$ 是有限的, $i \in N$.

(ii) 任意的 $a_i \in A(E)$, 区间 $E[0, \imath_i a_i] = \{x \in E \mid 0 \leqslant x \leqslant \imath_i a_i\}$ 等于 $\{0, a_i, \cdots, \imath_i a_i\}$.

(iii) 对不同的两个原子 $a_i, a_j \in A(E)$, $(\imath_i a_i) \wedge (\imath_j a_j)$ 存在且 $(\imath_i a_i) \wedge (\imath_j a_j) = 0$.

(iv) 对不同的两个原子 $a_i, a_j \in A(E)$, $(\imath_i a_i) \oplus (\imath_j a_j)$ 存在且 $(\imath_i a_i) \oplus (\imath_j a_j) = (\imath_i a_i) \vee (\imath_j a_j)$.

(v) 集合 $\{\imath_i a_i \mid a_i \in A(E)\}$ 是正交的, 且 $\oplus\{\imath_i a_i \mid a_i \in A(E)\} = \vee\{\imath_i a_i \mid a_i \in A(E)\} = 1$.

证明 (i) 任取 $a \in A(E)$, 若 $na = \underbrace{a \oplus a \oplus \cdots \oplus a}_{n次}$ 对任意的自然数 n 存在, 则可得一条无限链 $a < 2a < \cdots < na < \cdots$. 由于效应代数 E 是 σ-正交完备的, 从而 $\bigvee_n na$ 存在. 令 $x = \bigvee_n na$, 则 $x \oplus a$ 存在. 因此 $a \oplus x = a \oplus (\bigvee_n na) = \bigvee_n (n+1)a = x$, 从而 $a = 0$. 这矛盾于 a_i 是原子. 这样, a_i 的迷向指数 $\imath_i$ 是有限的.

(ii) 对任意的 $x \in E[0, \imath_i a_i]$, 若 $x = 0$ 或者 $x = \imath_i a_i$, 则结论成立. 下设 $0 < x < \imath_i a_i$, 则存在 $y \in E$ 使得 $x \oplus y = \imath_i a_i$. 利用 RDP, 存在 $x_{11}, \cdots, x_{1i} \in E$, $x_{21}, \cdots, x_{2i} \in E$ 使得 $a_i = x_{11} \oplus x_{21} = \cdots = x_{1i} \oplus x_{2i}$, 且 $x = x_{11} \oplus \cdots \oplus x_{1i}$, $y = x_{21} \oplus \cdots \oplus x_{2i}$. 由于 a_i 是 E 的原子, 故有 $x_{11}, \cdots, x_{1i}, x_{21}, \cdots, x_{2i} \in \{0, a_i\}$, 这样存在自然数 $1 \leqslant n < \imath_i$ 使得 $x = na_i$.

(iii) 设 $x \in E$ 且 $x \leqslant \imath_i a_i, \imath_j a_j$, 则有 $x \in \{0, a_i, \cdots, \imath_i a_i\} \cap \{0, a_j, \cdots, \imath_j a_j\} = 0$, 从而 $(\imath_i a_i) \wedge (\imath_j a_j)$ 存在, 且 $(\imath_i a_i) \wedge (\imath_j a_j) = 0$.

(iv) 不失一般性, 下证 $(\imath_1 a_1) \oplus (\imath_2 a_2)$ 存在, 且 $(\imath_1 a_1) \oplus (\imath_2 a_2) = (\imath_1 a_1) \vee (\imath_2 a_2)$.

注意到 $(\imath_1 a_1) \oplus (\imath_1 a_1)' = (\imath_2 a_2) \oplus (\imath_2 a_2)'$, 利用 RDP, 存在 $x_1, x_2, x_3, x_4 \in E$ 使得 $\imath_1 a_1 = x_1 \oplus x_2$, $(\imath_1 a_1)' = x_3 \oplus x_4$, $\imath_2 a_2 = x_1 \oplus x_3$, $(\imath_2 a_2)' = x_2 \oplus x_4$, 从而由 (iii) 可知 $x_1 = 0$. 因此, $\imath_1 a_1 = x_2 \leqslant (\imath_2 a_2)'$, 这样 $(\imath_1 a_1) \oplus (\imath_2 a_2)$ 在 E 中存在. 而且, 假设 $\imath_1 a_1, \imath_2 a_2 \leqslant u$, 对 $u \in E$. 则存在 $u_1, u_2 \in E$ 使得 $(\imath_1 a_1) \oplus u_1 = (\imath_2 a_2) \oplus u_2$. 进而利用 (iii) 及 RDP, 可得 $\imath_1 a_1 \leqslant u_2$, $(\imath_1 a_1) \oplus (\imath_2 a_2) \leqslant u$. 因此, 可得 $(\imath_1 a_1) \oplus (\imath_2 a_2) = (\imath_1 a_1) \vee (\imath_2 a_2)$.

(v) 由 (iv), $\{\imath_i a_i \mid a_i \in A(E)\}$ 是正交系统且 $\oplus\{\imath_i a_i \mid a_i \in A(E)\} = \vee\{\imath_i a_i \mid a_i \in A(E)\}$. 显然, $\oplus\{\imath_i a_i \mid a_i \in A(E)\} \leqslant 1$. 若 $\oplus\{\imath_i a_i \mid a_i \in A(E)\} < 1$, 则存在 $x \in E$ 使得 $(\oplus\{\imath_i a_i \mid a_i \in A(E)\}) \oplus x = 1$. 由于 E 是原子的效应代数, 存在原子 $a_x \leqslant x$. 因此, 有 $(\oplus\{\imath_i a_i \mid a_i \in A(E)\}) \oplus a_x$ 在 E 中存在. 由于 $a_x \in A(E)$, 有 $a_x \oplus (\imath_{a_x} a_x)$ 在 E 中存在, 这是不可能的. 因此, $\oplus\{\imath_i a_i \mid a_i \in A(E)\} = 1$. □

引理 2.4.34[86] 设 E 是正交完备的效应代数, $(a_\alpha : \alpha \in \Sigma) \subseteq E$ 是 E 中一族正交的中心元. 若 $(x_\alpha : \alpha \in \Sigma)$ 是满足 $x_\alpha \leqslant a_\alpha (\alpha \in \Sigma)$ 的 E 中的一族元素. 则 $\vee(x_\alpha : \alpha \in \Sigma)$ 存在且等于 $\oplus(x_\alpha : \alpha \in \Sigma)$.

证明 显然 $(x_\alpha : \alpha \in \Sigma)$ 是正交集, 从而由 E 的正交性可知 $\oplus(x_\alpha : \alpha \in \Sigma)$ 在 E 中存在. 设 F 是 Σ 的任一有限子集, y 是 $(x_\alpha : \alpha \in F)$ 的一个上界. 则显然有 $\alpha \in F$, $x_\alpha \leqslant y \wedge a_\alpha$. 因此 $\oplus(x_\alpha : \alpha \in F) \leqslant \oplus(y \wedge a_\alpha : \alpha \in F) = y \wedge \oplus(a_\alpha : \alpha \in F) \leqslant y$.

这样 $(x_\alpha : \alpha \in F)$ 的任一上界也是 $\oplus(x_\alpha : \alpha \in F)$ 的上界, 且 $\vee(x_\alpha : \alpha \in F) = \oplus(x_\alpha : \alpha \in F)$. 因此, $\oplus(x_\alpha : \alpha \in \Sigma) = \bigvee_F(\oplus(x_\alpha : \alpha \in F)) = \bigvee_F(\vee(x_\alpha : \alpha \in F)) = \vee(x_\alpha : \alpha \in \Sigma)$. □

引理 2.4.35[86]　设 E 是正交完备的效应代数, $(a_\alpha : \alpha \in \Sigma) \subseteq E$ 是 E 中一族正交的中心元. 若 $a = \oplus(a_\alpha \mid \alpha \in \Sigma)$, 则 a 是中心元且 $E[0,a]$ 同构于 $\prod_{\alpha\in\Sigma} E[0,a_\alpha]$.

证明　如下定义映射 $\phi : E[0,a] \to \prod_{\alpha\in\Sigma} E[0,a_\alpha]$, $\phi(x) = (x \wedge a_\alpha)_{\alpha\in\Sigma}$. 下证 ϕ 是同构映射.

先证 ϕ 是满的, 设 $(x_\alpha)_{\alpha\in\Sigma} \in \prod_{\alpha\in\Sigma} E[0,a_\alpha]$. 注意到 $(x_\alpha : \alpha \in \Sigma)$ 是正交的, 令 $x = \oplus(x_\alpha : \alpha \in \Sigma)$. 下证 $\phi(x) = (x_\alpha : \alpha \in \Sigma)$. 固定 $\beta \in \Sigma$, 利用 $\oplus$ 的结合律, $x \wedge a_\beta = \oplus(x_\alpha : \alpha \in \Sigma) \wedge a_\beta = (x_\beta \wedge a_\beta) \oplus (\oplus(x_\alpha : \alpha \in \Sigma \setminus \{\beta\}) \wedge a_\beta) = x_\beta \oplus (\vee(x_\alpha : \alpha \in \Sigma \setminus \{\beta\}) \wedge a_\beta)$. 由于对任意的 $\alpha \in \Sigma \setminus \{\beta\}$ 都有 $x_\alpha \wedge a_\beta = 0$, 从而 $(\vee(x_\alpha : \alpha \in \Sigma \setminus \{\beta\})) \wedge a_\beta = 0$. 这样对任意的 $\alpha \in \Sigma, x \wedge a_\alpha = x_\alpha$.

为证 ϕ 是单的, 只需证明对任意的 $x \in E[0,a]$, $x = \oplus(x \wedge a_\alpha : \alpha \in \Sigma)$.

由于 $\oplus(x \wedge a_\alpha : \alpha \in \Sigma) = \bigvee_F(\oplus(x \wedge a_\alpha : \alpha \in F)) = \bigvee_F(x \wedge \oplus(a_\alpha : \alpha \in F)) \leqslant x$. 而 $x \ominus (\bigvee_F(x \wedge \oplus(a_\alpha : \alpha \in F))) = \bigwedge_F(x \ominus (x \wedge \oplus(a_\alpha : \alpha \in F)))$. □

回忆定义 1.3.13 中效应代数中的分明元、主要元和中心元的定义. 在效应代数中中心元是主要元, 主要元是分明元. 但反之不真. 特别地, 中心元与效应代数的次直积分解有密切的关系. 这三种元素的存在性刻画了量子逻辑与经典逻辑, sharp 量子逻辑与 unsharp 量子逻辑之间的关系. 当效应代数中的元素全为分明元素时, 效应代数为正交代数, 从而是 sharp 量子逻辑. 当效应代数中的元素全为主要元素时, 效应代数为正交模偏序集. 而当效应代数中的元素都是中心元时, 效应代数为经典逻辑的代数结构布尔代数.

一般情况下, 效应代数中的主要元不是中心元, 但有下面的结论.

引理 2.4.36[87]　设 E 是满足 RDP 的效应代数. 则 $a \in E$ 是 E 的中心元当且仅当 a 是 E 中的分明元.

证明　只需证明分明元 a 是 E 的中心元. 若 $a \in \{0,1\}$, 则结论显然成立. 下设 $a \notin \{0,1\}$ 且 $a \wedge a' = 0$. 任取 $x \in E$, 由 $x \leqslant 1 = a \oplus a'$ 及 E 满足 RDP 可知, 存在 $x_1, x_2 \in E$ 使得 $x = x_1 \oplus x_2$, 且 $x_1 \leqslant a, x_2 \leqslant a' \in E$. 事实上, 这样的分解是唯一的. 若存在 $y_1, y_2 \in E$ 使得 $x = y_1 \oplus y_2$ 且 $y_1 \leqslant a, y_2 \leqslant a' \in E$. 由 $x_1 \oplus x_2 = y_1 \oplus y_2$ E 满足 RDP 可知, 存在 $z_{11}, z_{12}, z_{21}, z_{22} \in E$ 使得 $x_1 = z_{11} \oplus z_{12}$, $x_2 = z_{21} \oplus z_{22}$,

$y_1 = z_{11} \oplus z_{21}$, $y_2 = z_{12} \oplus z_{22}$. 注意到 $a \wedge a' = 0$, 且 $z_{12} \leqslant x_1 \leqslant a$, $z_{12} \leqslant y_2 \leqslant a'$, 可知 $z_{12} = 0$. 类似可得 $z_{21} = 0$. 由此可知 $x_1 = y_1$, $x_2 = y_2$.

下证 a, a' 都是主要元. 设 $b, c \in E$, $b \leqslant a, c \leqslant a, b \oplus c \in E$. 由上面证明可知存在 $d_1, d_2 \in E$ 使得 $b \oplus c = d_1 \oplus d_2 \in E$ 且 $d_1 \leqslant a, d_2 \leqslant a' \in E$. 利用 $b \oplus c = d_1 \oplus d_2$ 及 E 满足 RDP 可知存在 $e_{11}, e_{12}, e_{21}, e_{22} \in E$ 使得 $b = e_{11} \oplus e_{12}, c = e_{21} \oplus e_{22}$, $d_1 = e_{11} \oplus e_{21}, d_2 = e_{12} \oplus e_{22}$. 由于 $e_{12} \leqslant b \leqslant a, e_{12} \leqslant d_2 \leqslant a'$ 可知 $e_{12} = 0$. 类似可知 $e_{22} = 0$. 从而 $b \oplus c = e_{11} \oplus e_{21} = d_1 \leqslant a$. 这样 a 是主要元. 类似可证 a' 是主要元. □

命题 2.4.37 设 E 是满足 RDP 的 σ-正交完备的原子效应代数. 若 E 的原子之集 $A(E) = \{a_i \mid i \in N\}$, 则下面各条成立.

(i) 对任意的 $a_i \in A(E)$, 元素 $\imath_i a_i$ 是 E 的中心元.

(ii) 对任意的 $a_i \in A(E)$, 元素 $\imath_i a_i$ 是布尔代数 $C(E)$ 的原子.

(iii) 对任意的 $y \in E$, $y = \oplus\{y \wedge \imath_i a_i \mid a_i \in A(E)\}$.

(iv) 效应代数 E 同构于直积 $\prod_{i \in N} E[0, \imath_i a_i]$.

(v) 效应代数 E 是完备的 MV-效应代数.

证明 (i) 由引理 2.4.36, 只需证明 $\imath_i a_i \wedge (\imath_i a_i)' = 0$. 假设 $x \leqslant \imath_i a_i, (\imath_i a_i)'$. 若 $x \neq 0$, 则由命题 2.4.33 (ii) 可知 $a_i \leqslant (\imath_i a_i)'$, 因此 $a_i \oplus (\imath_i a_i)$ 存在, 但这是不可能的. 这样, $x = 0$, 从而 $\imath_i a_i \wedge (\imath_i a_i)' = 0$.

(ii) 对任意的 $x \in E$, $x < \imath_i a_i$, 由命题 2.4.33 (ii) 可知 $x \in \{0, a_i, \cdots, (\imath_i - 1)a_i\}$. 若 $x \neq 0$, 则 $a_i \leqslant x, x'$, 从而 $x \notin C(E)$. 因此, $\imath_i a_i$ 是 $C(E)$ 的原子.

(iii) 由于 $\imath_i a_i \in C(E)$, 对任意的 $y \in E$, $y \wedge \imath_i a_i$ 在 E 中存在. 由于 $\{\imath_i a_i \mid a_i \in A(E)\}$ 是正交集, $\{y \wedge \imath_i a_i \mid a_i \in A(E)\}$ 也是正交集且 $\oplus\{y \wedge \imath_i a_i \mid a_i \in A(E)\}$ 在 E 中存在. 注意到, 对任意的元素 $y \wedge \imath_i a_i$, $y \wedge \imath_j a_j \in \{y \wedge \imath_i a_i \mid a_i \in A(E)\}$ 和 $(y \wedge \imath_i a_i) \oplus (y \wedge \imath_j a_j)$ 存在, 且由引理 2.4.34 可知 $(y \wedge \imath_i a_i) \oplus (y \wedge \imath_j a_j) = (y \wedge \imath_i a_i) \vee (y \wedge \imath_j a_j)$. 因此对有限子集 $F \subseteq \{y \wedge \imath_i a_i \mid a_i \in A(E)\}$, 有 $\oplus\{x \mid x \in F\} = \vee\{x \mid x \in F\}$. 从而, $\oplus\{y \wedge \imath_i a_i \mid a_i \in A(E)\} = \vee\{y \wedge \imath_i a_i \mid a_i \in A(E)\} \leqslant y$. 设 $\oplus\{y \wedge \imath_i a_i \mid a_i \in A(E)\} = \vee\{y \wedge \imath_i a_i \mid a_i \in A(E)\} < y$. 则存在元 $x \in E$ 使得 $x \oplus (\oplus\{y \wedge \imath_i a_i \mid a_i \in A(E)\}) = y$, 因此存在原子 $a_{i_0} \in E$ 使得 $a_{i_0} \leqslant x$. 然而, $x \oplus (y \wedge \imath_{i_0} a_{i_0})$ 存在, 因此 $a_{i_0} \oplus (y \wedge \imath_{i_0} a_{i_0}) \leqslant y, \imath_{i_0} a_{i_0}$, $a_{i_0} \oplus (y \wedge \imath_{i_0} a_{i_0}) \leqslant y \wedge (\imath_{i_0} a_{i_0})$, 这是不可能的. 这样, $\oplus\{y \wedge \imath_i a_i \mid a_i \in A(E)\} = \vee\{y \wedge \imath_i a_i \mid a_i \in A(E)\} = y$.

(iv) 由命题 2.4.33 (v) 及引理 2.4.35 可知结论成立.

(v) 对任意的 $i \in N$, 链 $E[0, \imath_i a_i]$ 是有限的 MV-效应代数, 且是完备的. 因此乘积 $\prod_{i\in N} E[0, \imath_i a_i]$ 也是完备的 MV-效应代数. □

注 2.4.38 在文献 [88, 命题 3.12] 中, 作者证明了原子的 σ-完备的布尔差分偏序集若有可数的原子集 $\{a_i \mid i \in N\}$, 则可表示成有限链的直积. 事实上布尔差分偏序集也是 MV-效应代数, MV-效应代数也可以用满足 RDP 的格效应代数来刻画 [2]. 由命题 2.4.37 可知, 任一满足 RDP 的 σ-正交完备的原子效应代数也是格序的, 这样也是一个 MV-效应代数. 而且类似于命题 2.4.37, 可证下面结论.

命题 2.4.39 设 E 是满足 RDP 的 σ-正交完备的原子效应代数. 若 E 的原子之集 $A(E) = \{a_i \mid i \in I\}$, 则下面各条成立.

(i) 对任意的 $a_i \in A(E)$, 元素 $\imath_i a_i$ 是 E 的中心元.

(ii) 对任意的 $a_i \in A(E)$, 元素 $\imath_i a_i$ 是布尔代数 $C(E)$ 的原子.

(iii) 对任意的 $y \in E$, $y = \oplus\{y \wedge \imath_i a_i \mid a_i \in A(E)\}$.

(iv) 效应代数 E 同构于直积 $\prod_{i\in I} E[0, \imath_i a_i]$.

(v) 效应代数 E 是完备的 MV-效应代数.

命题 2.4.40 设 E 是满足 RDP 的 σ-正交完备的原子效应代数. 若 E 的原子之集 $A(E) = \{a_i \mid i \in N\}$. 则 E 是交换的伪效应代数, 即 E 是效应代数.

证明 由文献 [87, 引理 3.1] 可知对任意两个不相等的原子 a, b, 有 $a \oplus b$, $b \oplus a$ 及 $a \vee b$ 在 E 中存在且相等. 从而, $\imath(a)a \oplus \imath(b)b = \imath(b)b \oplus \imath(a)a = \imath(a)a \vee \imath(b)b$. 因此, $\{\imath(a)a \mid a \in A(E)\}$ 是 σ-正交集, 故 $\oplus\{\imath(a)a \mid a \in A(E)\}$ 在 E 中存在且 $\oplus\{\imath(a)a \mid a \in A(E)\} = \vee\{\imath(a)a \mid a \in A(E)\} = 1$. 事实上, 若 $\oplus\{\imath(a)a \mid a \in A(E)\} < 1$, 则存在原子 a 使得 $\oplus\{\imath(a)a \mid a \in A(E)\} \oplus a \leqslant 1$. 因此, $\imath(a)a \oplus a$ 在 E 中存在, 但这矛盾于迷向指数 $\imath(a)$ 的定义. 由文献 [87, 命题 6.1(ii)] 可知, 存在同构 $\phi : E \to \prod_{i\in N}[0, \imath(a_i)a_i]$, 这里 $\phi(x) = (x \wedge \imath(a_i)a_i)_{i\in N}$. 而且, 对任意的 $x \in E, i \in N$, 由 RDP 可知 $x \wedge \imath(a_i)a_i \in \{0, a, \cdots, \imath(a_i)a_i\}$.

对任意的 $x, y \in E$, $x \oplus y$ 在 E 中存在当且仅当 $(x \wedge \imath(a_i)a_i) \oplus (y \wedge \imath(a_i)a_i)$ 存在. 这样若 $x \oplus y$ 在 E 中存在, 则对任意的 $i \in N$, $(x \oplus y) \wedge \imath(a_i)a_i = (x \wedge \imath(a_i)a_i) \oplus (y \wedge \imath(a_i)a_i) = (y \wedge \imath(a_i)a_i) \oplus (x \wedge \imath(a_i)a_i)$, 从而 $y \oplus x$ 存在且 $x \oplus y = y \oplus x$. □

在 MV-效应代数上的态 s 是端点的当且仅当 $s(a \wedge b) = \max\{s(a), s(b)\}$ 对任意的 $a, b \in E$ 成立. 效应代数 E 上的态 s 是 σ-可加的, 若对 E 上任意序列 $a_n, n \in N$, $a_n \leqslant a_{n+1}$, 且当 $\bigvee_n a_n = a$ 时, 有 $s(a) = \lim\limits_{n\to\infty} s(a_n)$. 这等价于, 若 $a = \bigvee_n a_n$, 则 $s(a) = \bigvee_n s(a_n)$.

定理 2.4.41 设 E 是满足 RDP 的 σ-正交完备的原子效应代数, 且 E 的原

子之集 $A(E) = \{a_i \mid i \in I\}$ 是至多可数集. 对 $i \in I$, 令 $\imath_i$ 是原子 $a_i \in A(E)$ 的迷向指数. 对任意的 $i \in I$, 定义映射 $s_i : E \to [0,1]$ 如下: $s_i(a) = \max\{j \mid ja_i \leqslant a \wedge \imath_i a_i\}/\imath_i, a \in E$. 则 s_i 是 E 上的端点态, 也是 σ-可加态. 若 s 是 E 上的 σ-可加态, 则 $s(a) = \sum_i \lambda_i s_i(a), a \in E$. 而且, 对每个 σ-可加的端点态 s 存在唯一的 $i \in I$ 使得 $s = s_i$. 而且态 $s = s_i$ $(i \in I)$ 当且仅当 $s(\imath_i a_i) = 1$.

证明 由命题 2.4.39 (i), (iii), 元素 $\imath_i a_i$ 是中心元且 $a = \bigvee_i (a \wedge \imath_i a_i)$. 因此, $s_i(a)$ 是区间 $[0,1]$ 中的实数且 $(a \oplus b) \wedge \imath_i a_i = (a \wedge \imath_i a_i) \oplus (b \wedge \imath_i a_i)$, 从而 s_i 是态. 由命题 2.4.39 (v), E 是 MV-效应代数. 若 $a, b \in E$, 有 $(a \wedge b) \wedge \imath_i a_i = (a \wedge \imath_i a_i) \wedge (b \wedge \imath_i a_i)$, 这说明 $s_i(a \wedge b) = \min\{s_i(a), s_i(b)\}$, 从而 s_i 是端点态.

由文献 [87] 定理 5.11 可知, 对 E 中序列 $(x_n)_{n\in N}$, 若 $x_n \leqslant x_{n+1} (n \in N)$, $\bigvee_n x_n = x$ 且 e 是中心元时, 则 $(\bigvee_n x_n) \wedge e = \bigvee_n (x_n \wedge e)$. 再利用 s_i 的定义, 可知 s_i 是 σ-可加的. 设 s 是任一 σ-可加态, $a = \oplus_i (a \wedge \imath_i a_i)$ 且 $1 = \oplus_i \imath_i a_i$, 因此 $s(a) = \sum_i s(a \wedge \imath_i a_i) = \sum_i \lambda_i s_i(a)$, 其中 $\lambda_i = s(\imath_i a_i)$. 因此, 若 s 是 σ-可加的端点态, 由前面的分解可知存在唯一的 i 使得 $s = s_i$. 现假设 E 上的态 s 满足 $s(\imath_i a_i) = 1$. 则 $s(a_i) = 1/\imath_i$. 由于 $\imath_i a_i$ 是中心元, 对任意的 $a \in E$, 有 $s(a) = s(a \wedge \imath_i a_i) + s(a \wedge (\imath_i a_i)') = s(a \wedge \imath_i a_i) = s_i(a)$. □

2.5 标度效应代数

Bennett 和 Foulis 在文献 [90] 中对 Archimedean 的标度效应代数的结构进行了研究. 本节作为文献 [90] 的继续, 主要对标度效应代数的结构进行完整的刻画, 证明 Archimedean 的标度效应代数同构于区间效应代数 [0, 1] 的子代数, 满足特殊条件的非 Archimedean 的标度效应代数同构于 Archimedean 的标度效应代数与全序群的字典序的乘积. 本节一方面对标度效应代数的结构进行了刻画, 另一方面建立了量子逻辑与偏序群之间的关系, 拓展了量子逻辑的研究内容. 本节内容取自文献 [91].

首先回顾由一个广义效应代数生成一个效应代数的方法, 参见文献 [2].

设 P 为广义效应代数, 令 $P^\sharp = \{a^\sharp : a \in P\}$ 为与 P 不交之集, 令 $\hat{P} = P \cup P^\sharp$. 在 $\hat{P}$ 上如下定义运算 $\oplus^*$: 对 $a, b \in P$,

(i) $a \oplus^* b$ 有定义当且仅当 $a \perp b$, 且 $a \oplus^* b = a \oplus b$;

(ii) $b^\sharp \oplus^* a$ 和 $a \oplus^* b^\sharp$ 有定义当且仅当 $b \ominus a$ 有定义, 且 $b^\sharp \oplus^* a = a \oplus^* b^\sharp = (b \ominus a)^\sharp$.

下面要用到效应代数的理想的概念, 其定义为, 设 I 为效应代数 E 的非空子集, 称 I 为 E 的理想, 若 I 满足如下条件:

(i) I 为 E 的下集, 即若 $b \in I$ 且 $a \leqslant b$, 则 $a \in I$;

(ii) 若 $a, b \in I$, 且 $a \perp b$, 则 $a \oplus b \in I$. 进一步, 若 M 为 E 的真理想, 且若 I 为 E 的理想, 满足条件 $M \subseteq I$, 则 $I = M$ 或者 $I = E$, 则称 M 为 E 的极大理想.

定理 2.5.1[2]　系统 $(\widehat{P}; \oplus^*, 0, 0^\sharp)$ 是一个效应代数. 而且, P 是 $\widehat{P}$ 的一个理想, $\widehat{P}$ 在运算 $\oplus^*$ 下的诱导序与 P 在运算 $\oplus$ 下的诱导序一致.

实际上, 上述构造给出了广义效应代数范畴到效应代数范畴的反射元的构造. 定理 2.5.1 构造的 $\widehat{P}$ 反射性表现在, 对任意的效应代数 E 以及广义效应代数态射 $\varphi : P \to E$, 存在唯一的效应代数态射 $\widetilde{\varphi} : \widehat{P} \to E$, 使得 $\widetilde{\varphi} \circ i = \varphi$, 其中 i 为 P 到 $\widehat{P}$ 的包含态射. $\widetilde{\varphi}$ 定义为, 对于 $a \in P$, $\widetilde{\varphi}(a) = \varphi(a), \widetilde{\varphi}(a^\sharp) = \varphi(a)'$.

定义 2.5.2　设 P 为标度广义代数, 若 P 上的二元运算 $\oplus$ 是全部运算, 也即对任意的 $a, b \in P$, $a \oplus b$ 都存在 (从而 P 为 Abelian 半群), 则称 P 为**全标度广义代数**.

定理 2.5.3　设 P 为全标度广义代数, 则存在全序 Abelian 群 $G(P)$ 使得 P 恰为 $G(P)$ 的正锥 $G(P)^+$, $G(P)^+ = \{a \in G(P) : a \geqslant 0\}$.

证明　取 $P^- = \{-a : a \in P\}$, 令 $G(P) = P \cup P^-$. 定义 $G(P)$ 上的二元运算 $+$ 为, 对于 $a, b \in P$: ① $a + b = b + a = a \oplus b$; ②若 $b \leqslant a$, 则 $a + (-b) = (-b) + a = a \ominus b$; 若 $a < b$, 则 $a + (-b) = (-b) + a = -(b \ominus a)$. 则易证 $(G(P); +)$ 为 Abelian 群, 且对任意的 $a \in P$, a 的负元为 $-a$, 而 $-a$ 的负元为 a. 对 $x, y \in G(P)$, 规定 $x \leqslant y \Leftrightarrow y - x \in P$, 则易证如此规定的二元关系为 $G(P)$ 上的偏序关系. 且 $x \geqslant 0 \Leftrightarrow x - 0 \in P \Leftrightarrow x \in P$, 也即 $G(P)^+ = P$. $G(P)^+$ 是全序, 因为对任意的 $a, b \in P$, $-a \leqslant b$, 且 $a \leqslant b \Leftrightarrow -b \leqslant -a$. □

引理 2.5.4　设 P 为标度广义代数, $a, b \in P$. 若 $b \oplus c$ 不存在, 则存在 $a_1 \leqslant b$, $a_2 \leqslant c$, 使得 $a = a_1 \oplus a_2$.

证明　分两种情况. ① 若 $a \leqslant b$, 则 $a = a \oplus 0$, 取 $a_1 = a$, $a_2 = 0$ 即可. ② 若 $a > b$, 则存在 $a_2 \in P$, $a = b \oplus a_2$. 令 $a_1 = b$, 下证 $a_2 \leqslant c$ 即可. 不然, $c < a_2$, 则 $b \leqslant a_1$, $c \leqslant a_2$, 所以 $b \oplus c$ 存在, 与题设矛盾. 这说明 $a_2 \leqslant c$. □

下列的技术是由 Baer 和 Wyler 首先采用的, 见文献 [68], [80] 和文献 [2].

设 P 为广义效应代数, P 中元素的序列 $W = (a_1, a_2, \cdots, a_n)$ 称为字. 该字 W 的长度, 记为 $|W|$, 定义为序列的长度 n, 其中元素 a_i, $i = 1, 2, \cdots, n$, 称为字 W 的

分量. 对 $a \in P$, 字 (a) 的长度为 1, 该字也记为 a. P 上的字的全体记为 $\mathfrak{W}(P)$.

规定 $\mathfrak{W}(P)$ 上的一个二元运算 $+$ 为: 对任意两个字 $W_1 = (a_1, \cdots, a_n)$, $W_2 = (b_1, \cdots, b_m)$, $W_1 + W_2 = (a_1, \cdots, a_n, b_1, \cdots, b_m)$. 可证 $\mathfrak{W}(P)$ 在此运算下构成半群.

两个字 W_1 和 W_2 称为直接相似的或者称 W_2 可由 W_1 通过基本变换得到, 记为 $W_1 \to W_2$, 若 $W_1 = (a_1, \cdots, a_k, a_{k+1}, \cdots, a_n)$, $a_k \perp a_{k+1}$, $W_2 = (a_1, \cdots, a_{k-1}, a_k \oplus a_{k+1}, a_{k+2}, \cdots, a_n)$. 明显地, $|W_2| = |W_1| - 1$.

在 $\mathfrak{W}(P)$ 定义等价关系 $\sim$ 为, 对两个字 W^1, W^2, $W^1 \sim W^2$ 当且仅当存在有限序列的字 $W_0 = W^1, W_1, \cdots, W_{m-1}, W_m = W^2$ 满足: 对于 $0 \leqslant i \leqslant m-1$, $W_i = W_{i+1}$, 或者 $W_i \to W_{i+1}$, 或者 $W_{i+1} \to W_i$. $\mathfrak{W}(P)$ 在该等价关系下的等价类集合记为 $T(P)$.

在 $T(P)$ 上定义二元运算 $+$ 为: $[W^1] + [W^2] = [W^1 + W^2]$. 在该运算下, $T(P)$ 构成 $\mathfrak{W}(P)$ 的商半群 $\mathfrak{W}(P)/\sim$. □

定理 2.5.5 设 P 为标度广义代数, 则 $T(P)$ 为全标度广义代数, 且 P 同构于 $T(P)$ 的下集. 这里 $T(P)$ 的一个子集 D 称为下集是指, 若 $a \in T(P), b \in D$ 且 $a \leqslant b$, 则 $a \in D$. 且对 $a, b \in D$, $a \oplus_D b$ 有定义当且仅当 $a \perp b$ 且 $a \oplus b \in D$, 这时 $a \oplus_D b = a \oplus b$.

证明 由标度广义代数满足 Riesz 分解性质知, $T(P)$ 是满足消去律、正律、交换律的有单位元 $[0]$ 的半群, 从而 $T(P)$ 为广义效应代数, 且运算 $\oplus$ 为全运算. 下面进一步证明 $T(P)$ 为全序的, 从而 $T(P)$ 为全标度广义代数.

任取 $W_1 = (a_1, \cdots, a_l)$, $W_2 = (b_1, \cdots, b_m) \in \mathfrak{W}(P)$, 下面证明 $[W_1] \leqslant [W_2]$ 或者 $[W_2] \leqslant [W_1]$ 必有其一成立. 由于序列 W_1, W_2 中加 0 分量不改变其等价类, 故不妨设 $l = m = k$, 对 k 施行归纳证明.

$k = 1$ 时, $W_1 = (a_1)$, $W_2 = (b_1)$. 因为 P 为标度的, 所以 $a_1 \leqslant b_1$ 或者 $a_1 > b_1$, 则存在 $c_1 \in P$ 使得 $a_1 \oplus c_1 = b_1$ 或者 $a_1 = b_1 \oplus c_1$. 所以 $[a_1] + [c_1] = [b_1]$ 或者 $[a_1] = [b_1] + [c_1]$, 这说明 $[W_1] \leqslant [W_2]$ 或者 $[W_2] \leqslant [W_1]$.

设 k 时结论成立, 下证 $k+1$ 的情况.

因为 $[W_1] = [a_1, \cdots, a_{k+1}] = [a_1, \cdots, a_k] + [a_{k+1}]$, $[W_2] = [b_1, \cdots, b_{k+1}] = [b_1, \cdots, b_k] + [b_{k+1}]$, 由归纳假设, 不妨设 $[a_1, \cdots, a_k] \leqslant [b_1, \cdots, b_k]$. 所以存在字 C, 使得 $[a_1, \cdots, a_k] + [C] = [b_1, \cdots, b_k]$. 这样, $[W_2] = [b_1, \cdots, b_k] + [b_{k+1}] = [a_1, \cdots, a_k] + [C] + [b_{k+1}]$. 考察 $[a_{k+1}]$ 与 $[C] + [b_{k+1}]$. 设 $C = (c_1, \cdots, c_l)$. 分两种情况讨论.

(1) 若 $c_1 \oplus \cdots \oplus c_l \oplus b_{k+1}$ 存在, 设为 c, 则要么 $a_{k+1} \leqslant c$, 要么 $a_{k+1} > c$. 若 $a_{k+1} \leqslant c$, 则 $[a_{k+1}] \leqslant [c] = [C] + [b_{k+1}]$, 从而 $[W_1] = [a_1, \cdots, a_k] + [a_{k+1}] \leqslant [a_1, \cdots, a_k] + [C] + [b_{k+1}] = [W_2]$.

而若 $a_{k+1} > c$, 则 $[a_{k+1}] \geqslant [C] + [b_{k+1}]$, 从而 $[W_1] = [a_1, \cdots, a_k] + [a_{k+1}] \geqslant [a_1, \cdots, a_k] + [C] + [b_{k+1}] = [W_2]$.

(2) 若 $c_1 \oplus \cdots \oplus c_l \oplus b_{k+1}$ 不存在, 则由引理 2.5.4, 存在 $c_{11} \leqslant c_l, \cdots, c_{l1} \leqslant c_l, b_{k+1,1} \leqslant b_{k+1}$, 使得 $a_{k+1} = c_{11} \oplus \cdots \oplus c_{l1} \oplus b_{k+1,1}$, 所以 $[a_{k+1}] \leqslant [C] + [b_{k+1}]$. 进而 $[W_1] \leqslant [W_2]$.

根据归纳法, 则得 $T(P)$ 为标度广义代数.

明显地, 映射 $i: P \to T(P)$ 定义为 $i(a) = [a]$ 为广义效应代数之间的态射, 且是单的映射, 而且从序的角度 i 为序嵌入, 即 $a \leqslant b \Leftrightarrow [a] \leqslant [b]$. 进一步, 若 $[W] \leqslant [a]$, $a \in P$, 则存在序列 W_1, 使得 $[W] + [W_1] = [a]$, 说明 W 与 W_1 序列中的元素之和存在且等于 a, 从而序列 W 的和存在, 设为 b, 则 $b \in P, [W] = [b]$, 且 $b \leqslant a$, 说明 P 在嵌入 i 的意义下为 $T(P)$ 的下集. 而 P 与 $i(P)$ 同构是显然的. □

一般来说, P 不必为 $T(P)$ 的子代数, 除非 P 本身为全标度广义代数, 这时 P 和 $T(P)$ 同构.

推论 2.5.6 设 P 为广义效应代数, 则 P 为标度广义代数当且仅当存在全标度代数 Q, 使得 P 同构于 Q 的下集.

推论 2.5.7 广义效应代数 P 为标度广义代数当且仅当存在全序 Abelian 群 G, 使得 P 同构于 G 的正锥 $G^+ = \{a \in G : a \geqslant 0\}$ 的下集.

证明 取 $G = G(T(P))$ 即可. □

定理 2.5.8 设 P 为标度广义代数, 若 P 为条件完备的, 即对任意的 $x \in P$, $\downarrow x = \{a \in P : a \leqslant x\}$ 为 P 的完备子格. 设 P_1 为 P 的真的下集, 则存在 $u \in P$, 使得 $P_1 = P[0, u]$, 或者 $P_1 = P[0, u)$.

证明 取 $u = \sup P_1$ 即可. □

设 P 为广义效应代数, $a \in P$, a 的迷向指标, $l(a)$ 定义为使 na 存在的最大正整数 n; 若这样的 n 不存在, 则规定 $l(a) = +\infty$. 广义效应代数 P 称为局部有限的, 若对 P 中任意非零元素 $a \in P$, $l(a)$ 都有限. 局部有限的效应代数有的文献中也称为 Archimedean 效应代数. 另外, 对 $a, b \in P$, 若对任意的正整数 n, 都有 $na \leqslant b$, 则记 $a \ll b$.

全标度广义代数的每一个元素都有无穷的迷向指标, 从而全标度代数不满足局部有限条件.

定理 2.5.9 设 P 为标度广义代数, 若 P 是局部有限的, 则 $T(P)$ 为全标度广义代数, 且 $T(P)$ 满足 Archimedean 条件.

证明 已证明 $T(P)$ 为全标度广义代数, 下面证明若 P 是局部有限的, 则 $T(P)$ 满足 Archimedean 条件. 即要证明, 对 $[W_1],[W_2]\in T(P)$, 若 $[W_1]\ll[W_2]$, 则 $[W_1]=0$. 设 $n[W_1]\leqslant[W_2]$ 对任意正整数成立. 设 $W_1=(a_1,\cdots,a_m)$, $W_2=(b_1,\cdots,b_l)$ 且 $b_1\leqslant\cdots\leqslant b_l$. 由于 $[W]=[a_1]+\cdots+[a_m], n[W]=n[a_1]+\cdots+n[a_m]$. 由 $n[W_1]\leqslant[W_2]$ 知 $n[a_i]\leqslant l[b_l]$. 故下面只要证明, $a,b\in P$, 以及正整数 l, $n[a]\leqslant l[b]$ 对任意非负正整数 n 成立, 则 $[a]=0$, 即 $a=0$ 即可. 注意到在全序 Abelian 群 $G(T(P))$ 中, $l[a]\leqslant l[b]$ 蕴涵 $[a]\leqslant[b]$, 而 $[a]\leqslant[b]$ 即为 $a\leqslant b$.

下面用反证法证明 $a=0$. 假设 $a\neq0$, 由于 P 为局部有限的, 从而存在正整数 k, 使得 ka 存在, 但 $(k+1)a$ 不存在. 由于 P 为全序的, 从而存在 $k_1<k$, 使得 $k_1a\leqslant b\leqslant(k_1+1)a$, 该论断成立是因为, 若 $b<a$, 则取 $k_1=0$; 若 $a\leqslant b$, 则 $b-a<a$ 或者 $a\leqslant b-a$, 由于 $(k+1)a$ 不存在, 总存在最大的 $k_1<k$, 使得 $a\leqslant b-(k_1-1)a$ 但 $b-k_1a<a$, 从而 $k_1a\leqslant b\leqslant(k_1+1)a$. 由此得知 $k_1[a]\leqslant[b]\leqslant(k_1+1)[a]$, 进而, $lk_1[a]\leqslant l[b]\leqslant l(k_1+1)[a]$, 这与 $n[a]\leqslant l[b]$ 对所有的非负整数 n 成立矛盾. 因此 $a=0$. 这说明 $T(P)$ 满足 Archimedean 条件. □

推论 2.5.10 (i) 设 P 为全标度广义代数, 若 P 满足 Archimedean 条件, 则 P 同构于全标度广义代数 $(R^+,+,0)$ 的子代数, 其中 $R^+=[0,+\infty)$ 表示非负实数关于通常加法运算得到的标度广义代数. 若 P 有原子, 即存在 $a\in P$ 使得对任意的 $b\in P$, 若 $b\neq0$ 则 $a\leqslant b$, 则 P 同构于 $(Z^+,+,0)$, 这里 Z^+ 表示非负整数之集; 若 P 没有原子, 则 P 拓扑同构于 $(R^+,+,0)$ 的稠子代数.

(ii) 设 P 为局部有限的标度广义代数, 则存在 $u\in[0,+\infty)$ 使得 P 同构于标度广义代数 $([0,u),+,0)$ 或标度代数 $([0,u],+,0)$ 的子代数. 若 P 有原子, 则 P 同构于 $(Z^+[0,u],+,0)$, 其中 $Z^+[0,u]=\{0,1,\cdots,u\}$, 后者也记为 C_u, 当 u 为有限正整数时, C_u 称为有限链标度代数; 若 P 没有原子, 则 P 拓扑同构于 $([0,u),+,0)$ 的稠子代数.

证明 (1) 若 P 是全标度广义代数且满足 Archimedean 条件, 则易见 $G(P)$ 为满足 Archimedean 条件的全序 Abelian 群, 则由文献 [46, 第 14 章定理 15] 知 $G(P)$ 为实数加法群之子群, 从而 $P=G(P)^+$ 同构于全标度广义代数 $([0,+\infty),+,0)$ 的子代数. 其他结论是显然的.

(2) 由 (i) 以及推论 2.5.6, 定理 2.5.8 可证. □

定理 2.5.11 设 P 为广义效应代数, $E=\widehat{P}$ 为由 P 生成的效应代数, 则下列条件等价.

(i) E 为标度代数.

(ii) P 为全标度广义代数.

(iii) 存在全序 Abelian 群 $(G;+)$, 使得 $P=G^+=\{x:x\in G,x\geqslant 0\}$, $\oplus$ 运算为 G 上的加法运算 $+$ 在 P 上的限制, 即对任意的 $a,b\in P,a\oplus b=a+b$.

证明 (i) $\Rightarrow$ (ii). 若 $\widehat{P}$ 为标度代数, 由于 P 上的偏序和它在 $\widehat{P}$ 上的偏序一致, 所以 P 也为全序的. 下面只要证明 $\oplus$ 为 P 上的全运算. 对于 $a,b\in P$, 由于 $\widehat{P}$ 为全序的, 所以 $a\leqslant b^\sharp$, 则存在 $c\in P$, 使得 $a\oplus^* c^\sharp=b^\sharp$, 这时 $(c\ominus a)^\sharp=b^\sharp$, 从而 $c\ominus a=b$. 这说明 $a\oplus b=c$. 因此 $\oplus$ 为 P 上的全运算.

(ii) $\Rightarrow$ (i). 假设 P 为全序的, 且 $\oplus$ 为 P 上的全运算. 因为 $\sharp$ 为补运算, 为了证明 $\widehat{P}$ 为全序的, 只需证明对于 $a,b\in P,a\leqslant b^\sharp$. 后者成立是因为 $a\oplus b$ 存在, 且 $(a\oplus b)\ominus a=b$, 所以 $a\oplus^*(a\oplus b)^\sharp=b^\sharp$, 这说明 $a\leqslant b^\sharp$, 从而 $\widehat{P}$ 为全序效应代数.

(ii) 和 (iii) 等价由定理 2.5.3 保证. □

标度代数与标度广义代数的其他简单关系如下.

命题 2.5.12 设 E 为标度广义代数, $u\in E$, 则 $(E[0,u],\oplus_u,0,u)$ 为标度代数, 其中 $E[0,u]=\{x:x\in E,0\leqslant x\leqslant u\}$, 对 $a,b\in E[0,u],a\oplus_u b$ 有定义当且仅当 $a\oplus b\leqslant u$, 且 $a\oplus_u b=a\oplus b$.

命题 2.5.13 设 E 是效应代数, 则 E 是标度代数当且仅当存在全标度广义代数 P 以及 $u\in P$, 使得 $E=P[0,u]$.

证明 E 是标度代数当且仅当存在全序 Abelian 群 G 以及 $u\in G^+$, 使得 $E=G^+[0,u]$, 这时取 $P=G^+$ 即可. □

定理 2.5.14 局部有限的标度代数要么为有限链标度代数 $C_n=Z^+[0,n]=\{0,1,\cdots,n\}$, 要么同构于经典标度代数 $[0,1]$ 的拓扑稠子效应代数.

证明 由推论 2.5.10 即得. □

由于上述定理, 下面主要研究不满足局部有限条件的标度代数的结构.

引理 2.5.15 设 E 为标度代数, 若 I 为 E 的真理想, 则 I 为 E 的全标度广义子代数, 对于任意的 $a\in I$, a 具有无穷的迷向指标. E 有唯一的极大理想 $M=\{a\in E:$ 对任意非负整数 n,na 都有定义 $\}$, 且 M 为全标度广义代数.

证明 由于 I 为真理想, 对任意的 $a,b\in I$, 因为 $b'\notin I$, 所以 $a\leqslant b'$, 说明 $a\perp b$ 且 $a\oplus b\in I$. 因此 I 为全标度广义代数. 明显地, 作为广义效应代数, I 为 E

的子代数. 另外, 由于 I 为全标度广义代数, 所以 I 的每一个元素都具有无穷的迷向指标.

令 $M=\{a\in E:$ 对任意非负整数 n, na 都有定义 $\}$. 由 E 的真理想的结构知, E 的每一个真理想 I 都包含在 M 中, 下面证明 M 为 E 的理想. M 为 E 的下集是显然的, 另外, 若 $a,b\in M$, 则 $b'\notin M$, 所以 $a\leqslant b'$, 这说明 $a\oplus b$ 存在, 同理, 对任意正整数 n , 由 $na\in M, nb\in M$ 可知 $na\oplus nb$ 存在, 而 $n(a\oplus b)=na\oplus nb$, 所以 $a\oplus b\in M$. 因此 M 为 E 的唯一的极大理想, M 自身构成一个全标度广义代数. □

设 E 为标度代数, I 为 E 的任意的理想, 定义关系 $\sim_I$ 为, $a\sim_I b\Leftrightarrow a\ominus b\in I$ 当 $b\leqslant a$ 或者 $b\ominus a\in I$ 当 $a\leqslant b$, 则 $\sim_I$ 为 E 上的同余关系. 则商代数 $E/\sim_I$ 仍为标度代数. 该商代数也记为 E/I.

定理 2.5.16 设 E 为标度代数, M 为 E 的唯一的极大理想, 则 M 是全标度广义代数, 而 E/M 同构于有限链标度代数 C_n, 或者同构于经典标度代数 $[0,1]$ 的拓扑稠子效应代数.

证明 注意到 E/M 没有非平凡的理想, 从而 E/M 中没有迷向指标为无穷的元素, 也即 E/M 为满足局部有限条件的标度代数. 由定理 2.5.14, E/M 满足该定理的剩余条件. □

设 H,G 为全序 Abelian 群, 定义它们的字典序乘积 $H\times_{\text{lex}}G$ 为承载集为 H 与 G 的直积, $H\times G$, 二元运算 $+$ 为点式运算, 即 $(x,a)+(y,b)=(x+y,a+b)$, 序关系为 $(x,a)<(y,b)\Leftrightarrow x<y$ 或者 $x=y$ 且 $a<b$, 则 $H\times_{\text{lex}}G$ 形成全序 Abelian 群.

设 E 为标度代数, M 为 E 的极大理想, 称 E 满足 (S) 条件, 若存在商代数 E/M 的代表元集, $\overline{E}=\{a_x:x\in E\}$, 其中 a_x 代表等价类 $[x]$ 的代表元, 使得 $\overline{E}$ 构成 E 的子广义效应代数.

明显地, 若标度代数 E 满足 (S) 条件, 则 $a_0=0$, $a_x\oplus a_y$ 在 E 中有定义当且仅当 $a_x\oplus a_y$ 在 $\overline{E}$ 中有定义, 且二者相等, 这时, 若 $x\oplus y$ 有定义, 则必然 $a_x\oplus a_y$ 有定义且 $a_{x\oplus y}=a_x\oplus a_y$. 另外, a_1 为 $\overline{E}$ 的最大元, 代表 [1] 的等价类, 故 $\overline{E}$ 本身也构成标度代数, 若记该标度代数的补运算为 ^{c}, 则 $a_x^c=a_{x'}=a_1\ominus a_x$. 当 $a_1=1$ 时, $\overline{E}$ 构成 E 的子效应代数.

定理 2.5.17 设 E 为效应代数, 则 E 为满足 (S) 条件的标度代数当且仅当存在实数加法群的子群 H 和全标度广义代数 M, $u\in H$ 以及 $m\in M$, 满足 $E\cong H\times_{\text{lex}}G(M)[(0,0),(u,m)]$.

证明 设 M 为标度代数 E 的极大理想. 根据定理 2.5.16, 存在实数加法群的子

群 H 以及 $u \in H$, 使得 $E/M \cong H[0,u]$. 由于 (S) 条件, 假设 $H[0,u]$ 为 E/M 的代表元集 $\overline{E}$ 对应的子广义标度代数, $x \in E$ 的等价类 $[x]$ 的代表元为 $a_x \in H[0,u] = \overline{E}$, 特别地, $[0] = M$ 的代表元取为 $0 \in H$, $[1] = M' = \{a' : a \in M\}$ 的代表元为 $a_1 = u \in H$, 并令 $m = a_1' \in M$. 另外, M 中的减法运算 $-$ 和 E 中的减法运算 $\ominus$ 一致.

以下令 $E(G) = H \times_{\text{lex}} G(M)[(0,0),(u,m)]$, 定义映射 $\varphi : E \to E(G)$ 为 $\varphi(x) = (a_x, x - a_x)$, 其中 $x \in E$, 而 $x - a_x$ 如下定义:

$$x - a_x = \begin{cases} x \ominus a_x, & a_x \leqslant x, \\ -(a_x \ominus x), & a_x > x. \end{cases} \tag{2.1}$$

特别地, 对 $x \in M$, $y' \in M$, $\varphi(0) = (0,0)$, $\varphi(x) = (0,x)$, $\varphi(y) = (u, y-u) = (u, m - y')$.

上述定义的 φ 为同构映射, 验证如下. 首先证明对 $x, y \in E$, 若 $x \perp y$, 则 $\varphi(x) \perp \varphi(y)$. 先来证明 $\varphi(y') = \varphi(y)'$. 注意到 $\varphi(y)' = (a_y, y - a_y)' = (a_y^c, m -_M (y - a_y))$, $-_M$ 表示 $G(M)$ 中的减法运算. 而 $\varphi(y') = (a_{y''}, y' - a_{y'}) = (a_y^c, y' - a_{y'})$. 要证 $\varphi(y') = (\varphi(y))'$, 只需说明 $m -_M (y - a_y) = y' - a_{y'}$. 分三种情况证明: $y' \geqslant a_1 \ominus a_y$ 且 $a_y \geqslant y, y' \geqslant a_1 \ominus a_y$ 且 $a_y < y$, 以及 $y' < a_1 \ominus a_y$. 当 $y' \geqslant a_1 \ominus a_y$ 且 $a_y \geqslant y$ 时, 注意到 $y' \geqslant a_1 \ominus a_y$ 等价于 $m \oplus a_y \geqslant y$, 所以 $y' - a_{y'} = y' - (a_1 \ominus a_y) = y' \ominus (a_1 \ominus a_y) = y' \ominus (m' \ominus a_y) = (m \oplus a_y) \ominus y = m \oplus (a_y \ominus y) = m -_M (y - a_y)$.

当 $y' \geqslant a_1 \ominus a_y$ 且 $a_y < y$ 时, $y' - a_{y'} = y' - (a_1 \ominus a_y) = y' \ominus (a_1 \ominus a_y) = y' \ominus (m' \ominus a_y) = (m \oplus a_y) \ominus y = m \ominus (y \ominus a_y) = m -_M (y - a_y)$. 当 $y' < a_1 \ominus a_y$, 即 $m \oplus a_y < y$ 时, $y' - a_{y'} = y' - (a_1 \ominus a_y) = -(a_1 \ominus a_y \ominus y') = -(m' \ominus a_y \ominus y') = -(y \ominus m \ominus a_y) = -(y \ominus a_y \ominus m) = m -_M (y - a_y)$. 所以, 总有 $m -_M (y - a_y) = y' - a_{y'}$, 因而 $\varphi(y') = (\varphi(y))'$.

从 $x \perp y$ 知 $x \leqslant y'$, 进而 $[a_x] = [x] \leqslant [y'] = [a_{y'}]$, 因此 $a_x \leqslant a_{y'}$. 下证 $\varphi(x) \leqslant \varphi(y)'$. 注意到 $\varphi(x) = (a_x, x - a_x)$, $\varphi(y)' = (a_y^c, m -_M (y - a_y)) = (a_{y'}, y' - a_{y'})$. 若 $a_x < a_{y'}$, 则 $\varphi(x) < \varphi(y)'$ 是显然的. 若 $a_x = a_{y'}$, 要证明 $\varphi(x) \leqslant \varphi(y)'$, 只需说明 $x - a_x \leqslant y' - a_{y'}$, 即 $x - a_x \leqslant y' - a_x$. 这只需说明运算 $x - a$ 关于变量 x 递增即可, 即 $x_1 \leqslant x_2 \Rightarrow x_1 - a \leqslant x_2 - a$. 分三种情况讨论: $x_1 \leqslant x_2 < a$, $x_1 \leqslant a \leqslant x_2$, 以及 $a \leqslant x_1 \leqslant x_2$. 当 $x_1 \leqslant x_2 < a$ 时, $a \ominus x_2 \leqslant a \ominus x_1$, 从而 $-(a \ominus x_1) \leqslant -(a \ominus x_2)$, 即 $x_1 - a \leqslant x_2 - a$. 当 $x_1 \leqslant a \leqslant x_2$ 时, $x_1 - a = -(a \ominus x_1) \leqslant x_2 \ominus a = x_2 - a$. 当 $a \leqslant x_1 \leqslant x_2$ 时, $x_1 - a = x_1 \ominus a \leqslant x_2 \ominus a = x_2 - a$. 从而总有 $\varphi(x) \leqslant \varphi(y)'$, 即

$\varphi(x)\perp\varphi(y)$. 这样就证明了 $x\perp y\Rightarrow\varphi(x)\perp\varphi(y)$.

再证 φ 保持运算 $\oplus$, 设 $x\perp y$, 注意 $a_{x\oplus y}=a_x\oplus a_y$. 而 $\varphi(x\oplus y)=(a_{x\oplus y},x\oplus y-a_{x\oplus y})$, $\varphi(x)\oplus\varphi(y)=(a_x\oplus a_y,(x-a_x)\oplus(y-a_y))$, 只需证明 $x\oplus y-a_{x\oplus y}=(x-a_x)\oplus(y-a_y)$ 即可. 分以下几种情况.

(1) 当 $[x\oplus y]=[x]\oplus[y]=[0]$ 时, $[x]=[0]$ 且 $[y]=[0]$, 从而 $x,y\in M$, 所以 $\varphi(x\oplus y)=(0,x)\oplus(0,y)=\varphi(x)\oplus\varphi(y)$.

(2) 当 $[x\oplus y]=[x]\oplus[y]=[1]$ 时, $(x\oplus y)'\in M$ 且 $[x]=[y]'$, 所以 $a_x=a_{y'}$. 由于 $(x\oplus y)'=y'\ominus x=x'\ominus y$, 分以下几种情况讨论: $y'\in M$, $x'\in M$, 以及 $y'\notin M$ 且 $x'\notin M$.

当 $y'\in M$ 或者 $x'\in M$ 时, 不妨设 $y'\in M$, 则由 $y'\ominus x\in M$, 知 $[y']=[x]=[0]$, 所以 $\varphi(y)=(u,m-y')$, $\varphi(x)=(0,x)$. 从而 $\varphi(x)\oplus\varphi(y)=(u,(m-y')\oplus x)$. 下面计算 $(m-y')\oplus x$.

$$
\begin{aligned}
(m-y')\oplus x&=\begin{cases}(m\ominus y')\oplus x, & m\geqslant y',\\ -(y'\ominus m)\oplus x, & m<y'\end{cases}\\
&=\begin{cases}m\ominus(y'\ominus x), & m\geqslant y',\\ x\ominus(y'\ominus m), & m<y'\text{且}x\geqslant y'\ominus m,\\ -(y'\ominus m\ominus x), & m<y'\text{且}x<y'\ominus m\end{cases}\\
&=\begin{cases}m\ominus(x\oplus y)', & m\geqslant y',\\ m\ominus(x\oplus y)', & m<y'\text{且}x\geqslant y'\ominus m,\\ -((x\oplus y)'\ominus m), & m<y'\text{且}x<y'\ominus m\end{cases}
\end{aligned}
\tag{2.2}
$$

注意到 $m\geqslant(x\oplus y)'=y'\ominus x\Leftrightarrow m\geqslant y'$ 或者 $m<y'$ 且 $x\geqslant y'\ominus m$, 所以

$$
(m-y')\oplus x=\begin{cases}m\ominus(x\oplus y)', & m\geqslant(x\oplus y)',\\ -((x\oplus y)'\ominus m), & m<(x\oplus y)'\end{cases}=m\ominus(x\oplus y)'.
\tag{2.3}
$$

因此 $\varphi(x\oplus y)=(u,m-(x\oplus y)')=(u,(m-y')\oplus x)=(0,x)\oplus(u,m-y')=\varphi(x)\oplus\varphi(y)$.

当 $y'\notin M$ 且 $x'\notin M$ 时, $\varphi(x)=(a_x,x-a_x)$, $\varphi(y)=(a_y,y-a_y)$, 所以 $\varphi(x)\oplus\varphi(y)=(a_x\oplus a_y,(x-a_x)\oplus(y-a_y))=(u,(x-a_x)\oplus(y-a_y))$. 下面验证 $(x-a_x)\oplus(y-a_y)=m(x\oplus y)'$, 从而说明 $\varphi(x\oplus y)=\varphi(x)\oplus\varphi(y)$. 分为以下四种情况: $a_x\leqslant x$ 且 $y\leqslant a_y$, $a_x\leqslant x$ 且 $a_y\leqslant y$, $x\leqslant a_x$ 且 $y\leqslant a_y$, 以及 $x\leqslant a_x$ 且 $a_y\leqslant y$.

当 $a_x\leqslant x$ 且 $y\leqslant a_y$ 时, $(x-a_x)+(y-a_y)=(x\ominus a_x)-(a_y\ominus y)=(x\ominus a_x)-(a_1\ominus a_x\ominus y)$ 分两种情况: $x\geqslant a_1\ominus y$ 以及 $x<a_1\ominus y$. 当 $x\geqslant a_1\ominus y$

时, $x \ominus a_x \geqslant a_1 \ominus a_x \ominus y$, 则 $(x - a_x) + (y - a_y) = (x \ominus a_x) \ominus (a_1 \ominus a_x \ominus y) = x \ominus (a_1 \ominus y) = (x \oplus y) \ominus a_1 = (x \oplus y) \ominus m' = m \ominus (x \oplus y)' = m - (x \oplus y)'$. 当 $x < a_1 \ominus y$ 时, $x \ominus a_x < a_1 \ominus a_x \ominus y$, 则 $(x - a_x) + (y - a_y) = -(a_1 \ominus a_x \ominus y) \ominus (x \ominus a_x) = -(a_1 \ominus y \ominus x) = -(a_1 \ominus (x \oplus y)) = -(m' \ominus (x \oplus y)) = -((x \oplus y)' \ominus m) = m - (x \oplus y)'$. 从而总有 $(x - a_x) \oplus (y - a_y) = m - (x \oplus y)'$.

当 $a_x \leqslant x$ 且 $a_y \leqslant y$ 时, $(x - a_x) + (y - a_y) = (x \ominus a_x) + (y \ominus a_y) = (x \ominus a_x) \oplus (y \ominus a_y) = (x \oplus y) \ominus (a_x \oplus a_y) = (x \oplus y) \ominus a_1 = (x \oplus y) \ominus m' = m \ominus (x \oplus y)' = m - (x \oplus y)'$.

当 $x \leqslant a_x$ 且 $y \leqslant a_y$ 时, $(x - a_x) + (y - a_y) = -(a_x \ominus x) - (a_y \ominus y) = -((a_x \ominus x) + (a_y \ominus y)) = -((a_x \ominus x) \oplus (a_y \ominus y)) = -((a_x \oplus a_y) \ominus (x \oplus y)) = -(u \ominus (x \oplus y)) = -(m' \ominus (x \oplus y)) = -((x \oplus y)' \ominus m) = m - (x \oplus y)'$.

当 $x \leqslant a_x$ 且 $a_y \leqslant y$ 时, $(x - a_x) + (y - a_y) = -(a_x \ominus x) + (y \ominus a_y) = (y \ominus a_y) - (a_x \ominus x)$ 分两种情况: $y \ominus a_y \geqslant a_x \ominus x$ 以及 $y \ominus a_y < a_x \ominus x$. 当 $y \ominus a_y \geqslant a_x \ominus x$ 时, $(x - a_x) + (y - a_y) = (y \ominus a_y) \ominus (a_x \ominus x) = (x \oplus y) \ominus (a_x \oplus a_y) = (x \oplus y) \ominus a_1 = (x \oplus y) \ominus m' = m \ominus (x \oplus y)' = m - (x \oplus y)'$. 当 $y \ominus a_y < a_x \ominus x$ 时, $(x - a_x) + (y - a_y) = -((a_x \ominus x) \ominus (y \ominus a_y)) = -((a_x \oplus a_y) \ominus (x \oplus y)) = -(a_1 \ominus (x \oplus y)) = -(m' \ominus (x \oplus y)) = -((x \oplus y)' \ominus m) = m - (x \oplus y)'$.

(3) 当 $[0] < [x \oplus y] = [x] \oplus [y] < [1]$ 时, 则有 $0 < a_x \oplus a_y < u$. 下证 $(x \oplus y) - (a_x \oplus a_y) = (x - a_x) \oplus (y - a_y)$. 分四种情况: $x \leqslant a_x$ 且 $y \leqslant a_y$, $a_x \leqslant x$ 且 $y \leqslant a_y$, $x \leqslant a_x$ 且 $a_y \leqslant y$, 以及 $a_x \leqslant x$ 且 $a_y \leqslant y$.

当 $x \leqslant a_x$ 且 $a_y \leqslant y$ 时, $(x - a_x) + (y - a_y) = -(a_x \ominus x) + (-(a_y \ominus y)) = -((a_x \ominus x) + (a_y \ominus y)) = -((a_x \ominus x) \oplus (a_y \ominus y)) = -((a_x \oplus a_y) \ominus (x \oplus y)) = (x \oplus y) - (a_x \oplus a_y)$.

当 $a_x \leqslant x$ 且 $y \leqslant a_y$ 时, 分两种情况: $x \ominus a_x \geqslant a_y \ominus y$ 以及 $x \ominus a_x < a_y \ominus y$. 当 $x \ominus a_x \geqslant a_y \ominus y$ 时, $(x - a_x) \oplus (y - a_y) = (x \ominus a_x) - (a_y \ominus y) = (x \ominus a_x) \ominus (a_y \ominus y) = (x \oplus y) \ominus (a_x \oplus a_y) = (x \oplus y) - (a_x \oplus a_y)$. 当 $x \ominus a_x < a_y \ominus y$ 时, $(x - a_x) \oplus (y - a_y) = (x \ominus a_x) - (a_y \ominus y) = -((a_y \ominus y) \ominus (x \ominus a_x)) = -((a_x \oplus a_y) \ominus (x \oplus y)) = (x \oplus y) - (a_x \oplus a_y)$.

当 $x \leqslant a_x$ 且 $a_y \leqslant y$ 时, 因为 x, y 位置的对称性, 仿 "当 $a_x \leqslant x$ 且 $y \leqslant a_y$ 时" 的情形可证.

当 $a_x \leqslant x$ 且 $a_y \leqslant y$ 时, $(x - a_x) \oplus (y - a_y) = (x \ominus a_x) \oplus (y \ominus a_y) = (x \oplus y) \ominus (a_x \oplus a_y) = (x \oplus y) - (a_x \oplus a_y)$.

总之, 恒有 $\varphi(x \oplus y) = \varphi(x) \oplus \varphi(y)$, 从而 φ 保持运算 $\oplus$.

而且, 态射 φ 还满足条件 $\varphi(x) \perp \varphi(y) \Rightarrow x \perp y$, 从而 φ 为单态射 (monomorphism). 这是因为, 若 $\varphi(x)\perp\varphi(y)$, 即 $\varphi(x)\leqslant\varphi(y)'=\varphi(y')$, 所以 $(a_x,x-a_x)\leqslant(a_{y'},y'-a_{y'})=(a_y^c,m-_M(y-a_y))$, 因此 $a_x<a_y^c$ 或者 $a_x=a_y^c$ 且 $x-a_x\leqslant m-_M(y-a_y)$. 若 $a_x<a_y^c$, 则 $[x]=[a_x]<[a_y^c]=[a_{y'}]=[y']$, 从而必然 $x<y'$ (易验证若 $[x]<[y]$, 则对任意 $x_1\in[x]$, $y_1\in[y]$, 恒有 $x_1\leqslant y_1$). 所以 $x\perp y$. 若 $a_x=a_y^c=a_{y'}$ 且 $x-a_x\leqslant m-_M(y-a_y)$, 则 $[x]=[y]'$ 且 $x-a_x\leqslant y'-a_{y'}=y'-a_x$. 分两种情况: $x\geqslant a_x$ 以及 $x<a_x$. 当 $x\geqslant a_x$ 时, 则 $x-a_x=x\ominus a_x\geqslant 0$, 所以 $y'-a_x\geqslant 0$, 由此推得 $a_x\leqslant y'$, 所以 $x\ominus a_x=x-a_x\leqslant y'-a_{y'}=y'-a_x$, 由效应代数之消去律, 得 $x\leqslant y'$, 所以 $x\perp y$. 当 $x<a_x$ 时, $x-a_x=-(a_x\ominus x)$, 这时若 $y'-a_x\geqslant 0$, 即 $a_x\leqslant y'$, 则 $x<a_x\leqslant y'$, 所以 $x\perp y$. 若 $y'-a_x<0$, 即 $y'<a_x$, 则 $y'-a_x=-(a_x\ominus y')$. 从 $x-a_x<y'-a_x$, 即 $-(a_x\ominus x)\leqslant-(a_x\ominus y')$ 知, $a_x\ominus y'\leqslant a_x\ominus x$ 所以 $x\leqslant y'$, 即 $x\perp y$. 这样便证明了论断 $\varphi(x)\perp\varphi(y)\Rightarrow x\perp y$. 所以 φ 为单态射.

下面进一步说明 φ 为满射, 加上 φ 为单态射, 从而可推得 φ 为标度代数之间的同构映射. 实际上, 可以定义 φ 的逆映射 $\varphi^{-1}:E(G)\to E$ 如下.

对 $(a,b)\in E(G)$, 规定 $a+b$ 如下:

$$a+b=\begin{cases}a\oplus b, & b-m\in M,\\ a\ominus(-b), & m-b\in M.\end{cases}\tag{2.4}$$

上述定义的合理性表现在, 当 $a=0$ 时, 若 $b-m\in M$, 即 $b\geqslant m$, 则显然 $a+b=0\oplus b=b$; 而若 $m-b\in M$, 则 $b\leqslant m$. 由 $E(G)$ 的构造可知, 这时 $b\geqslant 0$, 所以 $a+b=0\ominus(-b)=0\oplus b=b$. 当 $a\neq 0$ 时, 有 $a\notin M$. 若 $b-m\in M-\{0\}$, 则 $b\in M$ 且 $b>m$, 所以 $a\neq a_1$, 这说明 $a'\notin M$, 所以 $b\leqslant a'$, 从而 $a\oplus b$ 存在. 而若 $m-b\in M$, 则 $b\leqslant m$, 这时若 $0\leqslant b\leqslant m$, 则 $a\leqslant a_1=m'\leqslant b'$, 说明 $a\oplus b$ 存在; 若 $b<0$, 则 $-b\in M$, 而 $a\notin M$, 因此 $-b<a$, 从而 $a\ominus(-b)$ 有定义.

定义 $\psi(a,b)=a+b$, 则 $\psi\circ\varphi=\mathrm{id}_E$ 且 $\varphi\circ\psi=\mathrm{id}_{E(G)}$, 从而 ψ 为 φ 的逆映射, φ 为满射. 上述两个等式验证如下.

对 $x\in E$,

$$\begin{aligned}\psi\circ\varphi(x)&=\psi(a_x,x-a_x)=a_x+(x-a_x)\\&=\begin{cases}a_x\oplus(x-a_x), & x-a_x-m\in M,\\ a_x\ominus(-(x-a_x)), & m-(x-a_x)\in M\end{cases}\\&=\begin{cases}a_x\oplus(x-a_x), & x-a_x\geqslant m,\\ a_x\ominus(-(x-a_x)), & x-a_x<m\end{cases}\\&=\begin{cases}a_x\oplus(x-a_x), & x\geqslant a_x,\\ a_x\ominus(a_x\ominus x), & x<a_x\end{cases}=x,\end{aligned}\tag{2.5}$$

所以 $\psi\circ\varphi=\mathrm{id}_E$.

对 $(a,b)\in E(G)$, 若 $b-m\in M$, 则 $(a+b)-a=(a\oplus b)\ominus a=b\in M$; 若 $m-b\in M$, 即 $b\leqslant m$ 时, $a+b=a\ominus(-b)$. 这时, 当 $0\leqslant b\leqslant m$ 时, $a\ominus(-b)\geqslant a$. 所以 $(a+b)-a=(a\ominus(-b))-a=(a\ominus(-b))\ominus a=0\ominus(-b)=b\in M$. 当 $b<0$ 时, $a\ominus(-b)<a$, 所以 $(a+b)-a=(a\ominus(-b))-a=-(a\ominus(a\ominus(-b)))=-(-b)=b$. 从而总有

$$\varphi\circ\psi(a,b)=(a,(a+b)-a)=(a,b),$$

即 $\varphi\circ\psi=\mathrm{id}_{E(G)}$. 因此 ψ 为 φ 的逆映射, 由于 φ 为单态射, 表明 ψ 也为同构态射.

因此, $E\cong H\times_{\mathrm{lex}}G(M)[(0,0),(u,m)]$.

反过来, 标度代数 $E(G)=H\times_{\mathrm{lex}}G(M)[(0,0),(u,m)]$ 满足 (S) 条件是容易验证的, $E(G)$ 的极大理想同构于 M , $\overline{E}$ 可以这样取: $\overline{E}=\{(a,0):a\in H[0,u]\}$. □

定理 2.5.18　设标度代数 E 满足条件 $E/M\cong C_n$, 即 E/M 为有限链标度代数, 其中 M 为 E 的极大理想, 则 E 满足 (S) 条件. 从而存在 $m\in M$, 使得 $E\cong Z\times_{\mathrm{lex}}G(M)[(0,0),(n,m)]$.

证明　设 $E/M=\{[0],[a_1],\cdots,[a_{n-1}],[a_n]\}$, 且 $[a_i]\oplus[a_j]$ 有定义当且仅当 $i+j\leqslant n$, 这时 $[a_i]\oplus[a_j]=[a_{i+j}]$. 从序关系来看, $[0]<[a_1]<\cdots<[a_{n-1}]<[a_n]=[1]$. 这样 $[a_1]^c=[a_1']=[a_{n-1}]$, 而 $[a_1]<[a_{n-1}]=[a_1']$, 所以 $a_1<a_1'$, 说明 $2a_1=a_1\oplus a_1$ 存在, 而且 $[a_2]=[a_1]\oplus[a_1]=[2a_1]$, 递归地可知, $[(n-1)a_1]=[a_{n-1}]$. 若 $(n-1)a_1\leqslant a_1'$, 则 na_1 存在且 $[na_1]=[a_n]$, 从而若令 $a=a_1$, 则 $E/M=\{[0],[a],\cdots,[(n-1)a],[na]\}$. 若 $(n-1)a_1>a_1'$, 取 $a=((n-1)a_1)'$, 则有

$$a<a_1,\quad [a]=[((n-1)a_1)']=[(n-1)a_1]^c=[a_{n-1}]^c=[a_1].$$

由 $a<a_1$ 以及 $(n-1)a_1$ 存在可知 $(n-1)a$ 存在且 $(n-1)a<(n-1)a_1=a'$, 所以 na 存在, 在这种情况下也有

$$E/M=\{[0],[a],\cdots,[(n-1)a],[na]\}.$$

取 $\overline{E}=\{0,a,\cdots,na\}$, 则 $\overline{E}$ 为 E 的子广义标度代数, 因此 E 满足 (S) 条件. 命题其他结论由定理 2.5.17 可得. □

推论 2.5.19　设 P 为全标度广义代数, 则 $Z\times_{\mathrm{lex}}G(P)[(0,0),(1,0)]\cong\widehat{P}$.

验证是简单的.

定理 2.5.20　设 E 为标度代数且 $E\neq\{0,1\}$, 则下列条件等价.

(i) E 具有唯一的非平凡理想.

(ii) E 是 $\widehat{R^+}$ 的子代数, 其中 R^+ 表示非负实数关于通常加法运算得到的标度广义代数.

证明 (i) $\Rightarrow$ (ii) 设 M 为 E 的唯一的极大理想, 则 $E/M \cong Z^+[0,1] \cong \{0,1\}$. 显然, 由 2.5.17 及其推论 2.5.19 知

$$E \cong Z \times_{\text{lex}} G(M)[(0,0)(1,0)] \cong \widehat{M}.$$

为证 E 同构于 $\widehat{R^+}$ 的子代数, 只需说明 $\widehat{M}$ 为 $\widehat{R^+}$ 的子代数. 由定理 2.5.9 及其推论 2.5.10, 只要证明 M 满足 Archimedean 条件即可. 即对 $a, b \in M$, 若 $a \ll b$, 则 $a = 0$. 用反证法, 假设存在 $a, b \in M$, $a \ll b$, 但 $a \neq 0$. 令 $I = \langle a \rangle = \{c \in E:$ 存在非负整数 n, 使得 $c \leqslant na\}$ 表示由 a 生成的 E 的理想, 则由于 $a \ll b$ 以及 $a \in I, b \notin I$ 知 I 是不同于 M 的 E 的非平凡理想, 与 M 是 E 的唯一非平凡理想矛盾. 故 M 满足 Archimedean 条件, 从而 $G(M)$ 同构于实数加法群的子群, $E \cong \widehat{M}$ 是 $\widehat{R^+}$ 的子代数. (ii)$\Rightarrow$(i) 显然. □

下面例子表明, 标度代数可能有不止一个非平凡理想.

例 2.5.21 令 N^+ 表示所有正整数的集合, 对 $n \in N^+$ 以及 $1 < j \leqslant n$, 取 $P_j = \{k_j a_j + k_{j+1}a_{j+1} + \cdots + k_n a_n : k_j \in N^+, k_{j+1}, \cdots, k_n \in Z\}$, $P_n = \{k_n a_n : k_n \in Z^+\}$, 其中 $a_1, \cdots, a_n$ 为形式记号. 令 $P = \bigcup_{j=1}^n P_j$, 规定 P 上的二元运算 $+$ 为

$$(k_1a_1 + \cdots + k_na_n) + (l_1a_1 + \cdots + l_na_n) = (k_1 + l_1)a_1 + \cdots + (k_n + l_n)a_n,$$

则易见 $+$ 为 P 上的全部二元运算. 在此运算下, P 为全标度代数, 零元为 $0a_n = 0$, 由 $+$ 诱导的 P 上的偏序为 $k_1a_1 + \cdots + k_na_n < l_1a_1 + \cdots + l_na_n \Leftrightarrow$ 存在 $i \leqslant n, k_1 = l_1, \cdots, k_{i-1} = l_{i-1}, k_i < l_i$. 对 $j \leqslant n$, 若令 $I_j = \bigcup_{k=j}^n P_k$, 则 I_j 为 P 的理想, 从而 $I_1 = P, I_2, \cdots, I_n$ 构成标度代数 $\widehat{P}$ 的 n 个非平凡理想.

2.6 E 完全效应代数

Bennett 和 Foulis 在文献 [90] 中对 Archimedean 的标度效应代数的结构进行了研究. 接着李永明教授在文献 [91] 中对非 Archimedean 标度效应代数的结构进行了深入的研究, 给出了比较完整的结果. Dvurečenskij 在文献 [44] 中对一类非 Archimedean 具有 Riesz 分解性质的效应代数进行了研究, 得到了效应代数和偏序 Abelian 群之间的关系. 本节是上述工作的继续, 进一步研究了非 Archimedean 的

具有 Riesz 分解性质的效应代数的代数结构. 本节包括两方面的内容. 首先, 讨论非 Archimedean 的具有 Riesz 分解性质的效应代数中无限小元的性质; 接着引入 E 完全效应代数的定义, 通过无限小元构成的理想作商研究 E 完全效应代数的结构. 证明 E 完全效应代数同构于 Archimedean 效应代数与上定向的偏序 Abelian 群的字典序乘积. 反之, Archimedean 效应代数与上定向的偏序 Abelian 群的字典序乘积是 E 完全效应代数. 本节内容主要取自文献 [92].

下面首先讨论具有 Riesz 分解性质的效应代数中的无限小元的若干性质.

定义 2.6.1[90] 设 E 是效应代数.

(i) E 的理想 I 称为**极大的**, 若理想 $J \neq E, I \subseteq J$, 则 $I = J$.

(ii) 设 $M(E)$ 是 E 的极大的理想之集, 称 $\cap\{I|I \in M(E)\}$ 为 E 的**根**, 记作 $\mathrm{Rad}(E)$.

定义 2.6.2[90] 设 E 是效应代数, 称 E 是**单的**, 若 E 只有平凡的理想$\{0\}$和E.

定义 2.6.3[2] 设 E 是效应代数. E 的理想 I 称为**Riesz 理想**, 若 I 满足: 任意 $i \in I, a, b \in E$, $a \oplus b$ 存在且 $i \leqslant a \oplus b$ 时, 存在 $i_1, i_2 \in I, i_1 \leqslant a, i_2 \leqslant b$ 使得 $i = i_1 \oplus i_2$.

命题 2.6.4[2] 若 I 是具有 Riesz 分解性质的效应代数的理想, 则 I 是 Riesz 理想.

命题 2.6.5[2] 设 I 是效应代数 E 的 Riesz 理想. 如下定义 E 上的二元关系 $\sim_I$: $a \sim_I b$ 当且仅当存在 $i, j \in I$ 使得 $a \ominus i = b \ominus j$. 则 $\sim_I$ 是效应代数 E 上的同余关系, 且 $E/\sim_I$ 是效应代数.

定义 2.6.6[2] 设 E 是效应代数.

(i) 对 $a \in E$, 若 $a \oplus a$ 存在, 则记 $2a = a \oplus a$; 若 $2a \oplus a$ 存在, 则记 $3a = 2a \oplus a; \cdots$, 若 $(n-1)a \oplus a$ 存在, 则记 $na = (n-1)a \oplus a$ $(n \geqslant 2)$. 若存在自然数 $m \geqslant 1$, ma 存在, 而 $(m+1)a$ 不存在, 则称 m 为 a 的**迷向指数**, 记作 $\imath(a) = m$. 若对任意自然数 $m \geqslant 1$, ma 都存在, 则称 a 为 E 的**无限小元**, 此时 a 的迷向指数 $\imath(a) = +\infty$. 记 $\mathrm{Infinit}(E) = \{a \in E|\imath(a) = +\infty\}$.

(ii) 若对任意 $a \in E - \{0\}$, $\imath(a) < +\infty$, 则称 E 是 Archimedean 效应代数.

命题 2.6.7[90] 若 E 是效应代数, 则

(i) $0 \in \mathrm{Infinit}(E), 1 \notin \mathrm{Infinit}(E)$;

(ii) 当 $b \in E, a \in \mathrm{Infinit}(E), b \leqslant a$ 时, 有 $b \in \mathrm{Infinit}(E)$.

命题 2.6.8[90] 若 E 是具有 Riesz 分解性质的效应代数, 则 $\mathrm{Infinit}(E) \subseteq \mathrm{Rad}(E)$.

定义 2.6.9[90] 设 E 是具有 Riesz 分解性质的效应代数. 若 $\mathrm{Infinit}(E) =$

$\mathrm{Rad}(E)$, 且任意 $x \in E$, 或者 $x \in \mathrm{Rad}(E)$, 或者 $x' \in \mathrm{Rad}(E)$, 则称 E 是**完全效应代数**.

定义 2.6.10[93] 设 $(E;\oplus,0,1)$ 是效应代数. 任意的 $a,b \in E$.

(i) 若 $a<b$, 且 $b \ominus a$ 不是无限小元, 则称 a **本质小于** b, 记作 $a \lessdot b$.

(ii) 若对任意的 $c \in E$, $c \lessdot a$ 当且仅当 $c \lessdot b$; 对任意的 $d \in E$, $a \lessdot d$ 当且仅当 $b \lessdot d$, 则称 a 与 b **近似**. 记作 $a \approx b$.

由定义 2.6.10 易得下面的命题.

命题 2.6.11 设 $(E;\oplus,0,1)$ 是效应代数且 $a \approx b$. 若 $c<a<d$, 且 $c<b<d$, 则 $a \ominus c \in \mathrm{Infinit}(E)$ 当且仅当 $b \ominus c \in \mathrm{Infinit}(E)$; $d \ominus a \in \mathrm{Infinit}(E)$ 当且仅当 $d \ominus b \in \mathrm{Infinit}(E)$.

命题 2.6.12[93] 设 $(E;\oplus,0,1)$ 是效应代数, 则 $\approx$ 是 E 上的等价关系.

定义 2.6.13[93] 设 $(E;\oplus,0,1)$ 是效应代数. 对任意的 $a,b \in E$, 当 $a \leqslant b$, 且 $b \ominus a$ 是无限小元时, 有 $a \approx b$, 则称 E 是**序正规的**.

命题 2.6.14[93] 具有 Riesz 分解性质的效应代数 $(E;\oplus,0,1)$ 是序正规的当且仅当

(i) $\mathrm{Infinit}(E)$ 是 E 的理想;

(ii) 对任意的 $x \in \mathrm{Infinit}(E), y \notin \mathrm{Infinit}(E)$, 都有 $x<y$.

证明 充分性. 设 $a,b \in E$. 当 $a=b$ 时, $a \approx b$. 当 $a<b$, 且 $b \ominus a$ 是无限小元时, 若 $c \in E$, $c<a$, $a \ominus c$ 不是无限小元, 则由 $b \ominus c=(b \ominus a) \oplus (a \ominus c)$, $\mathrm{Infinit}(E)$ 是 E 的下集可知 $b \ominus c$ 不是无限小元. 反之, 若 $c<b$, $b \ominus c$ 不是无限小元, 则由假设 $b \ominus a<b \ominus c$, 从而 $c<a<b$, 由 $\mathrm{Infinit}(E)$ 是理想可知 $a \ominus c$ 不是无限小元. 另一方面, 若 $d \in E$, $b<d$, $d \ominus b$ 不是无限小元, 则由 $d \ominus a=(d \ominus b) \oplus (b \ominus a)$, $\mathrm{Infinit}(E)$ 是 E 的下集可知 $d \ominus a$ 不是无限小元. 反之, 若 $a<d$, $d \ominus a$ 不是无限小元, 则由假设 $b \ominus a<d \ominus a$, 从而 $a<b<d$, 由 $\mathrm{Infinit}(E)$ 是理想可知 $d \ominus b$ 不是无限小元. 因此, $a \approx b$. 从而 E 是序正规的.

必要性. (i) 设 $a,b \in \mathrm{Infinit}(E)$. 当 $a \oplus b \in E$ 时, 若 $b=0$, 则 $a \oplus b \in \mathrm{Infinit}(E)$. 若 $b>0$, 由 E 是序正规的, $a \oplus b \approx b$, 从而 $a \oplus b \in \mathrm{Infinit}(E)$.

(ii) 对任意的 $x \in \mathrm{Infinit}(E), y \notin \mathrm{Infinit}(E)$, 由于 E 是序正规的, 则 $x \approx 0$. 由于 $y \notin \mathrm{Infinit}(E)$, $0 \lessdot y$, 从而 $x \lessdot y$, 因此 $x<y$. □

注 2.6.15 在参考文献 [93] 中有命题 2.6.14 的必要性的证明, 但其证明过程有误.

命题 2.6.16[2] 若 $(E;\oplus,0,1)$ 是具有 Riesz 分解性质的效应代数, 则存在偏序

Abelian 群 G 及效应代数间同构态射 $\phi: E \to G^+[0,u]$, 使得 $G^+ = \mathrm{ssg}(\phi(E))$ 是由 $\phi(E)$ 生成的半群. $\phi(1) = u$ 是 G 的序单位.

命题 2.6.16 中的偏序 Abelian 群 G 是 E 的泛群, 泛群在同构意义下是唯一的.

定义 2.6.17[93] 设 (G,u) 是具有 Riesz 分解性质的偏序 Abelian 群, 其中 u 是 G 的序单位. 若 $g \in G^+$, 对任意的自然数 $n \geqslant 1$, 使得 $ng < u$, 则称 g 为 G^+ **关于 u 的无限小元**. 记 $\mathrm{Infinit}(G^+,u) = \{g \in G^+|$ 对任意的自然数 $n \geqslant 1, ng < u\}$.

定义 2.6.18[93] 设 (G,u) 是具有 Riesz 分解性质的偏序 Abelian 群, 其中 u 是 G 的序单位. 若对任意的 $a,b \in G^+$, $a \leqslant b$, $b-a \in \mathrm{Infinit}(G^+,u)$, 则 $a \approx b$, 就称 G^+ **为序正规的**.

命题 2.6.19 设 (G,u) 是具有 Riesz 分解性质的偏序 Abelian 群, 其中 u 是 G 的序单位, G^+ 为序正规的充分必要条件是:

(i) $\mathrm{Infinit}(G^+,u)$ 是 G^+ 的序理想;

(ii) 若 $x \in \mathrm{Infinit}(G^+,u)$, $y \in G^+ - \mathrm{Infinit}(G^+,u)$, 则 $x < y$.

证明 充分性. 设 $a,b \in G^+$. 当 $a = b$ 时, $a \approx b$. 当 $a < b$, 且 $b-a$ 是无限小元时, 若 $c \in G^+$, $c < a$, $a-c$ 不是无限小元, 则由 $b-c = (b-a)+(a-c)$, $\mathrm{Infinit}(G^+,u)$ 是 G^+ 的下集可知 $b-c$ 不是无限小元. 反之, 若 $c < b$, $b-c$ 不是无限小元, 则由假设 $b-a < b-c$, 从而 $c < a < b$, 由 $b-c = (a-c)+(b-a)$, 可知 $a-c$ 不是无限小元. 另一方面, 若 $d \in G^+$, $b < d$, $d-b$ 不是无限小元, 则由 $d-a = (d-b)+(b-a)$, $\mathrm{Infinit}(G^+,u)$ 是 G^+ 的下集可知 $d-a$ 不是无限小元. 反之, 若 $a < d$, $d-a$ 不是无限小元, 则由假设 $b-a < d-a$, 从而 $a < b < d$, 由 $\mathrm{Infinit}(G^+,u)$ 是理想可知 $d-b$ 不是无限小元. 因此, $a \approx b$.

必要性. 设 G^+ 是序正规的. 显然, $\mathrm{Infinit}(G^+,u)$ 是 G^+ 的下集. 设 $a,b \in \mathrm{Infinit}(G^+,u)$, 则 $a \approx a+b$, 从而 $a+b \in \mathrm{Infinit}(G^+,u)$. 因此 $\mathrm{Infinit}(G^+,u)$ 是序理想. 若 $x \in \mathrm{Infinit}(G^+,u)$, $y \in G^+ - \mathrm{Infinit}(G^+,u)$, 则 $x,y < x+y$, 且 $y \approx x+y$, 由 $x \lessdot x+y$, 从而 $x \lessdot y$, $x < y$.

命题 2.6.20 设 (G,u) 是具有 Riesz 分解性质的偏序 Abelian 群, 其中 u 是 G 的序单位. G^+ 是序正规的充分必要条件是 $G^+[0,u]$ 是序正规的.

证明 由命题 2.6.14 和命题 2.6.19 可得. □

命题 2.6.21[93] 设 E 是具有 Riesz 分解性质的效应代数. 若 E 是序正规的, 则 $\approx$ 是 $G^+[0,u]$ 上的弱同余且 $E/\approx$ 是具有 Riesz 分解性质的效应代数.

例 2.6.22 (i) 设 $E = \{0,a,a',1\}$ 是布尔代数. 则 $\mathrm{Infinit}(E) = \{0\}$, 且 $a \approx a'$. 令 $[0] = \{0\}, [a] = \{a,a'\}, [1] = \{1\}$, 则 $E/\approx = \{[0],[a],[1]\}$ 是三元的效应代数. 注

意到 $[0]=\{0\}$ 是 E 的理想, 记 $I=\{0\}$, 则 $\sim_I\subseteq\approx$, 但 $\sim_I\neq\approx$.

(ii) 设 $E=\{0,1,x,x',y,y'\}$ 是非布尔代数的正交模格. 则 $\mathrm{Infinit}(E)=\{0\}$, 且任意 $a,b\in E-\{0,1\}$, $a\approx b$. 令 $[0]=\{0\},[x]=\{x,x',y,y'\},[1]=\{1\}$, $E/\approx=\{[0],[x],[1]\}$ 是三元的效应代数. 注意到 $[0]=\{0\}$ 是 E 的理想, 记 $I=\{0\}$, 但 $\sim_I\neq\approx$. 事实上, 对任意的正交模格 E 都有 $\mathrm{Infinit}(E)=\{0\}$.

命题 2.6.23 若 $(E;\oplus,0,1)$ 是具有 Riesz 分解性质的序正规的效应代数, 则 $0\approx a$ 当且仅当 $a\in\mathrm{Infinit}(E)$. 从而 $\sim_{\mathrm{Infinit}(E)}\subseteq\approx$.

证明 先证: $0\approx a$ 当且仅当 $a\in\mathrm{Infinit}(E)$. 设 $0\approx a$. 若 $a=0$, 则 $a\in\mathrm{Infinit}(E)$. 若 $a>0$, 且 $a\ominus 0$ 不是无限小元, 则 $a\ominus a$ 不是无限小元, 这与 $0\in\mathrm{Infinit}(E)$ 矛盾. 因此, $a\in\mathrm{Infinit}(E)$. 反之, 若 $a\in\mathrm{Infinit}(E)$, 则 $0\approx a$. 事实上, 若 $a\lessdot b$, 则 $0\lessdot b$. 若 $0\lessdot b$, 则 $b\notin\mathrm{Infinit}(E)$. 由命题 2.6.14 可知, $a<b$. 此时若 $b\ominus a\in\mathrm{Infinit}(E)$, 则 $b=a\oplus(b\ominus a)\in\mathrm{Infinit}(E)$, 这与 $b\notin\mathrm{Infinit}(E)$ 矛盾. 因此, $a\lessdot b$.

设 $a\sim_{\mathrm{Infinit}(E)}b$, 则存在 $i,j\in\mathrm{Infinit}(E)$ 使得 $a\ominus i=b\ominus j, a\ominus i\approx a, b\ominus j\approx b$, 从而 $a\approx b$, $\sim_{\mathrm{Infinit}(E)}\subseteq\approx$. □

基于前面对效应代数中无限小元性质的研究结论, 下面通过研究效应代数与偏序群字典序的乘积, 刻画具有 Riesz 分解性质的非 Archimedean 效应代数的结构.

定义 2.6.24 若 $(E;\oplus,0,1)$ 是效应代数, $(G;+,\leqslant)$ 是上定向的偏序 Abelian 群, 则称代数系统 $(E\times_{\mathrm{lex}}G;\oplus^*,(0,0),(1,h))$ 是 E 与 G **关于 h 的字典序乘积**. 这里, $h\in G^+$, $E\times_{\mathrm{lex}}G=\{(0,g)|g\in G^+\}\cup\{(a,g)|a\in E-\{0,1\},g\in G\}\cup\{(1,g)|g\leqslant h,g\in G\}$, $(a,x),(b,y),(c,z)\in E\times_{\mathrm{lex}}G$, $(a,x)\oplus^*(b,y)=(c,z)$ 当且仅当 $a\oplus b=c, x+y=z$.

注 2.6.25 当 $h=0$ 时, E 与 G 关于 h 的字典序乘积即为文献 [59] 中 E 与 G 的字典序乘积.

容易验证下面的命题.

命题 2.6.26 若 $(E\times_{\mathrm{lex}}G;\oplus^*,(0,0),(1,h))$ 是效应代数 E 与上定向的偏序交换群 G 关于 h 的字典序乘积, 则 $(E\times_{\mathrm{lex}}G;\oplus^*,(0,0),(1,h))$ 是效应代数.

定理 2.6.27 若 $(E;\oplus,0,1)$ 是具有 Riesz 分解性质的效应代数, $(G;+,\leqslant)$ 是满足 Riesz 分解性质的上定向的偏序 Abelian 群, 则以下各条成立.

(i) $(E\times_{\mathrm{lex}}G;\oplus^*,(0,0),(1,h))$ 是具有 Riesz 分解性质的效应代数.

(ii) 若记 $E_0=\{(0,g)|g\in G^+\},E_a=\{(a,g)|a\in E-\{0,1\},g\in G\},E_1=\{(1,g)|g\leqslant h,g\in G,h\in G^+\}$, 则 E_0 是 $E\times_{\mathrm{lex}}G$ 的 Riesz 理想, 且 $(a,0)/\sim_{E_0}=\{(b,x)\in E\times_{\mathrm{lex}}G|a=b\}$, $E\times_{\mathrm{lex}}G=\bigcup_{a\in E}E_a$, 商代数 $E\times_{\mathrm{lex}}G/\sim_{E_0}$ 与 E 是同构的.

(iii) $(a,0)/E_0=(b,0)/E_0$ 当且仅当 $a=b$; $(a,0)/E_0<(b,0)/E_0$ 当且仅当 $a<b$.

(iv) 若 I 是 E 的理想, 则 $\widehat{I}=\{(i,g)\in E\times_{\text{lex}}G|i\in I\}$ 是 $E\times_{\text{lex}}G$ 的理想且 $E/I\cong E\times_{\text{lex}}G/\widehat{I}$.

(v) 若 E 是单的, 则 E_0 是 $E\times_{\text{lex}}G$ 的极大理想, 且 $\text{Infinit}(E\times_{\text{lex}}G)=\text{Rad}(E\times_{\text{lex}}G)=E_0$.

证明　(i) 由命题 2.6.26 可得 $(E\times_{\text{lex}}G;\oplus^*,0,1)$ 是效应代数. 下证 $(E\times_{\text{lex}}G;\oplus^*,0,1)$ 具有 Riesz 分解性质. 设 $(a,u),(b,v),(c,w),(d,x)\in E\times_{\text{lex}}G$ 且 $(a,u)\oplus^*(b,v)=(c,w)\oplus^*(d,x)$. 由 $\oplus^*$ 的定义可知 $a\oplus b=c\oplus d, u+v=w+x$. 由于 E 具有 Riesz 分解性质, 则存在 $e_1,e_2,e_3,e_4\in E$ 使得 $a=e_1\oplus e_2, b=e_3\oplus e_4, c=e_1\oplus e_3, d=e_2\oplus e_4$. 对 e_1,e_2,e_3,e_4 中取得 0 的情况分别讨论如下.

(1) 当 $e_1=0,e_2=0,e_3=0,e_4=0$ 时, $u,v,w,x\in G^+$, 由于 G^+ 具有 Riesz 分解性质, 存在 $f_1,f_2,f_3,f_4\in G^+$ 使得 $u=f_1+f_2, v=f_3+f_4, w=f_1+f_3, x=f_2+f_4$. 这样, $(a,u)=(e_1,f_1)\oplus^*(e_2,f_2),(b,v)=(e_3,f_3)\oplus^*(e_4,f_4),(c,w)=(e_1,f_1)\oplus^*(e_3,f_3),(d,x)=(e_2,f_2)\oplus^*(e_4,f_4)$.

(2) 若 e_1,e_2,e_3,e_4 中只有三个取 0. 不妨设 $e_1=e_2=e_3=0$, 则 $a=c=0$, $b=d=e_4$, 且 $u,w\in G^+$. 此时, $(0,0),(0,u),(0,w),(d,v-w)\in E\times_{\text{lex}}G$, 且满足 $(a,u)=(0,0)\oplus^*(0,u),(b,v)=(0,w)\oplus^*(b,v-w),(c,w)=(0,0)\oplus^*(0,w),(d,x)=(0,u)\oplus^*(d,v-w)$.

(3) 若 e_1,e_2,e_3,e_4 中只有两个取 0. 不妨设 $e_1=e_2=0$, 则 $a=0$, 且 $u\in G^+$, $c=e_3, d=e_4$. 此时, $(0,0),(0,u),(c,w),(d,v-w)\in E\times_{\text{lex}}G$, 且满足 $(a,u)=(0,0)\oplus^*(0,u),(b,v)=(c,w)\oplus^*(d,v-w),(c,w)=(0,0)\oplus^*(c,w),(d,x)=(0,u)\oplus^*(d,v-w)$.

(4) 若 e_1,e_2,e_3,e_4 中只有一个取 0. 不妨设 $e_1=0$, 则 $e_2=a, e_3=c$. 由 G 是上定向的, 可知存在 $f\geqslant 0,u$. 则 $(0,f),(a,u-f),(c,w-f),(e_4,f+v-w)\in E\times_{\text{lex}}G$, 且满足 $(a,u)=(0,f)\oplus^*(a,u-f),(b,v)=(c,w-f)\oplus^*(e_4,f+v-w),(c,w)=(0,f)\oplus^*(c,w-f),(d,x)=(a,u-f)\oplus^*(e_4,f+v-w)$.

(5) 若 e_1,e_2,e_3,e_4 中任何元都不是 0, 则 $e_1,e_2,e_3,e_4>0$. 由 G 具有 Riesz 分解性质, 从而存在 $f_1,f_2,f_3,f_4\in G$ 使得 $u=f_1+f_2, v=f_3+f_4, w=f_1+f_3, x=f_2+f_4$. 由于 $(e_1,f_1),(e_2,f_2),(e_3,f_3),(e_4,f_4)\in E\times_{\text{lex}}G$. 这样, $(a,u)=(e_1,f_1)\oplus^*(e_2,f_2),(b,v)=(e_3,f_3)\oplus^*(e_4,f_4),(c,w)=(e_1,f_1)\oplus^*(e_3,f_3),(d,x)=(e_2,f_2)\oplus^*(e_4,f_4)$.

(ii) 若 $(a,x)\in E\times_{\text{lex}}G,(0,g)\in E_0,(a,x)\leqslant(0,g)$, 则存在 $(b,y)\in E\times_{\text{lex}}G,(a,x)\oplus^*(b,y)=(0,g)$, 于是 $a=b=0,x+y=g,x,y\in G^+$. 因此, $(a,x)\in E_0$. 对任意的 $(0,x),(0,y)\in E_0$, $(0,x)\oplus^*(0,y)=(0,x+y)\in E_0$. 由此, E_0 是理想. 又由 (i) 和命题 2.6.4 可知 E_0 是 Riesz 理想.

设 $(b,x)\sim_{E_0}(a,0)$, 则存在 $(0,g),(0,h)\in E_0$ 使得 $(b,x)\ominus(0,g)=(a,0)\ominus(0,h)$, 从而 $a=b$. 反之, $(a,x)\in E\times_{\text{lex}}G$, 设 $x=x_1-x_2,x_1,x_2\in G^+$, 则 $(0,x_1),(0,x_2)\in E_0$, $(a,x)\ominus(0,x_1)=(a,0)\ominus(0,x_2)$, $(a,x)\sim_{E_0}(a,0)$.

容易证明 $i:E\to E\times_{\text{lex}}G/\sim_{E_0},i(a)=(a,0)/\sim_{E_0}$ 是效应代数间的同态. 注意到对任意的 $(a,x)/\sim_{E_0}\in E\times_{\text{lex}}G/\sim_{E_0}$, $(a,x)\sim_{E_0}(a,0)$, 从而 i 是满的. 若 $i(a)\leqslant i(b)$, 则 $(a,0)/\sim_{E_0}\leqslant(b,0)/\sim_{E_0}$, 存在 $(c,x)/\sim_{E_0}$ 使得 $(c,x)/\sim_{E_0}\oplus(a,0)/\sim_{E_0}=(b,0)/\sim_{E_0}$. 从而 $a\oplus c=b,a\leqslant b$. 这样, i 是单的. 因此, i 是同构.

(iii) 由 (ii) 可得.

(iv) 设 I 是 E 的理想, 对任意的 $(i,g),(j,h)\in\widehat{I}$, 若 $(i,g)\oplus^*(j,h)$ 存在, 则 $i\oplus j\in I,(i,g)\oplus^*(j,h)=(i\oplus j,g+h)\in\widehat{I}$. 设 $(a,x)\in E\times_{\text{lex}}G,(i,g)\in\widehat{I},(a,x)\leqslant(i,g)$, 则 $a\leqslant i$, 从而 $(a,x)\in\widehat{I}$, 因此 $\widehat{I}$ 是 $E\times_{\text{lex}}G$ 的理想, 由 (i) 可知, $\widehat{I}$ 是 $E\times_{\text{lex}}G$ 的 Riesz 理想.

设 $[a]$ 表示 a 在 E 中关于 $\sim_I$ 的等价类, $[(a,0)]$ 表示 $(a,0)$ 在 $E\times_{\text{lex}}G$ 中关于 $\sim_{\widehat{I}}$ 的等价类. 定义映射 $i:E/I\to E\times_{\text{lex}}G/\widehat{I},i([a])=[(a,0)]$.

先证 i 是定义好的. 设 $i([a])\neq i([b])$, 下证 $[a]\neq[b]$. 由假设 $[(a,0)]\neq[(b,0)]$, 对任意的 $(i,x),(j,y)\in\widehat{I},(i,x)\leqslant(a,0),(j,y)\leqslant(b,0),(a,0)\ominus(i,x)\neq(b,0)\ominus(j,y)$, 即, $(a\ominus i,-x)\neq(b\ominus j,-y)$. 分情况讨论如下: ① 对任意的 $i,j\in I,i\leqslant a,j\leqslant b$, $a\ominus i\neq b\ominus j$, 则 $[a]\neq[b]$; ② 存在 $i,j\in I$, $a\ominus i=b\ominus j$, 则 $(i,0),(j,0)\in\widehat{I},(i,0)\leqslant(a,0),(j,0)\leqslant(b,0)$, 且 $(a,0)\ominus(i,0)=(b,0)\ominus(j,0)$, 故 $[(a,0)]=[(b,0)]$, 这与假设 $[(a,0)]\neq[(b,0)]$ 矛盾.

在 $E/\sim_I$ 中, 设 $[a]\oplus[b]=[c]$. 不妨假设 $a\oplus b=c$, 则 $(a,0)\oplus^*(b,0)=(c,0),[(a,0)]\oplus[(b,0)]=[(c,0)]$, $i([a]\oplus[b])=i([a])\oplus i([b])$. 而对任意的 $[(a,g)]\in E\times_{\text{lex}}G/\widehat{I}$, $[(a,g)]\oplus[(a',-g)]=[(1,0)]$, 则 $[(1,0)]$ 是 $E\times_{\text{lex}}G/\widehat{I}$ 的最大元. 而 $i([1])=[(1,0)]$. 从而 i 是效应代数间的态射. 对任意的 $[(a,g)]\in E\times_{\text{lex}}G/\widehat{I}, i([a])=[(a,g)]=[(a,0)]$, 从而 i 是满的. 又设 $i([a])\leqslant i([b])$, 则 $[(a,0)]\leqslant[(b,0)]$, 存在 $[(c,0)]$ 使得 $[(c,0)]\oplus[(a,0)]=[(b,0)]$, $[(c\oplus a,0)]=[(b,0)]$, $c\oplus a=b$, 则 $[a]\leqslant[b]$, 从而 i 是单的. 因此 i 是同构.

(v) 设 $J=\{(j,g):(j,g)\in E\times_{\text{lex}}G\}$ 是 $E\times_{\text{lex}}G$ 的理想且 $E_0\subseteq J, J\neq E\times_{\text{lex}}G$, 则 $\{j\mid(j,g)\in J\}$ 是 E 的理想. 又由 E 是单的, 则 $\{j\mid(j,g)\in J\}=\{0\}$, 从而 $E_0=J$. □

下面引入 E 完全效应代数的定义并且研究 E 完全效应代数的结构.

定义 2.6.28　设 $(F;\oplus,0,1)$ 是具有 Riesz 分解性质的效应代数. 若 F 满足如下条件:

(i) $\text{Infinit}(F)$ 是 F 的理想;

(ii) 存在商代数 $F/\text{Infinit}(F)$ 的代表元集 $E=\{a_x|x\in F$ 且 $x\in[a_x]\}$, 其中 a_x 是等价类 $[a_x]$ 的代表元, 使得 E 按照 F 中的运算是效应代数;

(iii) 若 $a_x<a_y$, 则 $x<y$,

则称 F 是 ***E* 完全效应代数**.

注 2.6.29　(i) 当 $E=\{0,1\}$ 时, E 完全效应代数恰是完全效应代数.

(ii) 设 F 是具有 Riesz 分解性质的 Archimedean 效应代数, 则 $\text{Infinit}(F)=\{0\}$. 此时, 商代数 $F/\text{Infinit}(F)$ 的代表元集 $E=F$, F 是 E 完全效应代数.

(iii) 设 F 是 E 完全效应代数, 则 E 是 Archimedean 效应代数.

例 2.6.30　设 $F=\{(0,r)|r\in R,\ r\geqslant 0\}\cup\{(a,r)|r\in R\}\cup\{(a',r)\mid r\in R\}\cup\{(u,r)|r\in R,\ r\leqslant 1\}$, 这里 R 表示实数加群. 令 $F_0=\{0,a,a',u\}$. 定义 F_0 上的部分加法如下: 任意 $x\in F_0, 0\oplus^* x=x\oplus^* 0=x$, $a\oplus^* a'=a'\oplus^* a=u$. 则 F_0 是布尔代数. 定义 F 上的部分加法 $\oplus$ 如下: $(x,r),(y,s)\in F$, $(x,r)\oplus(y,s)=(x\oplus^* y,r+s)$ 当且仅当 $x\oplus^* y$ 存在且 $(x\oplus^* y,r+s)\in F$. 例如, $(a,0)\oplus(a',1)$ 存在且 $(a,0)\oplus(a',1)=(u,1)$. 而 $(a,0)\oplus(a',2)$ 不存在. 容易验证 $(F,\oplus,(0,0),(u,1)$ 是具有 Riesz 分解性质的效应代数. $\text{Infinit}(F)=\{(0,r)|r\in R,r\geqslant 0\}$ 是 F 的理想. 可选取 $F/\text{Infinit}(F)$ 的代表元集 $E=\{(0,0),(a,0),(a',0),(u,0)\}$. 则 $E=\{(0,0),(a,0),(a',0),(u,0)\}$ 按照 F 中的部分运算是效应代数且 $F/\text{Infinit}(F)$, E 和 F_0 是相互同构的效应代数. F 是 E 完全效应代数.

例 2.6.31　(i) 设 $E_0=\{0,a,\cdots,na,\cdots,(na)^\sharp,\cdots,a^\sharp,0^\sharp\}$. 定义 E_0 上的部分加法如下:

(1) $ma,na\in E_0,(ma)\oplus(na)=(m+n)a$;

(2) 当 $n\geqslant m$ 时, $ma,na\in E_0,(ma)\oplus(na)^\sharp=((n-m)a)^\sharp$.

则 $(E_0,\oplus,0,0^\sharp)$ 是标度效应代数. $\text{Infinit}(E_0)=\{na|na\in E_0\}$ 是 E_0 的 Riesz 理想. 设 $E=\{0,1\}$, 则 E_0 是 E 完全效应代数. 特别地, E_0 是完全效应代数.

(ii) 设 $E=E_0\times E_0$, 这里 E_0 如 (i), 则 E 是具有 Riesz 分解性质的效应代数.

$\mathrm{Infinit}(E)=\{(na,ma)\mid(na,ma)\in E\}$ 是 E 的 Riesz 理想. 虽然 $(a,a^\sharp)\notin\mathrm{Infinit}(E)$, $(2a,2a)\in\mathrm{Infinit}(E)$, 但是 $(2a,2a)\not\leqslant(a,a^\sharp)$. E 不是序正规的, 也不是 E 完全效应代数.

由定义 2.6.28 可直接得到下面命题.

命题 2.6.32 设 $(F;\oplus,0,1)$ 是 E 完全效应代数, $E=\{a_x|x\in F \text{ 且 } x\in[a_x]\}$, 则

(i) 若 $x\oplus y$ 在 F 中存在, 则 $a_x\oplus a_y=a_{x\oplus y}$;

(ii) $a_0=0,(a_x)'=a_{x'}$.

命题 2.6.33 设 F 是具有 Riesz 分解性质的效应代数. 若 $\mathrm{Infinit}(F)$ 是 F 的理想, 则

(i) 对任意的 $a,b\in\mathrm{Infinit}(F)$, $a\oplus0=a$, $a\oplus b$ 存在, 且 $a\oplus b\in\mathrm{Infinit}(F)$;

(ii) 对任意的 $a,b\in\mathrm{Infinit}(F)$, 若 $a\oplus b=0$, 则 $a=b=0$.

证明 (i) 对任意的 $a\in\mathrm{Infinit}(F)$, 显然, $a\oplus0=a$. 若 $a,b\in\mathrm{Infinit}(F)$, 则存在 $x_1,x_2,x_3,x_4\in F$ 使得 $a=x_1\oplus x_2,a'=x_3\oplus x_4$, $b=x_1\oplus x_3,b'=x_2\oplus x_4$, 从而 $x_1\oplus x_2\oplus x_3$ 存在且由 $\mathrm{Infinit}(F)$ 是理想得 $x_1\oplus x_2\oplus x_3\in\mathrm{Infinit}(F)$. 又由 $a,b\leqslant x_1\oplus x_2\oplus x_3$ 可得 $a\oplus b$ 存在且 $a\oplus b\in\mathrm{Infinit}(F)$.

(ii) 由效应代数的定义可得, 对任意的 $a,b\in\mathrm{Infinit}(F)$, 若 $a\oplus b=0$, 则 $a=b=0$. □

命题 2.6.34 设 F 是序正规的具有 Riesz 分解性质的效应代数. 若存在商代数 $F/\mathrm{Infinit}(F)$ 的代表元集 $E=\{a_x|x\in F \text{ 且 } x\in[a_x]\}$, 其中 a_x 是等价类 $[a_x]$ 的代表元, 使得 E 按照 F 中的运算是效应代数, 则 F 是 E 完全效应代数. 反之, F 是 E 完全效应代数, 则 F 是序正规的.

证明 由命题 2.6.14 可得 $\mathrm{Infinit}(F)$ 是 F 的理想, 且对任意的 $a\in\mathrm{Infinit}(F),b\notin\mathrm{Infinit}(F)$, $a<b$. 设 $[a_x],[b_y]\in F/\mathrm{Infinit}(F)$, $a_x,b_y\in E$ 且 $a_x<b_y$, 则对任意的 $x\in[a_x],y\in[b_y]$ 都满足 $x<y$. 事实上, 设存在 $i,j,k,l\in\mathrm{Infinit}(F)$ 使得 $x\ominus i=a_x\ominus j$, $y\ominus k=b_y\ominus l$. 由此可得 $x\approx a_x,y\approx b_y$. 又 $a_x\lessdot b_y$, 从而 $x\lessdot b_y,x\lessdot y$, 因此, $x<y$. 反之, F 是 E 完全效应代数, 则由定义 2.6.28 (i) 可得 $\mathrm{Infinit}(F)$ 是 F 的理想. 由定义 2.6.28 (iii) 可知对任意的 $x\in\mathrm{Infinit}(F)$, $y\notin\mathrm{Infinit}(F)$ 都有 $x<y$. 因此, 由命题 2.6.14 知 F 是序正规的. □

命题 2.6.35[91] 设 F 是序正规的具有 Riesz 分解性质的效应代数. 若商代数 $F/\mathrm{Infinit}(F)$ 是有限的标度效应代数, 则存在 $F/\mathrm{Infinit}(F)$ 的代表元集 $E=\{a_x|x\in F \text{ 且 } x\in[a_x]\}$, 其中 a_x 是等价类 $[a_x]$ 的代表元, 使得 E 按照 F 中的运算是效应

代数.

命题 2.6.36　设 F 是具有 Riesz 分解性质的效应代数, I 是 F 的理想. 若 $a \sim_I x$, 且存在 $i,j,k,l \in I$ 使得 $a \ominus i = x \ominus j, a \ominus k = x \ominus l$, 则 $i-j=k-l$ 在 $H(F)$ 中成立, 这里 $H(F)$ 是 F 的泛群.

证明　设 $a \in x/I$, 存在 $i,j,k,l \in I$ 使得 $a \ominus i = x \ominus j, a \ominus k = x \ominus l$, 则 $a - x = i - j = k - l$ 在 $H(F)$ 中成立. □

定理 2.6.37　若 $(F;\oplus,0,1)$ 是 E 完全效应代数, 则存在定向的偏序 Abelian 群 G, 使得 $E\times_{\rm lex}G[(0,0),(a_1,a_1')]$ 与 F 同构. 这里 $E\times_{\rm lex}G[(0,0),(a_1,a_1')] = \{(0,g) \mid g \in G^+\} \cup \{(e,g) \mid e \neq 0, a_1, e \in E, g \in G\} \cup \{(a_1,g) | g \in G, g \leqslant a_1'\}$, a_1 是效应代数 E 中的最大元, a_1' 是 a_1 在 F 中的正交补元. 事实上 $E \times_{\rm lex} G[(0,0),(a_1,a_1')]$ 是 E 与 G 关于 a_1' 的字典序乘积.

证明　设存在上定向的偏序 Abelian 群 $H(F)$ 使得 $F \cong H(F)^+[0,u]$. 记 $I = {\rm Infinit}(F)$, $G = I - I$, 这里 $I - I = \{g|g = i - j, i, j \in I\}$, 其中 $i - j$ 是指 $H(F)$ 中的运算, 则由命题 2.6.33 可得 G 是以 I 为正部的上定向的具有 Riesz 分解性质的偏序 Abelian 群.

若 ${\rm Infinit}(F) = \{0\}$, 则 $G = \{0\}$. 此时结论显然成立.

若 ${\rm Infinit}(F) \neq \{0\}$. 定义映射 $\varphi: F \to E \times_{\rm lex} G[(0,0),(a_1,a_1')]$ 为 $\varphi(x) = (a_x, i-j)$, 其中 $a_x \in E$, $i,j \in I$ 且 $x \ominus i = a_x \ominus j$. 由命题 2.6.36 可知 φ 是定义好的. 下证 φ 是效应代数间的同构态射.

(i) 先证明 φ 是效应代数间的态射. 由命题 2.6.32 可知 $a_0 = 0$, 从而 $\varphi(0) = (0,0)$. 设 $\varphi(1) = (a_1, i-j)$, 则 $1 \ominus i = a_1 \ominus j$, 从而 $i - j = a_1'$. 若 $x,y \in F$, $x \oplus y$ 在 F 中存在. 设 $\varphi(x) = (a_x, i-j), \varphi(y) = (a_y, k-l), \varphi(x\oplus y) = (a_{x\oplus y}, m-n)$, 则 $x \ominus i = a_x \ominus j, y \ominus k = a_y \ominus l, (x\oplus y)\ominus m = a_{x\oplus y} \ominus n$, 从而 $(x\oplus y)\ominus(i\oplus k) = (a_x \oplus a_y)\ominus(j\oplus l)$, 由命题 2.6.36 可知 $m - n = i - j + k - l$. 因此 $\varphi(x\oplus y) = \varphi(x) \oplus \varphi(y)$.

(ii) 证明 φ 是效应代数间的单态射. 设 $\varphi(x) = (a_x, i-j), \varphi(y) = (a_y, k-l), \varphi(x) \leqslant \varphi(y)$, 分三种情况讨论.

(1) 若 $\varphi(x) = \varphi(y)$, 则 $a_x = a_y, i-j = k-l$, 从而由 $x \ominus i = a_x \ominus j, y \ominus k = a_y \ominus l$ 可知 $x = y$.

(2) 若 $\varphi(x) < \varphi(y)$, 而 $a_x = a_y$, 则 $i - j < k - l$. 由 $x \ominus i = a_x \ominus j, y \ominus k = a_y \ominus l$ 可知 $y - x = (k-l) - (i-j) > 0$, 从而 $x < y$.

(3) 若 $\varphi(x) < \varphi(y)$, 而 $a_x < a_y$, 则由 F 的定义可知 $x < y$. 总之, 若 $\varphi(x) \leqslant \varphi(y)$, 则 $x \leqslant y$.

(iii) 证明 φ 是满的态射. 注意到, 当 $g \in I$ 时, $\varphi^{-1}((0,g)) = g \in I, \varphi^{-1}((a_x,0)) = a_x \in F$. 下设 $(a_x, g) \in E \times_{\text{lex}} G[(0,0),(a_1,a_1')]$. 当 $a_x = 0$ 时, $g \in \text{Infinit}(F)$, $\varphi(g) = (a_x, g)$. 当 $a_0 < a_x < a_1$ 时, 存在 $g_1, g_2 \in \text{Infinit}(F)$, 使得 $g = g_1 - g_2$, 则 $\varphi(a_x \ominus g_2) \oplus \varphi(g_1) = (a_x, g)$. 从而由 φ 是效应代数间的单态射可知 $(a_x \ominus g_2) \oplus g_1$ 在 F 中存在且 $\varphi^{-1}((a_x,g)) = (a_x \ominus g_2) \oplus g_1$. 当 $a_x = a_1$ 时, 注意到 $\varphi(1) = (a_1, a_1')$. 而 $(a_1, g) \leqslant (a_1, a_1'), a_1' - g \in \text{Infinit}(F), \varphi(1 \ominus (a_1' - g)) = (a_1, g)$. □

推论 2.6.38 设 $(F;\oplus,0,1)$ 是 E 完全效应代数, 若 $1 \in E$, 则存在上定向的偏序 Abelian 群 G 使得 $E \times_{\text{lex}} G[(0,0),(1,0)]$ 与 F 是同构的, 这里 $G^+ = \text{Infinit}(F)$.

作为定理 2.6.37 的应用可得如下的结论.

推论 2.6.39[44] 设 $(F;\oplus,0,1)$ 是完全的效应代数, 则存在上定向的偏序 Abelian 群 G 使得 $Z \times_{\text{lex}} G[(0,0),(1,0)]$ 与 F 是同构的, 这里 Z 表示整数加群, 这里 $G^+ = \text{Infinit}(F)$.

推论 2.6.40[91] 若 $(F;\oplus,0,1)$ 是满足定义 2.6.28 中条件 (ii) 的标度效应代数, 则存在线性序 Abelian 群 G 使得 $E \times_{\text{lex}} G[(0,0),(a_1,a_1')]$, 这里 $G^+ = \text{Infinit}(F)$.

证明 显然 $\text{Infinit}(F)$ 是下集. 若 $a, b \in \text{Infinit}(F)$, 则由于 F 是标度效应代数可设 $a \leqslant b$, 从而由 $b \oplus b$ 存在且 $b \oplus b \in \text{Infinit}(F)$, 可知 $a \oplus b$ 存在且 $a \oplus b \in \text{Infinit}(F)$. 因此, $\text{Infinit}(F)$ 是理想. 下证当 $a_x < a_y$ 时有 $x < y$. 设 $a_x < a_y$, 则 $x \not\geqslant y$, 而 F 是标度效应代数, 则 $x < y$. 从而 $(F;\oplus,0,1)$ 是 E 完全效应代数. 由于 $\text{Infinit}(F)$ 是线性的, 则 $G = \text{Infinit}(F) - \text{Infinit}(F)$ 是线性序 Abelian 群. 由定理 2.6.37 得结论成立. □

定理 2.6.41 若 $(E;\oplus,0,1)$ 是 Archimedean 的具有 Riesz 分解性质的效应代数, G 是具有 Riesz 分解性质的上定向的偏序 Abelian 群, 则 E 与 G 关于 h 的字典序乘积 $(E \times_{\text{lex}} G;\oplus^*,(0,0),(1,h))$ 是 E_x 完全效应代数, 其中 E_x 是与 E 同构的效应代数. 这里 $E \times_{\text{lex}} G = \{(0,g)|g \in G^+\} \cup \{(a,g)|a \in E - \{0,1\}, g \in G\} \cup \{(1,g)|g \leqslant h, g \in G, h \in G^+\}$, $(a,x),(b,y),(c,z) \in E \times_{\text{lex}} G$, $(a,x) \oplus^* (b,y) = (c,z)$ 当且仅当 $a \oplus b = c, x + y = z$.

证明 由定理 2.6.27 (i) 可知 $(E \times_{\text{lex}} G;\oplus^*,(0,0),(1,h))$ 是具有 Riesz 分解性质的效应代数, 记 $F = E \times_{\text{lex}} G$. 由于 E 是 Archimedean 的, 从而 F 的无限小元之集 $\text{Infinit}(F) = \{(e,g) \in F|e = 0, g \in G^+\}$. 易知 $\text{Infinit}(F)$ 是 F 的 Riesz 理想. 对任意

的 $(e,g) \in F, e > 0, (e_1, g_1) \in \text{Infinit}(F)$, 都有 $(e_1, g_1 < (e,g)$. 从而 F 是序正规的. 取 $F/\text{Infinit}(F)$ 的代表元集 $E_x = \{(e,0)|e \in E\}$, 则 $E_x = \{(e,0)|e \in E\}$ 按照 F 中的运算是效应代数并且 E_x 与 E 同构. 注意到对任意的 $(a,b),(x,y) \in F, (a,b) \sim_{\text{Infinit}(F)} (x,y)$ 当且仅当 $a = x$. 从而对任意的 $[(a,b)],[(c,d)] \in F/\text{Infinit}(F)$, 若 $[(a,b)] < [(c,d)]$, 则对任意的 $(a_1,b_1) \in [(a,b)],(c_1,d_1) \in [(c,d)]$, 都有 $(a_1,b_1) < (c_1,d_1)$. 从而 F 是 E_x 完全效应代数. □

由定理 2.6.37 和定理 2.6.41 可得本节主要的结论.

定理 2.6.42 效应代数 F 是 E 完全效应代数的充分必要条件是存在 Archimedean 的具有 Riesz 分解性质的效应代数 E 和具有 Riesz 分解性质的上定向的偏序 Abelian 群 G, 使得 F 同构于 E 与 G 的字典序乘积, 这里 $G^+ = \text{Infinit}(F)$.

第 3 章 格效应代数的黏合构造

布尔代数黏合的技巧早在研究正交模格的时候就已经出现 [4]. 布尔代数黏合技巧的出现极大丰富了量子结构的研究内容 [94]. 一方面, 利用黏合的技术可以直接通过简单的量子结构得到复杂的量子结构, 并且这种方法不同于文献 [95], [96] 中利用态空间和中心元集构造量子结构的方法, 从而是研究量子逻辑代数结构的一种基本方法. 另一方面, 黏合技巧已应用于态空间的研究并取得了丰富的成果. Greechie 利用黏合的技巧最早给出了没有态的正交模格 [97]. 接着 Navara 利用黏合的技巧给出了没有群值测度的正交模格 [98]. 后来 Navara 利用黏合的技巧对正交模格的态空间进行了刻画 [99−101].

对格效应代数的研究是当前量子逻辑研究的重要内容, 主要集中在以下两个方面: 一方面研究格效应代数的代数结构; 另一方面研究格效应代数的态空间. 格效应代数的黏合技巧是研究格效应代数的重要技巧之一 [102−106].

格效应代数 L 中极大相容元之集称为效应代数的块, 效应代数 L 的块是 L 的 MV-子代数, 从而格效应代数 L 可以表示成一族 MV-代数的并 [41]. 自然的问题是如何将一族 MV-代数来黏合成一个效应代数或者格效应代数 [107]? 对 MV-代数黏合的技巧的研究对进一步研究效应代数的结构具有重要的意义. 文献 [106] 中, Chovanec 和 Jurečková 引入了 MV-代数的容许系统 (admissible system) 的定义并且证明了容许系统 $S=\{A_t|t\in T\}$ 的黏合 $\mathcal{P}=\cup\{\overline{A_t}|t\in T\}$ 是差分偏序集. 然而, 差分偏序集 $\mathcal{P}$ 的块之集与容许系统 S 不同. 文献 [107] 中, Riečanová 给出了一种不同于文献 [106] 中由 MV-代数族黏合格效应代数的方法. 然而这种方法要求给定的 MV-代数族有相同的非平凡的 MV-子代数. 受到文献 [94] 的启发, 本章将给出不同于文献 [106], [107] 中的一些新的黏合方法. 这种方法可以使得由给定的 MV-代数族黏合而成的效应代数的块与给定的 MV-代数族相同, 并且不要求给定的 MV-代数族有相同的非平凡子代数.

本章首先回忆了格效应代数、格效应代数的块、MV-代数等的基本性质及它们之间的关系. 格效应代数中的相容关系刻画了量子可观测量之间可同时观测的重要属性, 格效应代数中极大相容元之集称为格效应代数的块. Riečanová 证明了格效应代数中的块是 MV-代数, 从而任何一个格效应代数都可表示成一些 MV-代数的并 [41]. 这也给出了量子逻辑与模糊逻辑的关系, 从局部的角度看量子逻辑是模糊逻辑的, 但当从整体上看量子系统时不一定是模糊逻辑. 从这个意义上讲, 模糊逻辑是量子逻辑局部或特例. 格效应代数中中心元之集是布尔代数, 从而经典逻辑也是量子逻辑的特例. 而格效应代数中分明元之集是正交模格, 从而格效应代数也包含了 sharp 量子逻辑 [108−111]. 本章利用 MV-代数的结构表示定理引入 MV-代数 Greechie 图的定义, 并利用 MV-代数 Greechie 图这一几何工具研究 MV-代数的黏合技巧. 同时注意到格效应代数与正交模格的关系, 格效应代数中原子的类型, 从只含有 1 型原子的格效应代数的黏合构造出发, 证明了特殊的环引理, 给出了只含有 1 型原子的格效应代数的黏合方法. 最后, 给出了较为一般的格效应代数的 Greechie 图的定义, 得到了能用一族 MV-代数黏合成格效应代数的充分条件, 并给出了一般意义下的环引理. 本章主要内容取自于文献 [2], [41], [112]—[115].

3.1　格效应代数与 MV-代数

本节主要研究格效应代数中 Sasaki 投影的一些基本性质, 利用 Sasaki 投影可以对格效应代数中的 MV-代数给出刻画. 最后给出了格效应代数是 MV-代数的系列等价刻画. 本节内容来自于 Bennett 与 Foulis 的文章 [54] 及 Dvurečenskij 与 Pulmannová 的专著 [2].

定义 3.1.1　设 E 是格效应代数. 定义映射 $\phi: E\times E\to E$ 如下: 对任意的 $p,q\in E$, $\phi(p,q):=[p'\oplus(p\wedge q')]'$. 则称 ϕ 是 E 上的**Sasaki 投影**.

显然, 若 ϕ 是 E 上的 Sasaki 投影, 则 $\phi(p,q):=p\ominus(p\wedge q')$.

定义 3.1.2　设 E 是效应代数. 称映射 $\alpha: E\to E$ 是**剩余的**, 若存在映射 $\beta: E\to E$ 使得对任意的 $x,y\in E$, $\alpha(x)\leqslant y$ 当且仅当 $x\leqslant\beta(y)$. 此时也称 β 是 α 的**剩余**. 称剩余的映射 $\alpha: E\to E$ 是**自伴的,** 若其剩余 β 满足 $\beta(y)=(\alpha(y'))'$, $y\in E$.

设 E 是格效应代数且 $p\in E$, 下面的引理说明 $\phi(p,\cdot): E\to E$ 是自伴的.

引理 3.1.3　设 E 是格效应代数且 $p,q,r,s\in E$.

(1) $\phi(p,q)\perp r$ 当且仅当 $\phi(p,r)\perp q$.

(2) $p\ominus(p\wedge r)\leqslant s$ 当且仅当 $p\ominus(p\wedge s)\leqslant r$.

证明　(1) 设 $\phi(p,q)\perp r$, 则 $r\leqslant p'\oplus(p\wedge q')$, $p'\leqslant p'\vee r\leqslant p'\oplus(p\wedge q')$, 从而 $(p'\vee r)\ominus p'\leqslant p\wedge q'$. 这样, $p'\vee q\leqslant p'\oplus(p\wedge r')$, 因此, $q\leqslant p'\vee q\leqslant[\phi(p,r)]'$, $\phi(p,r)\perp q$. 另外一方面对称可证.

(2) 注意到 $\phi(p,q') = p \ominus (p \wedge q)$. 由 (1) 可知 $\phi(p,r') \perp s'$ 当且仅当 $\phi(p,s') \perp r'$, 从而, $p \ominus (p \wedge r) \leqslant s$ 当且仅当 $p \ominus (p \wedge s) \leqslant r$. □

推论 3.1.4 设 E 是格效应代数且 $p \in E$, $(b_i)_{i \in I}$ 是 E 中的一族元素. 若 $\bigvee_{i \in I} b_i$ 在 E 中存在, 则 $\bigvee_{i \in I} \phi(p,b_i)$ 在 E 中存在且 $\bigvee_{i \in I} \phi(p,b_i) = \phi(p, \bigvee_{i \in I} b_i)$.

证明 对任意的 $t \in E$, 由引理 3.1.3 可知对任意的 $i \in I$, $\phi(p,b_i) \leqslant t$, 当且仅当对任意的 $i \in I$, $\phi(p,b_i) \perp t'$, 当且仅当对任意的 $i \in I$, $\phi(p,t') \perp b_i$, 当且仅当 $\phi(p,t') \perp \bigvee_{i \in I} b_i$, 当且仅当 $\phi(p, \bigvee_{i \in I} b_i) \perp t'$, 当且仅当 $\phi(p, \bigvee_{i \in I} b_i) \leqslant t$. 故 $\bigvee_{i \in I} \phi(p,b_i) = \phi(p, \bigvee_{i \in I} b_i)$. □

定理 3.1.5 设 E 是格效应代数且 $p, q \in E$, 则下面各条成立.

(1) $p = (p \wedge q) \oplus \phi(p,q')$ 且 $q = (p \wedge q) \oplus \phi(q,p')$.

(2) $p \vee q = p \oplus \phi(p',q) = q \oplus \phi(q',p) = (p \wedge q) \oplus \phi(p,q') \oplus \phi(p',q)$.

(3) $\phi(p,q') \oplus \phi(p',q) = \phi(q,p') \oplus \phi(q',p) = (p \vee q) \ominus (p \wedge q) = \phi(p',q) \vee \phi(q',p)$.

(4) $\phi(p,q') \wedge \phi(q,p') = 0$ 且 $\phi(p',q) \wedge \phi(q',p) = 0$.

证明 (1) 注意到 $\phi(p,q') = p \ominus (p \wedge q)$, $\phi(q,p') = q \ominus (p \wedge q)$.

(2) 设 $k \in E$ 使得 $p \vee q = p \oplus k$. 则 $p \oplus k \oplus (p \vee q)' = 1$, $p \oplus k \oplus (p' \wedge q') = 1$, $k = \phi(p',q)$. 对称地可知 $p \vee q = q \oplus \phi(q',p)$. 其余的等式利用 (1) 直接可得.

(3) 由于 $p \vee q = (p \wedge q) \oplus [(p \vee q) \ominus (p \wedge q)] = (p \wedge q) \oplus [(p \wedge q) \oplus (p \vee q)']' = (p \wedge q) \oplus [(p \wedge q) \oplus (p' \wedge q')]'$, 从而 $(p \vee q) \ominus (p \wedge q) = [(p \wedge q) \oplus (p' \wedge q')]' = [(p \oplus (p' \wedge q')) \wedge (q \oplus (p' \wedge q'))]' = [(\phi(p',q))' \wedge (\phi(q',p))']' = \phi(p',q) \vee \phi(q',p)$.

(4) 注意到 $(p \ominus (p \wedge q)) \wedge (q \ominus (p \wedge q)) = 0$, 可得第一个等式成立, 第二个等式对称可得. □

定义 3.1.6 设 E 是格效应代数. 若对任意的 $p, q \in E$, $\phi(p,q) = \phi(q,p)$, 则称 E 是**ϕ-对称的.**

定理 3.1.7 设 E 是格效应代数. E 是 ϕ-对称的当且仅当 E 是 MV-代数.

证明 对任意的 $a, b \in E$, 注意到 $a \ominus (a \wedge b) = \phi(a,b')$, 及 $(a \vee b) \ominus b = \phi(b',a)$. 从而 $a \ominus (a \wedge b) = (a \vee b) \ominus b$ 当且仅当 $\phi(a,b') = \phi(b',a)$. 由定理 1.4.11 可知结论成立. □

定理 3.1.8 设 E 是格效应代数, 则下面各条是等价的.

(i) E 是 ϕ-对称的.

(ii) E 具有 Riesz 分解性质.

(iii) 对任意的 $x, y, z \in E$, 若 $y \perp z$, 则 $x \wedge (y \oplus z) \leqslant (x \wedge y) \oplus (x \wedge z)$.

(iv) 对任意的 $x, y, z \in E$, 若 $y \perp z$, 则 $x \wedge (y \oplus z) \leqslant (x \wedge y) \oplus z$.

(v) 对任意的 $x,y,z\in E$, 若 $z\leqslant y$, 则 $(x\vee y)\ominus z\leqslant x\vee(y\ominus z)$.

(vi) 对任意的 $x,y\in E$, $x\leqslant(x\wedge y)\oplus(x\wedge y')$.

(vii) 对任意的 $x,y\in E$, 若 $x\wedge y=0$, 则 $x\perp y$.

(viii) 对任意的 $a,b\in E$, 存在 $x,y\in E$ 使得 $x\leqslant b,y\leqslant b',a=x\oplus y$.

(ix) 对任意的 $x,y\in E$, $\phi(x,y)\leqslant y$.

证明　(i)⇒(ii). 设 $x,y,z\in E$, 且 $x\leqslant y\oplus z$. 则令 $x_1=x\wedge y$, $x_2=x\ominus(x\wedge y)$. 由 ϕ-对称性可得 $x_2=(x\vee y)\ominus y$. 又注意到 $y\leqslant x\vee y\leqslant y\oplus z$, 从而 $x_2\leqslant z$.

(ii)⇒(iii). 设 $x,y,z\in E$, 且 $y\perp z$, 则由 $x\wedge(y\oplus z)\leqslant y\oplus z$ 及 (ii) 可知存在 $x_1,x_2\in E$ 使得 $x_1\leqslant y$, $x_2\leqslant z$, 且 $x\wedge(y\oplus z)=x_1\oplus x_2\leqslant(x\wedge y)\oplus(x\wedge z)$.

(iii)⇒(iv). 显然.

(iv)⇒(v). 设 $z\leqslant y$, 则 $y'\perp z$, 利用 (iv) 可得 $(x\vee y)\ominus z=((x\vee y)'\oplus z)'=((x'\wedge y')\oplus z)'\leqslant(x'\wedge(y'\oplus z))'=x\vee(y\ominus z)$.

(v)⇒(iv). 设 $y\perp z$, 则 $z\leqslant y'$, 利用 (v) 可知 $(x'\vee y')\ominus z\leqslant x'\vee(y'\ominus z)$, 从而 $((x\wedge y)\oplus z)'\leqslant x'\vee(y'\ominus z)=(x\wedge(y\oplus z))'$, $x\wedge(y\oplus z)\leqslant(x\wedge y)\oplus z$.

(iv)⇒(vi). 由 (iv) 可知 $(x\wedge y)\oplus(x\wedge y')\geqslant x\wedge(y\oplus(x\wedge y'))\geqslant x\wedge(x\wedge(y\oplus y'))=x$.

(vi)⇒(vii). 设 $x\wedge y=0$, 则由 (vi) 可知 $x\leqslant(x\wedge y)\oplus(x\wedge y')=x\wedge y'\leqslant y'$, 故 $x\perp y$.

(vii)⇒(viii). 由于 $a=(a\ominus(a\wedge b))\oplus(a\wedge b)\leqslant b\oplus b'=(b\ominus(a\wedge b))\oplus(a\wedge b)\oplus b'$, 则有 $a\ominus(a\wedge b)\leqslant(b\ominus(a\wedge b))\oplus b'$. 注意到 $(a\ominus(a\wedge b))\wedge(b\ominus(a\wedge b))=0$, 从而 $(a\ominus(a\wedge b))\oplus(b\ominus(a\wedge b))=(a\ominus(a\wedge b))\vee(b\ominus(a\wedge b))\leqslant(b\ominus(a\wedge b))\oplus b'$. 故有 $a\ominus(a\wedge b)\leqslant b'$. 取 $x=a\wedge b$, $y=a\ominus(a\wedge b)$.

(viii)⇒(ix). 由于 $\phi(x,y)=x\ominus(x\wedge y')$. 由 (viii) 可知存在 $a,b\in E$ 使得 $a\leqslant y$, $b\leqslant y'$, $x=a\oplus b$. 从而 $\phi(x,y)=x\ominus(x\wedge y')\leqslant x\ominus b=a\leqslant y$.

(ix)⇒(vii). 设 $x\wedge y=0$, 则 $x=\phi(x,y')\leqslant y'$, 故 $x\perp y$.

(vii)⇒(i). 由于 $\phi(x',y')\wedge\phi(y,x)=0$, 利用定理 3.1.5 (3) 及 (4) 可知 $\phi(x',y')\oplus\phi(y,x)=\phi(x',y')\vee\phi(y,x)=\phi(x',y')\oplus\phi(x,y)$, 从而有 $\phi(x,y)=\phi(y,x)$. □

3.2　格效应代数的相容元及块

本节主要介绍格效应代数中相容元和格效应代数的块的一些性质. 本节所有内容来自于 Dvurečenskij 与 Pulmannová 的专著第一章第十节 [2] 及 Riečanová 的

文章 [41].

定义 3.2.1 设 E 是效应代数, $a, b \in E$. 称 a 与 b 是**Mackey 相容的**(相容的), 记为 $a \leftrightarrow b$, 若存在 $a_1, b_1, c \in E$ 使得

(C1) $a_1 \oplus b_1 \oplus c$ 在 E 中存在;

(C2) $a = a_1 \oplus c, b = b_1 \oplus c$.

满足条件 (C1) 及 (C2) 的元素 a_1, b_1, c 称为 a 与 b 的**Mackey 分解元.**

显然, a 与 b 是相容的当且仅当存在一组 a 与 b 的 Mackey 分解元.

定义 3.2.2 设 E 是效应代数, $\varnothing \neq A \subseteq E$. 若对任意的 $a, b \in A$, 都有 $a \leftrightarrow b$, 则称 A 是**相容的**.

命题 3.2.3 设 E 是效应代数, $a, b \in E$, 则 $a \leftrightarrow b$ 当且仅当存在 $u, d, e \in E$ 使得 $a \leqslant u$, $b = d \oplus e$, $d \leqslant a$ 且 $e \leqslant u \ominus a$.

证明 若 $a \leftrightarrow b$, 则存在 Mackey 分解元 a_1, b_1, c 使得 $a = a_1 \oplus c, b = b_1 \oplus c$, 且 $a_1 \oplus b_1 \oplus c \in E$. 令 $u = a_1 \oplus b_1 \oplus c$, $d = c$, $e = b_1$, 则结论成立.

反之, 由 $d \leqslant a$ 可得 $a = d \oplus (a \ominus d)$, 则 $d \oplus (a \ominus d) \oplus e = a \oplus e \leqslant u$, 从而 $e, d, a \ominus d$ 是 a 与 b 的 Mackey 分解元. □

命题 3.2.4 设 E 是效应代数, $a, b \in E$.

(1) 若 $a \perp b$, 则 $a \leftrightarrow b$.

(2) 若 $a \leftrightarrow b$, 则 $a \leftrightarrow b'$.

证明 (1) 显然 $a_1 = a, b_1 = b, c = 0$ 是 a 与 b 的 Mackey 分解元.

(2) 若 a_1, b_1, c 是 a 与 b 的一组 Mackey 分解元, 这里 $a = a_1 \oplus c$, $b = b_1 \oplus c$, $a_1 \oplus b_1 \oplus c \in E$. 设存在 $x \in E$ 使得 $a_1 \oplus b_1 \oplus c \oplus x = 1$, 注意到 $b \oplus b' = 1$, 从而 $b' = a_1 \oplus x$. 由此可知 c, a_1, x 是 a 与 b' 的一组 Mackey 分解元. □

定义 3.2.5 设 E 是效应代数, $a, b \in E$. 称 a 与 b 是**强相容的**, 记为 $a \leftrightarrow_s b$, 若存在 $a_1, b_1, c \in E$ 使得

(C1) $a_1 \oplus b_1 \oplus c$ 在 E 中存在;

(C2) $a = a_1 \oplus c, b = b_1 \oplus c$.

(C3) $a_1 \wedge b_1 = 0$.

命题 3.2.6 设 E 是格效应代数, $a, b \in E$. 若 a 与 b 是强相容的, 则 $a \wedge b = c$, $a \vee b = a_1 \oplus b_1 \oplus c$.

证明 显然 $c \leqslant a, b$. 设 $d \in E$, 且 $d \leqslant a, b$, 则 $c \leqslant c \vee d \leqslant a, b$, 从而 $(c \vee d) \ominus c \leqslant a \ominus c = a_1, b \ominus c = b_1$. 因此由 $a_1 \wedge b_1 = 0$ 可知 $(c \vee d) \ominus c = 0$, $d \leqslant c$.

显然, $a, b \leqslant a \vee b \leqslant a_1 \oplus b_1 \oplus c$. 由此可知 $(a_1 \oplus b_1 \oplus c) \ominus (a \vee b) \leqslant (a_1 \oplus b_1 \oplus c) \ominus a = b_1$, $(a_1 \oplus b_1 \oplus c) \ominus (a \vee b) \leqslant (a_1 \oplus b_1 \oplus c) \ominus b = a_1$. 故 $a_1 \oplus b_1 \oplus c = a \vee b$. □

定理 3.2.7　设 E 是格效应代数且 $a, b \in E$. 则 $a \leftrightarrow b$ 当且仅当 $(a \vee b) \ominus b = a \ominus (a \wedge b)$.

证明　设 $(a \vee b) \ominus b = a \ominus (a \wedge b)$, 则 $a \vee b = b \oplus (a \ominus (a \wedge b))$. 又注意到 $a = (a \ominus (a \wedge b)) \oplus (a \wedge b)$, $b = (b \ominus (a \wedge b)) \oplus (a \wedge b)$. 从而 $a \ominus (a \wedge b), b \ominus (a \wedge b), a \wedge b$ 是 a 与 b 的一组 Mackey 分解元.

反之, 设 $a \leftrightarrow b$. 则存在 a 与 b 的一组 Mackey 分解元 a_1, b_1, c 使得 $a = a_1 \oplus c, b = b_1 \oplus c$, $a_1 \oplus b_1 \oplus c \in E$. 记 $d = a_1 \oplus b_1 \oplus c$, 则 $c \leqslant b \leqslant a \vee b \leqslant d$, 且 $d \ominus b = a \ominus c$. 这样, $(a \vee b) \ominus b \leqslant d \ominus b = a \ominus c \leqslant a$, $a \ominus ((a \vee b) \ominus b) = [(a \vee b) \ominus ((a \vee b) \ominus a)] \ominus ((a \vee b) \ominus b) = b \ominus ((a \vee b) \ominus a) \leqslant b$. 记 $w = a \ominus ((a \vee b) \ominus b)$, 则 $w \leqslant a, b$. 又由于 $(a \wedge b) \ominus w = (a \ominus w) \wedge (b \ominus w) = ((a \vee b) \ominus b) \wedge ((a \vee b) \ominus a) = 0$, 从而 $w = a \ominus ((a \vee b) \ominus b) = a \wedge b$, $(a \vee b) \ominus b = a \ominus (a \wedge b)$. □

命题 3.2.8　设 E 是格效应代数且 $a, b \in E$. 则 $a \leftrightarrow b$ 当且仅当 $a \leftrightarrow_s b$.

证明　显然, $a \leftrightarrow_s b$ 蕴涵 $a \leftrightarrow b$. 反之, 由定理 3.2.7 可知 $a \leftrightarrow b$ 当且仅当 $(a \vee b) \ominus b = a \ominus (a \wedge b)$. 从而, $a \ominus (a \wedge b), b \ominus (a \wedge b), a \wedge b$ 是 a 与 b 的一组 Mackey 分解元. 又由 $(a \ominus (a \wedge b)) \wedge (b \ominus (a \wedge b)) = 0$ 可知 $a \leftrightarrow_s b$. □

引理 3.2.9　设 E 是格效应代数, $a, b \in E$. 则 $a \leftrightarrow b$ 当且仅当 $a \leqslant (b \ominus (a \wedge b))'$.

证明　设 $a \leftrightarrow b$, 则 $(a \vee b) \ominus a = b \ominus (a \wedge b)$, $a = (a \vee b) \ominus (b \ominus (a \wedge b)) \leqslant (b \ominus (a \wedge b))'$.

反之, 若 $a \leqslant (b \ominus (a \wedge b))'$, 则 $a_1 = a \ominus (a \wedge b)$, $b_1 = b \ominus (a \wedge b)$, $c = a \wedge b$ 是 a 与 b 的 Mackey 分解元. □

定理 3.2.10　设 E 是格效应代数, $b \in E, A \subseteq E$. 若 $\vee A \in E$, 对任意的 $a \in A$, 都有 $a \leftrightarrow b$. 则下面各条成立.

(1) $b \leftrightarrow \vee A$.

(2) $\wedge \{b \ominus (b \wedge a) : a \in A\}$ 在 E 中存在且 $\wedge \{b \ominus (b \wedge a) : a \in A\} = b \ominus (b \wedge (\vee A))$.

(3) $\vee \{b \wedge a : a \in A\}$ 在 E 中存在且 $\vee \{b \wedge a : a \in A\} = b \wedge (\vee A)$.

证明　(1) 对任意的 $a \in A$, 由 $a \leftrightarrow b$ 及引理 3.2.9 可知 $a \leqslant (b \ominus (a \wedge b))' \leqslant (b \ominus (\vee A \wedge b))'$, 从而 $\vee A \leqslant (b \ominus (\vee A \wedge b))'$, 因此 $b \leftrightarrow \vee A$.

(2) 设 $d \in E$ 是 $\{b \ominus (b \wedge a) : a \in A\}$ 的任一下界. 由于对任意的 $a \in A$, $(a \vee b) \ominus a = b \ominus (a \wedge b)$, 从而 $d \leqslant (a \vee b) \ominus a \leqslant (\vee A \vee b) \ominus a$. 这样 $a \leqslant (\vee A \vee b) \ominus d$, $\vee A \leqslant (\vee A \vee b) \ominus d$. 因此, $d \leqslant (\vee A \vee b) \ominus (\vee A)$. 由 (1) 可知 $b \leftrightarrow \vee A$, 故 $d \leqslant$

$(\vee A \vee b) \ominus (\vee A) = b \ominus (b \wedge (\vee A))$. 又对任意的 $a \in A$, $b \ominus (b \ominus (\vee A)) \leqslant b \ominus (b \ominus a)$, 从而结论成立.

(3) 设 $e \in E$ 是 $\{b \wedge a : a \in A\}$ 的上界. 对任意的 $a \in A$, $b \wedge a \leqslant b \wedge e$, 从而 $b \ominus (b \wedge e) \leqslant b \ominus (b \wedge a)$. 由 (2) 可得 $b \ominus (b \wedge e) \leqslant \wedge\{b \ominus (b \wedge a) : a \in A\} = b \ominus (b \wedge (\vee A))$. 这样 $b \wedge (\vee A) \leqslant b \wedge e \leqslant e$. 另一方面, $b \wedge (\vee A)$ 又是 $\{b \wedge a : a \in A\}$ 的上界, 从而结论成立. □

定理 3.2.11 设 E 是格效应代数, $x, y, z \in E$. 若 $z \leftrightarrow x$, $z \leftrightarrow y$, 则下面各条成立.

(i) $x \vee y \leftrightarrow z$.

(ii) 若 $x \leqslant y$, 则 $y \ominus x \leftrightarrow z$.

(iii) $x' \leftrightarrow z$.

(iv) $x \wedge y \leftrightarrow z$.

(v) 若 $x \perp y$, 则 $x \oplus y \leftrightarrow z$.

证明 (i) 由定理 3.2.10 直接可得.

(ii) 设 $x \leqslant y$, 则 $x \wedge z \leqslant y \wedge z$, $x \vee z \leqslant y \vee z$. 设存在 $w \in E$, 使得 $(x \wedge z) \oplus w = y \wedge z$. 注意到 $x \vee z = x \oplus (z \ominus (x \wedge z)) = (x \ominus (x \wedge z)) \oplus (x \wedge z) \oplus (z \ominus (x \wedge z)) \leqslant y \vee z = (y \wedge z) \oplus (y \ominus (y \wedge z)) \oplus (z \ominus (y \wedge z)) = y \oplus (z \ominus (y \wedge z))$, 从而 $x \ominus (x \wedge z) \leqslant y \ominus (y \wedge z)$. 设存在 $e \in E$ 使得 $(x \ominus (x \wedge z)) \oplus e = y \ominus (y \wedge z)$. 这样 $y = (y \wedge z) \oplus (x \ominus (x \wedge z)) \oplus e = (x \wedge z) \oplus w \oplus (x \ominus (x \wedge z)) \oplus e = x \oplus w \oplus e$, $y \ominus x = w \oplus e$. 又 $z = (z \ominus (y \wedge z)) \oplus (y \wedge z) = (z \ominus (y \wedge z)) \oplus (x \wedge z) \oplus w$. 而由 $y \oplus (z \ominus (y \wedge z))$ 存在可知 $w \oplus e \oplus (z \ominus (y \wedge z)) \oplus (x \wedge z)$ 存在. 因此, $w, (z \ominus (y \wedge z)) \oplus (x \wedge z), e$ 是 $y \ominus x$ 与 z 的 Mackey 分解.

(iii) 由命题 3.2.4 可知结论成立.

(iv) 由 (iii) 可知 $x' \leftrightarrow z$, $y' \leftrightarrow z$. 由 (i) 可知 $x' \vee y' \leftrightarrow z$, 再次使用 (iii) 可知 $x \wedge y \leftrightarrow z$.

(v) 注意到 $x \oplus y = (x' \ominus y)'$, 从而利用 (ii) 及 (iii) 可知 $(x' \ominus y)' \leftrightarrow z$. □

推论 3.2.12 设 E 是格效应代数, $z \in E$. 记 $B(z) = \{x \in E \mid x \leftrightarrow z\}$. 则 $B(z)$ 是 E 的子效应代数且是 E 的子格.

定理 3.2.13 设 E 是格效应代数. 若 E 中的任何两个元素之间都是相容的, 则 E 是 MV-代数.

证明 由定理 1.4.11 及定理 3.2.7 可得. □

定义 3.2.14　设 E 是效应代数. 则 E 的极大相容元之集 M 称为 E 的**块**.

定理 3.2.15　若 E 是格效应代数, 则

(i) E 的任何一个块 M 是 E 的子格.

(ii) E 的任何一个块 M 是 E 的子效应代数.

(iii) E 的任何一个块 M 是 MV-代数.

(iv) E 是一族 MV-代数的并.

证明　由推论 3.2.12 可知格效应代数 E 的块是 E 的子代数, 且是 E 的子格. 由此 (i) 与 (ii) 成立. 由定理 3.2.13 可知 (iii) 成立. 下证 (iv). 设 $\mathcal{A}=\{B\subseteq E\mid B$ 是 E 的相容元之集$\}$. 则对 $\mathcal{A}$ 中任何一条链 $\mathcal{C}$ (任意的 $X,Y\in\mathcal{C}$, $X\subseteq Y$ 或 $Y\subseteq X$), 总有 $\cup\mathcal{C}\in\mathcal{A}$. 从而由 Zorn 引理可知存在极大元 $M\in\mathcal{A}$. 而且对任意的 $a\in E$, $\{0,a,a',1\}$ 是相容元之集. 注意到 $\mathcal{A}$ 中的极大元就是 E 的块, 由 (iii) 可知 E 是一族 MV-代数的并. □

定理 3.2.16　设 E 是格效应代数, 则以下两条等价:

(i) E 具有 Riesz 分解性质;

(ii) E 中的任何两个元素是相容的.

证明　(i) $\Rightarrow$ (ii). 设 E 具有 Riesz 分解性质且 $a,b\in E$. 则由 $a\oplus a'=b\oplus b'=1$, 可知存在 $x_{11},x_{12},x_{21},x_{21}$, 使得 $a=x_{11}\oplus x_{12}$, $a'=x_{21}\oplus x_{22}$, $b=x_{11}\oplus x_{21}$, $b'=x_{12}\oplus x_{22}$. 这样 x_{12},x_{21},x_{11} 是 a,b 的一组 Mackey 分解元.

(ii) $\Rightarrow$ (i). 设 E 中任何两个元素是相容的, 由定理 3.2.13 可知 E 是 MV-代数. 从而由定理 3.1.7 可知 E 是 ϕ-对称的. 再由定理 3.1.8 可知 E 具有 Riesz 分解性质.

另证如下. 设 $a,b,c\in E$ 且 $a\leqslant b\oplus c$. 注意到 $a\leftrightarrow b$, 由定理 3.2.7 可知 $(a\vee b)\ominus b=a\ominus(a\wedge b)$, 从而 $a\vee b=(a\ominus(a\wedge b))\oplus b$. 又由 $a\vee b\leqslant b\oplus c$ 可知 $a\ominus(a\wedge b)\leqslant c$. 这样 $a=(a\wedge b)\oplus(a\ominus(a\wedge b))$, 且 $a\wedge b\leqslant b$, $a\ominus(a\wedge b)\leqslant c$. 故 (i) 成立. □

注 3.2.17　由定理 3.2.16 及 3.2.13 可知 MV-代数具有 Riesz 分解性质.

定义 3.2.18[2]　设 E 是效应代数, $a\in E$.

(i) 若对任意的 $b,c\leqslant a$, 当 $b\oplus c$ 在 E 中存在时都有 $b\oplus c\leqslant a$, 则称 a 是**主要元**.

(ii) 若 $a\wedge a'=0$, 则称 a 是**分明元**.

(iii) 定义映射 $\phi: E[0,a]\times E[0,a']\to E$, 对任意的 $(x,y)\in E[0,a]\times E[0,a']$, $\phi(x,y)=x\oplus y$, 其中 $E[0,a]=\{x\in E|0\leqslant x\leqslant a\}$. 若 ϕ 是同构态射, 则称 a 是**中心元**.

命题 3.2.19[2]　若 E 是格效应代数, 则 $C(E)=B(E)\cap S(E)$.

命题 3.2.20[109] 若 E 是格效应代数, 则 $S(E)$ 是正交模格并且 $S(E)$ 是 E 的子格.

3.3 环 引 理

由定理 3.2.15 可知格效应代数是 MV-代数的并, 但此定理并没有指出将一族 MV-代数黏合成格效应代数的方法. 本节给出一族 MV-代数黏合成效应代数的条件及一族 MV-代数黏合成格效应代数的方法.

命题 3.3.1 设 A, B 是两个 MV-代数并且 $A \not\subseteq B, B \not\subseteq A$. 若 $A \cap B$ 是 A 和 B 的子代数, 且 $A \cap B = \{0, a, \cdots, \imath(a)a\} \cup \{(\imath(a)a)', \cdots, a', 1\}$, 这里 a 是 A 和 B 的原子, $\imath(a)$ 表示 a 的迷向指数, $a'^A = a' = a'^B$, 并且 $\imath(a) < +\infty$. 则 $\imath(a)a \neq 1$.

证明 若 $\imath(a)a = 1$, 则 $A \cap B = \{0, a, \cdots, \imath(a)a = 1\}$. 由于 A, B 具有 Riesz 分解性质, 则对任意的 $x \in A$ 存在 $x_{1i}, x_{2i}, i = 1, \cdots, \imath(a)$ 使得 $x = \oplus_{i=1}^{\imath(a)} x_{1i}, x' = \oplus_{i=1}^{\imath(a)} x_{2i}$ 且 $a = x_{1i} \oplus x_{2i}$, $i = 1, \cdots, \imath(a)$. 由 a 是原子可得 $x_{1i}, x_{2i} \in \{0, a\}$, $i = 1, \cdots, \imath(a)$. 这样存在某自然数 $n \leqslant \imath(a)$ 使得 $x = na$. 因此, $A \subseteq A \cap B \subseteq B$, 这与假设矛盾. □

注 3.3.2 设 A, B 是两个 MV-代数并且 $A \not\subseteq B, B \not\subseteq A$. 若 $A \cap B$ 是 A 和 B 的子代数, 且 $A \cap B = \{0, a, \cdots, \imath(a)a\} \cup \{(\imath(a)a)', \cdots, a', 1\}$, 这里 a 是 A 和 B 的原子, $a'^A = a' = a'^B$, 并且 $\imath(a) < +\infty$. 则 $\{0, a, \cdots, \imath(a)a\}$ 是 A 和 B 的主理想.

注 3.3.3 设 A, B 是两个 MV-代数并且 $A \not\subseteq B, B \not\subseteq A$. 若 $A \cap B$ 是 A 和 B 的子代数, 且 $A \cap B = \{0, a, \cdots, \imath(a)a\} \cup \{(\imath(a)a)', \cdots, a', 1\}$, 这里 a 是 A 和 B 的原子, $a'^A = a' = a'^B$, 并且 $\imath(a) < +\infty$. 则对任意的 $x \in A \cap B$, $A[0, x] \cup B[0, x'] \subseteq B$, 或 $A[0, x] \cup B[0, x'] \subseteq A$. 事实上, 对任意的 $x \in A \cap B$, 有 $x = ma$ 或 $x = (ma)'$. 当 $x = ma$ 时, $A[0, x] = \{0, a, \cdots, ma\}$, 因此 $A[0, x] \cup B[0, x'] \subseteq B$. 当 $x = (ma)'$ 时, 有 $B[0, x'] = \{0, a, \cdots, ma\}$, 因此 $A[0, x] \cup B[0, x'] \subseteq A$.

设 $\mathfrak{B}$ 是一族 MV-代数并且 $L = \cup \mathfrak{B}$. 给出如下条件:

(A) 若 $A, B \in \mathfrak{B}$, 则 $A = B$, 或 $A \cap B = \{0, 1\}$, 这里 $0_A = 0 = 0_B, 1_A = 1 = 1_B$, 或 $A \cap B = \{0, a, \cdots, \imath(a)a, a', \cdots, (\imath(a)a)', 1\}$ 是 A 和 B 的真子代数, 这里 a 是 A 和 B 的原子, $a'^A = a' = a'^B$.

定理 3.3.4 设 $\mathfrak{B}$ 是一族满足条件 (A) 的 MV 代数.

(i) 在 $L = \cup \mathfrak{B}$ 上定义二元关系 $\leqslant$ 如下: 对任意的 $x, y \in L$, $x \leqslant y$ 当且仅当存在 $B \in \mathfrak{B}$ 使得 $x, y \in B$ 并且 $x \leqslant_B y$. 则 $(L; \leqslant)$ 是偏序集.

(ii) 在 $L = \cup \mathfrak{B}$ 上定义一元运算 $'$ 如下: 对任意的 $x \in L$, $x' = x'^B$, 若存在

$B \in \mathfrak{B}$ 使得 $x \in B$, 这里 $'^B$ 是 MV-代数 B 上的一元补运算. 则 $(L;\leqslant,')$ 是 De Morgan 偏序集.

(iii) 在 $L=\cup\mathfrak{B}$ 上定义二元关系 $\perp$ 如下: 对任意的 $x,y \in L$, $x\perp y$ 当且仅当 $x \leqslant y'$. 则 $\perp$ 是定义好的.

(iv) 在 $L=\cup\mathfrak{B}$ 上定义部分二元运算 $\oplus$ 如下: 对任意的 $x,y\in L$, $x\oplus y$ 存在当且仅当 $x\perp y$. 此时, 若存在 $B\in\mathfrak{B}$ 使得 $x\leqslant_B y'$, 则 $x\oplus y := x\oplus_B y$.
则 $L=\cup\mathfrak{B}$ 是效应代数. L 的块之集是 $\mathfrak{B}$.

证明 (i) 需证 $\leqslant$ 满足反身性、反对称性、传递性. 反身性显然. 下证反对称性. 设 $x,y\in A\cap B, x\leqslant_A y, y\leqslant_B x$. 由于 $A\cap B$ 是 A 和 B 的子代数. 因此 $x=y$. 下证传递性. 设 $x\leqslant_A y, y\leqslant_B z$. 则 $y\in A\cap B$. 设 $A\cap B=\{0,a,\cdots,\imath(a)a,a',\cdots,(\imath(a)a)',1\}$. 若 x,y,z 中之一属于 $\{0,1\}$, 则 $x\leqslant z$. 若 x,y,z 中有相同元, 则 $x\leqslant z$. 现设 $\{x,y,z\}\cap\{0,1\}=\varnothing$. 若 $y=na$, 则存在某自然数 $m\leqslant n$ 使得 $x=ma$. 因此, $x\in A\cap B$ 并且 $x\leqslant z$. 若 $y=(na)'$, 则 $z'\leqslant na$. 存在某自然数 $m\leqslant n$ 且 $z=(ma)'$. 因此, $x\leqslant z$.

(ii) 若 $y\in L$, 不妨设 $y\in B$, $B\in\mathfrak{B}$, 则 y'^B 只依赖于 L, 与 B 的选择无关. 若 $y\in C$, $C\in\mathfrak{B}$, 则 $y\in B\cap C$. 由于 $B\cap C$ 是 B 和 C 的子代数, 有 $y'^B=y'^C$. 则 $'$ 是逆序对合对应. 因此, $(L;\leqslant,')$ 是 De Morgan 偏序集.

(iii) 由 (i) 和 (ii) 可知 $\leqslant$ 和 $'$ 是定义好的, 从而 $\perp$ 是定义好的.

(iv) 需证 $\oplus$ 是定义好的, 即: 若 $x\oplus_A y$ 和 $x\oplus_B y$ 有定义, 这里 $A,B\in\mathfrak{B}$, 则 $x\oplus_A y=x\oplus_B y$. 而这是由于 $A\cap B$ 是 A 和 B 的子代数.

下证 L 是效应代数. 对于 (Eii), 设 $a,b,c\in L$, $a\oplus_L b$ 和 $(a\oplus_L b)\oplus_L c$ 在 L 中存在. 则存在 $A,B\in\mathfrak{B}$ 使得 $a\oplus_L b=a\oplus_A b, (a\oplus_L b)\oplus_L c=(a\oplus_L b)\oplus_B c$. 因此, $a\oplus_L b\in A\cap B$. 假设 $A\cap B=\{0,x,\cdots,\imath(x)x\}\cup\{(\imath(x)x)'\cdots,x',1\}$, 这里 x 是 A 和 B 的原子. 若 $a\oplus_L b=nx$, $0\leqslant n\leqslant\imath(x)$, 则 $a,b\in B$. 因此, $(a\oplus_L b)\oplus_L c=(a\oplus_B b)\oplus_B c=a\oplus_B(b\oplus_B c)=a\oplus_L(b\oplus_L c)$. 若 $a\oplus_L b=(mx)'$, 则 $c\leqslant(a\oplus_L b)'=mx$. 因此 $c\in A$, $(a\oplus_L b)\oplus_L c=(a\oplus_A b)\oplus_A c=a\oplus_A(b\oplus_A c)=a\oplus_L(b\oplus_L c)$. 因此 (Eii) 成立. 对于 (Ei), (Eiii), (Eiv), 容易证明.

最后, 由于 $\mathfrak{B}$ 满足条件 (A), 从而 L 的块之集是 $\mathfrak{B}$. □

由定理 3.3.4 可知, 当 $\mathfrak{B}$ 满足条件 (A) 时, $L=\cup\mathfrak{B}$ 是效应代数. 下面给出环的定义.

定义 3.3.5 设 $n\geqslant 3$. 称有限的序列 $(B_0,\cdots,B_{n-1})$ 是一个 $\boldsymbol{n}$ **阶环**. 若

$B_0, \cdots, B_{n-1} \in \mathfrak{B}$, $B_i \cap B_{i+1} = \{0, e_i, \cdots, \imath(e_i)e_i\} \cup \{e_i', \cdots, (\imath(e_i)e_i)', 1\}$ 并且 $B_i \cap B_{i+1}$ 是 B_i 和 B_{i+1} 的子代数, 当 $j \neq i-1, i+1$ 时, $B_i \cap B_j = \{0,1\}$, 这里下标 i, j 是模 n 的剩余类, 对 $i = 0, \cdots, n-1$, e_i 是 B_i 和 B_{i+1} 的原子.

注 3.3.6 在定义 3.3.5 中, 对 $i = 0, 1, \cdots, n-1$, 都有 $\imath(e_i)e_i \neq 1$.

注 3.3.7 设 (B_0, B_1, B_2) 是 3 阶环. 则 $B_0 \cap B_1 \cap B_2 = \{0, 1\}$.

注 3.3.8 设 $(B_0, \cdots, B_{n-1})$ 是 n 阶环. 则此环确定了一个原子序列 $(e_0, \cdots, e_{n-1})$ 使得 e_i 是 B_i 和 B_{i+1} 的原子, 这里 $i = 0, 1, \cdots, n-1$.

下面的环引理给出了一种由 MV-代数构造格效应代数的方法.

定理 3.3.9 (环引理) 设 $\mathfrak{B}$ 是一族满足条件 (A) 的 MV-代数. 按照定理 3.3.4 在 $L = \cup\mathfrak{B}$ 上定义$\oplus$. 则效应代数 L 是格序的当且仅当 L 不包含 3 阶环与 4 阶环.

证明 在 (i) 和 (ii) 中证明若 $L = \cup\mathfrak{B}$ 中含有 3 阶环或 4 阶环, 则 L 不是格.

(i) 假设 L 包含 3 阶环 (B_0, B_1, B_2), (e_0, e_1, e_2) 是此环所确定的原子序列. 下证 e_0 和 e_2 在 L 中没有上确界. 由于 $e_0, e_2 \in B_0$, 设 f 是 e_0 和 e_2 在 B_0 中的上确界. 事实上, $e_0 \oplus e_2 = e_0 \bigvee_{B_0} e_2 = f$, 因此, $f \neq 1$. 否则, $e_0 = e_2'$, $B_0 \cap B_1 \cap B_2 \neq \{0, 1\}$, 这与注 3.3.7 矛盾.

另一方面, $e_0, e_2 \leqslant e_1'$, 则 f 和 e_1' 是 e_0 和 e_2 在 L 中的上界. 由于 e_1' 是 L 的余原子. 若 f 是 L 的余原子, 且 f 和 e_1' 可比较则有 $e_1' = f \in B_0$, 这与注 3.3.7 矛盾.

假设存在 $g \in L$ 使得 $e_0, e_2 \leqslant g \leqslant f, e_1'$, 则 g 既不是 L 的原子也不是 L 的余原子, 且存在 $\mathfrak{B}$ 中唯一的元 A 包含这些元. 这是因为若存在 $\mathfrak{B}$ 中的元 A 和 B 包含这些元, 则 $\{e_0, e_1, e_2\} \subseteq A \cap B$. 这与 $\mathfrak{B}$ 满足条件 (A) 相矛盾.

(ii) 假设 L 包含 4 阶环 (B_0, B_1, B_2, B_3), e_0, e_1, e_2, e_3 是此环所确定的原子.

显然, $e_0, e_2 \leqslant e_1', e_3'$, 且 e_0 与 $e_2(e_1'$ 与 $e_3')$ 是不可比较的. 因此, 若存在 $g \in L$ 使得 $e_0, e_2 \leqslant g \leqslant e_1', e_3'$, 则 g 既不是 L 的原子也不是 L 的余原子, 从而存在 $\mathfrak{B}$ 中唯一的元 A 包含这些元. 由于 $e_0, e_3 \in A \cap B_0$ 蕴涵 $A = B_0, e_3 \in B_0 \cap B_2$, 这矛盾于 $B_0 \cap B_2 = \{0, 1\}$. 因此, e_0, e_2 在 L 中没有上确界, L 不是格.

(iii) 反之, 假设 L 不包含 $3, 4$ 阶环. 下证 L 是格. 假设 $\{a, b, c, d\} \subseteq L$, $\{a, b, c, d\} \cap \{0, 1\} = \varnothing$ 且 $a, b \leqslant c, d$.

设存在 $B, C, D \in \mathfrak{B}$ 使得 $a, b \in B$, $a \leqslant_C c, b \leqslant_D c$. 则 $\{a\} \subseteq B \cap C, \{c\} \subseteq C \cap D, \{b\} \subseteq B \cap D$, 当 B, C, D 两两不同时, (B, C, D) 是 3 阶环, 这矛盾于假设. 下设 B, C, D 不是两两不同的. 若 $C = D$, 则 $a, b \in C \cap B$, 因此, $a \bigvee_B b = a \bigvee_C b \leqslant c$. 这样 $a \bigvee_B b$ 是 a 与 b 在 L 中的上确界. 对 $B = C$ 或 $B = D$ 类似可证.

下设 a, b (或 c, d) 不在同一个 MV-代数 B 中, $B \in \mathfrak{B}$. 由于 $\mathfrak{B}$ 满足条件 (A), 若 $a \vee b$ 存在, 则 $a, b \leqslant a \vee b \leqslant c, d$, 因此存在 $\mathfrak{B}$ 的元 B 使得 $a, b, c, d \in B$, 而这矛盾于假设. 若 $a \vee b$ 不存在, 可设 $a, c \in B_0, b, c \in B_1, b, d \in B_2, a, d \in B_3$, 这里 B_i 是 $\mathfrak{B}$ 中不同的元, 则 (B_0, B_1, B_2, B_3) 是 4 阶环, 而这矛盾于假设. 因此, L 中的任何两个元都有上确界, L 是格. □

3.4 MV-代数的 Greechie 图及其应用

本节主要讨论如何通过布尔代数得到较复杂的 MV-代数.

定理 3.4.1[52, 53] 若 B 是有限的布尔代数, 则 B 同构于 2^n.

定理 3.4.2 设 L 是有限的 MV-代数, $A(L)$ 是 L 的原子之集. 则对 L 中任意的非零元 x, 存在唯一的原子之集 $\{a_i \in A(L) | i \in I\}$ 和一组正整数 $k_i, i \in I$ 使得 $x = \oplus_{i \in I} k_i a_i$.

证明 设 $x \in L$ 且 $x \neq 0$. 令 $A(x) = \{n_a a | n_a$ 是满足 $n_a a \leqslant x$ 的最大的正整数, $a \in A(L)\}$. 由于对任意 $n_a a, n_b b \in A(x)$, $n_a a \neq n_b b$, 有 $n_a a \wedge n_b b = 0$, 因此 $n_a a \oplus n_b b = n_a a \vee n_b b$. 这样, $\vee A(x) = \oplus A(x)$. 由 $\vee A(x) \leqslant x$, 有 $\oplus A(x) \leqslant x$. 若 $\oplus A(x) < x$, 则存在原子 a 使得 $(\oplus A(x)) \oplus a \leqslant x$. 设 n_a 是使得 $n_a a \leqslant x$ 的最大的自然数, 则 $n_a a \in A(x)$, $n_a a \oplus a \leqslant x$, 这与 n_a 的定义矛盾. 因此有 $\vee A(x) = \oplus A(x) = x$. 假设存在一列原子 $b_j \in A(L)$ 和正整数 l_j, $j \in J$ 使得 $x = \oplus_{j \in J} l_j b_j$. 下证 $\{a_i | i \in I\} = \{b_j | j \in J\}$. 对任意的 $i \in I$, $a_i \leqslant x$ 且 $a_i = a_i \wedge x = a_i \wedge (\bigvee_{j \in J} l_j b_j) = \bigvee_{j \in J} (a_i \wedge l_j b_j)$. 若对任意的 $j \in J$, $a_i \neq b_j$, 则 $a_i \wedge l_j b_j = 0$ 且 $a_i = 0$, 这是不可能的. 因此, 存在 b_j 使得 $a_i = b_j$. 这样, $\{a_i | i \in I\} \subseteq \{b_j | j \in J\}$. 类似可证 $\{b_j | j \in J\} \subseteq \{a_i | i \in I\}$. □

推论 3.4.3 设 M 是有限的 MV-代数, M 的原子之集是 $\{a_1, \cdots, a_n\}$, 则 M 同构于 $\{0, a_1, \cdots, (\imath(a_1) a_1)\} \times \cdots \times \{0, a_n, \cdots, (\imath(a_n) a_n)\}$.

推论 3.4.4 若 M 是有限的 MV-代数, 则 M 同构于 $M_{m_1} \times \cdots \times M_{m_n}$. 这里 $M_{m_i} = \left\{0, \dfrac{1}{m_i}, \cdots, \dfrac{m_i - 1}{m_i}, 1\right\}$, $m_i \in Z$, $m_i \geqslant 2, i = 1, \cdots, n$, $n \in Z$, $n \geqslant 1$. $S(M) = P(M) = C(M)$ 同构于 2^n.

由推论 3.4.3 可知有限 MV-代数的结构完全由它的原子和原子的迷向指数决定. 下面首先基于推论 3.4.3 引入 MV-代数的 Greechie 图之定义.

定义 3.4.5[99] (i) 称二元组 $\mathcal{H}=(\mathcal{V}, \mathcal{E})$ 是**超图**, 这里 $\mathcal{V}$ 是非空集, $\mathcal{E}= \{E \subset \mathcal{V} | E \neq \varnothing\}$ 是 $\mathcal{V}$ 的覆盖, 即, $\bigcup_{E \in \mathcal{E}} E = \mathcal{V}$. 称 $\mathcal{V}$ 中的元素是 $\mathcal{H}$ 的**顶点**, $\mathcal{E}$ 中的元素

是 $\mathcal{H}$ 的**边**.

(ii) 映射 $s:\mathcal{V}\to[0,1]$ 称为超图 $\mathcal{H}$ 上的**态**, 若对任意的 $E\in\mathcal{E}$, $\sum_{v\in E}s(v)=1$.

由于有限的布尔代数的结构完全由它的原子决定, 从而在文献 [12] 中用超图 $\mathcal{H}$=($\mathcal{V}$, $\mathcal{E}$) 来表示有限的布尔代数 B, 并称此超图是布尔代数 B 的 Greechie 图, 这里 $\mathcal{V}=\{x\in B|x$ 是 B 的原子 $\}$, $\mathcal{V}=\mathcal{E}$.

例 3.4.6 设 B 是布尔代数, B 的原子之集是 $\mathcal{V}=\{a,b,c\}$, 它的 Hasse 图见图 3.4.1, 它的 Greechie 图见图 3.4.2.

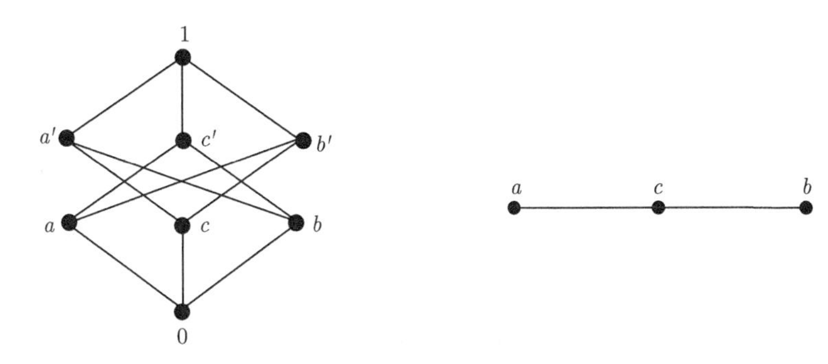

图 3.4.1 布尔代数 B　　图 3.4.2 布尔代数 B 的 Greechie 图

定义 3.4.7 (i) 若 M 是有限 MV-代数, 称超图 $\mathcal{H}$=($\mathcal{V}$, $\mathcal{E}$) 是 M 的**Greechie 图**, 这里 $\mathcal{V}=\{(\imath(x),x)|x$ 是 M 的原子, $\imath(x)$ 是 x 的迷向指数 $\}$, $\mathcal{V}=\mathcal{E}$.

(ii) 设有限 MV-代数 M_1,M_2 的 Greechie 图分别是 $\mathcal{H}_1$=($\mathcal{V}_1$, $\mathcal{E}_1$), $\mathcal{H}_2$=($\mathcal{V}_2$, $\mathcal{E}_2$), 称 $\mathcal{H}_1$ 与 $\mathcal{H}_2$ 是**同构的**, 若存在一一映射 $f:\mathcal{V}_1\to\mathcal{V}_2$, 使得对任意的 $(\imath(x),x)\in\mathcal{V}_1$, 当 $f(\imath(x),x)=(\imath(y),y)$ 时, 必有 $\imath(x)=\imath(y)$.

注 3.4.8 当 MV-代数 M 中原子的迷向指数都是 1 时, 此 MV-代数是布尔代数, 它们的 Greechie 图中的顶点之集是 $\mathcal{V}_1=\{(1,a)\mid a$ 是 MV-代数 M 的原子 $\}$, $\mathcal{V}_2=\{a\mid a$ 是 M 布尔代数的原子 $\}$. 这两个 Greechie 图之间存在一一映射, 从而它们是同构的.

例 3.4.9 $M=\{0,a,d,d\oplus d,d\oplus b,d\oplus a,b,a',d',(d\oplus d)',b',1\}$ 是 MV-代数, 见图 3.4.3. 它的 Greechie 图见图 3.4.4.

定理 3.4.10 设有限 MV-代数 M_1,M_2 的 Greechie 图分别是 $\mathcal{H}_1=(\mathcal{V}_1,\mathcal{E}_1)$, $\mathcal{H}_2=(\mathcal{V}_2,\mathcal{E}_2)$. 则 M_1 与 M_2 同构当且仅当 $\mathcal{H}_1$ 与 $\mathcal{H}_2$ 同构.

证明 若 $\phi:M_1\to M_2$ 是 M_1,M_2 之间的同构态射. 定义映射 $f:\mathcal{V}_1\to\mathcal{V}_2$, 对任意的 $(\imath(x),x)\in\mathcal{V}_1$, $f(\imath(x),x)=(\imath(y),y)$, 当且仅当 $\phi(x)=y$. 此时 $\imath(y)=\imath(x)$. 则 $f:\mathcal{V}_1\to\mathcal{V}_2$ 是 $\mathcal{H}_1=(\mathcal{V}_1,\mathcal{E}_1),\mathcal{H}_2=(\mathcal{V}_2,\mathcal{E}_2)$ 之间的同构.

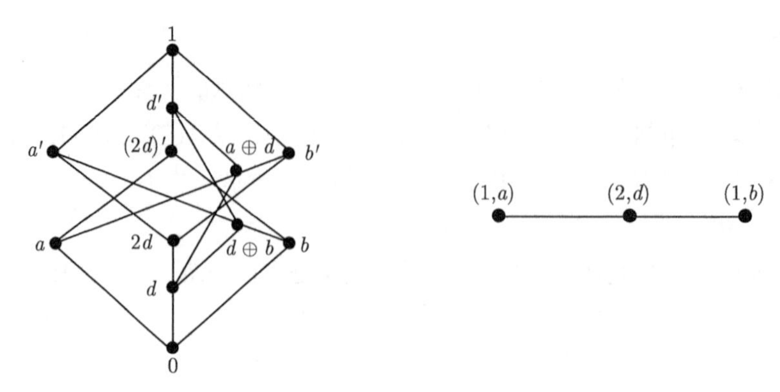

图 3.4.3　MV-代数 M　　　图 3.4.4　MV-代数 M 的 Greechie 图

反之, $f:\mathcal{V}_1\to\mathcal{V}_2$ 是 $\mathcal{H}_1=(\mathcal{V}_1,\mathcal{E}_1),\mathcal{H}_2=(\mathcal{V}_2,\mathcal{E}_2)$ 之间的同构. 由于对任意的 $x\in M_1$, 存在唯一的一组原子之集 $\{x_1,\cdots,x_m\}$ 和唯一的一组自然数 $n_1,\cdots,n_m$, $0<n_i\leqslant \imath(x_i), i=1,\cdots,m$, 使得 $x=n_1x_1\oplus\cdots\oplus n_mx_m$. 定义映射 $\phi:M_1\to M_2$, 对任意的 $x\in M_1$, $x=n_1x_1\oplus\cdots\oplus n_mx_m$, $\phi(x)=n_1y_1\oplus\cdots\oplus n_my_m$, 这里 $f(\imath(x_i),x_i)=(\imath(y_i),y_i)$, $i=1,\cdots,m$. 对任意的 $x,y\in M_1$, 若 $x\oplus y$ 在 M_1 中存在, 都有 $\phi(x\oplus y)=\phi(x)\oplus\phi(y)$. 又 $\phi(1)=1$. 从而 ϕ 是同态. 易知 ϕ^{-1} 也是同态. 因此 ϕ 是同构. □

注意到, 若将布尔代数 2^n 中的因子 $\{0,1\}$ 依次用 M_{m_i} 替换, 则可得 MV-代数 $M_{m_1}\times\cdots\times M_{m_n}$. 这个过程在同构意义下可通过把 2^n 中的原子区间依次替换为 M_{m_i} 实现. 注意到 $B=\{0,1\}\times\cdots\times\{0,1\}$ 中的原子为 $A(B)=\{a_i\mid a_i=(0,\cdots,1,\cdots,0), i=1,\cdots,n\}$. 将 $B[0,a_1]$ 替换为 M_{m_1} 时, 相应地也要将 $B[c,a_1\oplus c]$ 进行替换, 且替换后同构于 M_{m_1}. 这样一次替换后可得 MV-代数 $M_{m_1}\times\{0,1\}\times\cdots\times\{0,1\}$. 类似替换可得到 $M_{m_1}\times\cdots\times M_{m_n}$. 首先给出下例.

例 3.4.11　设 B 是布尔代数, B 的原子之集是 $V=\{a,b,c\}$, 它的 Hasse 图见图 3.4.1, 它的 Greechie 图见图 3.4.2. 布尔代数 B 同构于 $B[0,c']\times B[0,c]$. 将布尔代数 B 的区间 $B[0,c]$ 换为 $\{0,d,d\oplus d\}$, 相应地也要将 $B[x,c\oplus x]$ 换为同构于 $\{0,d,d\oplus d\}$ 的区间. 令 $M_1=B[0,c']\times\{0,d,d\oplus d\}$, 则 M_1 同构于 MV-代数 M. 这里 $M=\{0,a,d,d\oplus d,d\oplus b,d\oplus a,b,a',d',(d\oplus d)',b',1\}$ 是 MV-代数, 其 Hasse 图见图 3.4.3. 其 Greechie 图见图 3.4.4.

命题 3.4.12　设 B 是 MV-代数. 若 a 是 B 的原子且 $a\wedge a'=0$, 则 $B=B[0,a']\cup B[a,1]$, $B[0,a']\cap B[a,1]=\varnothing$.

证明　设 $x\in B$, 则 $x\wedge a=0$ 或 $x\wedge a=a$. 若 $x\wedge a=a$, 则 $x\in B[a,1]$. 若

$x \wedge a = 0$, 由于 $x = x \wedge 1 = x \wedge (a \vee a') = (x \wedge a) \vee (x \wedge a') = x \wedge a'$, 从而 $x \in B[0, a']$. 因此, $B = B[0, a'] \cup B[a, 1]$. 设 $B[0, a'] \cap B[a, 1] \neq \varnothing$, 则存在 $x \in B[0, a'] \cap B[a, 1]$, 从而 $a \leqslant x \leqslant a', a = a \wedge a' = 0$. 这矛盾于 $a \neq 0$. □

命题 3.4.13 设 $(B; \oplus, 0, 1)$ 是 MV-代数, a 是 B 的原子且 $a \wedge a' = 0$. $M_{m_1} = \left\{0, \dfrac{1}{m_1}, \cdots, \dfrac{m_1 - 1}{m_1}, 1\right\}$ 是线性的 MV-代数, 这里 m_1 是大于 1 的自然数. 令 $M = M_{m_1} \times B[0, a']$. 在 M 上定义部分运算 $\oplus_M : (b, c) \oplus_M (d, e)$ 存在当且仅当 $b \oplus_{M_{m_1}} d$, $c \oplus e$ 存在且 $(b, c) \oplus_M (d, e) = (b \oplus_{M_{m_1}} d, c \oplus e)$, 则 $(M; \oplus_M, (0, 0), (1, a'))$ 是 MV-代数.

注 3.4.14 事实上, 由于 $B = B[0, a'] \cup B[a, 1]$, 存在嵌入映射 $u : B \to M$, 若 $x \in B[0, a']$, 则 $u(x) = (0, x)$; 若 $x \in B[a, 1]$, 则存在唯一的 $a_x \leqslant a'$ 使得 $x = a \oplus a_x$, $u(x) = u(a \oplus a_x) = (1, a_x)$, 因此 B 可看成是 M 的子代数.

由上面的事实可引入如下定义.

定义 3.4.15 命题 3.4.13 中的 M 称为是将 B 中的 $B[0, a]$**同构替换**为 M_{m_1} 得到的, M 也可称为是将 B 中的原子 a**同构替换**为 M_{m_1} 得到的.

注 3.4.16 (i) 由于 B 是同构于 $B[0, a] \times B[0, a']$ 的, 将 $B[0, a] \times B[0, a']$ 的因子 $B[0, a]$ 换为链 MV-代数 M_{m_1} 可得到 $M = M_{m_1} \times B[0, a']$, 从而 $M = M_{m_1} \times B[0, a']$ 是将 B 中的原子 a 同构替换得到的.

(ii) 若 M_1 是将 M_0 中的某个分明原子同构替换得到的, M_2 是将 M_1 中的某个分明的原子同构替换得到的, $\cdots$, M_n 是将 M_{n-1} 中的某个分明的原子同构替换得到的, 则称 M_n 是由 M_0 作 n 次同构替换得到的.

(iii) 将 B 中的 $B[0, a]$ 同构替换为 M_{m_1}, 对任意的 $x \in B$, 若 $x \oplus a$ 存在, 则 $B[x, x \oplus a]$ 也被替换.

引理 3.4.17 设 $f : M_1 \to M_2$ 是 MV-代数间的同构, a 是 M_1 的原子且 $a \wedge a' = 0$, 则将 M_1 原子 a 同构替换为 M_{m_1} 得到的 MV-代数与把 M_2 原子 $f(a)$ 同构替换为 M_{m_1} 得到的 MV-代数同构.

证明 由于 M_1 同构于 $M_1[0, a] \times M_1[0, a']$, 将 M_1 原子 a 同构替换为 M_{m_1} 得到 MV-代数 $M_{m_1} \times M_1[0, a']$. 类似地将 M_2 原子 $f(a)$ 同构替换为 M_{m_1} 得到的 MV-代数 $M_{m_1} \times M_2[0, (f(a))']$. 由于 $f : M_1 \to M_2$ 是同构, 从而 $f : M_1[0, a'] \to M_2[0, (f(a))']$ 是同构, 从而 $M_{m_1} \times M_1[0, a']$ 与 $M_{m_1} \times M_2[0, (f(a))']$ 同构. □

引理 3.4.18 设 MV-代数 $M = M_{m_1} \times \{0, 1\} \times \cdots \times \{0, 1\}$, $M_{m_1} = \left\{0, \dfrac{1}{m_1}, \cdots, \dfrac{m_1 - 1}{m_1}, 1\right\}$, $m_1 \geqslant 2$. M 的分明元之集为 $B = 2^n$. $a = (1, 0, \cdots, 0)$ 是 B 的原子.

若 M_1 是将 B 中的 $B[0,a]$ 同构替换为 M_{m_1} 得到的, 则 $M_1 \cong M$.

证明　易知 a 是 B 的中心元, 则 $B \cong B[0,a] \times B[0,a']$, 将 $B[0,a]$ 换为 M_{m_1}, 则可得 $M_1 = M_{m_1} \times B[0,a']$, 注意到 $B[0,a'] \cong 2^{n-1}$, 则 $M_1 \cong M$. □

定理 3.4.19　设 MV-代数$M = M_{m_1} \times M_{m_2} \times \cdots \times M_{m_n}$, $M_{m_i} = \left\{0, \dfrac{1}{m_i}, \cdots, \dfrac{m_i - 1}{m_i}, 1\right\}$, $m_i \geqslant 2, i = 1, 2, \cdots, n$. M的分明元之集为 $B = 2^n$. 若 M_n 是由 $B = 2^n$ 依次作同构替换得到的, 则 M_n 与 M 同构.

证明　设 $a_0 = (1, \underbrace{0, \cdots, 0}_{n-1个})$, a_0 是 B 的原子. 将 B 中的原子 a_0 同构替换为 M_{m_1}, 则可得 $M_1 = M_{m_1} \times B[0, a_0'] = M_{m_1} \times \{0\} \times \underbrace{\{0,1\} \times \cdots \times \{0,1\}}_{n-1个}$.

把 M_1 的原子 $a_1 = (0,0,1,0,\cdots,0)$ 同构替换为 M_{m_2} 得到的 MV-代数 $M_2 = M_{m_2} \times M_1[0, a_1'] = M_{m_2} \times M_{m_1} \times \{0\} \times \{0\} \times \underbrace{\{0,1\} \times \cdots \times \{0,1\}}_{n-2个}$.

把 M_2 的原子 $a_2 = (0,0,0,0,1,0,\cdots,0)$ 同构替换为 M_{m_3} 得到 MV-代数 $M_3 = M_{m_3} \times M_{m_2} \times M_{m_1}[0, a_1'] = M_{m_3} \times M_{m_2} \times M_{m_1} \times \{0\} \times \{0\} \times \{0\} \times \underbrace{\{0,1\} \times \cdots \times \{0,1\}}_{n-3个}$.

......

经过 n 次同构替换可得 $M_n = M_{m_n} \times M_{m_{n-1}} \times \cdots \times M_{m_1} \times \underbrace{\{0\} \times \cdots \times \{0\}}_{n}$, 显然 M_n 同构于 M. □

注 3.4.20　上述定理中称 M_n 是把 B 的原子依次同构替换得到的.

定理 3.4.21　设 B 是 MV-代数, a, b 是 B 中的原子且 $a \neq b, a \wedge a' = 0$. 若将 $B[0,a]$ 同构替换成 M_{m_1} 后得到 M_a, 则 $u(b)$ 仍然是 M_a 中的原子, 这里 u 的定义如注 3.4.14.

证明　将 $B[0,a]$ 同构替换成 M_{m_1} 后得到 $M_a = M_{m_1} \times B[0,a']$. 映射 $u: B \to M_a$, 的定义如注 3.4.14, 则 u 是嵌入映射, 由于 $b \leqslant a'$, 则 $u(b) = (0, b)$. 显然, $(0, b)$ 是 M_a 中的原子. □

注 3.4.22　由定理 3.4.21 可知, 设 B 是 MV-代数, a 是 B 中的原子且 $a \wedge a' = 0$. 若将 $B[0,a]$ 同构替换成 M_{m_1} 后得到 M_a, 则 B 中的任何不同于 a 的原子经替换后仍然是 M_a 的原子.

定义 3.4.23　设 M 是有限 MV-代数, $\mathcal{H} = (\mathcal{V}, \mathcal{E})$ 是它的 Greechie 图, $(1,a) \in \mathcal{V}$, $\{b\} \cap M = \varnothing$, $\mathcal{E}_1 = \mathcal{V}_1 = (\mathcal{V} - \{(1,a)\}) \cup \{(n,b)\}$, 这里 $n \in N, n \geqslant 1$. 记

$\mathcal{H}_1 = (\mathcal{V}_1, \mathcal{E}_1)$. 称 $\mathcal{H}_1$ 是将 $\mathcal{H}$ 中的顶点 $(1, a)$ **替换为** (n, b) 得到的 Greechie 图.

例 3.4.24 Greechie 图 3.4.4 是将 Greechie 图 3.4.2 中的顶点 $(1, c)$ 替换为 $(2, d)$ 得到的.

由定义 3.4.23 可得如下定理.

定理 3.4.25 设 M 是有限 MV-代数, 则 $S(M) = B$ 是布尔代数. M 的 Greechie 图是 $\mathcal{H}_1 = (\mathcal{V}_1, \mathcal{E}_1)$, 这里 $\mathcal{V}_1 = \{(\imath(x), x) \mid x$ 是 M 的原子$\}$, $\mathcal{E}_1 = \mathcal{V}_1$. $S(M) = B$ 的 Greechie 图是 $\mathcal{H}_2 = (\mathcal{V}_2, \mathcal{E}_2)$, $\mathcal{V}_2 = \{(1, \imath(x)x) \mid (\imath(x), x) \in \mathcal{V}_1\}, \mathcal{E}_2 = \mathcal{V}_2$. 则超图 $\mathcal{H}_1 = (\mathcal{V}_1, \mathcal{E}_1)$ 是将 Greechie 图 $\mathcal{H}_2 = (\mathcal{V}_2, \mathcal{E}_2)$ 中的顶点 $(1, \imath(x)x)$ 依次替换为顶点 $(\imath(x), x)$ 得到的.

定理 3.4.26 设有限 MV-代数 M 的 Greechie 图是 $\mathcal{H}_1 = (\mathcal{V}_1, \mathcal{E}_1)$, 有限 MV-代数 P 的 Greechie 图是 $\mathcal{H}_2 = (\mathcal{V}_2, \mathcal{E}_2)$. 那么, P 是将 M 的分明原子 a 替换为 $M_n = \{0, b, \cdots, nb\}$ 得到的, 当且仅当超图 $\mathcal{H}_2 = (\mathcal{V}_2, \mathcal{E}_2)$ 是将 $\mathcal{H}_1 = (\mathcal{V}_1, \mathcal{E}_1)$ 的顶点 $(1, a)$ 替换为 (n, b) 得到的.

证明 必要性. 不妨设 $\mathcal{V}_1 = \{(1, a), (\imath(a_1), a_1), \cdots, (\imath(a_m), a_m)\}$, 则 M 同构于 MV-代数 $[0, a] \times [0, \imath(a_1)a_1] \times \cdots \times [0, \imath(a_m)a_m]$. 将 M 的原子 a 替换为 $M_n = \{0, b, \cdots, nb\}$ 后得到的 MV 代数同构于 $[0, nb] \times [0, \imath(a_1)a_1] \times \cdots \times [0, \imath(a_m)a_m]$. 从而 P 同构于 $[0, nb] \times [0, \imath(a_1)a_1] \times \cdots \times [0, \imath(a_m)a_m]$. 这样, $\mathcal{V}_2 = \{(n, b), (\imath(a_1), a_1), \cdots, (\imath(a_m), a_m)\}$, $\mathcal{H}_2$ 是将 $\mathcal{H}_1 = (\mathcal{V}_1, \mathcal{E}_1)$ 的顶点 $(1, a)$ 替换为 (n, b) 得到的.

充分性. 由 L 与 P 的 Greechie 图的定义可知 L 与 P 分别同构于 $[0, a] \times [0, \imath(a_1)a_1] \times \cdots \times [0, \imath(a_m)a_m]$ 与 $[0, nb] \times [0, \imath(a_1)a_1] \times \cdots \times [0, \imath(a_m)a_m]$, 因此, P 是将 L 的原子 a 替换为 $M_n = \{0, b, \cdots, nb\}$ 得到的. □

3.5 只含有 1 型原子的格效应代数的黏合

本节主要给出了一族格效应代数黏合为格效应代数的若干条件.

若 $\mathcal{M}$ 是一族格效应代数, 则 $\prod_{M \in \mathcal{M}} M$ 按照坐标定义效应代数的运算仍然是一个格效应代数, 称其为 $\mathcal{M}$ 的乘积.

若 $\mathcal{M}$ 是一族格效应代数, 设任意的 $A, B \in \mathcal{M}$, $A \neq BA \cap B = \{0, 1\}$, 令 $L = \bigcup_{M \in \mathcal{M}} M$. 在 L 中定义部分二元运算 $\oplus$, 任意的 $a, b \in L, a \oplus b$ 存在当且仅当存在 $M \in \mathcal{M}$ 使得 $a \oplus_M b$ 存在且 $a \oplus_M b = a \oplus b$, 这里 $\oplus_M$ 是指 M 中的部分加法运算. 则 $(L; \oplus, 0, 1)$ 是格效应代数, 称其为 $\mathcal{M}$ 的水平和, 也可称其为 $\mathcal{M}$ 的 $\{0, 1\}$ 黏合.

下面更一般地给出效应代数黏合的定义.

定义 3.5.1　设 $\mathcal{M}$ 是一族效应代数. $\mathcal{M}$ 满足如下条件:

(i) 任意的 $A,B\in\mathcal{M}$, $A\neq B, A\not\subseteq B$;

(ii) 任意的 $A,B\in\mathcal{M}$, $A\neq B, A\cap B$ 是 A,B 的子效应代数, 且 $0_A=0_B$, $1_A=1_B$.

令 $L=\bigcup_{M\in\mathcal{M}}M$. 在 L 中定义部分二元运算 $\oplus$, 任意的 $a,b\in L, a\oplus b$ 存在当且仅当存在 $M\in\mathcal{M}$ 使得 $a\oplus_M b$ 存在且 $a\oplus_M b=a\oplus b$, 则称 $(L;\oplus,0,1)$ 为效应代数 $\mathcal{M}$ 的**黏合**.

若任意的 $A\in\mathcal{M}$ 是 MV-代数, 则称 $(L;\oplus,0,1)$ 为 MV-代数 $\mathcal{M}$ 的**黏合**.

注 3.5.2　(i) 对任意的 $A,B\in\mathcal{M}$, $A\cap B$ 是 A,B 的子效应代数. 且 A,B 具有相同的最小元 0 和最大元 1.

(ii) 在 L 中可通过 $\oplus$ 诱导出二元关系 $\leqslant$. 对任意的 $a,b\in L$, $a\leqslant b$, 当且仅当存在 $c\in L$ 使得 $a\oplus c=b$, 当且仅当存在 $M\in\mathcal{M}$ 使得 $a\leqslant_M b$. 易知 $\leqslant$ 满足反身性和反对称性.

(iii) 在 L 中可通过 $\oplus$ 诱导出部分二元关系 $\perp$. 对任意的 $a,b\in L$, $a\perp b$ 当且仅当存在 $M\in\mathcal{M}$ 使得 $a\perp_M b$. 若 $a\perp b$, 则称 a 与 b 正交.

(iv) 在 L 中可通过 $\oplus$ 诱导出一元运算 $'$. 对任意的 $a\in L$, 若 $a\oplus b=1$, 则 $b=a'$. 事实上, 若 $a\oplus_A b=1=a\oplus_B c$, 则 $a\in A\cap B$, 由于 $A\cap B$ 是 A,B 的子效应代数. 从而 $a'^A=a'^B$, 因此, $b=c$.

命题 3.5.3　设 $(L;\oplus,0,1)$ 为 $\mathcal{M}$ 的黏合. 若 $\mathcal{M}$ 满足下面的条件:

(E_0) 对任意的 $a,b,c\in L$, $a\oplus b,(a\oplus b)\oplus c$ 存在时, 存在 $M\in\mathcal{M}$ 使得 $a,b,c\in M$, 则 $(L;\oplus,0,1)$ 是效应代数.

证明　设 $a,b,c\in L$. 当 $a\oplus b$ 存在时, 由 $\oplus$ 的定义可知, $b\oplus a$ 存在且 $a\oplus b=b\oplus a$. 当 $a\oplus b,(a\oplus b)\oplus c$ 存在时, 由假设知存在 $M\in\mathcal{M}$ 使得 $a,b,c\in M$, 从而 $(a\oplus b)\oplus c=(a\oplus_M b)\oplus_M c=a\oplus_M(b\oplus_M c)=a\oplus(b\oplus c)$. 由注 3.5.2 (iv) 可知, 对任意的 $a\in L$, 存在唯一的 $b=a'\in L$ 使得 $a\oplus b=1$. 任意的 $a\in L$, 若 $a\oplus 1$ 存在, 则存在 $M\in\mathcal{M}$ 使得 $a\oplus_M 1$ 存在, 由 M 是效应代数可知 $a=0$. 因此, $(L;\oplus,0,1)$ 是效应代数. □

下面给出较 (E_0) 强的条件.

命题 3.5.4　设 $(L;\oplus,0,1)$ 为 $\mathcal{M}$ 的黏合. 若 $\mathcal{M}$ 满足下面的条件:

(E_1) 对任意的 $A,B\in\mathcal{M}$, 任意的 $a\in A\cap B$, 存在 $C\in\mathcal{M}$ 使得 $A[0,a]\cup B[0,a']\subseteq C$, 则 $(L;\oplus,0,1)$ 是效应代数.

证明 由命题 3.5.3, 只需证 $\mathcal{M}$ 满足 (E_0). 设 $a,b,c\in L$, $a\oplus b,(a\oplus b)\oplus c$ 存在, 则存在 $A,B\in\mathcal{M}$ 使得 $a\oplus b=a\oplus_A b,(a\oplus_A b)\oplus_B c$, 从而 $a\oplus b\in A\cap B$, 由 (E_1), 存在 $C\in\mathcal{M}$ 使得 $A[0,a\oplus b]\cup B[0,(a\oplus b)']\subseteq C$, 因此 $a,b,c\in C$. □

有例子说明 $\mathcal{M}$ 满足 (E_0) 时, 不一定满足 (E_1) [96].

命题 3.5.5 设 $(L;\oplus,0,1)$ 为 $\mathcal{M}$ 的黏合. 若 $\mathcal{M}$ 满足下面的条件:

(E_2) 若 $A,B\in\mathcal{M}$, 则 $A\cap B=I\cup I'$, 这里 I 是 A,B 的理想, $I'=\{i'|i\in I\}$, 则 $(L;\oplus,0,1)$ 是效应代数.

证明 由命题 3.5.4, 只需证明 $\mathcal{M}$ 满足 (E_1). 设 $a\in A\cap B=I\cup I'$, I 是 A,B 的理想. 若 $a\in I$, 则 $A[0,a]=B[0,a]$, $A[0,a]\cup B[0,a']\subseteq B$. 若 $a\in I'$, 则 $A[0,a']=B[0,a']$, $A[0,a]\cup B[0,a']\subseteq A$. 因此 $\mathcal{M}$ 满足 (E_1). □

注 3.5.6 当 $\mathcal{M}$ 满足 (E_1) 时, 不一定满足 (E_2). 设 D 是四元的效应代数 $\{0,a,b,1\}$, 这里 $a\oplus a=b\oplus b=1$, 对任意的 $x\in D,0\oplus x=x$. A 是三元标度效应代数 $\{0,c,1\}$ 与效应代数 D 的水平和, B 是三元标度效应代数 $\{0,e,1\}$ 与效应代数 D 的水平和. 令 $\mathcal{M}=\{A,B\}$, 则 $\mathcal{M}$ 满足 (E_1) 但不满足 (E_2).

命题 3.5.7 设 $(L;\oplus,0,1)$ 为 $\mathcal{M}$ 的黏合. 若 $\mathcal{M}$ 满足下面的条件:

(E_3) 存在 $M\in\mathcal{M}$, 对任意的 $A,B\in\mathcal{M}$ 使得对任意的 $a\in A\cap B$, $A[0,a]\cup B[0,a']\subseteq M$,
则 $(L;\oplus,0,1)$ 是效应代数.

证明 显然, $\mathcal{M}$ 满足 (E_3) 时一定满足 (E_1). □

注 3.5.8 当 $\mathcal{M}$ 满足 (E_2) 时, 不一定满足 (E_3). 反例参见例 3.5.26 (iii). 由注 3.5.6 可知 $\mathcal{M}$ 满足 (E_3) 时, 不一定满足 (E_2).

下面定理给出了一族格效应代数黏合成格效应代数的一个充分条件.

定理 3.5.9 设 $(L;\oplus,0,1)$ 为 $\mathcal{M}$ 的黏合且 $\mathcal{M}$ 中的所有元都是格效应代数. 若 $\mathcal{M}$ 满足下面的条件:

(E_4) 存在 $M\in\mathcal{M}$, 对任意的 $A,B\in\mathcal{M}$ 使得 $A\cap B=I\cup I'\subseteq M$, I 是 A,B,M 的主理想, 则 $(L;\oplus,0,1)$ 是格效应代数.

证明 由于 $\mathcal{M}$ 满足 (E_2), $(L;\oplus,0,1)$ 是效应代数. 下证 $(L;\oplus,0,1)$ 是格序的. 设 $a,b\in L$. 分以下几种情况讨论.

(i) 当 $a,b\in M$ 时, $a\bigvee_M b=a\bigvee_L b$. 对任意的 $c\in L,a,b\leqslant c$. 下证存在 $x\in M,x\leqslant c$. 由 $a,b\leqslant c$ 可知, 存在 $A,B\in\mathcal{M}$ 使得 $a\leqslant_A c,b\leqslant_B c$. 当 $A\neq B$ 时, $c\in A\cap B\subseteq M$, 取 $x=c$. 当 $A=B$ 时, $a,b\in A\cap M=I\cup I'=[0,m]\cup[m',1]$. 当 $a,b\in[0,m]$ 时, 取 $x=c\bigwedge_A m\in M$, $a,b\leqslant_A c\bigwedge_A m\leqslant_A c$. 当 a,b 至少一个不在

$[0,m]$ 中时, 不妨设 $a \in [m',1]$, 则由 $a \leqslant_A c$ 知 $c \in M$, 取 $x = c$.

(ii) a,b 中只有一个在 M 中. 不妨设 $a \in M$, 存在 $A,B \in \mathcal{M}$ 使得 $a \in A, b \in B$, $B \cap M = [0,m_B] \cup [m'_B,1]$. 若 $A \neq B$, 则 a,b 的上界必在 M 中. 由于 $b \notin M$, 则 b 在 M 中的上界必在 $M[b \bigvee_B m'_B, 1]$ 中, 从而 $a \bigvee_L b = a \bigvee_M (b \bigvee_B m'_B)$. 若 $A = B$, 则 $a,b \in B$. 此时, a,b 的上界必在 B 中. 从而 $a \bigvee_L b = a \bigvee_B b$.

(iii) $\{a,b\} \cap M = \varnothing$. 设 $a \in A, b \in B$, $A \cap M = [0,m_A] \cup [m'_A,1]$, $B \cap M = [0,m_B] \cup [m'_B,1]$. 此时, a,b 的上界必在 M 中. 由于 $a,b \notin M$, a 在 M 中的上界必在 $M[a \bigvee_A m'_A, 1]$ 中, b 在 M 中的上界必在 $M[b \bigvee_B m'_B, 1]$ 中. 从而 $a \bigvee_L b = (a \bigvee_A m'_A) \bigvee_M (b \bigvee_B m'_B)$. □

命题 3.5.10 设 $(M;+,',0,1)$ 为 MV-代数. 在 M 中引入部分加法运算 $\oplus$, $a \oplus b = a + b$ 当且仅当 $a \leqslant b'$. 则 $(M;\oplus,0,1)$ 是格效应代数.

命题 3.5.11 若 $(M;+,',0,1)$ 为 MV-代数, 则效应代数 $(M;\oplus,0,1)$ 中的主要元之集 $P(M)$ 和分明元之集 $S(M)$ 是相同的, 即 $P(M) = S(M)$.

证明 只需证明 $P(M) \supseteq S(M)$. 设 $a \in S(M), x,y \leqslant a, x \leqslant y'$, 则 $a + a = a, x \oplus y = x + y$. 又由 $x \oplus y \leqslant a + a$ 有 $x \oplus y \leqslant a$, $a \in P(M)$. □

命题 3.5.12[2, 24] 设 $(M;+,',0,1)$ 为 MV-代数, 分明元之集 $S(M)$ 是 M 的布尔子代数.

定理 3.5.13 若 L 是格效应代数, 则 L 中的主要元之集 $P(L)$ 和分明元之集 $S(L)$ 是相同的, 即 $P(L) = S(L)$.

证明 只需证明 $P(L) \supseteq S(L)$. 设 $a \in S(L), x,y \in L, x \leqslant y', x,y \leqslant a$. 则存在 L 的块 A 使得 $x,y,a \in A$, 由 L 是格序的知块 A 是 L 的 MV 子代数. 由命题 3.5.11 可得 $a \in S(A) = P(A)$, 则 $x \oplus y \leqslant a, a \in P(L)$. □

注 3.5.14 一般地, 在效应代数中有 $P(L) \subset S(L)$ 成立.

推论 3.5.15 若 $(L;\oplus,0,1)$ 是格效应代数, 则 $(P(L);\oplus,0,1)$ 是 L 的子代数, 且 $(P(L);\oplus,0,1)$ 是正交模格.

由定理 3.5.13 易知下面的命题成立.

定理 3.5.16 设 M 是格效应代数, a 是格效应代数 L 的原子且 $a \wedge a' = 0$, 则 a' 是 L 的主要元. 在 $L^* = L[0,a'] \times M$ 上定义部分加法运算 $\oplus : (b,c),(d,e) \in L^*$, $(b,c) \oplus (d,e)$ 存在当且仅当 $b \oplus_L d, c \oplus_M e$ 存在且 $(b,c) \oplus (d,e) = (b \oplus_L d, c \oplus_M e)$. 则 $(L^*;\oplus,(0,0),(a',1))$ 是格效应代数.

注 3.5.17 由于 $S(L) = P(L)$, 则易知 $L[0,a'] \cup L[a,1]$ 是格效应代数. 基于定

理 3.5.16, 可定义嵌入映射 $u: L[0,a'] \cup L[a,1] \to L^*$,

$$u(x) := \begin{cases} (x,0), & x \in L[0,a'], \\ (a_x,1), & x \in L[a,1] \text{ 且 } x = a \oplus a_x. \end{cases}$$

基于这个映射可定义 $L \cup L^*$ 上的二元关系 $\equiv$ 如下: 对任意 $x, y \in L \cup L^*$, $x \equiv y$ 当且仅当 $x = y$, 或 $u(x) = y$, 或 $u(y) = x$. 由于 u 是嵌入映射, 容易验证 $\equiv$ 是 $L \cup L^*$ 上的等价关系. 设 U 是等价类之集 $(L \cup L^*)/\equiv$. 则对任意 $x/\equiv \in U$, 有以下四种情况: ① 若 $x \in L - (L[0,a'] \cup L[a,1])$, 则 $x/\equiv = \{x\}$; ② 若 $x \in L^* - u(L[0,a'] \cup L[a,1])$, 则 $x/\equiv = \{x\}$; ③ 若 $x \in L[0,a'] \cup L[a,1]$, 则 $x/\equiv = \{x, u(x)\}$; ④ 若 $x \in u(L[0,a'] \cup L[a,1])$, 则 $x/\equiv = \{x, u^{-1}(x)\}$. 定义 U 上部分运算 $\oplus$ 如下: 对任给的 $x/\equiv, y/\equiv \in U$,

$$(x/\equiv) \oplus (y/\equiv) := \begin{cases} (x \oplus_L y)/\equiv, & x, y \in L \text{ 且 } x \oplus_L y \in L, \\ (x \oplus_{L^*} y)/\equiv, & x, y \in L^* \text{ 且 } x \oplus_{L^*} y \in L^*, \\ (x \oplus_L z)/\equiv, & x \in L, z = u^{-1}(y) \in L[0,a'] \cup L[a,1] \text{ 且 } x \oplus_L z \in L. \end{cases}$$

定理 3.5.18 设 M 与 L 是格效应代数, a 是格效应代数 L 的原子且 $a \wedge a' = 0$. 令 $U = (L \cup L^*)/\equiv$, 这里 $L^* = L[0,a'] \times M$. 则代数系统 $(U; \oplus, 0, 1))$ 是格效应代数.

证明 令 $L/\equiv$ 与 $L^*/\equiv$ 分别表示 $\{x/\equiv \mid x \in L\}$ 与 $\{x/\equiv \mid x \in L^*\}$. 则 $L/\equiv$ 与 $L^*/\equiv$ 分别同构于格效应代数 L 与 L^*. 注意到 $(L/\equiv) \cap (L^*/\equiv) = (L[0,a'] \cup L[a,1])/\equiv$ 是格效应代数, 从而 $L/\equiv$ 与 $L^*/\equiv$ 满足定理 3.5.9 中条件 (E_4). 这样 U 是格效应代数. □

定义 3.5.19 称定理 3.5.18 中的格效应代数 $(U; \oplus, 0, 1)$ 是将 L 中的 $L[0,a]$ **同构替换**为格效应代数 M 得到的, 也可称 $(U; \oplus, 0, 1)$ 是将 L 中的原子 a **同构替换**为格效应代数 M 得到的.

注 3.5.20 设 M 是格效应代数, a 是格效应代数 L 的原子且 $a \wedge a' = 0$. 令 $U = (L \cup (L[0,a'] \times M))/\equiv$ 是将 L 中的原子 a 同构替换为格效应代数 M 得到的. 设 L 的块之集为 $\mathcal{B}$, $\mathcal{B}_{11} = \{B \mid a \in B, B \in \mathcal{B}\}$, $\mathcal{B}_{12} = \{B \mid B \notin \mathcal{B}_{11}, B \in \mathcal{B}\}$, $\mathcal{B}_{21} = \{B \mid (B \cap L[0,a']) \times M, B \in \mathcal{B}_{11}\}$, 则 U 的块之集为 $\mathcal{B}_{21} \cup \mathcal{B}_{12}$. 又注意到, 对任意的 $B \in \mathcal{B}_{11}$, 将 B 的分明原子 a 替换为 M 得到 $B[0,a'] \times M \in \mathcal{B}_{21}$. 反之, $\mathcal{B}_{21}$ 中任意的元素 $(B \cap L[0,a']) \times M$ 都可看成是将 $\mathcal{B}_{11}$ 中的元素 B 的分明原子 a 替换为 M 得到的.

例 3.5.21 若 L 是图 3.5.1 所示的格效应代数 (正交模格), $M = \{0, c, c \oplus c\}$ 是

标度效应代数. 将 L 中的 $L[0,c]$ 同构替换为格效应代数 M 得到 $U=(L\cup(L[0,c']\times M))/\equiv$. 设 L_1 是图 3.5.2 所示的格效应代数, 则 L_1 与 U 同构.

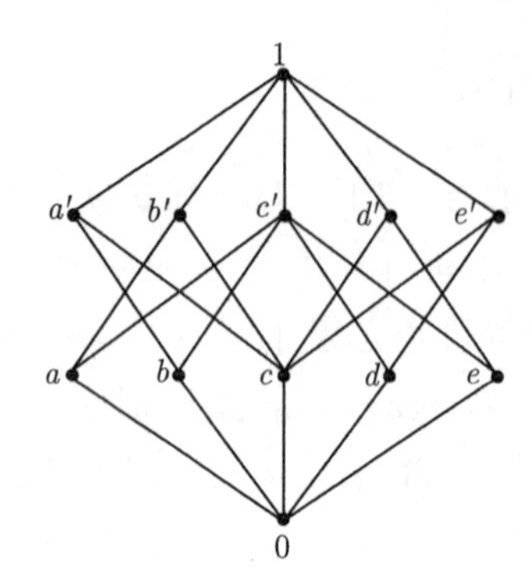

图 3.5.1　格效应代数 L

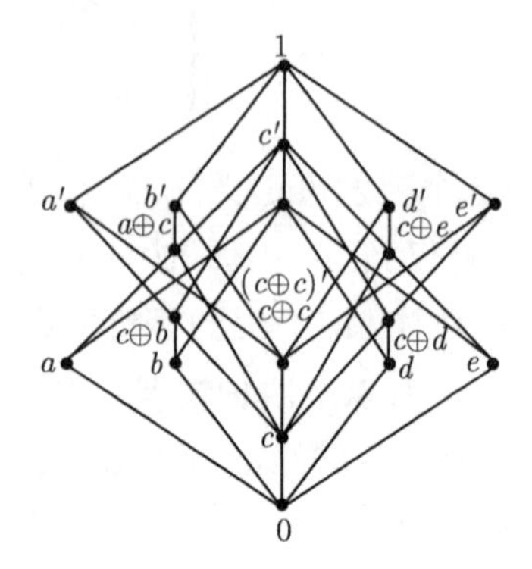

图 3.5.2　格效应代数 L_1

例 3.5.22　设 $M_1=\{0,1\}\times\left\{0,\dfrac{1}{2},1\right\}$, $M_2=\{0,1\}\times\left\{0,\dfrac{1}{3},\dfrac{2}{3},1\right\}$, $M_1\cap M_2=I\cup I'$, 这里 $I=M_1[(0,0),(1,0)]=M_2[(0,0),(1,0)]$, 从而按照定义 3.5.1 中的做法 $L=M_1\cup M_2$ 是格效应代数. 记 $0=(0,0),g=\left(0,\dfrac{1}{2}\right),h=(0,1),a=(1,0),d=\left(1,\dfrac{1}{2}\right)$, $b=\left(1,\dfrac{1}{3}\right),c=\left(1,\dfrac{2}{3}\right),e=\left(0,\dfrac{1}{3}\right),f=\left(0,\dfrac{2}{3}\right),1=(1,1)$, 其 Hasse 图见图 3.5.3. 虽然 M_1,M_2 是 L 中不同的块, 但 $S(M_1)=S(M_2)=\{(0,0),(0,1),(1,0),(1,1)\}$. 由上例可知在有限的格效应代数 L 中不同的块可以有相同的分明元集.

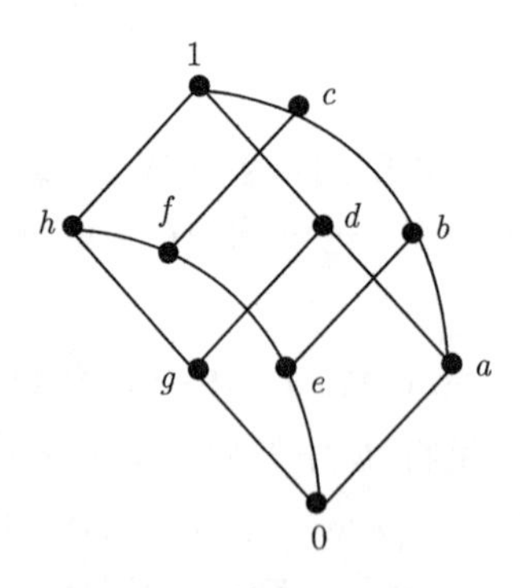

图 3.5.3　格效应代数 L

定义 3.5.23　设 L 是有限效应代数. 称原子 a 是**1 型的**, 若对任意的 $0<m\leqslant \imath(a)$, $L[0,ma]=\{0,a,\cdots,(m-1)a,ma\}$. 否则, 称原子 a 是**2 型的**.

引理 3.5.24　设 L 是只含有 1 型原子的有限格效应代数. 则 L 中不同的块

有不同的分明元集.

证明 设 M_1, M_2 是 L 的两个不同的块. 假设 $S(M_1) = S(M_2)$. 对任意的 M_1 的原子 x, 有 $\imath(x)x$ 是 $S(M_1)$ 的原子. 由 $S(M_1) = S(M_2)$, 存在 M_2 的原子 y 使得 $a = \imath(x)x = \imath(y)y$, 由于 L 是只含有 1 型原子的, 从而 $x = y$. 这样 M_1 的原子必是 M_2 的原子且它们具有相同的迷向指数, 从而 $M_1 = M_2$, 这与 M_1, M_2 是 L 的两个不同的块相矛盾. □

定义 3.5.25 设 L 是只含有 1 型原子的有限格效应代数. 称 $\mathcal{H} = (\mathcal{V}, \mathcal{E})$ 是 L 的**Greechie 图**, 这里 $\mathcal{V} = \{(\imath(x), x) | x$ 是 L 的原子 $\}$, $\mathcal{E} = \{E \subset \mathcal{V} |$ 存在 L 的块 M 使得 E 是 M 的 Greechie 图的顶点 $\}$.

例 3.5.26 (i) 设 L_1 是图 3.5.3 所表示的有限格效应代数. 它的 Greechie 图是图 3.5.4.

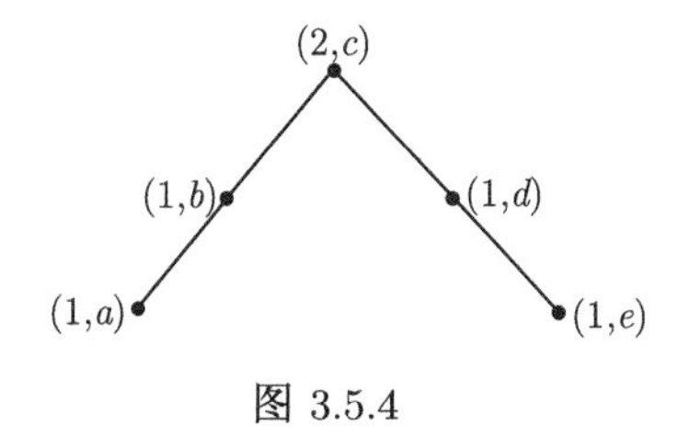

图 3.5.4

(ii) 由环引理可知超图 3.5.5 和超图 3.5.6 表示有限格效应代数, 但是它们所表示的格效应代数是没有态的. Riečanová 在文献 [102], [105] 中研究了效应代数的态的存在性. 这里利用环引理给出了不同于文献 [102] 中的格效应代数.

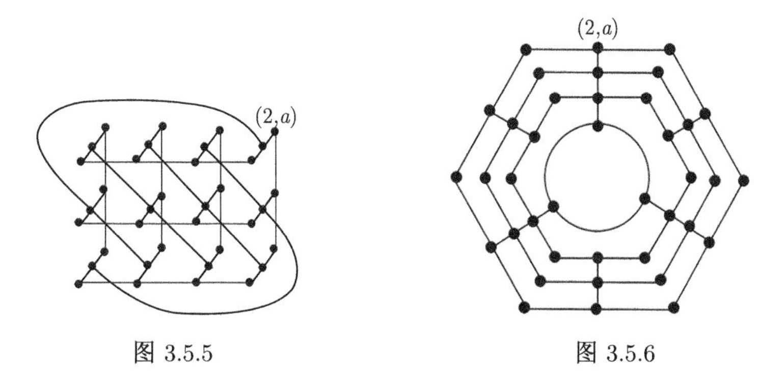

图 3.5.5　　图 3.5.6

(iii) 由定理 3.3.4 及环引理可知超图 3.5.7 和超图 3.5.8 表示的效应代数不是格序的.

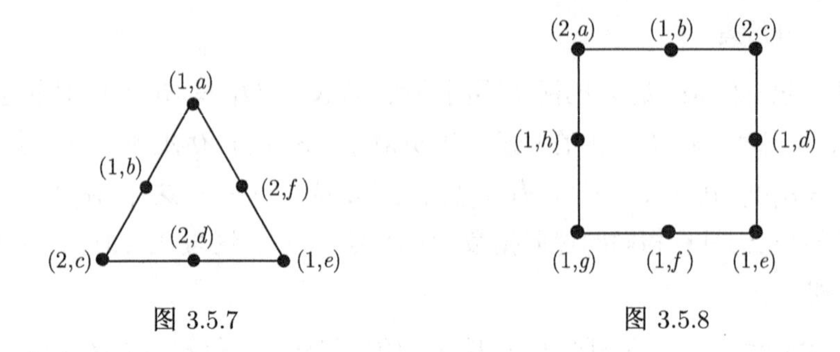

图 3.5.7　　图 3.5.8

定义 3.5.27　设 L_1, L_2 是只含有 1 型原子的有限格效应代数. $\mathcal{H}_1=(\mathcal{V}_1, \mathcal{E}_1)$, $\mathcal{H}_2=(\mathcal{V}_2, \mathcal{E}_2)$ 分别是它们的 Greechie 图. 若存在一一映射 $f:\mathcal{V}_1\to\mathcal{V}_2$ 和 $g:\mathcal{E}_1\to\mathcal{E}_2$ 使得

(i) 对任意的 $(\imath(x), x)\in\mathcal{V}_1$, 当 $f((\imath(x), x))=(\imath(y), y)$ 时, 都有 $\imath(x)=\imath(y)$;

(ii) 对任意的 $E_1\in\mathcal{E}_1$, $g(E_1)=\{f((\imath(x), x)) \mid (\imath(x), x)\in E_1\}$,

则称 (f,g) 是 $\mathcal{H}_1$ 与 $\mathcal{H}_2$ 之间的**同构**. 若存在 $\mathcal{H}_1$ 与 $\mathcal{H}_2$ 之间的同构, 则称 $\mathcal{H}_1$ 与 $\mathcal{H}_2$ 是**同构的**.

引理 3.5.28[112]　设 L_1, L_2 是完备的原子的格效应代数, 则下面两条等价.

(i) 存在同构态射 $\phi: L_1\to L_2$ 使得

(1) 对任意的 $a\in A(L_1)$, $0<k\leqslant\imath(a)$, $\phi(ka)=k\phi(a)$;

(2) 对任意的 $x\in L_1$, $\phi(x)=\phi(\vee(n_a a))=\vee\phi(n_a a)$, 这里 $a\in A(L_1), n_a$ 是使得 $n_a a\leqslant x$ 的最大的自然数.

(ii) 存在一一映射 $\omega: A(L_1)\to A(L_2)$ 使得对任意的 $a,b\in A(L_1)$, $\imath(a)=\imath(\omega(a))$, $a\leftrightarrow b$ 当且仅当 $\omega(a)\leftrightarrow\omega(b)$.

定理 3.5.29　设 L_1, L_2 是只含有 1 型原子的有限格效应代数, $\mathcal{H}_1=(\mathcal{V}_1, \mathcal{E}_1)$, $\mathcal{H}_2=(\mathcal{V}_2, \mathcal{E}_2)$ 分别是它们的 Greechie 图. 则下面两条等价:

(i) 存在同构态射 $\phi: L_1\to L_2$;

(ii) 存在 $\mathcal{H}_1=(\mathcal{V}_1, \mathcal{E}_1)$, $\mathcal{H}_2=(\mathcal{V}_2, \mathcal{E}_2)$ 间的同构 (f,g).

证明　(i)⇒(ii). 设 L_1 与 L_2 同构且 $\phi: L_1\to L_2$ 是同构态射. 定义 $f:\mathcal{V}_1\to\mathcal{V}_2$, $g:\mathcal{E}_1\to\mathcal{E}_2$. 对任意的 $(\imath(x), x)\in\mathcal{V}_1$, $f(\imath(x), x)=(\imath(y), y)$ 当且仅当 $\phi(x)=\phi(y)$. 对任意的 $E_1\in\mathcal{E}_1$, $g(E_1)=\{f((\imath(x), x))|(\imath(x), x)\in E_1\}$.

由于 L_1, L_2 只含有 1 型原子, 则 $\imath(x)x=\imath(y)y$, 当且仅当 $x=y$, 当且仅当 $\phi(x)=\phi(y)$, 当且仅当 $f(\imath(x), x)=f(\imath(y), y)$. 从而 f 是 $\mathcal{V}_1$ 与 $\mathcal{V}_2$ 之间的一一映射. 对 L_1 中任意的块 B_1, 存在唯一的 $E_1=\{(\imath(x), x) \mid x\in A(B_1)\}\in\mathcal{E}_1$ 与 L_2 中的块

$B_2=\phi(B_1)$ 与之对应, 令 $E_2=\{f(\imath(x),x)|(\imath(x),x)\in E_1\}$, 则 $A(B_2)=\{y|(\imath(y),y)\in E_2\}$ 且 $g(E_1)=E_2\in\mathcal{E}_2$. 由 E_1 和 B_2 的唯一性可知 g 是定义合理的. 由于 ϕ,f 是一一映射, 从而 g 是一一映射.

(ii) $\Rightarrow$(i). 设 (f,g) 是 $\mathcal{H}_1$ 与 $\mathcal{H}_2$ 之间的同构. 定义 $A(L_1)$ 与 $A(L_2)$ 之间的映射 $\omega:A(L_1)\to A(L_2)$, 对任意的 $x\in A(L_1)$, $\omega(x)=y$ 当且仅当 $f(\imath(x),x)=(\imath(y),y)$, 则 $\imath(x)=\imath(\omega(x))$. 对任意的 $a,b\in A(L_1),a\leftrightarrow b$, 则存在 $E_1\in\mathcal{E}_1$, 使得 $(\imath(a),a),(\imath(b),b)\in E_1$, 则存在 $E_2\in\mathcal{E}_2$ 使得 $E_2=g(E_1)$, 则 $(\imath(\omega(a)),\omega(a))$, $(\imath(\omega(b)),\omega(b))\in E_2$, 因此, $\omega(a)\leftrightarrow\omega(b)$. 类似可以证明当 $\omega(a)\leftrightarrow\omega(b)$ 时有 $a\leftrightarrow b$. 由引理 3.5.28 可知, 存在 L_1 与 L_2 之间的同构 $\phi:L_1\to L_2$. □

定理 3.5.30 设 L 是格效应代数, a,b 是 L 的原子且 $a\wedge a'=0,a\neq b$. 令 U 是将 L 中的原子 a 替换成格效应代数 M 后得到的格效应代数. 则 b 经替换后仍然是 U 的原子.

证明 若 $b\in L[0,a']$, 则 $u(b)=(b,0)$. 若存在 $x\in U$ 使得 $x\leqslant(b,0)$, 则存在 $x_1\in L,x_2\in M$ 使得 $x_1\leqslant b,x_2\leqslant 0$. 从而 $x_1=b,x_2=0$. 则 $(b,0)$ 是 U 的原子. 若 $b\in L[a,1]$, 则 $b=a$, 这与假设矛盾. 若 $b\notin L[0,a']\cup L[a,1]$, 且存在 $x\in U$ 使得 $x\leqslant b$, 则 $x\in L$, 由于 b 是 L 的原子, $x=b$ 或 $x=0$. □

定义 3.5.31 设 $\mathcal{H}_1=(\mathcal{V}_1,\mathcal{E}_1)$ 是效应代数 L 的 Greechie 图且存在 $a\in A(L)$ 使得 $(1,a)\in\mathcal{V}_1$. 称超图 $\mathcal{H}_2=(\mathcal{V}_2,\mathcal{E}_2)$ 是将 $\mathcal{H}_1$ 的顶点 $(1,a)$**替换**为 (n,b) 得到的, 若 $\mathcal{H}_2$ 满足如下条件:

(i) $\mathcal{V}_2=(\mathcal{V}_1-\{(1,a)\})\cup\{(n,b)\}$, 这里 $b\notin A(L)$, n 是自然数且 $n\geqslant 1$;

(ii) $\mathcal{E}_2=\mathcal{E}_{21}\cup\mathcal{E}_{12}$, 这里, $\mathcal{E}_{21}=\{E_1\mid E_1=(E-\{(1,a)\})\cup\{(n,b)\},E\in\mathcal{E}_{11}\}$, $\mathcal{E}_{12}=\mathcal{E}_1-\mathcal{E}_{11}$, $\mathcal{E}_{11}=\{E\mid(1,a)\in E,E\in\mathcal{E}_1\}$.

定理 3.5.32 设格效应代数 L 的 Greechie 图是 $\mathcal{H}_1=(\mathcal{V}_1,\mathcal{E}_1)$, 格效应代数 P 的 Greechie 图是 $\mathcal{H}_2=(\mathcal{V}_2,\mathcal{E}_2)$. 那么, P 是将 L 的原子 a 替换为 $M=\{0,b,\cdots,nb\}$ 得到的当且仅当超图 $\mathcal{H}_2=(\mathcal{V}_2,\mathcal{E}_2)$ 是将 $\mathcal{H}_1=(\mathcal{V}_1,\mathcal{E}_1)$ 的顶点 $(1,a)$ 替换为 (n,b) 得到的.

证明 必要性. 设 L 的块之集为 $\mathcal{B}$, $\mathcal{B}_{11}=\{B|a\in B,B\in\mathcal{B}\}$, $\mathcal{B}_{12}=\{B\mid B\notin\mathcal{B}_{11},B\in\mathcal{B}\}$, $\mathcal{B}_{21}=\{(B\cap L[0,a'])\times M\mid B\in\mathcal{B}_{11}\}$, 则 P 的块之集为 $\mathcal{B}_{21}\cup\mathcal{B}_{12}$. 又注意到, 对任意的 $B\in\mathcal{B}_{11}$, 将 B 的原子 a 替换为 M 得到 $B[0,a']\times M\in\mathcal{B}_{21}$. 反之, $\mathcal{B}_{21}$ 中任意的元素 $(B\cap L[0,a'])\times M$ 都可看成是将 $\mathcal{B}_{11}$ 中的元素 B 的原子 a 替换为 M 得到的. 从而 $\mathcal{H}_2=(\mathcal{V}_2,\mathcal{E}_2)$ 是 P 的 Greechie 图.

充分性. 设 L 的块之集为 $\mathcal{B}$, $\mathcal{B}_{11}=\{B\mid a\in B, B\in\mathcal{B}\}$, $\mathcal{B}_{12}=\{B\mid B\notin\mathcal{B}_{11}, B\in\mathcal{B}\}$, 则 $\mathcal{B}=\mathcal{B}_{11}\cup\mathcal{B}_{12}$. 相应地记 $\mathcal{E}_{11}=\{E\mid E$ 是 B 的 Greechie 图的边, $B\in\mathcal{B}_{11}\}$, $\mathcal{E}_{12}=\{E\mid E$ 是 B 的 Greechie 图的边, $B\in\mathcal{B}_{12}\}$. 而 $\mathcal{V}_2=(\mathcal{V}_1-\{(1,a)\})\cup\{(n,b)\}$, $\mathcal{E}_2=\mathcal{E}_{12}\cup\mathcal{E}_{21}$, 这里 $\mathcal{E}_{21}=\{E_1\mid E_1=(E-\{(1,a)\})\cup\{(n,b)\}, E\in\mathcal{E}_{11}\}$, 由必要性可知若 L_1 是将 L 中的原子 a 替换为 $M=\{0,b,\cdots,nb\}$ 得到的, 则超图 $\mathcal{H}_2=(\mathcal{V}_2,\mathcal{E}_2)$ 是 L_1 的 Greechie 图, 这样 L_1 与 P 具有相同的 Greechie 图, 从而 $L_1=P$. □

注 3.5.33 由定义 3.5.31 及定理 3.5.32 可知对效应代数 L 的 Greechie 图中的顶点 $(1,a)$ 替换为 (n,b) 等价于将效应代数 L 的原子 a 替换为 $M=\{0,b,\cdots,nb\}$.

定理 3.5.34 设 L 是有限的格效应代数. 若 L 只含有 1 型原子, 则 L 可以通过将正交模格 L 的原子依次替换得到.

证明 设 $S(L)$ 的 Greechie 图是 $\mathcal{H}_0=(\mathcal{V}_0,\mathcal{E}_0)$, 这里 $\mathcal{V}_0=\{(1,\imath(x)x)\mid x\in A(L)\}$, $\mathcal{E}_0=\{E\mid$ 存在 $S(L)$ 的块 B 使得 E 是块 B 的 Greechie 图的边 $\}$. 由于 L 只含有 1 型原子, 则对任意的原子 $a,b\in A(L)$, $\imath(a)a=\imath(b)b$ 当且仅当 $a=b$. 依次将 Greechie 图 $\mathcal{H}_0=(\mathcal{V}_0,\mathcal{E}_0)$ 的顶点 $(1,\imath(x)x)$ 替换为 $(\imath(x),x)$ 可得到超图 $\mathcal{H}_1=(\mathcal{V}_1,\mathcal{E}_1)$, 这里 $\mathcal{V}_1=\{(\imath(x),x)\mid x\in A(L)\}$, $\mathcal{E}_1=\{E\mid$ 存在 $S(L)$ 的块 B 使得 E 是块 B 的 Greechie 图的边 $\}$. 由定理 3.5.32 可知, 它是 L 的 Greechie 图. □

定理 3.5.35 设 L 是一族 MV-代数 $\mathcal{M}$ 的黏合且 L 是有限集. 若 $\mathcal{M}$ 满足: 对任意的 $M_1,M_2\in\mathcal{M}$, 对任意的 $a,b\in A(M_1)\cup A(M_2)$, 对任意的 $0<m\leqslant\imath(b)$, 当 $a\leqslant mb$ 时, 有 $a=b$. 则下面两条成立.

(i) 设 $L_0=\cup\{S(M)\mid M\in\mathcal{M}\}$, 则 L_0 是布尔代数族 $\{S(M)|M\in\mathcal{M}\}$ 的黏合.

(ii) 当 L_0 是正交模格时, L 是格效应代数.

证明 (i) 设 $B_1,B_2\in\{S(M)\mid M\in\mathcal{M}\}$, 则存在 $M_1,M_2\in\mathcal{M}$ 使得 $B_1=S(M_1)$, $B_2=S(M_2)$, 由于 $M_1\neq M_2$, 则 $B_1\neq B_2$. 否则, 由 $B_1=B_2$ 可知 $A(B_1)=A(B_2)$, 又 L 只含有 1 型原子, 从而 $A(M_1)=A(M_2)$, 这样 $M_1=M_2$, 矛盾于假设 L 是一簇 MV-代数 $\mathcal{M}$ 的黏合. 由于 $B_1\cap B_2=S(M_1)\cap S(M_2)$, 而 $M_1\cap M_2$ 是 M_1,M_2 的子代数, 则 $B_1\cap B_2$ 是 B_1,B_2 的子代数. 其次, 若 $B_1\subseteq B_2$, 则 $M_1\subseteq M_2$. 从而, L_0 是布尔代数族 $\{S(M)|M\in\mathcal{M}\}$ 的黏合.

(ii) 设 L_0 的 Greechie 图是 $\mathcal{H}_0=(\mathcal{V}_0,\mathcal{E}_0)$, 这里 $\mathcal{V}_0=\{(1,\imath(x)x)\mid x\in A(L)\}$, $\mathcal{E}_0=\{E\mid$ 存在 L_0 的块 B 使得 E 是块 B 的 Greechie 图的边 $\}$. 由于 L 只含有 1 型原子, 则对任意的原子 $a,b\in A(L)$, $\imath(a)a=\imath(b)b$ 当且仅当 $a=b$. 依次将 Greechie

图 $\mathcal{H}_0 = (\mathcal{V}_0, \mathcal{E}_0)$ 的顶点 $(1, \imath(x)x)$ 替换为 $(\imath(x), x)$ 可得到超图 $\mathcal{H}_1 = (\mathcal{V}_1, \mathcal{E}_1)$, 这里 $\mathcal{V}_1 = \{(\imath(x), x) \mid x \in A(L)\}$, 设 $E_B = \{(\imath(x), x) \mid (1, \imath(x)x)$ 是 L_0 的块 B 的 Greechie 图的顶点中的元素 $\}$, 即 E_B 是将 B 的 Greechie 图中的顶点中的元素 $(1, \imath(x)x)$ 替换成 $(\imath(x), x)$ 得到的 Greechie 图的边, $\mathcal{E}_1 = \{E_B \mid B$ 是 L_0 的块 $\}$. 由超图 $\mathcal{H}_1 = (\mathcal{V}_1, \mathcal{E}_1)$ 的定义可知, $\mathcal{H}_1 = (\mathcal{V}_1, \mathcal{E}_1)$ 是 L 的 Greechie 图. 这样 L 是将正交模格 L_0 的原子依次替换得到的, 由定理 3.5.32 可知 L 是格序的. □

3.6 有限格效应代数的黏合

定理 3.5.35 给出了只含有 1 型原子的格效应代数的黏合方法, 下面继续讨论一般格效应代数的黏合方法. 首先给出 MV-效应代数黏合的 Greechie 图的定义, 下面的定义 3.6.1 是定义 3.5.25 的推广.

设 L 是一族有限 MV-代数 $\mathcal{M}$ 的黏合, $V(L) = \bigcup_{M \in \mathcal{M}} V(M)$, 这里 $V(M)$ 是 MV-代数 M 的 Greechie 图中的顶点之集. 定义 $V(L)$ 上的二元关系 $\equiv$ 如下: 任给 $(\imath(a), a), (\imath(b), b) \in V(L)$, $(\imath(a), a) \equiv (\imath(b), b)$ 当且仅当 $\imath(a)a = \imath(b)b$. 容易验证二元关系 $\equiv$ 是 $V(L)$ 上的等价关系, 下面用 $\mathcal{V}$ 来表示等价类 $V(L)/\equiv$.

定义 3.6.1 设 L 是一族有限 MV-代数 $\mathcal{M}$ 的黏合. 称超图 $\mathcal{H} = (\mathcal{V}, \mathcal{E})$ 是黏合 L 的**Greechie 图**, 这里 $\mathcal{V} = V(L)/\equiv$ 且 $\mathcal{E} = \{\mathcal{E}_M \mid \mathcal{E}_M = \{(\imath(a), a) \mid (\imath(a), a) \in E(M), E(M)$ 是 M 的边 $\}, M \in \mathcal{M}\}$.

若 $(\imath(a), a) \in V(L)$, $(\imath(a), a)/\equiv = \{(\imath(a), a)\}$, 则常用 $(\imath(a), a)$ 代替 $\{(\imath(a), a)\}$ 表示 $(\mathcal{V}, \mathcal{E})$ 的顶点.

例 3.6.2 钻石效应代数 D 的 Hasse 图为图 3.6.1, 其 Greechie 图是超图 $(\mathcal{V}, \mathcal{E})$, 这里 $\mathcal{V} = \{\{(2, x), (2, y)\}\}$, $\mathcal{E} = \{E_1, E_2\}$, $E_1 = \{(2, x)\}$, $E_2 = \{(2, y)\}$.

例 3.6.3 设格效应代数 L 的 Hasse 图为图 3.6.2, 其 Greechie 图为 $(\mathcal{V}, \mathcal{E})$, 这里 $V(L) = \{(1, a), (1, b), (2, x), (2, y)\}$, $\mathcal{V} = \{\{(1, a)\}, \{(1, b)\}, \{(2, x), (2, y)\}\}$, $\mathcal{E} = \{E_1, E_2\}$, $E_1 = \{(1, a), (1, b), (2, x)\}$, $E_2 = \{(1, a), (1, b), (2, y)\}$.

设效应代数 L 是有限效应代数 $\mathcal{M}$ 的黏合, 其 Greechie 图是 $(\mathcal{V}, \mathcal{E})$. 若 L 中的原子都是 1 型的, 则等价关系 $\equiv$ 就是相等关系 $=$. 事实上, 对任意的 $(\imath(a), a)$, $(\imath(b), b) \in V(L)$, 若 $(\imath(a), a) \equiv (\imath(b), b)$, 则 $\imath(a)a = \imath(b)b$, 因此 $a \leqslant \imath(b)b$, 由 b 是 1 型的可知 $a = b$. 因此, $(\imath(a), a) = (\imath(b), b)$. 但是, 反之不真, 因为 $\equiv$ 与 $=$ 相同时, L 的原子不一定是 1 型的, 如下例.

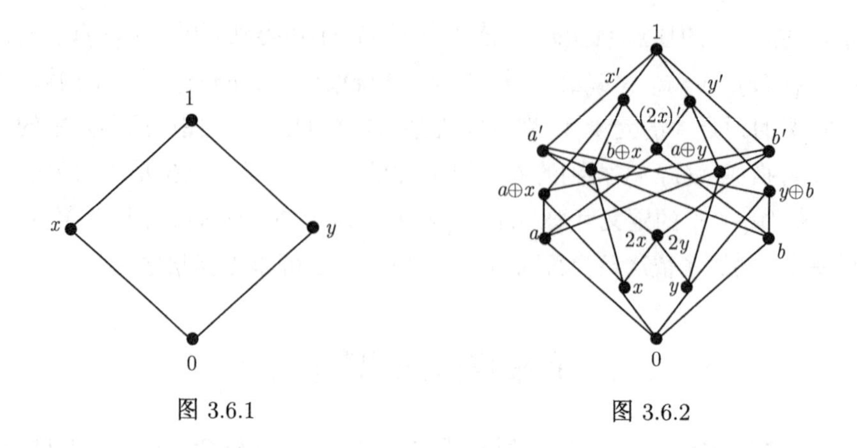

图 3.6.1　　　　图 3.6.2

例 3.6.4　设 L 是格效应代数, 其 Hasse 图如图 3.6.3 所示, 是布尔代数 M_1 与 MV-效应代数 M_2 的黏合, 这里 $M_1=\{0, a, b, c, a', b', c', 1\}$ 且 $M_2=\{0, a, d, a'(=d\oplus d), d'(=a\oplus d), 1\}$. 其 Greechie 图 (图 3.6.4) 为 $(\mathcal{V}, \mathcal{E})$, 这里 $\mathcal{V}=V(L)=\{(1,a), (1,b), (1,c), (2,d)\}, \mathcal{E}=\{E_1, E_2\}, E_1=\{(1,a), (1,b), (1,c)\}, E_2=\{(1,a), (2,d)\}$. 对任意的 $(\imath(x),x), (\imath(y),y)\in V(L)$, $(\imath(x),x)\equiv(\imath(y),y)$ 当且仅当 $(\imath(x),x)=(\imath(y),y)$. 然而, 原子 d 是 2 型的.

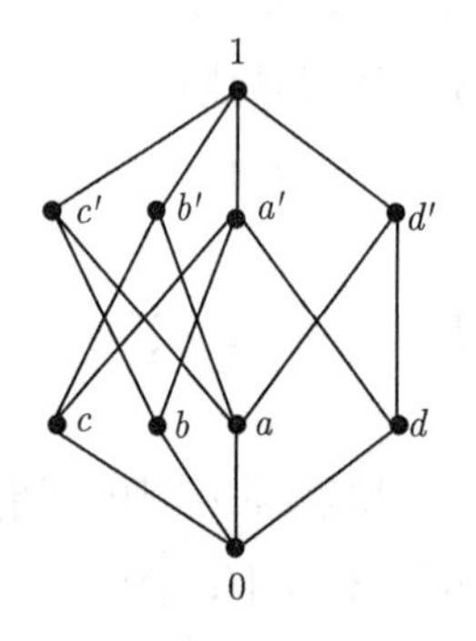

图 3.6.3　格效应代数 L

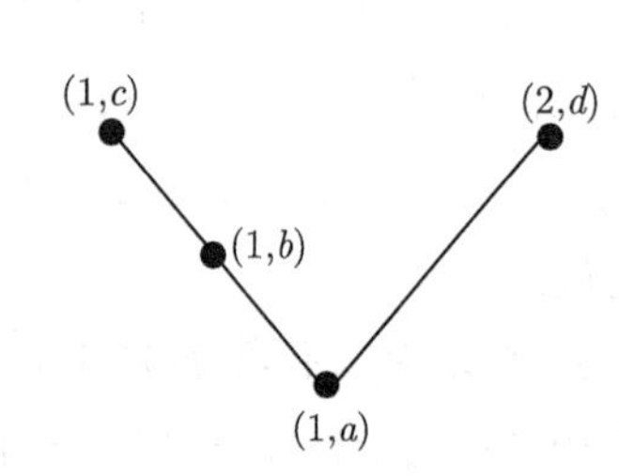

图 3.6.4　格效应代数 L 的 Greechie 图

设效应代数 L 是一族有限 MV-代数 $\mathcal{M}$ 的黏合. 假设其 Greechie 图为 $(\mathcal{V},\mathcal{E})$. 若等价关系 $\equiv$ 与相等关系 $=$ 不同, 则存在 $a,b\in A(L)$ 且 $a\neq b$ 使得 $(\imath(a),a)\equiv(\imath(b),b)$, 因此 $(\imath(a),a)/\equiv=\{(\imath(b),b)\mid(\imath(a),a)\equiv(\imath(b),b),(\imath(b),b)\in V(L)\}$. 这样, $(\mathcal{V},\mathcal{E})$ 的顶点 $(\imath(a),a)/\equiv$ 是等价类, 从而是 $V(L)$ 的子集.

定义 3.6.5　设 L_1, L_2 是两个有限的格效应代数且 $(\mathcal{V}_1,\mathcal{E}_1)$ 与 $(\mathcal{V}_2,\mathcal{E}_2)$ 分别是 L_1 与 L_2 的 Greechie 图. 假设 $A(L_1)$ 与 $A(L_2)$ 是 L_1 与 L_2 的原子之集且 $V_1=\{(\imath(a),a)\mid a\in A(L_1)\}$, $V_2=\{(\imath(b),b)\mid b\in A(L_2)\}$. 若存在双射 $f:V_1\to V_2$ 与

$g:\mathcal{E}_1\to\mathcal{E}_2$ 使得

(i) 对任意的 $(\imath(a),a)\in V_1$, 若 $f((\imath(a),a))=(\imath(b),b)$, 则 $\imath(a)=\imath(b)$;

(ii) 对任意的 $E\in\mathcal{E}_1$, $g(E)=\{f((\imath(a),a))\mid(\imath(a),a)\in E\}\in\mathcal{E}_2$,

则称 Greechie 图 $(\mathcal{V}_1,\mathcal{E}_1)$ 与 $(\mathcal{V}_2,\mathcal{E}_2)$ **是同构的**.

定理 3.6.6[112] 设 L_1 与 L_2 是完备的原子的格效应代数, $A(L_1)$ 与 $A(L_2)$ 分别是 L_1 与 L_2 的原子之集, 则下面两条等价.

(i) 存在双射 $\psi:A(L_1)\to A(L_2)$ 使得 $\imath(a)=\imath(\psi(a))$ 且对任意的 $a,b\in A(L_1)$, 在 L_1 中 $a\leftrightarrow b$ 当且仅当在 L_2 中 $\psi(a)\leftrightarrow\psi(b)$.

(ii) 存在效应代数间的同构 $\phi:L_1\to L_2$ 使得

(1) 对任意的 $a\in A(L_1)$, $\phi(ka)=k\psi(a)$, $k\in\{0,1,\cdots,\imath(a)\}$;

(2) 对任意的 $x\in L_1$, $\phi(x)=\vee\{\phi(ka)\mid ka\leqslant x,\ k\leqslant\imath(a)\}$.

定理 3.6.7 设 L_1, L_2 是由两族 MV-代数 $\mathcal{M}_1$ 及 $\mathcal{M}_2$ 黏合得到的有限的格效应代数, 且 $(\mathcal{V}_1,\mathcal{E}_1)$ 及 $(\mathcal{V}_2,\mathcal{E}_2)$ 分别是 L_1 与 L_2 的 Greechie 图. 则效应代数 L_1 同构于 L_2 当且仅当 $(\mathcal{V}_1,\mathcal{E}_1)$ 同构于 $(\mathcal{V}_2,\mathcal{E}_2)$.

证明 证明类似于定理 3.5.29 的证明. □

注 3.6.8 设 L_1,L_2 是由两族 MV-代数 $\mathcal{M}_1$ 及 $\mathcal{M}_2$ 黏合得到的有限的格效应代数, 且 $(\mathcal{V}_1,\mathcal{E}_1)$ 及 $(\mathcal{V}_2,\mathcal{E}_2)$ 分别是 L_1 与 L_2 的 Greechie 图. 若映射对 (f,g) 是超图 $(\mathcal{V}_1,\mathcal{E}_1)$ 与 $(\mathcal{V}_2,\mathcal{E}_2)$ 的同构, 由定理 3.6.7 可知存在格效应代数 L_1 与 L_2 之间的同构 ϕ. 这样, 对原子 $a,b\in L_1$, $(\imath(a),a)\equiv(\imath(b),b)$ 当且仅当 $(\imath(\phi(a)),\phi(a))\equiv(\imath(\phi(b)),\phi(b))$. 而且, 映射 $\overline{f}:\mathcal{V}_1\to\mathcal{V}_2$ 是双射, 这里 $\overline{f}((\imath(a),a)/\equiv)=f((\imath(a),a))/\equiv$, 对任意的 $(\imath(a),a)/\equiv\in\mathcal{V}_1$.

定义 3.6.9 设效应代数 L 是 MV-代数族黏合所得到的, 超图 $\mathcal{H}=(\mathcal{V},\mathcal{E})$ 是效应代数 L 的 Greechie 图且 $V(L)=\{(\imath(a),a)\mid a\in A(L)\}$. 称超图 $\mathcal{H}_1=(\mathcal{V}_1,\mathcal{E}_1)$ 是用 y **替换** $\mathcal{H}$ 的顶点 $x=\{(1,a)\}$ 所得到的, 若 $x\in\mathcal{V}$, $y=\{(n_j,b_j)\mid n_j\geqslant 1$ 是自然数, $j=1,2,\cdots,k$, 这里 $k\geqslant 1$ 是自然数 $\}$, 且超图 $\mathcal{H}_1$ 满足下面条件:

(i) $y\cap V(L)=\varnothing$;

(ii) $\mathcal{V}_1=(\mathcal{V}-\{x\})\cup\{y\}$;

(iii) $\mathcal{E}_1=\mathcal{E}_{21}\cup\mathcal{E}_{12}$, 这里 $\mathcal{E}_{11}=\{E\mid(1,a)\in E,\ E\in\mathcal{E}\}$, $\mathcal{E}_{12}=\mathcal{E}_1-\mathcal{E}_{11}$, 且 $\mathcal{E}_{21}=\{E_1\mid E_1=(E-\{(1,a)\})\cup\{(n_j,b_j)\},\ E\in\mathcal{E}_{11},\ j\in\{1,2,\cdots,k\}\}$.

例 3.6.10 设 L 是格效应代数, 见例 3.6.3 中图 3.6.2, 其 Greechie 图为 $(\mathcal{V},\mathcal{E})$, 这里 $V(L)=\{(1,a),(1,b),(2,x),(2,y)\}$, $\mathcal{V}=\{\{(1,a)\},\{(1,b)\},\{(2,x),(2,y)\}\}$, $\mathcal{E}=\{E_1,E_2\}$, $E_1=\{(1,a),(1,b),(2,x)\}$, $E_2=\{(1,a),(1,b),(2,y)\}$. 则

Greechie 图 ($\mathcal{V}$, $\mathcal{E}$) 是将例 3.4.6 中 Greechie 图 (图 3.4.2) 中顶点 c 用 $\{(2, x), (2, y)\}$ 替换得到. 它也可由例 3.4.9 中 Greechie 图 (图 3.4.4) 中的顶点 $(2, d)$ 用 $\{(2, x), (2, y)\}$ 替换得到.

例 3.6.11　设 L 是由两个 MV-效应代数 M_1, M_2 黏合而成的效应代数, (V_1, E_1) 及 (V_2, E_2) 分别是 M_1, M_2 的 Greechie 图, 这里 $V_1 = \{(1, a), (3, b), (1, x)\}$, $V_2 = \{(2, d), (2, e), (1, x)\}$, $E_1 = V_1$, 且 $E_2 = V_2$. 假设 L 的 Greechie 图是超图 ($\mathcal{V}$, $\mathcal{E}$), 其中 $\mathcal{V} = \{\{(1, a)\}, \{(3, b)\}, \{(1, x)\}, \{(2, d)\}, \{(2, e)\}\}$, 且 $\mathcal{E} = \{E_1, E_2\}$.

(i) 设 v 是集合 $\{(2, c)\}$. 超图 ($\mathcal{V}_1$, $\mathcal{E}_1$) 是用 v 替换顶点 $\{(1, x)\}$ 所得到的, 这里 $\mathcal{V}_1 = \{\{(1, a)\}, \{(3, b)\}, \{(2, c)\}, \{(2, d)\}, \{(2, e)\}\}$, $\mathcal{E}_1 = \{E_3, E_4\}$, $E_3 = \{(1, a), (3, b), (2, c)\}$, 且 $E_4 = \{(2, d), (2, e), (2, c)\}$.

(ii) 设 v 是集合 $\{(2, c), (3, f)\}$. 超图 ($\mathcal{V}_2$, $\mathcal{E}_2$) 是用 v 替换顶点 $\{(1, x)\}$ 所得到的, 这里 $\mathcal{V}_2 = \{\{(1, a)\}, \{(3, b)\}, \{(2, c), (3, f)\}, \{(2, d)\}, \{(2, e)\}\}$, $\mathcal{E}_2 = \{E_5, E_6, E_7, E_8\}$, $E_5 = \{(1, a), (3, b), (2, c)\}$, $E_6 = \{(2, d), (2, e), (2, c)\}$, $E_7 = \{(1, a), (3, b), (3, f)\}$, 且 $E_8 = \{(2, d), (2, e), (3, f)\}$.

设 L 是有限的格效应代数, $A(L)$, $S(L)$ 分别表示 L 的原子之集及分明元之集. 下面首先对任意的 $a \in A(L)$, 将对区间 $L[0, \imath(a)a] = \{x \in L \mid 0 \leqslant x \leqslant \imath(a)a\}$ 的代数结构进行研究. 其次, 利用格效应代数的 Greechie 图研究格效应代数块的性质. 这些性质本质上是用一族 MV-效应代数黏合成格效应代数的必要条件. 最后, 基于这些必要条件, 将给出由一族 MV-效应代数黏合成格效应代数的技巧. 作为应用, 将给出 MV-效应代数的环引理. 本节内容是上节内容的推广.

定理 3.6.12　设 L 是格效应代数且 $a \in L$. 则下列各条等价:

(i) a 是 L 的原子;

(ii) a 是 L 的某个块 M 的原子;

(iii) a 是 L 的块 M 的原子, 只要 $a \in M$.

证明　留给读者自己验证. □

由定理 3.6.12, 假设 L 是一族 MV- 效应代数 $\mathcal{M}$ 的黏合. 若 L 是格效应代数, 则 $\mathcal{M}$ 满足下面条件:

(A) 设 $a \in A(M)$, $M \in \mathcal{M}$. 若 $M_1 \in \mathcal{M}$ 且 $a \in M$, 则 a 也是 M_1 的原子.

例 3.6.13　存在格效应代数 L 使得 $a \in A(L)$, 但是 $\imath(a)a$ 不是 $S(L)$ 的原子. 在例 3.6.4 中, $S(L) = M_1$, 且 $d \in A(L)$, 但是 $\imath(d)d = a' \notin A(S(L))$.

下面研究 $S(L)$ 中的原子及区间 $L[0, \imath(a)a] = \{x \in L \mid 0 \leqslant x \leqslant \imath(a)a\}$, 这里元素 a 是格效应代数 L 的原子.

在 2002 年, Riečanová 证明了下面关于格效应代数的重要结论 [103].

定理 3.6.14[104] 设 L 是完备的 (o)-连续的效应代数, 则

(i) 对 L 中的任意原子 a, $\imath(a)a\in S(L)$;

(ii) 若 a, b 是 L 中的原子且 $k<\imath(a)$ 使得对自然数 l 有 $ka=lb$, 则 $a=b$ 且 $k=l$;

(iii) 对任意的 $x\in L, x\neq 0$ 存在唯一的 $w\in S(L)$, 唯一的原子之集 $\{a_\alpha\mid\alpha\in\Lambda\}$ 及唯一的整数 $k_\alpha\neq\imath(a_\alpha)$ $(\alpha\in\Lambda)$ 使得 $x=(\oplus\{k_\alpha a_\alpha\mid\alpha\in\Lambda\})\oplus w$. 而且, $x\in S(L)$ 当且仅当 $k_\alpha=\imath(a_\alpha)$ 对任意的 $\alpha\in\Lambda$.

设 L 是有限的格效应代数且 $a\in A(L)$. 由定理 3.6.14 (i) 及定理 3.5.13, 元素 $\imath(a)a$ 也是 L 的主要元. 定义 $L[0, \imath(a)a]$ 上的部分运算 $\oplus$ 如下: 对任意的 $x, y\in L[0, \imath(a)a]$, $x\oplus y$ 在 $L[0, \imath(a)a]$ 中存在当且仅当 $x\oplus y$ 在 L 中存在, 则代数系统 $(L[0, \imath(a)a]; \oplus, 0, \imath(a)a)$ 也是格效应代数.

命题 3.6.15 设 M 是 MV-效应代数且 $a, b\in A(M)$. 若存在正整数 m, n 使得 $ma=nb$, 则 $a=b$.

证明 假设存在自然数 m, n 使得 $ma=nb$. 由于 M 满足 RDP, 那么存在 $c_{ij}\in M$, $i\in\{1, \cdots, m\}$, $j\in\{1, \cdots, n\}$, 使得 $a=\oplus_{j=1}^{n}c_{ij}$, $i=1, \cdots, m$; $b=\oplus_{i=1}^{m}c_{ij}$, $j=1, \cdots, n$. 这样有 $c_{ij}\leqslant a$, $c_{ij}\leqslant b$, 且 $c_{ij}\leqslant a\wedge b$, $i\in\{1, \cdots, m\}$, $j\in\{1, \cdots, n\}$. 假设 $a\neq b$, 则 $c_{ij}=0, i\in\{1,\cdots,m\}$, $j\in\{1, \cdots, n\}$. 这样, $a=\oplus_{j=1}^{n}c_{ij}=0$, 这是不可能的. 因此必有 $a=b$ 成立. □

文献 [103] 详细刻画了格效应代数的结构. 下面研究正交模格 $S(L)$ 中的原子的结构. 下面定理 3.6.16 的结论类似于文献 [103].

定理 3.6.16 设 L 是有限的格效应代数且 a 是 L 的原子. 则下面陈述相互等价.

(i) 元素 $\imath(a)a$ 是 $S(L)$ 的原子.

(ii) 区间 $L[0, \imath(a)a]$ 是有限标度效应代数 $\{0, b_i, \cdots, \imath(b_i)b_i\}$ $(i=1, \cdots, k)$ 的水平和, 这里 $A(L[0, \imath(a)a])$ 是 $L[0, \imath(a)a]$ 的原子之集且 $b_i\in A(L[0, \imath(a)a])$ $(i=1, \cdots, k)$.

(iii) 对任意的 $x\in A(L[0, \imath(a)a])$, $\imath(x)x=\imath(a)a$.

证明 由 L 的有限性及定理 3.6.14 (iii), 对任意的原子 $a\in L$ 存在自然数 n 及原子 a_i $(i=1, \cdots, n)$ 使得 $\imath(a)a=\oplus_{i=1}^{n}\imath(a_i)a_i$, 且 $\imath(a)a\in S(L)$.

(i)⇒(ii). 若 $\imath(a)a$ 是 $S(L)$ 的原子, 则 $n=1$. 设 $A(L[0, \imath(a)a])=\{b_i\in L\mid i=1, \cdots, k\}$. 由 $b_i\leqslant\imath(a)a$ 可知, 对任意的 $i=1, \cdots, k$, $\imath(b_i)b_i\leqslant\imath(a)a$. 由于 $\imath(a)a$

是 $S(L)$ 的原子且 $\imath(b_i)b_i \in S(L)$, 从而 $\imath(a)a = \imath(b_i)b_i$ $(i = 1, \cdots, k)$. 因此, $\{0, \imath(a)a\} \subseteq \{0, b_i, \cdots, \imath(b_i)b_i\} \cap \{0, b_j, \cdots, \imath(b_j)b_j\}$, $i, j \in \{1, \cdots, k\}$ 且 $i \neq j$. 假设 $x \in \{0, b_i, \cdots, \imath(b_i)b_i\} \cap \{0, b_j, \cdots, \imath(b_j)b_j\}$ 且 $x \neq 0$, $x \neq \imath(a)a$. 则存在两个自然数 $1 \leqslant p < \imath(b_i)$, $1 \leqslant q < \imath(b_j)$ 使得 $x = pb_i = qb_j$. 由定理 3.6.14 (ii), $b_i = b_j$, 矛盾. 这样, $\{0, \imath(a)a\} = \{0, b_i, \cdots, \imath(b_i)b_i\} \cap \{0, b_j, \cdots, \imath(b_j)b_j\}$. 而且, 对任意的 $x \in \{b_i, \cdots, \imath(b_i)b_i\}$, $y \in \{b_j, \cdots, \imath(b_j)b_j\}$, 若 $x \oplus y$ 存在, 则 $b_i \oplus b_j$ 存在, 从而存在一个块 M 使得 $b_i, b_j, \imath(a)a \in M$. 由 $\imath(b_i)b_i = \imath(b_j)b_j = \imath(a)a$ 及命题 3.6.15, 有 $b_i = b_j$, 矛盾. 这样区间 $L[0, \imath(a)a]$ 是标度效应代数 $\{0, b_i, \cdots, \imath(b_i)b_i\}$ $(i = 1, \cdots, k)$ 的水平和.

(ii)⇒(i). 假设区间 $L[0, \imath(a)a]$ 是标度效应代数 $\{0, b_i, \cdots, \imath(b_i)b_i\}$ $(i = 1, \cdots, k)$ 的水平和. 若存在 $x \in S(L)$ 且 $0 < x \leqslant \imath(a)a$, 由区间 $L[0, \imath(a)a]$ 的构造可知存在原子 $b \in A(L[0, \imath(a)a])$ 使得 $x \in \{b, \cdots, \imath(b)b\} \cap S(L)$. 这样, $x = \imath(b)b = \imath(a)a$, 因此 $\imath(a)a$ 是 $S(L)$ 的原子.

(ii)⇒(iii). 容易证明.

(iii)⇒(ii). 任意的 $y \in L[0, \imath(a)a]$, 若 $y \neq 0$, 则存在原子之集 $\{b_j \mid j = 1, \cdots, m\}$ 及整数 k_j, $j = 1, \cdots, m$, 使得 $y = \oplus_{j=1}^{m} k_j b_j$. 这样, 原子之集 $\{b_j \mid j = 1, \cdots, m\}$ 是相容的, 从而 $\{b_j \mid j = 1, \cdots, m\} \cup \{\imath(a)a\}$ 是相容集. 存在 L 的块 M 使得 $\{b_j \mid j = 1, \cdots, m\} \cup \{\imath(a)a\} \subseteq M$. 由假设 $x \in A(L[0, \imath(a)a]$, $\imath(x)x = \imath(a)a$, 可知 $\imath(b_j)b_j = \imath(a)a$, $j = 1, \cdots, m$. 由命题 3.6.15 可知, $b_1 = \cdots = b_m$, 从而对任意的 $y \in L[0, \imath(a)a]$, 若 $y \neq 0$, 则存在 $L[0, \imath(a)a]$ 的原子 b 使得 $y = kb$, $1 \leqslant k \leqslant \imath(b)$. 而且, 若 $y \neq \imath(a)a$ 且存在两个原子 b_1, b_2 使得 $y = k_1b_1 = k_2b_2$ k_1, k_2 且 $1 \leqslant k_1 < \imath(b_1)$, $1 \leqslant k_2 < \imath(b_2)$, 则由定理 3.6.14 (ii) 可知 $b_1 = b_2$. 因此, 对任意的 $y \in L[0, \imath(a)a] - \{0, \imath(a)a\}$, 存在唯一的原子 $b \in A(L[0, \imath(a)a])$ 及唯一的整数 k 使得 $y = kb$. 这样, $L[0, \imath(a)a] = \bigcup_{x \in A(L[0, \imath(a)a])} \{0, x, \cdots, \imath(x)x\}$. 由上可知, 对 $L[0, \imath(a)a]$ 中不同的原子 b, c, 有 $\{0, b, \cdots, \imath(b)b\} \cap \{0, c, \cdots, \imath(c)c\} = \{0, \imath(a)a\}$.

设 $x, y \in L[0, \imath(a)a]$ 且 $x \neq 0$, $y \neq 0$. 假设 $x \in \{b, \cdots, \imath(b)b\}$ 且 $y \in \{c, \cdots, \imath(c)c\}$, 这里 $b, c \in A(L[0, \imath(a)a])$ 且 $b \neq c$. 若 $x \oplus y$ 存在, 则 $b \oplus c$ 存在, 从而存在块 M_1 包含 b, c 及 $\imath(a)a$. 由 $\imath(a)a = \imath(b)b = \imath(c)c$ 及命题 3.6.15 有 $b = c$, 矛盾. 这样, $x \oplus y$ 不存在. 因此区间 $L[0, \imath(a)a]$ 是标度效应代数 $\{0, x, \cdots, \imath(x)x\}$, $x \in A(L[0, \imath(a)a])$ 的水平和. □

定理 3.6.17 设 L 是有限的格效应代数且元素 $a \in L$ 是 L 的原子. 则下面陈

述等价:

(i) 元素 $\imath(a)a$ 不是 $S(L)$ 的原子;

(ii) 存在自然数 $n \geqslant 2$ 及两两不同的原子 $a_1, \cdots, a_n$ 使得 $\imath(a)a = \oplus_{i=1}^{n}\imath(a_i)a_i$.

证明 (i)⇒(ii). 若 $\imath(a)a$ 不是 $S(L)$ 的原子, 则存在 $n \geqslant 2$ 及一个原子之集 $\{a_i \mid i = 1, \cdots, n\}$ 使得 $\imath(a)a = \oplus_{i=1}^{n}\imath(a_i)a_i$. 否则, 假设存在 $n = 1$ 对任意的原子之集 $\{a_i \mid i = 1, \cdots, n\} \subseteq A(L[0, \imath(a)a])$ 使得 $\imath(a)a = \oplus_{i=1}^{n}\imath(a_i)a_i$, 由定理 3.6.16 可知 $\imath(a)a$ 是 $S(L)$ 的原子, 矛盾.

(ii)⇒(i). 若存在两两不同的原子 $a_1, \cdots, a_n$ $(n \geqslant 2)$ 使得 $\imath(a)a = \oplus_{i=1}^{n}\imath(a_i)a_i$, 由于 $\imath(a_i)a_i$ $(i = 1, \cdots, n)$ 是 L 的非零分明元, 则 $\imath(a)a$ 不是 $S(L)$ 的原子. □

设 L 是有限的格效应代数且 $a \in A(L)$. 由定理 3.6.16 可知, 若元素 $\imath(a)a \in A(S(L))$, 则区间 $L[0, \imath(a)a]$ 是标度效应代数的水平和. 若 $\imath(a)a \notin A(S(L))$ 且 $\imath(a)a = \oplus_{i=1}^{n}\imath(a_i)a_i$, 对 $a_i \in A(L[0, \imath(a)a])$, 则存在块 M 使得 $\imath(a)a \in M$, $a_i \in M$, 对 $i = 1, \cdots, n$ $(n \geqslant 2)$. 对任意的 a_i, 尽管 $M[0, \imath(a_i)a_i]$ $(= \{x \in M \mid 0 \leqslant x \leqslant \imath(a_i)a_i\})$ 是链 $\{0, a_i, \cdots, \imath(a_i)a_i\}$, 但 $L[0, \imath(a)a]$ 不是标度效应代数的水平和. 因此, 当 $\imath(a)a \notin A(S(L))$ 时, $L[0, \imath(a)a]$ 的结构是复杂的. 下面主要研究当 $a \in A(L)$ 时, 具有性质 $\imath(a)a \in A(S(L))$ 的格效应代数.

定理 3.6.18 设 L 是有限的格效应代数. 假设 $\mathcal{B}(L)$ 是 L 的块之集. 则下面陈述是相互等价的:

(i) 对 L 中的原子 a, 元素 $\imath(a)a$ 是 $S(L)$ 的原子;

(ii) 对任意的 MV-效应代数 $M_1, M_2 \in \mathcal{B}(L)$, 若 $S(M_1) \subseteq S(M_2)$, 则 $S(M_1) = S(M_2)$.

证明 (i)⇒(ii). 设 $M_1, M_2 \in \mathcal{B}(L)$ 且 $S(M_1) \subseteq S(M_2)$. 假设 $S(M_1) \neq S(M_2)$. 则存在 $S(M_1)$ 的原子 x 使得 x 不是 $S(M_2)$ 的原子. 设 $x = \imath(a)a$, 这里 a 是 M_1 的原子. 因此, a 也是 L 的原子. 由于 x 不是 $S(M_2)$ 的原子, 因此存在原子之集 $\{x_i \mid i = 1, \cdots, n\ (n \geqslant 2), x_i \in A(S(M_2))\}$ 使得 $x = x_1 \oplus \cdots \oplus x_n$. 而且, 由于 $x_i \in A(S(M_2))$, 存在原子 $b_i \in A(M_2)$ 使得 $x_i = \imath(b_i)b_i$ $(i = 1, \cdots, n)$. 因此, $\imath(a)a = x = \oplus_{i=1}^{n}(\imath(b_i)b_i)$, 矛盾于 $\imath(a)a$ 是 $S(L)$ 原子.

(ii)⇒(i). 设 a 是 L 的原子且 $a \in M$, $M \in \mathcal{B}(L)$. 则 $\imath(a)a$ 是 $S(M)$ 的原子. 假设 $\imath(a)a$ 不是 $S(L)$ 的原子. 则存在 L 的原子之集 $\{x_i \mid i = 1, \cdots, n\ (n \geqslant 2)\}$ 使得 $\imath(a)a = \imath(x_1)x_1 \oplus \cdots \oplus \imath(x_n)x_n$. 这样, 对任意的 $i \in \{1, \cdots, n\}$ 有 $x_i \leftrightarrow \imath(b)b$, $b \in A(M)$, 从而存在块 $M_0 \in \mathcal{B}(L)$ 使得 $A(M) \cup \{x_i \mid i = 1, \cdots, n\ (n \geqslant 2)\} \subseteq M_0$.

因此, $S(M) \subseteq S(M_0)$, 由 (ii) 可得 $S(M) = S(M_0)$. 由于 $\imath(a)a$ 是 $S(M)$ 的原子, 则有 $\imath(a)a$ 也是 $S(M_0)$ 的原子, 矛盾. 故 $\imath(a)a$ 是 $S(L)$ 的原子. □

下面将给出格效应代数的块的性质, 同时给出了 MV-效应代数能黏合成格效应代数的一些必要条件.

定理 3.6.19 设 L_1 是有限格效应代数且 $\mathcal{H}_1 = (\mathcal{V}_1, \mathcal{E}_1)$ 是 L_1 的 Greechie 图. 假设 L_0 是格效应代数且其 Greechie 图为 $\mathcal{H}_0 = (\mathcal{V}_0, \mathcal{E}_0)$, 这里 $\mathcal{V}_0 = \{v\}$, $v = \{(\imath(x_1), x_1), \cdots, (\imath(x_n), x_n)\}$, $\mathcal{E}_0 = \{E_i \mid E_i = \{(\imath(x_i), x_i)\}, i = 1, \cdots, n\}$. 若效应代数 L_2 是用格效应代数 L_0 替换 L_1 的分明原子 a 所得到的, 则 L_2 是格效应代数且其 Greechie 图 $\mathcal{H}_2$ 是用 $\{(\imath(x_1), x_1), \cdots, (\imath(x_n), x_n)\}$ 替换 $\mathcal{H}_1$ 的顶点 $(1, a)$ 所得到的.

证明 由于 L_2 是用格效应代数 L_0 替换 L_1 的原子 a 所得, 从而 L_2 是格效应代数. 下证 L_2 的 Greechie 图 $\mathcal{H}_2$ 是用 $\{(\imath(x_1), x_1), \cdots, (\imath(x_n), x_n)\}$ 替换 $(1, a)$ 所得.

设 $\mathcal{B}$ 是 L_1 的块之集, 且 $\mathcal{B}_{11}$ 和 $\mathcal{B}_{12}$ 分别表示 $\{B \mid a \in B, B \in \mathcal{B}\}$ 和 $\{B \mid B \notin \mathcal{B}_{11}, B \in \mathcal{B}\}$. 则 $\mathcal{B} = \mathcal{B}_{11} \cup \mathcal{B}_{12}$. 假设 $\mathcal{E}_{11} = \{E \mid E$ 是 B 的 Greechie 图的边, $B \in \mathcal{B}_{11}\}$, 且 $\mathcal{E}_{12} = \{E \mid E$ 是 B 的 Greechie 图的边, $B \in \mathcal{B}_{12}\}$.

用 $\{(\imath(x_1), x_1), \cdots, (\imath(x_n), x_n)\}$ 替换 $(\mathcal{V}_1, \mathcal{E}_1)$ 的顶点 $(1, a)$ 可得超图 $(\mathcal{V}_2, \mathcal{E}_2)$, 这里 $\mathcal{V}_2 = (\mathcal{V}_1 - \{(1, a)\}) \cup \{h\}$, $h = \{(\imath(x_1), x_1), \cdots, (\imath(x_n), x_n)\}$, $\mathcal{E}_2 = \mathcal{E}_{21} \cup \mathcal{E}_{12}$, 且 $\mathcal{E}_{21} = \{E \mid E = (E_{11} - \{(1, a)\}) \cup \{(\imath(x), x)\}, E_{11} \in \mathcal{E}_{11}, (\imath(x), x) \in \{(\imath(x_1), x_1), \cdots, (\imath(x_n), x_n)\}\}$. 由于 L_2 是用格效应代数 L_0 替换 L_1 的原子 a 所得, 从而 L_2 的块之集为 $\mathcal{B}_{21} \cup \mathcal{B}_{12}$, 这里 $\mathcal{B}_{21} = \{M \mid M$ 是用标度效应代数 $\{0, x, \cdots, \imath(x)x\}$ 替换原子 a 所得, $B \in \mathcal{B}_{11}, x \in \{x_1, \cdots, x_n\}\}$. 因此, $\mathcal{H}_2 = (\mathcal{V}_2, \mathcal{E}_2)$. □

推论 3.6.20 设 L_1 是有限格效应代数且 $\mathcal{H}_1 = (\mathcal{V}_1, \mathcal{E}_1)$ 是 L_1 的 Greechie 图. 假设 L_0 是格效应代数且其 Greechie 图为 $\mathcal{H}_0 = (\mathcal{V}_0, \mathcal{E}_0)$, 这里 $\mathcal{V}_0 = \{v\}$, $v = \{(\imath(x_1), x_1), \cdots, (\imath(x_n), x_n)\}$, $\mathcal{E}_0 = \{E_i \mid E_i = \{(\imath(x_i), x_i)\}, i = 1, \cdots, n\}$. 若超图 $\mathcal{H}_2$ 是用 $\{(\imath(x), x) \mid x \in A(L_1)\}$ 替换 $\mathcal{H}_1$ 的顶点 $\{(1, a)\}$ 所得到的, 则超图 $\mathcal{H}_2$ 是格效应代数 L_2 的 Greechie 图, 这里 L_2 是用格效应代数 L_0 替换 L_1 的原子 a 所得到的格效应代数.

证明 L_2 是用格效应代数 L_0 替换 L_1 的原子 a 所得到的效应代数, 其中 L_0 是有限标度效应代数 $\{0, x_i, \cdots, \imath(x_i)x_i\}$ $(i = 1, \cdots, n)$ 的水平和. 则 L_2 是格效应代数. 由定理 3.6.19 可知其 Greechie 图是 $\mathcal{H}_2$. □

定理 3.6.21 设 L 是格效应代数且 MV-效应代数 M 是 L 的块. 假设 M 的

Greechie 图为超图 $(\mathcal{V}_M, \mathcal{E}_M)$, 这里 $\mathcal{V}_M = \{(\imath(x_i), x_i) \mid i = 1, \cdots, n\}$, $\mathcal{V}_M = \mathcal{E}_M$. 则具有 Greechie 图 $(\overline{\mathcal{V}}, \overline{\mathcal{E}})$ 的 MV-效应代数 $\overline{M}$ 是 L 的块, 这里 $\overline{\mathcal{V}} = \{(\imath(y_i), y_i) \mid (\imath(y_i), y_i) \equiv (\imath(x_i), x_i), (\imath(y_i), y_i) \in V(L), i = 1, \cdots, n\}$, $\overline{\mathcal{E}} = \overline{\mathcal{V}}$.

证明 由于 M 是 L 的块且超图 $(\mathcal{V}_M, \mathcal{E}_M)$ 是 M 的 Greechie 图, 则有 $\oplus_{i=1}^{n}\imath(x_i)x_i = 1$. 由 $(\imath(x_i), x_i) \equiv (\imath(y_i), y_i)$ $(i = 1, \cdots, n)$ 可得 $\oplus_{i=1}^{n}\imath(y_i)y_i = 1$. 因此, 原子之集 $\{y_i \mid i = 1, \cdots, n\}$ 是相容的, 从而存在块 $\overline{M}$ 使得 $\{y_i \mid i = 1, \cdots, n\} \subseteq A(\overline{M})$. 注意到 $\oplus_{i=1}^{n}\imath(y_i)y_i = 1$, 这样 $\{y_i \mid i = 1, \cdots, n\} = A(\overline{M})$. 从而, 块 $\overline{M}$ 的 Greechie 图为 $(\overline{\mathcal{V}}, \overline{\mathcal{E}})$, 这里 $\overline{\mathcal{V}} = \{(\imath(y_i), y_i) \mid (\imath(y_i), y_i) \equiv (\imath(x_i), x_i), (\imath(y_i), y_i) \in V(L), i = 1, \cdots, n\}$, $\overline{\mathcal{E}} = \overline{\mathcal{V}}$. □

定理 3.6.21 给出了格效应代数的块之间的一种关系, 而这种关系也是由 MV-效应代数黏合成格效应代数的必要条件.

定理 3.6.22 设 L 是有限的格效应代数. 假设对 L 的任意原子 a 都有 $\imath(a)a$ 也是 $S(L)$ 的原子, 那么 L 可通过用格效应代数 $L[0, \imath(a)a]$ $(a \in A(L))$ 依次替换 $S(L)$ 中的原子 $\imath(a)a$ $(a \in A(L))$ 得到.

证明 假设 L 的 Greechie 图是超图 $(\mathcal{V}, \mathcal{E})$, 这里 $\mathcal{V} = \{(\imath(a), a)/\equiv \mid (\imath(a), a) \in V(L)\}$, $\mathcal{E} = \{E \mid E$ 是 L 的块 M 的 Greechie 图的边 $\}$ 且 $S(L)$ 的 Greechie 图是超图 $(\mathcal{V}_0, \mathcal{E}_0)$, 这里 $\mathcal{V}_0 = \{(1, \imath(a)a) \mid a \in A(L)\}$, $\mathcal{E}_0 = \{E \mid E$ 是布尔代数 $S(M)$ 的 Greechie 图的边, $M \in \mathcal{B}(L)\}$. 对原子 $a \in A(L)$, 元素 $\imath(a)a$ 也是 $S(L)$ 的原子, 则区间 $L[0, \imath(a)a]$ 是标度效应代数 $\{0, x, \cdots, \imath(x)x\}$ 的水平和且 $\imath(x)x = \imath(a)a$, $x \in A(L)$. 因此, $L[0, \imath(a)a]$ 的 Greechie 图是超图 $(\mathcal{V}_a, \mathcal{E}_a)$, 这里 $\mathcal{V}_a = \{v\}$, $v = \{(\imath(x), x) \mid \imath(x)x = \imath(a)a, x \in A(L)\}$, 且 $\mathcal{E}_a = \{E_x \mid E_x = \{\imath(x)x\}, \imath(x)x = \imath(a)a, x \in A(L)\}$. 因此, 超图 $(\mathcal{V}, \mathcal{E})$ 是用 $\{(\imath(x), x) \mid \imath(x)x = \imath(a)a, x \in A(L)\}$ 依次替换 $(\mathcal{V}_0, \mathcal{E}_0)$ 的顶点 $(1, \imath(a)a)$ 所得到的. 这样, 格效应代数 L 是用格效应代数 $L[0, \imath(a)a]$ 依次替换 $S(L)$ 的原子 $\imath(a)a$ 所得到的. □

由定理 3.6.22 可知, 对满足特殊条件的有限格效应代数可通过替换正交模格的原子得到.

定理 3.6.23 设 L 是有限格效应代数.

(i) 若 $a \in A(L)$ 且 $\imath(a)a = 1$, 则标度 MV-效应代数 $\{0, a, \cdots, \imath(a)a\}$ 是格效应代数 L 的块.

(ii) 设 $A_0 = \{a \in A(L) \mid \imath(a)a = 1\}$ 且 $A_0 \neq \varnothing$. 则格效应代数 L_0 是 L 的子效应代数且 L_0 是标度 MV-效应代数 $\{0, a, \cdots, \imath(a)a\}$ $(a \in A_0)$ 的水平和.

(iii) 设 $A_0 \neq \varnothing$ 且 $L_1 = (L - L_0) \cup \{0, 1\}$. 则 L_1 是 L 的子效应代数且 L 是格效应代数 L_0 与 L_1 的水平和.

证明 (i) 由于 $\{0, a, \cdots, \imath(a)a\ (=1)\}$ 是相容集, 则存在一个块 M 使得 $\{0, a, \cdots, \imath(a)a(=1)\} \subseteq M$. 假设 b 是 M 的原子且 $a \neq b$, 则有 $\imath(a)a = b \oplus b'$. 这样, 存在 $c_{ij} \in M$, $i = 1, 2$; $j = 1, \cdots, \imath(a)$, 使得 $b = c_{11} \oplus \cdots \oplus c_{1,\imath(a)}$, $b' = c_{21} \oplus \cdots \oplus c_{2,\imath(a)}$ 且 $a = c_{1j} \oplus c_{2j}$, $j = 1, \cdots, \imath(a)$. 注意到 $a \wedge b = 0$, 则有 $b' = \imath(a)a = 1$, 因此 $b = 0$, 矛盾. 这样 M 的原子之集 $A(M)$ 是单点集 $\{a\}$. 因此, 块 M 是标度 MV-效应代数 $\{0, a, \cdots, \imath(a)a\}$.

(ii) 由定理 3.6.14 (ii), 对不同的元素 $a, b \in A_0$, 链 $\{0, a, \cdots, \imath(a)a\ (=1)\}$ 及 $\{0, b, \cdots, \imath(b)b\ (=1)\}$ 的交等于 $\{0, 1\}$ 且 $a \oplus b$ 在 L 中不存在. 否则, 存在块 M 使得 $\{0, a, \cdots, \imath(a)a(=1)\} \cup \{b\} \subseteq M$, 而这与 (i) 矛盾. 因此, 对任意的 $x \in \{a, \cdots, \imath(a)a\ (=1)\}$, $y \in \{b, \cdots, \imath(b)b\ (=1)\}$, $x \oplus y$ 在 L 中不存在. 因此, L_0 是效应代数且是标度效应代数 $\{0, a, \cdots, \imath(a)a\ (=1)\}$ $(a \in L_0)$ 的水平和. 因此, L_0 是格序的. 任意的 $x, y \in L_0$, 若 $x \oplus y$ 存在, 则存在块 $\{0, a, \cdots, \imath(a)a\ (=1)\} \subseteq L_0$ 使得 $x \oplus y$ 存在. 这样, $x \oplus y \in L_0$. 类似地, 对任意的 $x \in L_0$, $x' \in L_0$. 因此格效应代数 L_0 是 L 的子代数.

(iii) 显然, $0, 1 \in L_1$. 假设 $x, y \in L_1$, $x \oplus y$ 在 L 中存在, 则断言 $x \oplus y$ 在 L_1 中存在. 若 x 与 y 中有一个是 0, 则 $x \oplus y \in L_1$. 若 $x \oplus y = 1$, 则 $x \oplus y \in L_1$. 下设 x 与 y 不为零 0, $x \oplus y < 1$, $x, y \notin L_0$. 假设 $x \oplus y \in L_0$, 则存在唯一的原子 $a \in L$ 使得 $x \oplus y \in \{0, a, \cdots, \imath(a)a\}$, 因此存在 m 满足 $1 \leqslant m < \imath(a)$ 且使得 $x \oplus y = ma$. 从而 $x \oplus y \oplus a$ 存在, 故 $\{x, y, a\}$ 是相容的. 因此, $x, y \in \{0, a, \cdots, \imath(a)a(=1)\} \subseteq L_0$, 矛盾于 $x, y \notin L_0$. 设 $x \in L_1$ 且 $x \neq 0, 1$, 若 $x' \in L_0$, 则 $x \in L_0$, 矛盾. 这样, 有 $x' \in L_1$, 因此 L_1 是 L 的子效应代数.

任意的 $x, y \in L_1$, $x \vee y$ 在 L 中存在. 设 $x \vee y = z \in L$. 只需证明 $z \in L_1$. 若 $z = 0$ 或 1, 则 $z \in L_1$. 现假设 $z \neq 0$ 且 $z \neq 1$. 若 $z \in L_0$, 则存在块 $M = \{0, a, \cdots, \imath(a)a\}$ 使得 $z \in M$. 因此, $x, y \in M \subseteq L_0$, 矛盾. 这样, $z \in L_1$. 由于效应代数 L_1 是 De Morgan 集, 从而 $x, y \in L_1$, $x \wedge y$ 在 L_1 中也存在. 因此, L_1 是格效应代数.

由 L_1 的定义, 有 $L_0 \cap L_1 = \{0, 1\}$ 且 $L = L_0 \cup L_1$. 设 $x \in L_0 - \{0\}, y \in L_1 - \{0\}$. 假设 $x \oplus y$ 存在. 则存在一个块 $M = \{0, a, \cdots, \imath(a)a\}$ 使得 $x = ma$, $1 \leqslant m < \imath(a)$. 由 $x \oplus y$ 的存在性, 有 x, a, y 是相容的, 从而 $y \in M \subseteq L_0$, 矛盾. 因此, $x \oplus y$ 不存在. 这样, $L = L_0 \dot{+} L_1$. □

注 3.6.24 由定理 3.6.23, 对格效应代数 L, 若 $A_0 \neq \varnothing$, 则 L 是格效应代数 L_0 与 L_1 的水平和, 其中 L_0 是标度效应代数的水平和. 因此, L_1 的结构就确定了 L 的结构. 例如, 效应代数 L 是格序的当且仅当 L_1 是格效应代数.

注 3.6.25 由定理 3.6.23, 若由一族 MV-效应代数 $\mathcal{M}$ 黏合格效应代数, 可采用下面的步骤. 首先, 可将 MV-效应代数族 $\mathcal{M}$ 分成两类: $\mathcal{M}_0$ 及 $\mathcal{M}_1$, 这里 $\mathcal{M}_0 = \{M \in \mathcal{M} \mid M$ 是标度 MV-效应代数$\}$, 而 $\mathcal{M}_1 = \{M \in \mathcal{M} \mid M \notin \mathcal{M}_0\}$. 接着, 通过 $\mathcal{M}_0$ 的水平和可得格效应代数 L_0, 将 MV-效应代数族 $\mathcal{M}_1$ 黏合成格效应代数 L_1. 最后 L_0 与 L_1 的水平和就是由 MV-效应代数族 $\mathcal{M}$ 所黏合而成的一个格效应代数.

注 3.6.26 由定理 3.6.23 及注 3.6.25, 用 MV-效应代数族黏合成格效应代数时, 关键是用非标度 MV-效应代数族 $\mathcal{M}_1$ 黏合成格效应代数 L_1. 因此, 当 MV-效应代数族 $\mathcal{M}$ 不含有标度效应代数时, 下面研究其黏合 $L = \bigcup_{M\in\mathcal{M}} M$ 的结构.

设 $L = \bigcup_{M\in\mathcal{M}} M$ 是一族有限 MV-代数族 $\mathcal{M}$ 的黏合. 设 $A(L) = \bigcup_{M\in\mathcal{M}} A(M)$ 且 $V(L) = \{(\imath(x), x) \mid x \in A(L)\}$. 考虑 $\mathcal{M}$ 满足下列条件.

(A) 设 $a \in A(M)$, $M \in \mathcal{M}$. 若 MV-效应代数 $M_1 \in \mathcal{M}$ 包含元素 a, 则 a 也是 M_1 的原子.

(B) 设 MV-效应代数 $M \in \mathcal{M}$ 的 Greechie 图为 $(\mathcal{V}_M, \mathcal{E}_M)$, 这里 $\mathcal{V}_M = \{(\imath(x_i), x_i) \mid i = 1, \cdots, n\}$, $\mathcal{E}_M = \mathcal{V}_M$. 若 MV-效应代数 $\overline{M}$ 的 Greechie 图为 $(\overline{\mathcal{V}}, \overline{\mathcal{E}})$, 则 $\overline{M} \in \mathcal{M}$, 这里 $\overline{\mathcal{V}} = \{(\imath(y_i), y_i) \mid (\imath(y_i), y_i) \equiv (\imath(x_i), x_i), (\imath(y_i), y_i) \in V(L), i = 1, \cdots, n\}$, $\overline{\mathcal{E}} = \overline{\mathcal{V}}$.

(C) 任意的 $a \in \bigcup_{M\in\mathcal{M}} A(M)$, 若 $\imath(a)a \in M$, $M \in \mathcal{M}$, 则 $\imath(a)a \in A(S(M))$.

定理 3.6.27 设 $\mathcal{M}$ 是一族 MV-效应代数且满足条件(A), (B), (C). 假设 L 是 $\mathcal{M}$ 的黏合. 则下面陈述成立.

(i) 设 L_0 表示集合 $\cup\{S(M) \mid M \in \mathcal{M}\}$. 则 L_0 是布尔代数族 $\{S(M) \mid M \in \mathcal{M}\}$ 的黏合.

(ii) 若 L_0 是正交模格, 则黏合 L 是格效应代数且其块是 $\mathcal{M}$.

证明 (i) 假设 $S(M_1) \subseteq S(M_2)$. 下证 $S(M_1) = S(M_2)$. 设 $A(S(M_1)) = \{x_i \mid i = 1, 2, \cdots, n\}$, 则对任意的 $i \in \{1, 2, \cdots, n\}$, 存在唯一的原子 $a_i \in M_1$ 使得 $x_i = \imath(a_i)a_i$. 若 $S(M_1) \neq S(M_2)$, 则存在 $i_0 \in \{1, 2, \cdots, n\}$ 使得 x_{i_0} 不是 $S(M_2)$ 的原子. 然而, $x_{i_0} = \imath(a_{i_0})a_{i_0} \in M_1 \cap M_2$, 由条件 (C), x_{i_0} 也是 $A(S(M_2))$ 的原子, 矛盾.

下证对任意的 $B_1, B_2 \in \{S(M) \mid M \in \mathcal{M}\}$, 交集 $B_1 \cap B_2$ 是 B_1 与 B_2 的子代数. 假设 $B_1 = S(M_1)$, $B_2 = S(M_2)$, 则 $B_1 \cap B_2 = S(M_1 \cap M_2)$, 从而布尔代数 $B_1 \cap B_2$ 是 B_1 与 B_2 的子代数.

(ii) 假设 L_0 的 Greechie 图是 $\mathcal{H}_0 = (\mathcal{V}_0, \mathcal{E}_0)$, 这里 $\mathcal{V}_0 = \{(1, a) \mid a \in A(L_0)\}$, 且 $\mathcal{E}_0 = \{E \mid$ 存在一个 L_0 的块 B 使得 E 是 B 的 Greechie 图 $\}$.

假设超图 $(\mathcal{V}_1, \mathcal{E}_1)$ 是用 $(\imath(x), x)/\equiv = \{(\imath(x_1), x_1), \cdots, (\imath(x_n), x_n)\} \in \mathcal{V}$ 替换 $(1, a) \in \mathcal{V}_0$ 所得到的, 这里 $a = \imath(x_1)x_1 = \cdots = \imath(x_n)x_n$. 反复使用推论 3.6.20, 可知超图 $(\mathcal{V}_1, \mathcal{E}_1)$ 是 L_1 的 Greechie 图, 这里 L_1 是用格效应代数 $\{0, x_1, \cdots, \imath(x_1)x_1\} \dot{+} \cdots \dot{+} \{0, x_n, \cdots, \imath(x_n)x_n\}$ 依次替换 L_0 的原子 a 所得到的. 下证 $L = L_1$. 任给 $x \in \bigcup_{M \in \mathcal{M}} A(M)$, $\imath(x)x \in A(S(L_0))$, 则 $\mathcal{V}_1 = V(L)/\equiv$. 由于 $\mathcal{M}$ 满足条件 (A) 及 (B), L 的 Greechie 图的顶点和边分别为 $\mathcal{V}_1$ 及 $\mathcal{E}_1$. 这样, L_1 与 L 具有相同的 Greechie 图, 从而 $L_1 = L$.

设 $\mathcal{B}(L)$ 是 L 的块之集. 对 L 的块 $\overline{M}$, $\overline{M}$ 的 Greechie 图的边 $E_{\overline{M}}$ 也是 L 的 Greechie 图的边. 注意到 L 的 Greechie 图的边是通过替换 $S(M)$ 的顶点得到的, 这里 $M \in \mathcal{M}$. 存在块 $M \in \mathcal{M}$ 使得 $S(M) = S(\overline{M})$. 由于 $\mathcal{M}$ 满足条件 (B), 从而 $\overline{M} \in \mathcal{M}$. 类似地, 由于每个 M 是 L 的 MV-效应子代数, 从而存在 L 的块 $\overline{M}$ 使得 $M \subseteq \overline{M}$. 由 $\overline{M} \in \mathcal{M}$ 可得 $M = \overline{M}$. □

注 3.6.28　定理 3.6.27 给出了由一族 MV-代数黏合成格效应代数的一些充分条件, 且提供了一种由一族 MV-代数黏合成格效应代数的技巧. 若用一族 MV-代数黏合成格效应代数, 则由定理 3.6.12、定理 3.6.21, 及推论 3.5.15 可知条件 (A), (B) 及 L_0 是正交模格是必要条件. 然而由例 3.6.4 可知条件 (C) 不是必要条件, 其中 $d \in A(M_2)$ 且 $\imath(d)d \notin A(S(M_1))$.

作为定理 3.6.27 的应用, 下面给出 MV-效应代数的环引理.

设 $\mathcal{B}$ 是一族布尔代数. 考虑下面的条件 [4]:

(A$'$) 若 $A, B \in \mathcal{B}$, 则或者 $A = B$; 或者 $A \cap B = \{0, 1\}$, 这里 $0_A = 0 = 0_B$, $1_A = 1 = 1_B$; 或者 $A \cap B = \{0, x, x', 1\}$, 这里 x 是 A 与 B 的原子, 且 $x'^A = x' = x'^B$.

定理 3.6.29[4](环引理)　设 $\mathcal{B}$ 是一族满足条件 (A$'$) 的布尔代数. 假设 L 是 $\mathcal{B}$ 的黏合. 则 L 是正交模格当且仅当 $\mathcal{B}$ 不含有 3 阶环与 4 阶环.

设 $\mathcal{M}$ 是一族满足条件 (A) 及 (B) 的 MV-效应代数, L 是 $\mathcal{M}$ 的黏合. 考虑 $\mathcal{M}$ 上的条件:

(A$''$) 若 $M_1, M_2 \in \mathcal{M}$, 则或者 $S(M_1) \subseteq S(M_2)$, 此时有 $S(M_1) = S(M_2)$; 或者 $S(M_1) \cap S(M_2) = \{0, 1\}$, 这里 $0_{M_1} = 0 = 0_{M_2}$, $1_{M_1} = 1 = 1_{M_2}$, 或 $S(M_1) \cap S(M_2) = \{0, x, x', 1\}$ 其中 x 是 $S(M_1)$ 及 $S(M_2)$ 的原子, $x'^{M_1} = x' = x'^{M_2}$.

定义 3.6.30 设 $\mathcal{M}$ 是满足条件 (A) 及 (B) 的一族 MV-效应代数, 且 L 是 $\mathcal{M}$ 的黏合. 设 $M_i \in \mathcal{M}$ $(i = 0, \cdots, n-1)$ 是 n 个 MV-效应代数使得 $S(M_i)$ $(i = 0, \cdots, n-1)$ 是布尔代数形成的 n 阶环. 设 $\mathcal{M}_i = \{M \in \mathcal{M} \mid S(M) = S(M_i)\}$, $i = 0, \cdots, n-1$, 则称有限序列 $(\mathcal{M}_0, \cdots, \mathcal{M}_{n-1})$ 是 MV-效应代数的 n **阶环**.

定理 3.6.31 设 $\mathcal{M}$ 是满足(A$''$) 的一族有限的 MV-效应代数, L 是 $\mathcal{M}$ 的黏合. 若 $M \in \mathcal{M}$ 且 a 是 M 的原子, 则对任意的 $M_1 \in \mathcal{M}$, $\imath(a)a \in M_1$, $\imath(a)a \in A(S(M_1))$.

证明 由于 a 是 MV-效应代数 M 的原子, $\imath(a)a$ 是 $S(M)$ 的原子. 若 $\imath(a)a \in M_1$, $M_1 \neq M$ 且 $M_1 \in \mathcal{M}$, 由条件 (A$''$), 则 $S(M) \cap S(M_1) = \{0, x, x', 1\}$, 这里 x 是 $S(M)$ 及 $S(M_1)$ 的原子. 若 $\imath(a)a = x$, 则结论成立. 否则假设 $\imath(a)a = x'$. 由于 $\imath(a)a$ 是 $S(M)$ 的原子, 有 $S(M) = \{0, x, x', 1\}$. 由 $S(M) \cap S(M_1) = \{0, x, x', 1\}$ 及条件 (A$''$), 有 $S(M_1) = S(M)$. 因此, $\imath(a)a$ 也是 $S(M_1)$ 的原子. □

定理 3.6.32 (环引理) 设 $\mathcal{M}$ 是一族有限的 MV-效应代数且满足条件(A), (B) 及 (A$''$). 若 L 是 $\mathcal{M}$ 的黏合, 则 L 是格效应代数当且仅当 $\mathcal{M}$ 不含有 3 阶环与 4 阶环.

证明 必要性. 由于 $\mathcal{M}$ 是一族满足条件 (A), (B) 及 (A$''$) 的有限 MV-代数族, 则布尔代数族 $S(\mathcal{M})$ 满足条件 (A$'$). 若 L 是格效应代数, 则 L_0 是 $S(\mathcal{M})$ 的黏合且是正交模格. 由定理 3.6.29 可知不包含 3 阶与 4 阶环, 因此由定义 3.6.30 可知 $\mathcal{M}$ 不包含 3 阶与 4 阶环.

充分性. 若 $\mathcal{M}$ 不包含 3 阶与 4 阶环, 则由定义 3.6.30 可知 L_0 不包含 3 阶与 4 阶环. 由定理 3.6.29 可知 L_0 是正交模格. 由定理 3.6.22, MV-效应代数族 $\mathcal{M}$ 满足定理 3.6.27 的条件, 从而 $\mathcal{M}$ 的黏合 L 是格效应代数. □

定理 3.6.32 推广了定理 3.3.9.

定理 3.6.27 中条件 (A) 及 (B) 是必要的, 然而条件 (C) 是不必要的. 这样用一族 MV-效应代数黏合构造格效应代数的问题仍是开的.

第 4 章　弱可换的伪效应代数

2001 年 Dvurečenskij 和 Vetterlein 在文献 [22], [23] 中提出了伪效应代数的定义. 伪效应代数是伪 MV-代数和效应代数的推广, 与效应代数一样, 伪效应代数在量子逻辑中具有重要的作用. 与效应代数相比较, 伪效应代数上的部分二元运算是不满足交换律的, 故伪效应代数能满足量子系统中对非交换测度的需求 [22, 23]. 伪效应代数是当前非交换量子逻辑研究的主要内容之一 [116–124].

本章首先以广义伪效应代数的单位化为出发点研究伪效应代数的结构, 给出弱可换的 (广义) 伪效应代数的定义, 并给出由弱可换的广义伪效应代数构造弱可换的伪效应代数的方法. 其次, 引入伪效应代数中主要元的定义, 给出伪效应代数同构于主理想直积的条件. 并引入弱可换的 (广义) 伪正交代数的定义, 证明由精确元控制的弱可换的伪效应代数的精确元之集是弱可换的伪正交代数. 然后, 给出伪效应代数的中心元的一些刻画, 并证明上定向的广义伪效应代数中的正规的 Riesz 理想之格与 Riesz 同余之格之间存在序同构. 最后, 给出弱可换的广义伪效应代数中的正规的 Riesz 理想也是它的单位化中的正规的 Riesz 理想的充分必要条件.

4.1　伪效应代数与伪差分偏序集

本节主要回顾伪效应代数、广义伪效应代数、伪差分偏序集与广义伪差分偏序集的定义, 可参见文献 [22], [32], [116] 等.

定义 4.1.1[22]　设 E 是一个含有特殊元 $0, 1$ 的非空集合 $(0 \neq 1)$. $\oplus$ 是 E 上的部分二元运算. 称代数系统 $(E; \oplus, 0, 1)$ 是**伪效应代数**, 若对任意的 $a, b, c \in E$, 满足如下条件:

(PE1) 若 $b \oplus c$ 和 $a \oplus (b \oplus c)$ 有定义, 则 $a \oplus b$ 和 $(a \oplus b) \oplus c$ 有定义且 $a \oplus (b \oplus c) = (a \oplus b) \oplus c$;

(PE2) 对任意的 $a \in E$, 存在唯一的 $b, c \in E$ 使得 $a \oplus b = c \oplus a = 1$;

(PE3) 若 $a \oplus b$ 有定义, 则存在 d, e 使得 $d \oplus a = b \oplus e = a \oplus b$;

(PE4) 若 $a \oplus 1$ 或 $1 \oplus a$ 有定义, 则有 $a = 0$.

注 4.1.2[22] 设 E 是伪效应代数, $a,b\in E$. 若 $a\oplus b=1$, 记 $b=a^{\sim}$, $a=b^{-}$, 则一元映射 $\sim: E\to E$ 与 $-: E\to E$ 满足:

(i) 若 $a\leqslant b$, 则 $b^{\sim}\leqslant a^{\sim}$, $b^{-}\leqslant a^{-}$;

(ii) 对任意的 $a\in E$, $a^{\sim -}=a^{-\sim}=a$.

注 4.1.3[22] 设 E 是伪效应代数. 对任意的 $a,b\in E$, 若 $a\oplus b$ 存在当且仅当 $b\oplus a$ 存在且 $a\oplus b=b\oplus a$, 则 E 是效应代数.

定义 4.1.4[116] 设 E 是一个含有特殊元 0 的非空集合. $\oplus$ 是 E 上的部分二元运算. 称代数系统 $(E;\oplus,0)$ 是**广义伪效应代数**, 若对任意的 $a,b,c\in E$, $\oplus$ 满足如下条件:

(GPE1) 若 $b\oplus c$ 和 $a\oplus(b\oplus c)$ 有定义, 则 $a\oplus b$ 和 $(a\oplus b)\oplus c$ 有定义且 $a\oplus(b\oplus c)=(a\oplus b)\oplus c$.

(GPE2) 若 $a\oplus b$ 有定义, 则存在 d,e 使得 $d\oplus a=b\oplus e=a\oplus b$.

(GPE3) 若 $a\oplus b$ 和 $a\oplus c$ 存在且 $a\oplus b=a\oplus c$, 则 $b=c$. 若 $b\oplus a$ 和 $c\oplus a$ 存在且 $b\oplus a=c\oplus a$, 则 $b=c$.

(GPE4) 若 $a\oplus b$ 存在且 $a\oplus b=0$, 则 $a=b=0$.

(GPE5) $a\oplus 0$ 和 $0\oplus a$ 存在且 $a\oplus 0=0\oplus a=0$.

注 4.1.5[116] 设 E 是广义伪效应代数. 对任意的 $a,b\in E$, 若 $a\oplus b$ 存在当且仅当 $b\oplus a$ 存在且 $a\oplus b=b\oplus a$, 则 E 是广义效应代数.

定义 4.1.6[32] 设 $(P;\leqslant,0,1)$ 是具有最小元 0 及最大元 1 的偏序集. 称 P 为**伪差分偏序集**, 若 P 上存在两个部分二元运算 $\ominus_l,\ominus_r$, 使得 $a,b\in P$, $a\ominus_l b, a\ominus_r b$ 存在当且仅当 $b\leqslant a$, 并且对任意的 $a,b,c\in P$, 满足下面的条件:

(PD1) $a\ominus_l 0=a\ominus_r 0=a$;

(PD2) 若 $a\leqslant b\leqslant c$, 则 $b\ominus_l a\leqslant c\ominus_l a, b\ominus_r a\leqslant c\ominus_r a$ 并且 $b\ominus_l a=(c\ominus_l a)\ominus_r(c\ominus_l b)$, $b\ominus_r a=(c\ominus_r a)\ominus_l(c\ominus_r b)$.

定义 4.1.7[32] 设 $(P;\leqslant,0)$ 是具有最小元 0 的偏序集. 称 P 为**广义伪差分偏序集**, 若 P 上存在两个部分二元运算 $\ominus_l,\ominus_r$, 使得 $a,b\in P$, $a\ominus_l b, a\ominus_r b$ 存在当且仅当 $b\leqslant a$, 并且对任意的 $a,b,c\in P$, 满足下面的条件:

(GPD1) 若 $a\leqslant b$, 则 $b\ominus_l a, b\ominus_r a\leqslant b$, 且 $b\ominus_l(b\ominus_r a)=b\ominus_r(b\ominus_l a)=a$;

(GPD2) 若 $a\leqslant b\leqslant c$, 则 $b\ominus_l a\leqslant c\ominus_l a$, $b\ominus_r a\leqslant c\ominus_r a$ 并且 $b\ominus_l a=(c\ominus_l a)\ominus_r(c\ominus_l b)$, $b\ominus_r a=(c\ominus_r a)\ominus_l(c\ominus_r b)$;

(GPD3) 若 $c\leqslant a,b$, 且 $b\ominus_r c=a\ominus_r c$ 或 $b\ominus_l c=a\ominus_l c$, 则 $a=b$.

命题 4.1.8[32] 具有最大元 1 的广义伪差分偏序集 $(P;\leqslant,\ominus_l,\ominus_r,0)$ 是伪差分偏序集. 反之, 伪差分偏序集 $(P;\leqslant,\ominus_l,\ominus_r,0,1)$ 是广义伪差分偏序集.

命题 4.1.9[32] 设 $(P;\oplus,0)$ 是广义伪效应代数, 则 $(P;\leqslant,\ominus_l,\ominus_r,0)$ 是广义伪差分偏序集. 这里 $b\ominus_l a$ 有定义, 当且仅当 $b\ominus_r a$ 有定义, 当且仅当 $a\leqslant b$ 并且 $a\oplus(b\ominus_l a)=(b\ominus_r a)\oplus a=b$.

4.2 广义弱可换的伪效应代数及其单位化

本节主要给出广义弱可换的伪效应代数的单位化方法, 可参考文献 [125].

定义 4.2.1 称广义的伪效应代数 E 是**弱可换的广义伪效应代数**, 若满足条件:

对任意的 $a,b\in E$, $a\oplus b$ 有定义当且仅当 $b\oplus a$ 有定义.

例 4.2.2 设 $G=Z\times Z\times Z$, 对任意的 $(a_1,b_1,c_1),(a_2,b_2,c_2)\in G$, 定义

$$(a_1,b_1,c_1)+(a_2,b_2,c_2)=\begin{cases}(a_1+a_2,b_1+b_2,c_1+c_2), & a_2\text{ 是偶数},\\(a_1+a_2,b_2+c_1,b_1+c_2), & a_2\text{ 是奇数}.\end{cases}$$

规定 $(a_1,b_1,c_1)\leqslant(a_2,b_2,c_2)$ 当且仅当 $a_1<a_2$ 或 $a_1=a_2,b_1\leqslant b_2,c_1\leqslant c_2$. 则 $(G;+,0)$ 是格序的非交换群. 在 $\Gamma(G,(1,0,0))=\{(0,b,c)\mid b\geqslant 0,c\geqslant 0\}\cup\{(1,b,c)\mid b\leqslant 0,c\leqslant 0\}$ 上定义部分二元运算 $\oplus$: $(a_1,b_1,c_1),(a_2,b_2,c_2)\in\Gamma(G,(1,0,0))$, $(a_1,b_1,c_1)\oplus(a_2,b_2,c_2)$ 存在当且仅当 $(a_1,b_1,c_1)+(a_2,b_2,c_2)\leqslant(1,0,0)$ 且 $(a_1,b_1,c_1)\oplus(a_2,b_2,c_2)=(a_1,b_1,c_1)+(a_2,b_2,c_2)$, 则 $\Gamma(G,(1,0,0))$ 是伪效应代数.

事实上, $(0,1,0)\oplus(1,0,-1)=(1,0,0)$, 而 $(1,0,-1)\oplus(0,1,0)$ 在 $\Gamma(G,(1,0,0))$ 中不存在, 从而它不是弱可换的伪效应代数.

例 4.2.3 设 $(G;\leqslant,+,0)$ 是偏序群, $G^+=\{a\in G|a\geqslant 0\}$, 则 $(G^+;+,0)$ 是弱可换的广义伪效应代数.

例 4.2.4 设 $E=\{0,a,b,c,d,e\}$. 如下定义 E 上的部分加法运算 $\oplus$:

(i) $a\oplus b=b\oplus c=c\oplus a=d,b\oplus a=c\oplus b=a\oplus c=e$;

(ii) 对任意的 $x\in E,x\oplus 0=x$.

容易验证 $(E;\oplus,0)$ 是弱可换的广义伪效应代数.

定义 4.2.5 称弱可换的广义伪效应代数 E 是满足**链条件**的, 若 E 中的任何链是有限长的.

命题 4.2.6 设 E 是满足链条件的弱可换的广义伪效应代数. 若 E 不是广义效应代数, 则 E 不是格序的.

证明　只需要证明存在原子 $a,b\in E$ 使得 $a\oplus b$ 存在但 $a\vee b$ 在 E 中不存在.

由于 $\oplus$ 不满足交换律, 从而存在 $x,y\in E$ 使得 $x\oplus y\neq y\oplus x$. 由于 E 满足链条件, 从而存在有限的原子序列 $a_1,\cdots,a_m$ 和 $b_1,\cdots,b_n$ 使得 $x=a_1\oplus\cdots\oplus a_m, y=b_1\oplus\cdots\oplus b_n$. 下面分三种情况讨论.

(i) 若存在 $a_i,a_j,a_i\neq a_j,1\leqslant i,j\leqslant m$, $a_i\oplus a_j\neq a_j\oplus a_i$. 显然, $a_i,a_j\leqslant a_i\oplus a_j,a_j\oplus a_i$. 若存在 $c\in E$ 使得 $a_i,a_j\leqslant c\leqslant a_i\oplus a_j,a_j\oplus a_i$.

由 $a_i\leqslant c\leqslant a_i\oplus a_j$, 存在 c_1 使得 $a_i\oplus c_1=c\leqslant a_i\oplus a_j$, 那么 $c_1=0$ 或 $c_1=a_j$. 若 $c_1=0$, 则 $a_i=c\geqslant a_j$, $a_i=a_j$, 这与假设矛盾. 若 $c_1=a_j$, 则 $a_i\oplus a_j=c\leqslant a_j\oplus a_i$. 又由于 $a_j\leqslant c\leqslant a_j\oplus a_i$, 存在 c_2 使得 $a_j\oplus c_2=c\leqslant a_j\oplus a_i$, 那么 $c_2=0$ 或 $c_2=a_i$. 若 $c_2=0$, 则 $a_i=a_j$, 这与假设矛盾. 若 $c_2=a_i$, 则 $a_j\oplus a_i=c\leqslant a_i\oplus a_j$. 因此, $a_j\oplus a_i=a_i\oplus a_j$, 而这与假设矛盾.

(ii) 若存在 $b_i,b_j,b_i\neq b_j,1\leqslant i,j\leqslant n$, $b_i\oplus b_j\neq b_j\oplus b_i$. 类似于 (i), 可证明不存在 c 使得 $b_i,b_j\leqslant c\leqslant b_i\oplus b_j,b_j\oplus b_i$.

(iii) 假设对任意的 $i,j,a_i,a_j,i\neq j,1\leqslant i,j\leqslant n$, $a_i\oplus a_j=a_j\oplus a_i$; 对任意的 $k,l,b_k,b_l,k\neq l,1\leqslant k,l\leqslant n$, $b_k\oplus b_l=b_l\oplus b_k$. 则存在 a_i,b_k 使得 $a_i\oplus b_k\neq b_k\oplus a_i$. 类似于 (i) 可证明不存在 c 使得 $a_i,b_k\leqslant c\leqslant a_i\oplus b_k,b_k\oplus a_i$. □

定义 4.2.7　称伪效应代数 E 是**弱可换的伪效应代数**, 若 E 满足条件 (C).

命题 4.2.8　若 E 是弱可换的伪效应代数, 则对任意的 $a\in E$, 都有 $a^{\sim}=a^{-}$.

证明　设 $a,b,c\in E$, 且 $a\oplus b=c\oplus a=1$, 则 $b=a^{\sim},c=a^{-}$, 且 $b\oplus a,a\oplus c$ 都存在. 这样 $b\leqslant a^{-},c\leqslant a^{\sim}$, 因此, $a^{\sim}=a^{-}$. □

注 4.2.9　由命题 4.2.8, 若 $a\oplus b=1$, 则 $b\oplus a=1$. 因此称 b 是 a 的正交补, 记 $b=a'$. 易知 $':E\to E$ 是逆序对合对应.

下面给出由弱可换的广义伪效应代数构造弱可换的伪效应代数的方法.

设 $(E;\oplus,0)$ 是弱可换的广义伪效应代数. 令 $E^{\sharp}=\{e^{\sharp}|e\in E\}$, $\widehat{E}=E\cup E^{\sharp}$. 在 $\widehat{E}$ 上定义部分二元运算 $\oplus^{*}$:

(i) 对任意的 $a,b\in E$, $a\oplus^{*}b$ 有定义当且仅当 $a\oplus b$ 有定义且 $a\oplus^{*}b=a\oplus b$;

(ii) 对任意的 $a,b\in E$, $a^{\sharp}\oplus^{*}b$ 有定义当且仅当 $a\ominus_l b$ 有定义且 $a^{\sharp}\oplus^{*}b=(a\ominus_l b)^{\sharp}$;

(iii) 对任意的 $a,b\in E$, $a\oplus^{*}b^{\sharp}$ 有定义当且仅当 $b\ominus_r a$ 有定义且 $a\oplus^{*}b^{\sharp}=(b\ominus_r a)^{\sharp}$.

定理 4.2.10　若 $(E;\oplus,0)$ 是弱可换的广义伪效应代数, 则 $(\widehat{E};\oplus^{*},0,0^{\sharp})$ 是弱可换的伪效应代数. 而且 $(E;\oplus,0)$ 是 $(\widehat{E};\oplus^{*},0,0^{\sharp})$ 的极大理想.

证明 注意到对任意的 $a,b\in E$, $a\oplus b$ 有定义当且仅当 $b\oplus a$ 有定义. 下面验证 (PE1)—(PE4) 成立.

(PE1) 设 $a,b,c\in E$. 当 $a\oplus^* b, (a\oplus^* b)\oplus^* c$ 存在时, $a\oplus b, (a\oplus b)\oplus c$ 在 E 中存在且 $(a\oplus^* b)\oplus^* c=(a\oplus b)\oplus c=a\oplus(b\oplus c)$, 从而 $(a\oplus^* b)\oplus^* c=a\oplus^*(b\oplus^* c)$.

设 $a\oplus^* b^\sharp, (a\oplus^* b^\sharp)\oplus^* c$ 存在, 则 $(a\oplus^* b^\sharp)\oplus^* c=(b\ominus_r a)^\sharp\oplus^* c=((b\ominus_r a)\ominus_l c)^\sharp=((b\ominus_l c)\ominus_r a)^\sharp=a\oplus^*(b\ominus_l c)^\sharp=a\oplus^*(b^\sharp\oplus^* c)$.

设 $a^\sharp\oplus^* b, (a^\sharp\oplus^* b)\oplus^* c$ 存在, 则 $(a^\sharp\oplus^* b)\oplus^* c=(a\ominus_l b)^\sharp\oplus^* c=((a\ominus_l b)\ominus_l c)^\sharp=(a\ominus_l(b\oplus c))^\sharp=a^\sharp\oplus^*(b\oplus^* c)$.

设 $a\oplus^* b, (a\oplus^* b)\oplus^* c^\sharp$ 存在, 则 $(a\oplus^* b)\oplus^* c^\sharp=(c\ominus_r(a\oplus^* b))^\sharp=((c\ominus_r b)\ominus_r a)^\sharp=a\oplus^*(c\ominus_r b)^\sharp=a\oplus^*(b\oplus^* c^\sharp)$.

(PE2) 对于任意的 $a\in E$, $a\oplus^* a^\sharp=a^\sharp\oplus^* a=0^\sharp$.

(PE3) 对于任意的 $a,b\in E$, 若 $a\oplus^* b$ 存在, 则 $a\oplus^* b=a\oplus b$ 并且存在 $c,d\in E$ 使得 $a\oplus^* b=b\oplus^* c=d\oplus^* a$. 若 $a^\sharp\oplus^* b$ 存在, 则存在 $c,d\in E$ 使得 $a=b\oplus c=c\oplus d=e\oplus b$. 这样 $a^\sharp\oplus^* b=c^\sharp=d\oplus^* a^\sharp=b\oplus^*(c\oplus^* b)^\sharp$.

(PE4) 对于任意的 $a\in E$, 若 $a\oplus^* 0^\sharp$ 存在, 则 $a\leqslant 0$, $a=0$. 若 $0^\sharp\oplus^* a$ 存在, 则 $a\leqslant 0$, $a=0$.

设 $a,b\in E$, $a\leqslant_{\widehat{E}} b$, 则存在 $c\in\widehat{E}$ 使得 $a\oplus^* c=b$, 由 $b\in E$ 有 $a\oplus^* c=a\oplus c$, 从而 $a\leqslant_E b$. 反之, 当 $a\leqslant_E b$ 时, 有 $a\leqslant_{\widehat{E}} b$. 则 $\leqslant_E=\leqslant_{\widehat{E}}$, E 是 $\widehat{E}$ 的序理想. 又若 $a,b\in E$, $a\oplus b$ 存在, 则 $a\oplus b\in E$. 因此, E 是 $\widehat{E}$ 的理想. 显然 E 是 $\widehat{E}$ 的极大理想. □

例 4.2.11 设 $E=\{0,a,b,c,d,e\}$. E 上的部分加法运算 $\oplus$ 定义如下:

(i) $a\oplus b=b\oplus c=c\oplus a=d, b\oplus a=c\oplus b=a\oplus c=e$;

(ii) 对任意的 $x\in E, x\oplus 0=x$.

按照定理 4.2.10 可以构造弱可换的伪效应代数 $\widehat{E}$.

定理 4.2.12 设 $(E;\oplus,0)$ 是广义伪效应代数, 按照定理 4.2.10 定义 $\widehat{E}$ 上的部分运算 $\oplus^*$. 若 $(\widehat{E};\oplus^*,0,0^\sharp)$ 是伪效应代数, 则 $(E;\oplus,0)$ 是弱可换的广义伪效应代数.

证明 设 $(\widehat{E};\oplus^*,0,0^\sharp)$ 是伪效应代数. 若 $a,b\in E, b\oplus^* a$ 存在, 则 $a\oplus^*(b\oplus^* a)^\sharp=b^\sharp$. 存在 $c\in E$ 使得 $c^\sharp\oplus^* a=b^\sharp$, 这样 $b=c\ominus_l a$, $a\oplus^* b$ 存在. 因此, $(E;\oplus,0)$ 是弱可换的. □

定义 4.2.13 设 $(E;\oplus,0)$ 是广义伪效应代数, 称按照定理 4.2.10 得到的伪效

应代数 $(\widehat{E};\oplus^*,0,0^\sharp)$ 是 E 的**单位化**.

命题 4.2.14 设 $(D;\oplus,0)$ 是弱可换的伪效应代数且 E 是 $(D;\oplus,0)$ 的极大理想. 若 $D=E\cup E'$, 这里 $E'=\{e'|e\in E\}$, 则伪效应代数 $(D;\oplus,0)$ 与 $(\widehat{E};\oplus^*,0,0^\sharp)$ 是同构的.

证明 定义映射 $f:D\to\widehat{E}$, 对任意的 $e\in E$, $f(e)=e, f(e')=e^\sharp$. 由 $E\cap E'=\varnothing$ 及 $\widehat{E}$ 的定义可知 f 是定义好的且 f 是一一映射. 显然, $f(0)=0, f(1)=f(0')=0^\sharp$. 设 $x,y\in D, x\oplus y$ 存在. 当 $x,y\in E$ 时, $x\oplus y\in E$, $f(x\oplus y)=x\oplus y=f(x)\oplus^* f(y)$. 当 $x\in E, y\in E'$ 时, 设 $y=z'$, 则 $f(x\oplus y)=f((z\ominus_r x)')=(z\ominus_r x)^\sharp=x\oplus^* z^\sharp=f(x)\oplus^* f(y)$. 因此, f 是效应代数间的态射. 又设 $f(x)\oplus^* f(y)$ 存在. 当 $x,y\in E$ 时, $x\oplus y$ 存在. 当 $x\in E, y\in E'$ 时, 设 $y=z'$, 则 $f(x)\oplus^* f(y)$ 存在且 $f(x)\oplus^* f(y)=x\oplus^* z^\sharp=(z\ominus_r x)^\sharp=f((z\ominus_r x)')=f(x\oplus y)$, 从而 $x\oplus y$ 存在. 因此, f 是效应代数间的单态射, 从而是同构态射. □

4.3 弱可换的伪正交代数

本节主要给出弱可换的伪正交代数的定义并研究其与正交模格的关系, 可参考文献 [126].

定义 4.3.1 设 E 是含有特殊元 0 的非空集合, $\oplus$ 是 E 上的部分二元运算, 称代数系统 $(E;\oplus,0)$ 是**广义的伪正交代数**, 若对任意的 $a,b,c\in E$, 满足:

(GPOA1) $a\oplus b$, $(a\oplus b)\oplus c$ 存在当且仅当 $b\oplus c$, $a\oplus(b\oplus c)$ 存在, 且 $(a\oplus b)\oplus c=a\oplus(b\oplus c)$;

(GPOA2) 若 $a\oplus b$, $a\oplus c$ 存在且相等, 则 $b=c$. 若 $b\oplus a$, $c\oplus a$ 存在且相等, 则 $b=c$;

(GPOA3) 若 $a\oplus b$ 存在, 则存在 $d,e\in E$ 使得 $a\oplus b=d\oplus a=b\oplus e$;

(GPOA4) 若 $a\oplus a$ 存在, 则 $a=0$;

(GPOA5) $a\oplus 0$, $0\oplus a$ 存在且 $a\oplus 0=0\oplus a=a$.

定义 4.3.2 称广义的伪正交代数 $(E;\oplus,0)$ 是**弱可换的**, 若满足下面的条件:

(C) 对任意的 $a,b\in E$, $a\oplus b$ 存在当且仅当 $b\oplus a$ 存在.

定义 4.3.3 设 E 是含有特殊元 0, 1 的非空集合, $\oplus$ 是 E 上的部分二元运算, 称代数系统 $(E;\oplus,0,1)$ 是**伪正交代数**, 若对任意的 $a,b,c\in E$, 满足:

(POA1) $a\oplus b$, $(a\oplus b)\oplus c$ 存在当且仅当 $b\oplus c$, $a\oplus(b\oplus c)$ 存在, 且 $(a\oplus b)\oplus c=a\oplus(b\oplus c)$;

(POA2) 存在 $d, e \in E$ 使得 $a \oplus d = e \oplus a = 1$;

(POA3) 若 $a \oplus b$ 存在, 则存在 $d, e \in E$ 使得 $a \oplus b = d \oplus a = b \oplus e$;

(POA4) 若 $a \oplus a$ 存在, 则 $a = 0$.

注 4.3.4 (i) 由定义 4.3.1, 广义的伪效应代数 E 是广义的伪正交代数当且仅当 E 满足 (GPOA4).

(ii) 由定义 4.3.3, 伪效应代数 E 是伪正交代数当且仅当 E 满足 (POA4).

注 4.3.5 在伪正交代数 $(E; \oplus, 0, 1)$ 中, 逻辑排中律 $a \vee a' = 1$, $a \wedge a' = 0$ 成立, 这里 $a' = a^{\sim}$ 或 $a' = a^{-}$.

定义 4.3.6 称伪正交代数 $(E; \oplus, 0, 1)$ 是**弱可换的**, 若 $(E; \oplus, 0, 1)$ 满足条件 (C).

注 4.3.7 由于弱可换的伪正交代数是弱可换的伪效应代数, 从而 $a^{-} = a^{\sim}$, 这样记 $a' = a^{-} = a^{\sim}$.

定义 4.3.8 设 $(E; \oplus, 0, 1)$ 是弱可换的伪效应代数. 对任意的 $a \in E$, 称 a 是**分明的**当且仅当 $a \wedge a' = 0$.

注 4.3.9 设 $(E; \oplus, 0, 1)$ 是弱可换的伪正交代数, 则任意的 $a \in E$, a 是分明的.

由定理 4.2.10 可得下面的命题.

命题 4.3.10 若 $(P; \oplus, 0)$ 是弱可换的广义伪正交代数, 则 $(\widehat{P}; \oplus^{*}, 0, 0^{\sharp})$ 是弱可换伪正交代数.

命题 4.3.11 设 E 是伪效应代数, 则下面几条等价:

(i) E 是伪正交代数;

(ii) 若 $p, q \in E$ 使得 $p \oplus q$ 存在, 则 $p \oplus q$ 是 p, q 的极小上界;

(iii) 对任意的 $p \in E$, $p \wedge p^{-} = p \wedge p^{\sim} = 0$;

(iv) 对任意的 $p \in E$, $p \vee p^{-} = p \vee p^{\sim} = 1$.

证明 (i)$\Rightarrow$(ii). 显然, $p, q \leqslant p \oplus q$. 设 $r \in E$, $p, q \leqslant r, r \leqslant p \oplus q$, 则存在 p_1, q_1, r_1 使得 $r = p \oplus p_1 = q \oplus q_1, p \oplus q = r \oplus r_1$. 由消去律, $q = p_1 \oplus r_1$. 这样 $r \oplus r_1 = q \oplus q_1 \oplus r_1 = p_1 \oplus r_1 \oplus q_1 \oplus r_1$, 从而 $r_1 \oplus r_1$ 存在, 因此由 (POA4) 可得 $r_1 = 0$.

(ii)$\Rightarrow$(iii). 假设 $r \in E$ 满足 $r \leqslant p, p^{-}$. 则 $p, p^{\sim} \leqslant r^{\sim} \leqslant 1 = p \oplus p^{\sim}$, $r^{\sim} = 1$, $r = 0$. 因此, $p \wedge p^{-} = 0$. 类似可得 $p \wedge p^{\sim} = 0$.

(iii)$\Rightarrow$(iv). 由于 $p \mapsto p^{-}, p \mapsto p^{\sim}$ 是有界偏序集 E 上的逆序对合对应, 从而 De Morgan 对偶律成立. 因此, 由 $p \vee p^{-} = p \vee p^{\sim} = 1$ 可得 $p \wedge p^{-} = p \wedge p^{\sim} = 0, p \in E$.

(iv)⇒(i). 假设 $p\oplus p$ 存在, 则 $p\leqslant p^{-}$, $p=p\wedge p^{-}=0$. □

定义 4.3.12 称弱可换的伪效应代数 E 满足**凝聚律**, 若对任意的 $p,q,r\in E$ 当 $p\oplus q,q\oplus r,r\oplus p$ 存在时, $p\oplus q\oplus r$ 存在.

命题 4.3.13 弱可换的伪效应代数 E 是正交模偏序集当且仅当 E 满足凝聚律.

证明 设 E 是满足凝聚律的弱可换的伪效应代数. 下证当 $a\oplus b$ 存在时, $a\oplus b=a\vee b$. 首先, $a,b\leqslant a\oplus b$. 设 $a,b\leqslant r$. 则 $a,b\perp r'$, a,b,r' 是两两正交的. 由凝聚律, $a\oplus b\oplus r'$ 存在, 从而 $a\oplus b\perp r'$. 这样, $a,b\leqslant r$ 蕴涵 $a\oplus b\leqslant r$, 因此, 当 $a\oplus b$ 存在时, $a\oplus b=a\vee b$ 且 $a\oplus b=b\oplus a$. 这样 E 是正交代数, 从而是正交模偏序集. 另一方面显然成立. □

推论 4.3.14[2] 效应代数 E 是正交模偏序集当且仅当 E 满足凝聚律.

由命题 4.3.11 和命题 4.3.13 可得如下结论.

命题 4.3.15 下面各条在弱可换的伪正交代数 E 中等价:

(i) E 是正交模偏序集;

(ii) 若 $a\oplus b$ 存在, 则 $a\vee b$ 存在;

(iii) 若 $a\oplus b$ 存在, 则 $a\vee b$ 存在, 并且 $a\oplus b=a\vee b$;

(iv) 若 $a\oplus b,a\oplus c$ 和 $b\oplus c$ 存在, 则 $(a\oplus b)\oplus c$ 存在.

命题 4.3.16 格序的弱可换的伪正交代数是正交模格.

推论 4.3.17[2] 格序的正交代数是正交模格.

下面的例子说明在伪正交代数中上面的两个命题不一定成立.

例 4.3.18 设 A 是集合 $\{0,a,b,c,1\}$. 在 A 上定义部分二元运算 $\oplus$:

(i) $a\oplus b=b\oplus c=c\oplus a=1$;

(ii) 对任意的 $x\in A,x\oplus 0=0\oplus x=x$.

容易验证 A 是伪正交代数, 但不是弱可换的. A 是格序的, 对任意的 $x,y\in A$, $x\oplus y=x\vee y$. 但是它不是正交模格.

4.4 伪效应代数中的主要元、精确元与中心元

本节主要研究伪效应代数中的主要元、精确元与中心元的性质及其应用, 推广了文献 [127]—[129] 中对效应代数中这些特殊元的研究. 本节内容可参见文献 [126], [130], [131].

定义 4.4.1 伪效应代数 E 的非空集合 I 称为 E 的**理想**, 若对任意的 $p,q \in E$, 当 $p \oplus q$ 存在时, $p \oplus q \in I$ 当且仅当 $p,q \in I$. 由一个元素 $e \in E$ 生成的理想称为**主理想**.

设 E 是伪效应代数. E 的区间 $E[0,e] = \{x \in E | x \leqslant e\}$ 是主理想当且仅当 e 是下面定义中的主要元.

定义 4.4.2 设 E 是伪效应代数. 称 E 中的元 e 是**主要元**, 若对任意的 $p,q \in E, p,q \leqslant e$, 当 $p \oplus q$ 存在时, $p \oplus q \leqslant e$.

命题 4.4.3 设 E 是伪效应代数. 若 q 是主要元, 且 $q \leqslant u, u \in E$, 则 $q \wedge (u \ominus_r q) = q \wedge (u \ominus_l q) = 0$. 特别地, 若 E 是弱可换的伪效应代数, 则 $q \wedge q' = 0$.

证明 若 q 是主要元且 $p \leqslant q, u \ominus_r q$, 则 $p \oplus q$ 存在且 $p,q \leqslant q$, 因此 $p \oplus q \leqslant q = 0 \oplus q$, 由消去律 $p = 0$. 这样, $q \wedge (u \ominus_r q) = 0$. 类似可得 $q \wedge (u \ominus_l q) = 0$. □

一般地, 当 e 不是主要元时, 区间 $E[0,e]$ 不一定是 E 的理想. 例如, 在例 4.2.11 中, $\widehat{E}[0,e] = \{0,a,b,c,e\}$ 不是 $\widehat{E}$ 的理想, 因为 $b \oplus a$ 在 $\widehat{E}$ 中存在, 但 $b \oplus a \notin \widehat{E}[0,e]$. 事实上, 区间 $E[0,e]$ 在一定意义下是 De Morgan 偏序集.

命题 4.4.4 设 E 是伪效应代数, 且 $0 \neq e \in E$. 定义 $\tau, \overline{\tau} : E[0,e] \to E[0,e]$, $\tau(p) = e \ominus_r p$; $\overline{\tau}(p) = e \ominus_l p$, $p \in E[0,e]$. 则 $\tau(0) = \overline{\tau}(0) = e, \tau(e) = \overline{\tau}(e) = 0$, 且下面的 De Morgan 律成立:

(i) 若 $p,q \in E[0,e]$, $p \vee q$ 存在, 则 $\tau(p) \wedge \tau(q) = \tau(p \vee q)$, $\overline{\tau}(p) \wedge \overline{\tau}(q) = \overline{\tau}(p \vee q)$;

(ii) 若 $p,q \in E[0,e]$, $p \wedge q$ 存在, 则 $\tau(p \wedge q) = \tau(p) \vee \tau(q)$, $\overline{\tau}(p \wedge q) = \overline{\tau}(p) \vee \overline{\tau}(q)$.

证明 只证 (i), (ii) 类似可证. 显然, $\tau(p \vee q) \leqslant \tau(p), \tau(q)$. 若 $x \in E$, $x \leqslant \tau(p), \tau(q)$, 则 $x \oplus p, x \oplus q \leqslant e$, $p,q \leqslant e \ominus_l x$, 从而 $p \vee q \leqslant e \ominus_l x$, $x \oplus (p \vee q) \leqslant e$, $x \leqslant e \ominus_r (p \vee q) = \tau(p \vee q)$. 因此 $\tau(p) \wedge \tau(q) = \tau(p \vee q)$. □

注 4.4.5 设 E 是伪效应代数且 e 是主要元. 若限制 E 上的部分二元运算于 $E[0,e]$, 则 $E[0,e]$ 是伪效应代数.

定义 4.4.6 设 E, F 是伪效应代数.

(i) 称映射 $\phi : E \to F$ 是伪效应代数间的**态射**, 若

(1) $\phi(0) = 0, \phi(1) = 1$;

(2) 当 $a \oplus b$ 存在时, $\phi(a \oplus b) = \phi(a) \oplus \phi(b)$.

(ii) 称态射 $\phi : E \to F$ 是**单态射**, 若对任意的 $a, b \in E$, $\phi(a) \leqslant \phi(b)$ 蕴涵 $a \leqslant b$.

(iii) 称满的单态射是**同构态射**.

注 4.4.7 若 $\{E_\alpha\}_{\alpha \in J}$ 是一簇伪效应代数, 则可在 $\{E_\alpha\}_{\alpha \in J}$ 的直积 $E := \prod_{\alpha \in J} E_\alpha$ 上按照坐标定义运算使其成为伪效应代数. 投影映射 $\pi_\alpha : E \to E_\alpha$ ($\alpha \in$

J) 是伪效应代数间的满态射.

容易证明下面的定理.

定理 4.4.8 对 $j=1,2,\cdots,n$ $(n\geqslant 2)$, 设 $(E_j;\oplus_j,0_j,1_j)$ 是伪效应代数, 令 $E=E_1\times E_2\times\cdots\times E_n$, 定义 $e_j:=(0,\cdots,0,1_j,0,\cdots,0)$. 则下面各条成立.

(i) 任意的 j, e_j $(j=1,\cdots,n)$ 是 E 中的主要元.

(ii) E 的主理想 $E[0,e_j]$ 与 E_j 同构.

(iii) $e_1,e_2,\cdots,e_n$ 是可和的并且 $e_1\oplus\cdots\oplus e_n=1$.

(iv) 任意的 $p\in E$ 可唯一的表示成 $p=p_1\oplus\cdots\oplus p_n$, $p_j\in E[0,e_j]$; 事实上, $p_j=p\wedge e_j$, $j=1,2,\cdots,n$.

由于 $e_1,e_2,\cdots,e_n$ $(n\geqslant 2)$ 是 E 的主要元, 则 $\prod_j E[0,e_j]$ 是伪效应代数.

下面将给出 E 与 $\prod_j E[0,e_j]$ 同构的条件.

引理 4.4.9 设 $e_1,e_2,\cdots,e_n(n\geqslant 2)$ 是伪效应代数 E 中的主要元且 $e_1\oplus e_2\oplus\cdots\oplus e_n=1$. 定义映射 $\phi:\Pi_j E[0,e_j]\to E$, $\phi(p_1,p_2,\cdots,p_n):=p_1\oplus p_2\oplus\cdots\oplus p_n$, $(p_1,p_2,\cdots,p_n)\in\prod_j E[0,e_j]$. 则 ϕ 是伪效应代数间的态射当且仅当 E 满足下面的条件:

(C1) 若 $x\leqslant e_i, y\leqslant e_j$, $i\neq j, i,j=1,2,\cdots,n$, 则 $x\oplus y=y\oplus x$.

证明 设 $\phi:\prod_j E[0,e_j]\to E$ 是伪效应代数间的态射. 则对 $a,b\in\prod_j E[0,e_j]$, 当 $a\oplus b$ 存在时, $\phi(a\oplus b)=\phi(a)\oplus\phi(b)$. 不妨设 $i=1$, $j=2$. 设 $x\leqslant e_1, y\leqslant e_2$. 由于 $(x,y,0,\cdots,0)=(x,0,\cdots,0)\oplus(0,y,\cdots,0)=(0,y,\cdots,0)\oplus(x,0,\cdots,0)$, 从而 $x\oplus y=\phi(x,y,0,\cdots,0)=\phi(x,0,\cdots,0)\oplus\phi(0,y,0,\cdots,0)=\phi(0,y,0,\cdots,0)\oplus\phi(0,x,0,\cdots,0)=y\oplus x$.

反之, 下证对 $a,b\in\prod_j E[0,e_j]$, $\phi(a\oplus b)=\phi(a)\oplus\phi(b)$. 若 $a=(a_1,a_2,\cdots,a_n), b=(b_1,b_2,\cdots,b_n)\in\prod_j E[0,e_j]$ 且 $a\oplus b$ 存在, 则对 $i=1,2,\cdots,n$, $a_i\oplus b_i$ 存在. 由假设可得, $\phi(a\oplus b)=(a_1\oplus b_1)\oplus(a_2\oplus b_2)\oplus\cdots\oplus(a_n\oplus b_n)=(a_1\oplus a_2\cdots\oplus a_n)\oplus(b_1\oplus b_2\oplus\cdots\oplus b_n)=\phi(a)\oplus\phi(b)$. $\phi(e_1,e_2,\cdots,e_n)=e_1\oplus e_2\oplus\cdots\oplus e_n=1$. 因此, ϕ 是伪效应代数间的态射. □

定理 4.4.10 设 $e_1,e_2,\cdots,e_n(n\geqslant 2)$ 是 E 中的主要元且 $e_1\oplus e_2\oplus\cdots\oplus e_n=1$. 若 $\phi:\prod_j E[0,e_j]\to E$ 是伪效应代数间的态射, 则 ϕ 是同构当且仅当 ϕ 是满射. 而且, 若 ϕ 是同构, 则对任意的 $p\in E$, $p\wedge e_1,p\wedge e_2,\cdots,p\wedge e_n$ 存在, $p=(p\wedge e_1)\oplus(p\wedge e_2)\oplus\cdots\oplus(p\wedge e_n)$.

证明 若 ϕ 是同构, 则它是满的. 反之, 若 ϕ 是满的, 只需证明 ϕ 是单态射. 假设 $(p_1,\cdots,p_n)$, $(q_1,\cdots,q_n)\in\prod_j E[0,e_j]$ 且 $p:=\phi(p_1,p_2,\cdots,p_n)\leqslant q:=$

$\phi(q_1, q_2, \cdots, q_n)$. 设 $(q_1, q_2, \cdots, q_n) \oplus (r_1, r_2, \cdots, r_n) = 1, r := \phi(r_1, r_2, \cdots, r_n) = q^{\sim}$. 则 $r_1 \leqslant r_1 \oplus r_2 \oplus \cdots \oplus r_n = r = q^{\sim}, q \leqslant r_1^{-}$, 因此, $p_1 \leqslant p_1 \oplus p_2 \oplus \cdots \oplus p_n = p \leqslant q \leqslant r_1^{-}$. 由于 e_1 是主要元, $p_1, r_1 \leqslant e_1$, 则 $p_1 \oplus r_1 \leqslant e_1 = q_1 \oplus r_1$, 由消去律可得 $p_1 \leqslant q_1$. 类似地, $p_j \leqslant q_j$, $j = 2, \cdots, n$, 因此 ϕ 是同构.

设 $(p_1, p_2, \cdots, p_n) \in \prod_j E[0, e_j]$ 且 $p := p_1 \oplus p_2 \oplus \cdots \oplus p_n$. 注意到 $p_1 \leqslant p, e_1$, 事实上 $p_1 = p \wedge e_1$. 假设 $x \leqslant p, e_1$. 下证 $x \leqslant p_1$. 这是由于 $(x, 0, \cdots, 0) \in \prod_j E[0, e_j]$ 且 $\phi(x, 0, \cdots, 0) = x \leqslant p = \phi(p_1, p_2, \cdots, p_n)$. 由于 ϕ 是同构, 从而 $x \leqslant p_1$. 类似可得 $p_i = p \wedge e_i, i = 2, \cdots, n$. □

推论 4.4.11 设 $e_1, e_2, \cdots, e_n (n \geqslant 2)$ 是 E 中的主要元且 $e_1 \oplus e_2 \oplus \cdots \oplus e_n$ 存在. 若 E 满足条件 (C1), 而且对任意的 $p \in E$, 存在 $p_j \leqslant e_j$, $j = 1, 2, \cdots, n$ 使得 $p = p_1 \oplus p_2 \oplus \cdots \oplus p_n$. 则 $e_1, e_2, \cdots, e_n$ 的任何子列 $e_{i1}, e_{i2}, \cdots, e_{im} (m \leqslant n)$ 的和 $e_{i1} \oplus e_{i2} \oplus \cdots \oplus e_{im}$ 是 E 的主要元. 特别地, $e_1 \oplus e_2 \oplus \cdots \oplus e_n = 1$.

文献 [85], [86], [127], [128] 中对效应代数的精确元进行了深入的研究. 本节通过伪效应代数中的精确元讨论由精确元控制的伪效应代数与 BZ-偏序集的关系.

定义 4.4.12 设 E 是弱可换的伪效应代数. 若 $a \wedge a' = 0$, 则称 a 是**精确测量元** (**精确元**、**分明元**).

注 4.4.13 本节中用 E_s 表示弱可换的伪效应代数 E 中的精确元之集.

注 4.4.14 弱可换的伪效应代数 E 是弱可换的伪正交代数当且仅当 $E = E_s$.

定义 4.4.15 设 E 是弱可换的伪效应代数. 若对于任意 $a \in E$, 存在 $u(a) \in E_s$ 使得

(i) $a \leqslant u(a)$;

(ii) 当 $a \leqslant b, b \in E_s$ 时, 有 $u(a) \leqslant b$,

则称 E 是**由精确元控制的**.

定义 4.4.16 设 E 是弱可换的伪效应代数. 若对于任意 $a \in E$, 存在 $v(a) \in E_s$ 使得

(i) $v(a) \leqslant a$;

(ii) 当 $b \leqslant a, b \in E_s$ 时, 有 $b \leqslant v(a)$.

则称 E 是**由精确元逼近的**.

注 4.4.17 (i) 若 E 是由精确元控制的, 则对任意的 $a \in E$, $u(a) \in E_s$ 是存在且唯一的.

(ii) 若 E 是由精确元逼近的, 则对任意的 $a \in E$, $v(a) \in E_s$ 是存在且唯一的.

命题 4.4.18　设 E 是弱可换的伪效应代数. E 是由精确元控制的充分必要条件是 E 是由精确元逼近的.

证明　必要性. 设 E 是由精确元控制的. 对于任意的 $a \in E$, 存在 $u(a) \in E_s$. 由于 $u(a') \in E_s$, 因此 $(u(a'))' \in E_s$, 且 $(u(a'))' \leqslant a$. 设 $b \leqslant a$, $b \in E_s$, 则 $a' \leqslant b'$, $b' = u(b')$, 因此, $u(a') \leqslant b'$, $b \leqslant u(a')$. 从而, $v(a) = u(a')'$.

充分性. 对于任意的 $a \in E$, 存在 $v(a) \in E_s$, 且 $v(a) \in E_s$. 由于 $v(a') \in E_s$, 因此 $v(a')' \in E_s, a \leqslant v(a')'$. 设 $a \leqslant b, b \in E_s$, 则 $b' \leqslant a'$, $b' = v(b')$, 因此 $b' \leqslant v(a')$, $v(a')' \leqslant b$, 且 $u(a) = v(a')'$. □

命题 4.4.19　设 E 是由精确元控制的弱可换的伪效应代数, 则序对 (u, v) 是伴随对.

证明　显然, 对任意的 $a, b \in E$, 若 $a \leqslant b$, 则 $u(a) \leqslant u(b), v(a) \leqslant v(b)$, 即 $u, v : E \to E$ 都是单调递增的. 又对任意的 $a \in E$, $u(v(a)) = v(a) \leqslant a, v(u(a)) = u(a) \geqslant a$, 从而 (u, v) 是伴随对. □

下面证明由精确元控制的弱可换的伪效应代数 E 中的可精确测量元之集是弱可换的伪正交代数.

命题 4.4.20　设 E 是弱可换的伪效应代数且 $a \in E_s$, $b \in E$. 若 $a \oplus b$ 有定义, 则 $a \oplus b$ 和 $b \oplus a$ 都是 a 和 b 的极小上界.

证明　设 $a \in E_s, b \in E$. 若 $a \oplus b$ 有定义, 则 $b \oplus a$ 有定义且 $a, b \leqslant a \oplus b, b \oplus a$. 设 $a, b \leqslant c \leqslant a \oplus b$, 则存在 $d, e, f \in E$ 使得 $a \oplus d = e \oplus b = c, f \oplus c = a \oplus b$. 因此, $a \oplus b = f \oplus e \oplus b = f \oplus a \oplus d$, 则 $f \oplus a$ 有定义且 $f \leqslant a$. 由 $a \in E_s$, 有 $f = 0$. 因此, $a \oplus b$ 是 a 和 b 的极小上界. 类似可证 $b \oplus a$ 是 a 和 b 的极小上界. □

定理 4.4.21　设 E 是由精确元控制的弱可换的伪效应代数, 则 E_s 是弱可换的伪正交代数.

证明　易知 $0, 1 \in E_s$. 若 $a \in E_s$, 则 $a' \in E_s$. 设 $a, b \in E_s$ 且 $a \oplus b$ 有定义. 由于 $(a \oplus b)' \leqslant a', b'$, 因此 $u((a \oplus b)') \leqslant a', b', a, b \leqslant (u(a \oplus b)')'$. 又 $(a \oplus b)' \leqslant u((a \oplus b)')$, 因此 $(u(a \oplus b)')' \leqslant a \oplus b$. 从而由命题 4.4.20 可得 $a \oplus b = (u(a \oplus b)')' \in E_s$. 类似可证 $b \oplus a \in E_s$. □

定义 4.4.22[85]　设 $(P; \leqslant, 0, 1)$ 是 De Morgan 偏序集. 称一元映射 $\lambda : P \to P$ 是 P 上的 B-**补**, 若 λ 满足下列条件:

(i) $a \leqslant \lambda(\lambda(a))$;

(ii) 当 $a \leqslant b$ 时, 有 $\lambda(b) \leqslant \lambda(a)$;

(iii) $a \wedge \lambda(a) = 0$;

(iv) $(\lambda(a))' = \lambda(\lambda(a))$.

若 $\lambda: P \to P$ 是 P 上的 B-补, 则称 $(P; \leqslant, \lambda, 0, 1)$ 是 **BZ-偏序集**.

定义 4.4.23[85]　设 $(P; \leqslant, \lambda, 0, 1)$ 是 BZ-偏序集.

(i) 若 $a \in P$, $a \wedge a' = 0$, 则称 a 是偏序集 P 的**精确元**. 偏序集 P 的精确元之集记为 P_s.

(ii) 若 $a \in P$, $a = \lambda(\lambda(a))$, 则称 a 是 BZ-偏序集 P 的**BZ-精确元**. 偏序集 P 的 **BZ**-精确元之集记为 P_λ.

定义 4.4.24[85]　设 $(P; \leqslant, ', 0, 1)$ 是 De Morgan 偏序集. 一元映射 μ 称为 P 上的**对偶** B-**补**, 若 μ 满足:

(i) $\mu(\mu(a)) \leqslant a$;

(ii) 当 $a \leqslant b$ 时, 有 $\mu(b) \leqslant \mu(a)$;

(iii) $a \vee \mu(a) = 1$;

(iv) $(\mu(a))' = \mu(\mu(a))$.

若 $\mu: P \to P$ 是 P 上的对偶 B-补, 则称 $(P; \leqslant, \mu, 0, 1)$ 是**对偶BZ-偏序集**.

定义 4.4.25[86]　设 $(P; \leqslant, \mu, 0, 1)$ 是对偶 BZ-偏序集.

(i) 若 $a \wedge a' = 0$, 则称 a 是对偶 BZ-偏序集 P 的**精确元**. 对偶 BZ-偏序集的精确元之集记为 P_s.

(ii) 若 $a = \mu(\mu(a))$, 则称 a 是对偶 BZ-偏序集的**BZ-精确元**. 对偶 BZ-偏序集 P 的**BZ**-精确元之集记为 P_μ.

命题 4.4.26　(i) 若 $(P; \leqslant, ', \lambda, 0, 1)$ 是 BZ-偏序集, 则 $P_\lambda \subseteq P_s$.

(ii) 若 $(P; \leqslant, ', \mu, 0, 1)$ 是对偶 BZ-偏序集, 则 $P_\mu \subseteq P_s$.

证明　(i) 设 $a \in P_\lambda$, 则 $a = \lambda(\lambda(a)) = (\lambda(a))'$, $a' = \lambda(a)$, 从而 $a \wedge a' = a \wedge \lambda(a) = 0, a \in P_s$. 从而, $P_\lambda \subseteq P_s$.

(ii) 类似于 (i) 可证. □

注 4.4.27　命题 4.4.26 中 $P_\lambda \subseteq P_s$ 和 $P_\mu \subseteq P_s$ 中的等号一般不成立. 例如, 设 P 是弱可换的伪正交代数, 定义 $\mu(1) = 0$, 当 $a \neq 0$ 时, $\mu(a) = 1$. 则 $(P; \leqslant, 0, 1, ', \mu)$ 是对偶 BZ-偏序集. 但 $P_\mu = \{0, 1\}$ 而 $P_s = P$.

命题 4.4.28　若 E 是由可精确测量元控制的弱可换的伪效应代数, 则可定义 E 上的两个二元运算 $\lambda, \mu: E \to E$ 如下: $\lambda(a) = (u(a))'$, $\mu(a) = (v(a))'$, 且 λ 与 μ 分别是 E 上的 B-补与 BZ-对偶补.

证明 易知 λ 与 μ 是定义好的. 这里只证 λ 是 E 上的 B-补. ① $a \leqslant \mu(a)$ 且 $u(a) = (\lambda(a))' = (u(\lambda(a)))' = \lambda(\lambda(a))$. ② 当 $a \leqslant b$ 时, $u(a) \leqslant u(b)$, 则 $\lambda(b) \leqslant \lambda(a)$. ③ 若 $a, b \in E, b \leqslant a, \lambda(a)$, 则 $b \leqslant u(a), \lambda(a)$. 由 $u(a), \lambda(a) \in E_s$, 有 $u(a) \wedge \lambda(a) = 0$, 则 $b = 0$. 因此, $a \wedge \lambda(a) = 0$. ④ 由 $\lambda(a) \in E_s$, 有 $\lambda(\lambda(a)) = (u(\lambda(a)))' = (\lambda(a))'$. □

定义 4.4.29 (i) 设 $(E; \oplus, ', 0, 1)$ 是弱可换的伪效应代数. 若存在 λ 是 E 上的 B-补, 则称 $(E; \oplus, ', \lambda, 0, 1)$ 是 **BZ-弱可换的伪效应代数**.

(ii) 设 $(E; \oplus, ', 0, 1)$ 是弱可换的伪效应代数. 若存在 μ 是 E 上的对偶 BZ-补, 则称 $(E; \oplus, ', \mu, 0, 1)$ 是**对偶 BZ-弱可换的伪效应代数**.

定理 4.4.30 (i) 若 $(E; \oplus, 0, 1)$ 是由精确元控制的弱可换的伪效应代数, 则存在 E 上唯一的 B-补 λ 使得 $(E; \oplus, ', \lambda, 0, 1)$ 是 BZ-弱可换的伪效应代数, 且 $E_\lambda = E_s$.

(ii) 若 $(E; \oplus, ', \lambda, 0, 1)$ 是 BZ-弱可换的伪效应代数, 且 $E_\lambda = E_s$, 则 $(E; \oplus, 0, 1)$ 是由精确元控制的, 且对任意的 $a \in E, u(a) = (\lambda(a))'$.

证明 (i) 由命题 4.4.28, 存在 λ 是 E 上的 B-补, 这里 $\lambda(a) = (u(a))'$. 设 $a \in E_s$, 则 $a = u(a), a' = \lambda(a)$, 从而 $a = \lambda(\lambda(a)), a \in E_\lambda$. 又由命题 4.4.28 可得 $E_\lambda = E_s$. 设 χ 是 E 上的另一个 B-补且使得 $E_\chi = E_s$. 由于 $a \in E, a \leqslant \chi(\chi(a))$. 设 $a \leqslant b, b \in E_s$, 则 $\chi(\chi(a)) \leqslant \chi(\chi(b)) = b$. 因此, $u(a) = \chi(\chi(a))$, $\lambda(a) = (\chi(\chi(a)))' = \chi(\chi(\chi(a))) = \chi(a)$, 则 $\lambda = \chi$. 因此, λ 是唯一的.

(ii) 设 λ 是 E 上的 B-补, 且 $E_\lambda = E_s$. 若 $a \in E$, 则 $\lambda(\lambda(a)) \in E_s$ 且 $a \leqslant \lambda(\lambda(a))$. 若 $b \in E_s, a \leqslant b$, 则 $\lambda(\lambda(a)) \leqslant \lambda(\lambda(b)) = b$. 因此, $(E; \oplus, ', \lambda, 0, 1)$ 是由精确元控制的, 且 $u(a) = \lambda(\lambda(a))$. □

在文献 [117] 中, Dvurečenskij 引入了伪效应代数的中心元的定义并证明了伪效应代数中的中心元之集是布尔子代数,并利用中心元得到了一些重要的结论[118–120]. 本节将继续讨论中心元的性质.

定义 4.4.31[117] 称伪效应代数 E 的元 a 是**中心元**, 若存在同构 $f_a : E \to [0, a] \times [0, a^\sim]$ 使得 $f_a(a) = (a, 0)$ 且 $f_a(x) = (x_1, x_2), x = x_1 \oplus x_2$.

用 $C(E)$ 表示伪效应代数 E 的中心元之集.

命题 4.4.32[117] 若 $a \in C(E)$, 则

(i) $f_a(a^\sim) = (0, a^\sim)$;

(ii) 若 $x \leqslant a$, 则 $f_a(x) = (x, 0)$;

(iii) $a \wedge a^\sim = 0$;

(iv) 若 $y \leqslant a^\sim$, 则 $f_a(y) = (0, y)$;

(v) $a^- = a^\sim$;

(vi) 对任意的 $x \in E$, $x \wedge a \in E$, $x \wedge a^{\sim} \in E$, 且 $f_a(x) = (x \wedge a, x \wedge a^{\sim})$;

(vii) 若 $f_a(x) = (x_1, x_2)$, 则 $x = x_1 \vee x_2, x_1 \wedge x_2 = 0$, $x_2 \oplus x_1 = x$.

命题 4.4.33[117] 设 E 是伪效应代数. 若 $e, f \in C(E)$, 则 $e \wedge f$ 存在, $e \wedge f \in C(E)$, $C(E) = (C(E); \wedge, \vee, ', 0, 1)$ 是布尔代数.

命题 4.4.34 设 E 是伪效应代数, $a \in E$ 满足下面的条件:

(i) 对任意的 $p \in E$, 存在 $q, r \in E$ 使得 $q \leqslant a, r \leqslant a^{\sim}$, $p = q \oplus r$;

(ii) a 和 $a^{\sim}$ 都是主要元;

(iii) 对任意的 $b, c \in E$, $b \leqslant a, c \leqslant a^{\sim}$, $b \oplus c, c \oplus b$ 存在并且 $b \oplus c = c \oplus b$.

则对任意的 $p \in E$, 都有

(iv) $a^{-} = a^{\sim}$. 记 $a' = a^{-} = a^{\sim}$;

(v) $a \wedge p$, $a' \wedge p$ 在 E 中都存在;

(vi) $p = (a \wedge p) \oplus (a' \wedge p)$;

(vii) $a \oplus p$ 存在当且仅当 $a \wedge p = 0$ 当且仅当 $p \oplus a$ 存在.

证明 由 (iii) 可得 $a \oplus a^{\sim} = a^{\sim} \oplus a = 1$, 这样 $a^{-} = a^{\sim}$. 假设 $a \neq 0, 1$, 则 a, a' 是满足条件 (C1) 的主要元序列. 由 (i) 和定理 4.4.10 可得 (v) 和 (vi). (vii) 可由 (vi) 得到. □

命题 4.4.35 设 E 是伪效应代数. a 是 E 的中心元当且仅当 a 满足命题 4.4.34 中的 (i), (ii) 和 (iii).

证明 假设 a 是 E 的中心元. 由命题 4.4.32 (v) 可得 $a^{\sim} = a^{-}$. 由命题 4.4.32 (vi) 和 (vii), 可得 (i) 和 (iii) 成立. 设 $x, y \leqslant a$ 且 $x \oplus y$ 存在. 则 $f_a(x \oplus y) = f_a(x) \oplus f_a(y) = (x, 0) \oplus (y, 0) = (x \oplus y, 0)$, 这样 $f_a(x \oplus y) \leqslant f_a(a)$, 因此, $x \oplus y \leqslant a$. 故 a 是主要元. 类似地, $a^{\sim}$ 是主要元.

反之, 假设 a 满足条件 (i), (ii) 和 (iii). 则 a 和 $a^{\sim}$ 是主要元. 设 $e_1 = a$, $e_2 = a^{\sim}$, 由 (i), (iii) 和定理 4.4.10, 存在同构态射 $\phi : [0, e_1] \times [0, e_2] \to E$, 这里 $\phi(x_1, x_2) = x_1 \oplus x_2$. 设 $f_a = \phi^{-1}$, 则 $f_a : E \to [0, a] \times [0, a^{\sim}]$ 是同构态射且 $f_a(a) = (a, 0)$. 因此, a 是 E 的中心元. □

命题 4.4.36 设 E 是伪效应代数. a 是 E 的中心元当且仅当存在可和的主要元序列 $e_1, e_2, \cdots, e_n$ 满足条件 (C1) 且对任意的 $p \in E$, 存在 $p_j \leqslant e_j$ $(j = 1, 2, \cdots, n)$ 使得 $p = p_1 \oplus p_2 \oplus \cdots \oplus p_n$, a 是 $e_1, e_2, \cdots, e_n$ 的子列的和.

证明 设 $a \in C(E)$, 令 $e_1 := a$, $e_2 := a'$. 反之, 由推论 4.4.11 有 $e_1 \oplus e_2 \oplus \cdots \oplus e_n = 1$. 不妨设 $a = e_1 \oplus \cdots \oplus e_k$, $a^{\sim} = e_{k+1} \oplus \cdots \oplus e_n$. 若 $p \in E$, 则存在 $p_j \leqslant e_j (j = 1, 2, \cdots, n)$ 使得 $p = p_1 \oplus p_2 \oplus \cdots \oplus p_n$. 设 $q := p_1 \oplus \cdots \oplus p_k \leqslant a$,

$r := p_{k+1}\oplus\cdots\oplus p_n \leqslant a^{\sim}$, 由于序列 $e_1, e_2, \cdots, e_n$ 满足条件 (C1), 则 $p = q\oplus r = r\oplus p$. 因此由命题 4.4.34 可得 a 是中心元. □

命题 4.4.37 设 E 是伪效应代数. a 是 E 的中心元当且仅当 a 满足下列条件:

(i) a 和 $a^{\sim}$ 都是主要元;

(ii) 当 $b \wedge a = b \wedge a^{\sim} = 0$ 时, $b = 0$;

(iii) 对任意的 $b \in E$, $[0, a] \cap [0, b]$, $[0, a^{\sim}] \cap [0, b]$ 都有极大元;

(iv) 对任意的 $b, c \in E$, $b \leqslant a, c \leqslant a^{\sim}$, $b \oplus c, c \oplus b$ 存在且 $b \oplus c = c \oplus b$.

证明 设 a 是中心元. 只需证明 (ii) 和 (iii). 由命题 4.4.34 (iv) 和 (vi) 可得 (ii). 由命题 4.4.34 (iv) 和 (v) 可得 (iii).

反之, 设 a 满足条件 (i)—(iv). 由 (iv) 可得 $a^{-} = a^{\sim}$. 设 $b \in E$. b_1 是 $[0, a]\cap[0, b]$ 的极大元, b_2 是 $[0, a^{\sim}]\cap[0, b\ominus_l b_1]$ 的极大元. 设 $c = (b\ominus_l b_1)\ominus_l b_2$, 则 $a\wedge c = a^{\sim}\wedge c = 0$. 事实上, 若 $d \leqslant c, a$, 则 $d \leqslant (b \ominus_l b_1) \ominus_l b_2$, $d \leqslant b \ominus_l b_1$. 由于 $d, b_1 \leqslant a$ 且 a 是主要元, $b_1 \oplus d \leqslant a$. 由 b_1 是 $[0, a] \cap [0, b]$ 的极大元, $b_1 \oplus d = b_1$, 从而 $d = 0$, 即 $c \wedge a = 0$. 类似地, 可得 $a^{\sim} \wedge c = 0$. 从而, 由 (ii) 可得 $c = 0$. 这样, $b = b_1 \oplus b_2$. 因此, a 是中心元. □

类似于文献 [129] 中对 atomic 效应代数中的中心元的研究. 下面主要对 atomic 伪效应代数中的中心元进行刻画.

定义 4.4.38 (i) 称 $E - \{0\}$ 的极小元是伪效应代数 E 的**原子**. 伪效应代数 E 的原子的正交补是 E 的**余原子**, 即 a 是余原子当且仅当 a^{-} 与 $a^{\sim}$ 都是原子.

(ii) 称伪效应代数 E 是 **atomic**, 若对任意的非零元 b, 存在 E 的原子 a 使得 $a \leqslant b$. 称伪效应代数 E 是 **atomistic**, 若对任意的非零元 b, 存在 E 的原子之集 A 使得 $b = \vee A$.

引理 4.4.39 设 E 是伪效应代数. 考虑下面的条件:

(i) 设 $a, b \in E$, 若 $a \wedge b = a \wedge b^{-} = 0$, 则 $a = 0$;

(ii) 设 $a, b \in E$, 若 a 是原子, 则 $a \leqslant b$ 或 $a \leqslant b^{-}$;

(iii) 设 $a, b \in E$, 若 a, b 是原子且 $a \neq b$, 则 $a \oplus b$ 存在.

则有 (i) $\Rightarrow$(ii) $\Rightarrow$ (iii).

若 E 是 atomic, 则 (ii)$\Rightarrow$(i).

若 E 是 atomistic, 则 (iii)$\Rightarrow$(ii).

证明 (i) $\Rightarrow$(ii). 设 $a, b \in E$, 且 a 是原子. 若 $a \nleqslant b$, 则 $a \wedge b = 0$. 若 $a \nleqslant b^{-}$, 则 $a \wedge b^{-} = 0$. 这样由 (i) 可得 $a = 0$, 这与 $a \neq 0$ 矛盾.

(ii) ⇒(iii). 设 $a,b \in E$ 是不同的原子, 则 $a \nleqslant b$. 由 (ii) 可知 $a \leqslant b^-$, 这样 $a \oplus b$ 存在.

(ii) ⇒(i). 设伪效应代数 E 是 atomic. 若存在 $a,b \in E$, $a \neq 0$, 使得 $a \wedge b = a \wedge b^- = 0$, 由于 E 是 atomic, 则存在 $c \in E$ 使得 $c \leqslant a$. 从而, $c \wedge b = c \wedge b^- = 0$, $c \nleqslant b$ $c \nleqslant b^-$, 而这与假设矛盾, 因此必有 $a = 0$.

(iii)⇒(ii). 设伪效应代数 E 是 atomistic. 设 $a,b \in E$ 且 a 是原子. 假设 $a \nleqslant b$. 若 $b = 0$, 则 $b^- = 1 \geqslant a$. 设 $b \neq 0$. 由于 E 是 atomistic, 则存在原子之集 $A_b \subseteq E$ 使得 $b = \vee A_b$. 由 $a \notin A_b$ 及 (iii) 可得对任意的 $c \in A_b, a \leqslant c^-$ 且 $c \leqslant a^\sim$. 因此, $b = \vee A_b \leqslant a^\sim, a \leqslant b^-$. □

类似于引理 4.4.39 的证明, 可得到下面的结论.

引理 4.4.40 设 E 是伪效应代数. 考虑下面的条件:

(i) 设 $a,b \in E$, 若 $a \wedge b = a \wedge b^\sim = 0$, 则 $a = 0$;

(ii) 设 $a,b \in E$, 若 a 是原子, 则 $a \leqslant b$ 或 $a \leqslant b^\sim$;

(iii) 设 $a,b \in E$, 若 a,b 是原子且 $a \neq b$, 则 $b \oplus a$ 存在.

则有 (i) ⇒(ii) ⇒(iii).

若 E 是 atomic, 则 (ii) ⇒(i).

若 E 是 atomistic, 则 (iii)⇒(ii).

由命题 4.4.37、引理 4.4.39 和引理 4.4.40 可得如下结论.

定理 4.4.41 设 E 是满足引理 4.4.39 中 (iii) 的伪 atomic 效应代数或者 E 是满足引理 4.4.40 (iii) 的 atomistic 伪效应代数. 则 $a \in E$ 是中心元当且仅当 a 满足命题 4.4.37 中的 (i),(iii) 和 (iv).

引理 4.4.42 设 E 是伪效应代数且 $a \in E$ 是原子.

(i) 原子 a 是主要元当且仅当 $a \oplus a$ 不存在.

(ii) 若 a^- 是主要元, 则对任意的 $b \in E$, 有 $a \nleqslant b$ 或 $a \nleqslant b^\sim$.

(ii′) 若 $a^\sim$ 是主要元, 则对任意的 $b \in E$, 有 $a \nleqslant b$ 或 $a \nleqslant b^-$.

证明 (i) 若 a 是主要元, 则 $a \oplus a$ 不存在. 反之, 若 $a \oplus a$ 不存在, 且 $x, y \leqslant a$, $x \oplus y$ 存在, 则 $\{x,y\} = \{0\}$, $x \oplus y = 0 \leqslant a$ 或 $\{x,y\} = \{0,a\}$, $x \oplus y = a \leqslant a$.

(ii) 若 $a \leqslant b, a \leqslant b^\sim$, 则 $b^- \leqslant a^-$, $b \leqslant a^-$. 因此, $b^- \oplus b = 1 \leqslant a^-$, $a^- = 1$, 而这与 $a \neq 0$ 相矛盾.

(ii′) 类似可证. □

引理 4.4.43 设 E 是伪效应代数. $a,b \in E$, $a \in E$ 是原子. 考虑下面的条件.

(i) 存在 $b_1, b_2 \in E$ 使得 $b_1 \leqslant a, b_2 \leqslant a^\sim$, $b = b_1 \oplus b_2$.

(ii) $a \leqslant b$ 或 $a \leqslant b^-$.

(i′) 存在 $b_1, b_2 \in E$ 使得 $b_1 \leqslant a^-, b_2 \leqslant a, b = b_1 \oplus b_2$.

(ii′) $a \leqslant b$ 或 $a \leqslant b^\sim$.

则 (i) 与 (ii) 等价; (i′) 与 (ii′) 等价.

证明 这里只证 (i) ⇔(ii).

(i) ⇒(ii). 若 $a \nleqslant b$, $b = b_1 \oplus b_2$, 则 $b_1 = 0$, $b = b_2$. 因此, $b \leqslant a^\sim$, $a \leqslant b^-$.

(ii) ⇒ (i). 若 $a \leqslant b$, 则存在 b_2 使得 $a \oplus b_2 = b$, $b_2 \leqslant a^\sim$. 若 $a \leqslant b^-$, 则 $b \leqslant a^\sim$, $b = 0 \oplus b$. □

命题 4.4.44 设 E 是伪效应代数. E 的原子 a 是中心元当且仅当 a 满足下面的条件:

(i) $a^- = a^\sim$, a^- 是主要元;

(ii) 设 $b \in E$, 若 $a \oplus b$ 存在, 则 $a \oplus b = b \oplus a$;

(iii) 若 $b \in E$, 则 $a \leqslant b$ 或 $a \leqslant b^-$.

证明 设 a 是中心元. 由命题 4.4.32 (v) 和命题 4.4.34 (ii) 可得 (i) 成立. 由于 a 是原子, 则由命题 4.4.34(iii) 可得 (ii) 成立. 由命题 4.4.34 (i) 和引理 4.4.43, 可得 (iii) 成立.

反之, 由 (iii) 及引理 4.4.43, 可得命题 4.4.34 (i) 成立. 因此由命题 4.4.35, a 是中心元. □

命题 4.4.45 设 E 是 atomic 伪效应代数. 若 E 中的任何非空子集都有极大元, 则 E 中的任何非零元是 E 中有限个原子的和.

证明 设 $b \in E - \{0\}$ 不能表示为 E 中有限个原子的和. 由于 E 是 atomic, 则存在原子 $a_1 \in E$ 使得 $a_1 \leqslant b$. 由于 b 不能表示为 E 中有限个原子的和, 从而 $b \ominus_l a_1 \neq 0$, 存在 $a_2 \leqslant b \ominus_l a_1$ 使得 $(b \ominus_l a_1) \ominus_l a_2 \neq 0$, 类似地, 存在 a_3 使得 $a_3 \leqslant (b \ominus_l a_1) \ominus_l a_2$. 这样继续下去, 可得一列原子 $a_1, a_2, \cdots \in E$ 使得 $a_1 < a_1 \oplus a_2 < a_1 \oplus a_2 \oplus a_3 < \cdots < b$, 因此 $\{a_1, a_1 \oplus a_2, a_1 \oplus a_2 \oplus a_3, \cdots\}$ 没有极大元, 这与条件矛盾. □

由命题 4.4.45、引理 4.4.42 及命题 4.4.33, 可得如下结论.

定理 4.4.46 若伪效应代数 E 满足下面的条件:

(i) E 是 atomic 且 E 的任何非空子集都有极大元;

(ii) 若 a 是原子, 则 $a^- = a^\sim$, a^- 是主要元;

(iii) 设 $b \in E$, 若 a 是原子, 则 $a \leqslant b$ 或 $b \leqslant a^-$;

(iv) 设 $b \in E$, 若 a 是原子且 $a \oplus b$ 存在, 则 $a \oplus b = b \oplus a$,

则 E 是布尔代数.

证明 由 (ii), (iii) 及 (iv), E 中的任何原子是中心元. 由命题 4.4.45 及 (i), 可得 E 是 atomistic. 从而 $C(E) = E$. 因此, 由命题 4.4.33, E 是布尔代数. □

4.5 广义伪效应代数中的 Riesz 理想与 Riesz 同余

在效应代数结构的研究中, Riesz 同余关系起着重要的作用 [17,55,132–135] 它类似于正交模格中 p-理想的作用 [2]. 伪效应代数是伪 MV-代数 (广义 MV-代数) 和效应代数的推广 [21, 123]. 在文献 [40], [121], [122], [124] 中对伪效应代数中的 Riesz 理想与 Riesz 同余关系进行了研究. 本节主要研究广义伪效应代数中 Riesz 理想, 所做的工作如下: ① 证明在上定向的广义伪效应代数中的 Riesz 理想之格与 Riesz 同余关系之格之间存在序同构; ② 给出广义伪效应代数的商代数是广义效应代数的充要条件, 也给出广义伪效应代数的商代数是线性序的充要条件; ③ 给出弱可换的广义伪效应代数中的 Riesz 同余关系也是其单位化中的 Riesz 同余关系的充要条件. 本节内容主要取自文献 [136].

定义 4.5.1[55] (i) 称广义伪效应代数 P 中的二元关系 $\sim$ 是**弱同余**, 若 $\sim$ 满足下列条件:

(C1) $\sim$ 是等价关系;

(C2) 若 $a \oplus b, a_1 \oplus b_1$ 存在, 且 $a \sim a_1, b \sim b_1$, 则 $a \oplus b \sim a_1 \oplus b_1$.

(ii) 称广义伪效应代数 P 中的弱同余 $\sim$ 是**同余**, 若弱同余 $\sim$ 满足下列条件:

(C3) 设 $a \oplus b$ 存在, 若 $a_1 \sim a$, 则存在 $b_1 \in P$, 使得 $b_1 \sim b$ 且 $a_1 \oplus b_1$ 存在. 若 $b_1 \sim b$, 则存在 $a_2 \in P$, $a_2 \sim a$ 使得 $a_2 \oplus b_2$ 存在.

(iii) 称广义伪效应代数 P 中的同余 $\sim$ 是 ***c*-同余**, 若同余 $\sim$ 满足下列条件:

(C4) 若 $a \sim b$, $a \oplus a_1 \sim b \oplus b_1$ 或 $a_1 \oplus a \sim b_1 \oplus b$, 则 $a_1 \sim b_1$.

(iv) 称广义伪效应代数 P 中的同余 $\sim$ 是 ***p*-同余**, 若同余 $\sim$ 满足下列条件:

(C5) 若 $a \oplus b \sim 0$, 则 $a \sim 0, b \sim 0$.

注 4.5.2 (i) 广义伪效应代数 P 中元素 a 关于同余关系 $\sim$ 的等价类记为 $[a]$, 等价类之集记为 $P/\sim$. 定义 $[a] \oplus [b]$ 存在当且仅当存在 $a_1, b_1 \in P$ 使得 $a_1 \sim a$, $b_1 \sim b$ 且 $a_1 \oplus b_1$ 存在, 此时 $[a] \oplus [b] = [a_1 \oplus b_1]$.

(ii) 在集合 $P/\sim$ 上定义: $[a] \leqslant [x]$ 当且仅当存在 $b \in P$, 使得 $[a] \oplus [b] = [x]$.

定理 4.5.3 若 $\sim$ 是广义伪效应代数 P 中的同余关系, 则下列各条成立.

(i) $P/\sim$ 满足 (GPE1), (GPE2) 和 (GPE5).

(ii) $P/\sim$ 满足 (GPE3) 当且仅当 $\sim$ 是 c-同余.

(iii) $P/\sim$ 满足 (GPE4) 当且仅当 $\sim$ 是 p-同余.

证明 (i) 设 $[a]\oplus[b],([a]\oplus[b])\oplus[c]$ 存在, 则存在 $a_1,b_1\in P$ 使得 $a_1\sim a,b_1\sim b,a_1\oplus b_1$ 存在且 $[a]\oplus[b]=[a_1\oplus b_1]$. 存在 $c_1,d\in P$ 使得 $c_1\sim c,d\sim a_1\oplus b_1,d\oplus c_1$ 存在且 $([a]\oplus[b])\oplus[c]=[a_1\oplus b_1]\oplus[c]=[d\oplus c_1]$. 由于 $d\sim a_1\oplus b_1$, $d\oplus c_1$ 存在, 因此存在 $c_2\in P$ 使得 $c_1\sim c_2$, $(a_1\oplus b_1)\oplus c_2$ 存在. 这样, $([a]\oplus[b])\oplus[c]=[a_1\oplus b_1]\oplus[c]=[(a_1\oplus b_1)\oplus c_1]=[a_1\oplus(b_1\oplus c_1)]=[a]\oplus([b]\oplus[c])$. 因此, (GPE1) 成立.

设 $[a]\oplus[b]$ 存在, 则存在 $a_1,b_1\in P$ 使得 $a_1\sim a,b_1\sim b,a_1\oplus b_1$ 存在且 $[a]\oplus[b]=[a_1\oplus b_1]$. 存在 $c,d\in P$ 使得 $a_1\oplus b_1=c\oplus a_1=b_1\oplus d$, 则 $[a]\oplus[b]=[a_1\oplus b_1]=[c]\oplus[a]=[b]\oplus[d]$. 因此, (GPE2) 成立.

显然 $[a]\oplus[0]=[0]\oplus[a]$. 因此, (GPE5) 成立.

(ii) 设 $\sim$ 是 c-同余. 下证 $P/\sim$ 满足 (GPE3). 若 $[a]\oplus[b]=[a]\oplus[c]$, 则存在 $a_1,b_1,a_2,c_1\in P$, $a_1\sim a,b_1\sim b,a_2\sim a,c_1\sim c$, $a_1\oplus b_1,a_2\oplus c_1$ 存在, 且 $[a_1\oplus b_1]=[a_2\oplus c_1]$. 因此, $a_1\oplus b_1\sim a_2\oplus c_1$, $a_1\sim a_2$, 由 $\sim$ 是 c-同余可得 $b_1\sim c_1$. 这样 $[b]=[c]$. 若 $[b]\oplus[a]=[c]\oplus[a]$, 则类似可证 $[b]=[c]$.

反之, 设 $P/\sim$ 满足 (GPE3). 假设 $a\oplus b,a_1\oplus b_1$ 存在且 $a\sim a_1,a\oplus b\sim a_1\oplus b_1$, 则 $[a]\oplus[b]=[a\oplus b]=[a_1\oplus b_1]=[a_1]\oplus[b_1]=[a]\oplus[b_1]$. 由于 $P/\sim$ 满足 (GPE3), 则 $[b_1]=[b]$, $b_1\sim b$. 因此 $\sim$ 是 c-同余.

(iii) 设 $P/\sim$ 满足 (GPE4). 下证 $\sim$ 满足 (C5). 假设 $a\oplus b\sim 0$, 则 $[a]\oplus[b]=[a\oplus b]=[0]$. 由于 $P/\sim$ 满足 (GPE4), 则 $[a]=[b]=[0]$. 因此 $a\sim 0,b\sim 0$. 反之, 设 $\sim$ 满足 (C5). 假设 $[a]\oplus[b]=[0]$, 则存在 $a_1,b_1\in P,a_1\sim a,b_1\sim b$ 使得 $a_1\oplus b_1$ 存在. 这样 $[a]\oplus[b]=[a_1\oplus b_1]=[0]$, $a_1\oplus b_1\sim 0$. 由于 $\sim$ 满足 (C5), 则 $a_1\sim 0,b_1\sim 0$. 因此 $[a]=[b]=[0]$. □

下面给出广义伪效应代数 P 的商集 $P/\sim$ 是广义伪效应代数充分必要条件.

推论 4.5.4 设 $\sim$ 是广义伪效应代数 P 上的同余. $P/\sim$ 是广义伪效应代数当且仅当 $\sim$ 是 c-同余和 p-同余.

在伪效应代数 E 中, 同余与弱同余的关系如下.

定理 4.5.5 设 $\sim$ 是伪效应代数 E 中的弱同余, 则 $\sim$ 是同余当且仅当下列各条成立:

(C3a) 若 $a\sim b$, 则 $a^-\sim b^-,a^\sim\sim b^\sim$;

(C3b) 若 $a\sim b\oplus c$, 则存在 $a_1,a_2\in E$ 使得 $a_1\sim b,a_2\sim c$, $a=a_1\oplus a_2$.

定义 4.5.6　称广义伪效应代数 P 的非空子集 I 是**理想**, 若 I 满足下列条件:

(i) 对任意的 $a \in P$, $i \in I$, 若 $a \leqslant i$, 则 $a \in I$;

(ii) 对任意的 $i, j \in I$, 若 $i \perp j$ 存在, 则 $i \oplus j \in I$.

定义 4.5.7　称广义伪效应代数 P 的理想 I 是**正规的**, 若 I 满足: 对任意的 $a, i, j \in P$, $a \oplus i$, $j \oplus a$ 都存在且相等, 则 $i \in I$ 当且仅当 $j \in I$.

定义 4.5.8　(i) 称广义伪效应代数 P 的理想 I 是 R_1-**理想**, 若 I 满足:

(R1) 若 $i \in I, a, b \in P$, $a \oplus b$ 存在且 $i \leqslant a \oplus b$, 则存在 $j, k \in I$ 使得 $j \leqslant a, k \leqslant b$ 且 $i \leqslant j \oplus k$.

(ii) 称广义伪效应代数 P 的 R_1-理想 I 是 Riesz **理想**, 若 I 满足:

(R2) 若 $i \in I, a, b \in P$, $i \leqslant a$ 且 $(a \ominus_r i) \oplus b$ 存在, 则存在 $j \in I$ 使得 $j \leqslant b$ 和 $a \oplus (b \ominus_l j)$ 都存在.

若 $i \in I, a, b \in P, i \leqslant a$ 且 $b \oplus (a \ominus_l i)$ 存在, 则存在 $j \in I$ 使得 $j \leqslant b$ 且 $(b \ominus_r j) \oplus a$ 存在.

容易证明下面的命题.

命题 4.5.9[121]　设 P 是广义伪效应代数. 若 $a, b, c, d \in P$, 则下列各条成立.

(i) 若 $a \oplus b$ 存在且 $c \leqslant b$, 则 $(a \oplus b) \ominus_r c = a \oplus (b \ominus_r c)$.

(ii) 若 $a \oplus b$ 存在且 $c \leqslant a$, 则 $(a \oplus b) \ominus_l c = (a \ominus_l c) \oplus b$.

(iii) 若 $a \leqslant c, b \leqslant d$ 且 $c \oplus d$ 存在, 则 $(c \oplus d) \ominus_l (a \oplus b) = ((c \oplus d) \ominus_l a) \ominus_l b = ((c \ominus_l a) \oplus d) \ominus_l b \geqslant d \ominus_l b$ 且 $(c \oplus d) \ominus_r (a \oplus b) = ((c \oplus d) \ominus_r b) \ominus_r a = (c \oplus (d \ominus_r b)) \ominus_r a \geqslant c \ominus_r a$.

命题 4.5.10　在上定向的广义伪效应代数 P 中, 理想 I 是 Riesz 理想当且仅当 I 是 R_1-理想.

证明　必要性显然成立. 下证充分性. 设 $i \in I, a, b \in P, i \leqslant a$ 且 $(a \ominus_r i) \oplus b$ 存在. 由于 P 是上定向的, 存在 $u \in P$ 使得 $(a \ominus_r i) \oplus b, a \leqslant u$, 则 $b \leqslant u \ominus_l (a \ominus_r i) = i \oplus (u \ominus_l a)$. 存在 $d \in P$ 使得 $i \oplus (u \ominus_l a) = d \oplus b$. 由 (R1), 存在 $j, k \in I$ 使得 $k \leqslant d, j \leqslant b, i \leqslant k \oplus j \leqslant d \oplus b$, 则 $u \ominus_l a = (d \oplus b) \ominus_l i \geqslant (d \oplus b) \ominus_l (k \oplus j) \geqslant b \ominus_l j$. 因此, $a \oplus (b \ominus_l j)$ 存在. 其余类似可证. □

设 $I(P)$ 表示广义伪效应代数 P 的理想之集. 按照包含序关系 $I_0 = \{0\}, I_1 = P$ 分别是 $I(P)$ 中的最小元与最大元.

命题 4.5.11　设 P 是广义伪效应代数, 则 $I(P)$ 是完备格.

证明　只需证明对任意的一族理想 $I_i, i \in \Lambda$, $\bigcap_{i \in \Lambda} I_i$ 是 P 的理想. 设 $a, b \in P$ 且 $a \oplus b$ 存在. 若 $a, b \in \bigcap_{i \in \Lambda} I_i$, 则对任意的 i, $a \oplus b \in I_i$, 从而 $a \oplus b \in \bigcap_{i \in \Lambda} I_i$. □

一般地, $I(P)$ 中两个元素的并的结构是复杂的. 下面命题给出了在 $I(P)$ 中正规的 R_1-理想与理想的并的结构. 设 $R_1I(P)$ 表示广义伪效应代数 P 的所有的正规 R_1-理想之集. 按照包含序关系 $I_0 = \{0\}$, $I_1 = P$ 分别是 $R_1I(P)$ 的最小元与最大元.

命题 4.5.12 设 P 是广义伪效应代数.

(i) 若 $J \in I(P)$, $I \in R_1I(P)$, 则在 $I(P)$ 中 $I \vee J = \{i \oplus j : i \in I, j \in J\}$.

(ii) 若 $I, J \in R_1I(P)$, 则 $I \vee J \in R_1I(P), I \cap J \in R_1I(P)$. 因此 $R_1I(P)$ 是 $I(P)$ 的子格.

证明 (i) 令 $I \oplus J = \{i \oplus j : i \in I, j \in J\}$. 显然, I, J 是 $I \oplus J$ 的子集. 先证 $I \oplus J \in I(P)$.

(1) 设 $a, b \in I \oplus J$ 且 $a \oplus b$ 存在. 不妨设 $a = i_1 \oplus j_1, b = i_2 \oplus j_2$ 且 $i_k \in I$, $j_k \in J, k = 1, 2$, 则存在 $i_3 \in P$ 使得 $i_3 \oplus j_1 = j_1 \oplus i_2$. 由于 I 是正规的, 则 $i_3 \in I$. 因此, $a \oplus b = i_1 \oplus j_1 \oplus i_2 \oplus j_2 = (i_1 \oplus i_3) \oplus (j_1 \oplus j_2) \in I \oplus J$.

(2) 反之, 设 $a \oplus b \in I \oplus J$. 则存在 $i \in I, j \in J$ 使得 $i \oplus j = a \oplus b$. 由于 I 是正规的 R_1-理想, 则存在 $i_1, i_2 \in I$ 使得 $i_1 \leqslant a, i_2 \leqslant b, i \leqslant i_1 \oplus i_2$. 设 $a = i_1 \oplus a_1, b = i_2 \oplus b_1$, 则 $a \oplus b = i_1 \oplus a_1 \oplus i_2 \oplus b_1 = i_1 \oplus i_2 \oplus ((a_1 \oplus i_2) \ominus_l i_2) \oplus b_1 = i \oplus i_3 \oplus ((a_1 \oplus i_2) \ominus_l i_2) \oplus b_1 = i \oplus j$, 这里 $i_3 \in I$ 使得 $i \oplus i_3 = i_1 \oplus i_2$. 从而 $i_3 \oplus ((a_1 \oplus i_2) \ominus_l i_2) \oplus b_1 = j$. 这样 $(a_1 \oplus i_2) \ominus_l i_2 \in J, b_1 \in J$. 因此, $a_1 \oplus i_2 \in I \oplus J, b = i_2 \oplus b_1 \in I \oplus J$.

(3) 存在 $i_4 \in P$ 使得 $i_4 \oplus a_1 = a_1 \oplus i_2$. 由于 I 是正规理想, 则 $i_4 \in I$. 从而存在 $m \in I, n \in J$ 使得 $i_4 \oplus a_1 = m \oplus n$. 设 $i_4 = a, a_1 = b$. 由 (2) 可得 $a_1 \in I \oplus J$. 从而由 (1) 可得 $a = i_1 \oplus a_1 \in I \oplus J$.

因此, $I \oplus J \in I(P)$.

下证 $I \vee J = I \oplus J$. 设 $K \in I(P)$ 且 $I, J \subseteq K$. 设 $x = i \oplus j \in I \oplus J$, 其中 $i \in I, j \in J$, 则 $i \in K, j \in K$ 且 $x = i \oplus j \in K$. 这样, $I \oplus J \subseteq K$. 因此, $I \vee J = I \oplus J$.

(ii) 设 J 是正规的 R_1-理想, 下证 $I \oplus J$ 和 $I \cap J$ 也是正规的 R_1-理想.

设 $x \in I \oplus J$, $x \leqslant a \oplus b$, $x = i \oplus j$, 这里 $i \in I$, $j \in J$. 则 $i \leqslant a \oplus b$, 由于 I 是 R_1-理想, 则存在 $i_1, i_2 \in I$ 使得 $i \leqslant i_1 \oplus i_2$, $i_1 \leqslant a, i_2 \leqslant b$ 且 $j \leqslant ((i_1 \oplus i_2) \ominus_l i) \oplus ((a \oplus b) \ominus_l (i_1 \oplus i_2)) = ((i_1 \oplus i_2) \ominus_l i) \oplus (((a \ominus_l i_1) \oplus b) \ominus_l i_2) = ((i_1 \oplus i_2) \ominus_l i) \oplus (((a \ominus_l i_1) \oplus i_2) \ominus_l i_2) \oplus (b \ominus_l i_2)$. 由于 $j \in J$, 则存在 $j_1, j_2, j_3 \in J$ 使得 $j_1 \leqslant (i_1 \oplus i_2) \ominus_l i, j_2 \leqslant ((a \ominus_l i_1) \oplus i_2) \ominus_l i_2, j_3 \leqslant b \ominus_l i_2$ 且 $j \leqslant j_1 \oplus j_2 \oplus j_3$. 由于 $i \oplus j_1 \leqslant i_1 \oplus i_2$, 则 $i \oplus j \leqslant i_1 \oplus i_2 \oplus j_2 \oplus j_3 \leqslant i_1 \oplus ((a \ominus_l i_1) \oplus i_2) \oplus j_3 \leqslant a \oplus b$.

设 $j_4 \in P$, $i_2 \oplus j_2 = j_4 \oplus i_2$. 由 J 是正规理想可得 $j_4 \in J$. 从而 $i_1 \oplus j_4 \oplus i_2 = i_1 \oplus i_2 \oplus j_2 \leqslant i_1 \oplus (a \ominus_l i_1) \oplus i_2 = a \oplus i_2$. 因此, $i_1 \oplus j_4 \leqslant a$. 这样 $i_1 \oplus i_2 \oplus j_2 \oplus j_3 = i_1 \oplus j_4 \oplus i_2 \oplus j_3$. 设 $x_1 = i_1 \oplus j_4$, $x_2 = i_2 \oplus j_3$. 从而 $x_1, x_2 \in I \oplus J, x_1 \leqslant a, x_2 \leqslant b$, $x \leqslant x_1 \oplus x_2$. 因此, $I \oplus J$ 是 R_1-理想.

设 $x, y, p \in P$ 且 $x \oplus p = p \oplus y$. 若 $x \in I \oplus J$ 且 $x = x_1 \oplus x_2, x_1 \in I, x_2 \in J$, 则 $x_1 \oplus x_2 \oplus p = p \oplus y$. 假设 $x_2 \oplus p = p \oplus y_2$ 且 $x_1 \oplus p = p \oplus y_1$. 则 $x_1 \oplus x_2 \oplus p = p \oplus y_1 \oplus y_2 = p \oplus y$. 因此, $y_1 \oplus y_2 = y$. 由于 I, J 是正规的, 从而 $y_1 \in I, y_2 \in J$ 且 $y \in I \oplus J$. 这样 $I \oplus J$ 是正规的 R_1-理想.

易证 $I \cap J$ 是正规的 R_1-理想. □

命题 4.5.13　设 P 是广义伪效应代数. 若 $J \in I(P)$, $I \in R_1I(P)$, 则 $I \oplus J = J \oplus I$.

证明　设 $x \in I \oplus J$, $x = i \oplus j, i \in I, j \in J$, 则存在 $k \in P$ 使得 $i \oplus j = j \oplus k$. 由于 I 是正规的, 则 $k \in I$ 且 $x \in J \oplus I$. 从而 $I \oplus J \subseteq J \oplus I$. 类似地, 可证 $J \oplus I \subseteq I \oplus J$. □

推论 4.5.14　设 P 是广义伪效应代数. 若 $I_1, I_2, \cdots, I_n$ 是正规的 R_1-理想, 则 $I_1 \vee I_2 \vee \cdots \vee I_n = \{i_1 \oplus i_2 \oplus \cdots \oplus i_n : i_k \in I_k\}$ 且 $I_1 \wedge I_2 \wedge \cdots \wedge I_n = I_1 \cap I_2 \cap \cdots \cap I_n$.

命题 4.5.15　设 P 是广义伪效应代数. 按照包含序关系, $R_1I(P)$ 是分配的完备格. 而且, 对任意的一族正规的 R_1-理想 $(I_k)_{k\in\Lambda}$ 和正规的 R_1-理想 J, 有

$$\bigvee_{k\in\Lambda} I_k = \{i_{k_1} \oplus i_{k_2} \oplus \cdots \oplus i_{k_p} : i_{k_j} \in I_{k_j}, j = 1, 2, \cdots, p\},$$

$$J \wedge \left(\bigvee_{k\in\Lambda} I_k\right) = \bigvee_{k\in\Lambda} (J \wedge I_k).$$

证明　只证 $J \wedge (\bigvee_{k\in\Lambda} I_k) = \bigvee_{k\in\Lambda}(J \wedge I_k)$ 成立. 显然, $\bigvee_{k\in\Lambda}(J \wedge I_k) \subseteq J \wedge (\bigvee_{k\in\Lambda} I_k)$. 设 $x \in J \wedge (\bigvee_{k\in\Lambda} I_k)$, 则 $x \in J$. 设 $x = i_{k_1} \oplus \cdots \oplus i_{k_m}$, 这里 $i_{k_p} \in I_{k_p}$. 由于 $i_{k_p} \leqslant x, i_{k_p} \in J$, 则 $i_{k_p} \in J \wedge I_{k_p}$. 从而 $x \in \bigvee_{k\in\Lambda}(J \wedge I_k)$, 因此 $J \wedge (\bigvee_{k\in\Lambda} I_k) = \bigvee_{k\in\Lambda}(J \wedge I_k)$. □

注 4.5.16　由上面的命题可知, $R_1I(P)$ 是 $I(P)$ 的完备的分配子格.

注 4.5.17　一般地, 分配律 $J \vee (\wedge I_k) = \wedge(J \vee I_k)$ 不成立 [2, 60].

下面给出广义伪效应代数中的 Riesz 理想与 Riesz 同余之间的关系.

定义 4.5.18　设 I 是广义伪效应代数 P 的理想. $a, b \in P$, 定义 $a \sim_I b$, 若存在 $i, j \in I, i \leqslant a, j \leqslant b$ 使得 $a \ominus_r i = b \ominus_r j$.

引理 4.5.19 若 I 是广义伪效应代数 P 的正规理想, 则 $a \ominus_r b \in I$ 当且仅当 $a \ominus_l b \in I$.

证明 设 $i = a \ominus_r b, j = a \ominus_l b$. 则 $i \oplus b = a = b \oplus j$, 这样 $a \ominus_r b \in I$ 当且仅当 $a \ominus_l b \in I$. □

注 4.5.20 由引理 4.5.19, 若 I 是正规理想, 则 $a \sim_I b$ 当且仅当存在 $k, l \in I$ 使得 $a \ominus_l k = b \ominus_l l$.

引理 4.5.21 若 I 是广义伪效应代数 P 的正规的 R_1-理想, 则 $a \sim_I b$ 当且仅当存在 $i, j \in I$ 使得 $i \leqslant a, j \leqslant b, a \ominus_r i \leqslant b, b \ominus_r j \leqslant a$.

证明 必要性显然成立. 下证充分性. 设 $a \ominus_r i \leqslant b$, $b \ominus_r j \leqslant a$. 则存在 $c \in P$ 使得 $(a \ominus_r i) \oplus c = b$. 因此, $[(a \ominus_r i) \oplus c] \ominus_r j = b \ominus_r j \leqslant a$. 由 (R1), 存在 $k, l \in I, k \leqslant a \ominus_r i, l \leqslant c$ 使得 $j \leqslant k \oplus l \leqslant (a \ominus_r i) \oplus c$. 这样 $[(a \ominus_r i) \oplus (c \ominus_r l)] \ominus_r k = [(a \ominus_r i) \oplus c] \ominus_r (k \oplus l) \leqslant a$. 存在 $x \in P$ 使得 $x \oplus (a \ominus_r i) = (a \ominus_r i) \oplus (c \ominus_r l)$. 从而 $[(a \ominus_r i) \oplus (c \ominus_r l)] \ominus_r k = [x \oplus (a \ominus_r i)] \ominus_r k = x \oplus ((a \ominus_r i) \ominus_r k) = x \oplus (a \ominus_r (k \oplus i)) \leqslant a$ 且 $a \ominus_l (a \ominus_r (k \oplus i)) = k \oplus i \in I$. 由于 I 是正规的及引理 4.5.19, $a \ominus_r (a \ominus_r (k \oplus i)) \in I$, 因此, $x \in I$. 又由于 I 是正规的, 则 $c \ominus_r l \in I$. 从而 $c = (c \ominus_r l) \oplus l \in I$ 且 $a \ominus_r i = b \ominus_r c$. □

定理 4.5.22 若 I 是广义伪效应代数 P 的正规的 R_1-理想, 则 $\sim_I$ 满足 (C1), (C2), (C3b) 和 (C5). 而且, $a \sim_I 0$ 当且仅当 $a \in I$.

证明 设 I 是广义伪效应代数 P 的正规的 R_1-理想. 对于 (C1), 只需证明 $\sim_I$ 满足传递性. 设 $a \sim_I b, b \sim_I c$. 则存在 $i, j, k, l \in I$ 使得 $a \ominus_r i = b \ominus_r j, b \ominus_r k = c \ominus_r l$. 由 $b = (b \ominus_r j) \oplus j = (a \ominus_r i) \oplus j$ 可得 $b \ominus_r k = [(a \ominus_r i) \oplus j] \ominus_r k \leqslant c$. 由于 I 满足 (R1), 则存在 $m, n \in I$ 使得 $[(a \ominus_r i) \oplus j] \ominus_r (m \oplus n) \leqslant [(a \ominus_r i) \oplus j] \ominus_r k \leqslant c$. 由命题 4.5.9(iii), 有 $(a \ominus_r i) \ominus_r m = a \ominus_r (m \oplus i) \leqslant c, m \oplus i \in I$. 又由 $b = (c \ominus_r l) \oplus k$, 可得 $((c \ominus_r l) \oplus k) \ominus_r j = a \ominus_r i \leqslant a$. 类似存在 $p \in I$ 使得 $c \ominus_r (l \oplus p) \leqslant a, l \oplus p \in I$. 由引理 4.5.21 有 $a \sim_I c$, 因此传递性成立.

对于 (C2). 设 $x_1 \sim_I x_2, y_1 \sim_I y_2$ 且 $x_1 \oplus y_1, x_2 \oplus y_2$ 存在. 则存在 $i, j, k, l \in I$ 使得 $x_1 \ominus_r i = x_2 \ominus_r j, y_1 \ominus_r k = y_2 \ominus_r l$. 从而 $(x_1 \ominus_r i) \oplus (y_1 \ominus_r k) = (x_2 \ominus_r j) \oplus (y_2 \ominus_r l)$. 由于 $x_1 \oplus y_1 = (x_1 \ominus_r i) \oplus i \oplus (y_1 \ominus_r k) \oplus k$, 则存在 $m \in P$ 使得 $i \oplus (y_1 \ominus_r k) = (y_1 \ominus_r k) \oplus m$. 由于 $i \in I$, I 是正规的, 则 $m \in I$. 因此, $x_1 \oplus y_1 = (x_1 \ominus_r i) \oplus (y_1 \ominus_r k) \oplus m \oplus k, m \oplus k \in I$. 类似地, 存在 $n \in I$ 使得 $x_2 \oplus y_2 = (x_2 \ominus_r j) \oplus (y_2 \ominus_r l) \oplus n \oplus l, n \oplus l \in I$. 这样, 有 $(x_1 \oplus y_1) \ominus_r (m \oplus k) = (x_2 \oplus y_2) \ominus_r (n \oplus l)$, $x_1 \oplus y_1 \sim_I x_2 \oplus y_2$.

对于 (C3b). 设 $a \sim_I b \oplus c$. 则存在 $i, j \in I$ 使得 $a \ominus_r i = (b \oplus c) \ominus_r j$. 由 (R1), 存在 $k, l \in I$ 使得 $k \leqslant b, l \leqslant c$, $j \leqslant k \oplus l \leqslant b \oplus c$. 从而 $a \ominus_r i = ((b \oplus c) \ominus_r (k \oplus l)) \oplus ((k \oplus l) \ominus_r j) = ((b \oplus (c \ominus_r l)) \ominus_r k) \oplus ((k \oplus l) \ominus_r j) = (((b \ominus_r k) \oplus k \oplus (c \ominus_r l)) \ominus_r k) \oplus ((k \oplus l) \ominus_r j) = (b \ominus_r k) \oplus ((k \oplus (c \ominus_r l)) \ominus_r k) \oplus ((k \oplus l) \ominus_r j)$. 则 $a = (b \ominus_r k) \oplus ((k \oplus (c \ominus_r l)) \ominus_r k) \oplus (((k \oplus l) \ominus_r j) \oplus i)$. 设 $a_1 = b \ominus_r k, a_2 = ((k \oplus (c \ominus_r l)) \ominus_r k) \oplus (((k \oplus l) \ominus_r j) \oplus i)$, 则 $a = a_1 \oplus a_2$ 且 $a_1 \sim_I b, a_2 \sim_I c$.

对于 (C5). 设 $a \oplus b \sim_I 0$. 由 (C3b), 存在 a_1 和 b_1 使得 $a_1 \sim_I a$, $b_1 \sim_I b$, $a_1 \oplus b_1 = 0$. □

推论 4.5.23 若 I 是广义伪效应代数 P 的正规的 Riesz 理想, 则 $\sim_I$ 既是 c-同余又是 p-同余. 因此, $P/\sim_I$ 是广义伪效应代数.

证明 由定理 4.5.22, 只需证明 $\sim_I$ 满足 (C3) 和 (C4).

对于 (C3). 设 $a \oplus b$ 存在. 对任意的 $a_1 \in P$, $a_1 \sim_I a$, 存在 $i, j \in I$ 使得 $a_1 \ominus_r i = a \ominus_r j$. 由于 $a \oplus b$ 存在, 则 $(a \ominus_r j) \oplus b$ 存在且 $(a_1 \ominus_r i) \oplus b$. 利用 (R2), 存在 $k \in I$ 使得 $a_1 \oplus (b \ominus_l k) \in P$ 且 $b \ominus_l k \sim_I b$.

对任意的 $b_1 \in P$, $b_1 \sim_I b$, 存在 $l, m \in I$ 使得 $b_1 \ominus_l l = b \ominus_l m$. 由于 $a \oplus b$ 存在, 则 $a \oplus (b \ominus_l m)$ 存在且 $a \oplus (b_1 \ominus_l l)$. 由 (R2) 知, 存在 $n \in I$ 使得 $(a \ominus_r n) \oplus b_1 \in P$ 且 $a \ominus_r n \sim_I a$. 因此, (C3) 成立.

对于 (C4). 设 $a \oplus b$ 且 $a_1 \oplus b_1$ 存在, $a \sim_I a_1, a \oplus b \sim_I a_1 \oplus b_1$. 由于 $a_1 \oplus b_1$ 存在且 $a \sim_I a_1$, 又由 (C3) 可知, 存在 $d \in P$ 使得 $d \sim_I b_1$ 且 $a \oplus d$ 存在. 因此, 由 (C2) 可得 $a \oplus b \sim_I a_1 \oplus b_1 \sim_I a \oplus d$. 由定理 4.5.22, $\sim_I$ 满足 (C3b), 则存在 $e, f \in P$ 使得 $a \sim_I e, f \sim_I d$ 且 $a \oplus b = e \oplus f$. 由 $a \sim_I e, f \sim_I d$ 可知, 存在 i, j 使得 $a \ominus_r i = e \ominus_r j$. 这样, $a \oplus b = (a \ominus_r i) \oplus j \oplus f, i \oplus b = j \oplus f$. $i \oplus b \sim_I b, j \oplus f \sim_I f$, 因此, $f \sim_I b$. 则 $b \sim_I d$, $b \sim_I b_1$.

由定理 4.5.3 可知, $P/\sim_I$ 是广义伪效应代数. □

定理 4.5.24 设 I 是广义伪效应代数 P 的正规的 Riesz 理想, 则 $P/\sim_I$ 是广义效应代数当且仅当 I 满足下面的条件:

(S) 对任意的 $a, x, y \in P$, 若 $a \oplus x = y \oplus a$, 则 $x \sim_I y$.

证明 设 I 满足条件 (S). 设 $[a] \oplus [b]$ 在 $P/\sim_I$ 中存在且 $a_1 \sim_I a, b_1 \sim_I b$, $a_1 \oplus b_1$ 存在, 则 $[a] \oplus [b] = [a_1 \oplus b_1]$. 这样存在 $b_2 \in P$ 使得 $a_1 \oplus b_1 = b_2 \oplus a_1$. 由 (S), 有 $b_1 \sim_I b_2$. 因此, $[a] \oplus [b] = [b] \oplus [a]$.

反之, 设 $P/\sim_I$ 是广义效应代数. 设 $a,x,y\in P$ 且 $a\oplus x=y\oplus a$, 则 $[a]\oplus[x]=[y]\oplus[a]=[a]\oplus[y]$. 因此, $[x]=[y]$, $x\sim_I y$. □

定理 4.5.25 设 I 是广义伪效应代数 P 的正规的 Riesz 理想, 则 $P/\sim_I$ 是线性的广义伪效应代数当且仅当 I 满足下面的条件:

(L) 对任意的 $a,b\in P$, 存在 $c\in P$ 使得 $a\oplus c\sim_I b$ 或 $b\oplus c\sim_I a$.

证明 设 I 满足条件 (L). 设 $[a],[b]\in P/\sim_I$. 则存在 $c\in P$ 使得 $a\oplus c=b$ 或 $b\oplus c=a$. 因此, 存在 $[c]\in P/\sim_I$ 使得 $[a]\oplus[c]=[b]$ 或 $[b]\oplus[c]=[a]$.

反之, 设 $P/\sim_I$ 是线性的广义伪效应代数. 则对任意的 $a,b\in P$, 有 $[a]\leqslant[b]$ 或 $[b]\leqslant[a]$. 若 $[a]\leqslant[b]$, 则存在 $[x]\in P$ 使得 $[a]\oplus[x]=[b]$. 这样, 存在 $a_1,c_1\in P$ 使得 $a_1\sim_I a, c_1\sim_I x, a_1\oplus c_1\sim_I b$. 由于 $a_1\sim_I a$, $a_1\oplus c_1$ 存在, 则由 (C3), 存在 $c\in P$ 使得 $c\sim_I c_1$ 且 $a\oplus c$ 存在. □

定义 4.5.26 称 c-同余 $\sim$ 是广义伪效应代数 P 上的 Riesz **同余**, 若 $\sim$ 满足 (C3b) 和下面的条件:

(CR) 若 $a\sim b$, 则存在 $c,d\in P$, 使得 $c\leqslant a,b\leqslant d$ 且 $a\ominus_r c\sim b\ominus_r c\sim 0, d\ominus_r a\sim d\ominus_r b\sim 0$.

命题 4.5.27 设 P 是广义伪效应代数.

(i) 若 $\sim$ 是 P 的 Riesz 同余, 则对任意的 $a\in P$, $[a]$ 既是上定向的又是下定向的.

(ii) 若同余关系 $\equiv$ 和 $\sim$ 都满足 (C3), 且存在 $a\in P$ 使得 $[a]_\equiv\subseteq[a]_\sim$, 则 $[0]_\equiv\subseteq[0]_\sim$.

(iii) 若 $\equiv$ 和 $\sim$ 都是 Riesz 同余, 且存在 $b\in P$ 使得 $[b]_\equiv\subseteq[b]_\sim$, 则对任意的 $a\in P$, $[a]_\equiv\subseteq[a]_\sim$.

(iv) 若 $\equiv$ 和 $\sim$ 都是 Riesz 同余, 且存在 $b\in P$ 使得 $[b]_\equiv=[b]_\sim$, 则 $\equiv$ 和 $\sim$ 相同.

证明 (i) 设 $b,c\in[a]$, 则 $b\sim a, c\sim a$. 从而 $b\sim c$. 由 (CR), 存在 $d,e\in P$ 使得 $d\ominus_r b\sim d\ominus_r c\sim 0, b\ominus_r e\sim c\ominus_r e\sim 0$. 这样 $d\sim b, c\sim b$. 因此, $d,e\in[a]$ 且 $e\leqslant b,c\leqslant d$.

(ii) 设 $b\in[0]_\equiv$ 且 $a\in P$ 使得 $[a]_\equiv\subseteq[a]_\sim$. 由 (C3), 存在 $c\in P$ 使得 $c\equiv a$ 且 $b\oplus c\equiv a$. 由假设有 $c\sim a$ 且 $b\oplus c\sim a$. 因此, $b\sim 0, b\in[0]_\sim$.

(iii) 设 $c\in[a]_\equiv$ 且 $b\in P$ 使得 $[b]_\equiv\subseteq[b]_\sim$. 由 (ii) 可知 $[0]_\equiv\subseteq[0]_\sim$. 由 (CR) 及 $c\equiv a$, 存在 $d\in P$ 使得 $d\ominus_r c\equiv d\ominus_r a\equiv 0$. 则 $d\ominus_r c\sim d\ominus_r a\sim 0$. 因此, $d\sim c\sim a, c\in[a]_\sim$.

(iv) 由 (iii) 可得. □

推论 4.5.28 设 P 是伪效应代数.

(i) 若 $\sim$ 是 P 上的 Riesz 同余, 则对任意的 $a \in P$, $[a]$ 既是上定向的又是下定向的.

(ii) 若 $\equiv$ 和 $\sim$ 都是 Riesz 同余, 且存在 $b \in P$ 使得 $[b]_{\equiv} \subseteq [b]_{\sim}$, 则对任意的 $a \in P$, $[a]_{\equiv} \subseteq [a]_{\sim}$.

(iii) 若 $\equiv$ 和 $\sim$ 都是 Riesz 同余, 且存在 $b \in P$ 使得 $[b]_{\equiv} = [b]_{\sim}$, 则 $\equiv$ 和 $\sim$ 相同.

引理 4.5.29 设 P 是上定向的广义伪效应代数. 若 $\sim$ 是 Riesz 同余, 则 $I = \{i : i \sim 0\}$ 是正规的 Riesz 理想.

证明 若 $y \leqslant x, x \in I$, 则 $(x \ominus_r y) \oplus y \sim 0$. 由于 $\sim$ 是 p-同余, 则 $y \sim 0$ 且 $y \in I$. 若 $i \sim 0, j \sim 0$ 且 $i \oplus j$ 存在, 则 $i \oplus j \sim 0$. 这样 I 是理想. 设 $i \in I, a, j \in P$ 且 $a \oplus i = j \oplus a$. 则 $0 \oplus a \sim a \oplus i = j \oplus a$, 由 (C4) 可得 $0 \sim j$ 且 $j \in I$. 类似地, 设 $j \in I$, 则 $i \in I$. 这样 I 是正规的理想.

由于 P 是上定向的, 只需证明 I 满足 (R1). 设 $i \in I, a, b \in P$ 且 $i \leqslant a \oplus b$. 设 $c = (a \oplus b) \ominus_r i$, 由 $i \sim 0$ 可得 $c \sim a \oplus b$. 由 (C3b), 存在 $a_1, b_1 \in P$ 使得 $a \sim a_1, b \sim b_1$ 且 $c = a_1 \oplus b_1$. 由命题 4.5.27 (i), 存在 $a_2, b_2 \in P$ 使得 $a \sim a_2, b \sim b_2$ 且 $a_2 \leqslant a, a_2 \leqslant a_1, b_2 \leqslant b, b_2 \leqslant b_1$. 因此, $a_2 \oplus b_2 \leqslant a_1 \oplus b_1 = c$. 存在 $b_3 \in P$ 使得 $((a \ominus_l a_2) \oplus b) \ominus_l b_2 = ((a \ominus_l a_2) \oplus b) \ominus_r b_3$. 由 $((a \ominus_l a_2) \oplus b) \ominus_l b_2 \sim 0$ 可得 $((a \ominus_l a_2) \oplus b) \ominus_r b_3 \sim 0$, $b \sim b_3$. 由命题 4.5.27 (i), 存在 $b_4 \sim b$ 使得 $b_4 \leqslant b_2, b_3$. 设 $j = a \ominus_l a_2, k = b \ominus_r b_4$. 则 $j, k \in I$ 且 $j \leqslant a, k \leqslant b$. 又 $j \oplus k = (a \ominus_l a_2) \oplus (b \ominus_r b_4) = ((a \ominus_l a_2) \oplus b) \ominus_r b_4 \geqslant ((a \ominus_l a_2) \oplus b) \ominus_r b_3 = ((a \ominus_l a_2) \oplus b) \ominus_l b_2 = (a \oplus b) \ominus_l (a_2 \oplus b_2) \geqslant (a \oplus b) \ominus_l c = (a \oplus b) \ominus_l ((a \oplus b) \ominus_r i) = i$. □

引理 4.5.30 设 P 是上定向的广义伪效应代数. 若 I 是正规的 Riesz 理想, 则 $\sim_I$ 是 Riesz 同余.

证明 只需证明 (CR). 设 $a \sim_I b$, 则存在 $x \in P$ 使得 $a, b \leqslant x$. 由于 $\sim_I$ 满足 (C4) 且 $x = (x \ominus_r a) \oplus a = (x \ominus_r b) \oplus b = a \oplus (x \ominus_l a) = b \oplus (x \ominus_r b)$, 则 $x \ominus_r a \sim_I x \ominus_r b, x \ominus_l a \sim_I x \ominus_l b$. 存在 $i, j, k, l \in I$ 使得 $(x \ominus_r a) \ominus_r i = (x \ominus_r b) \ominus_r j, (x \ominus_l a) \ominus_l k = (x \ominus_l b) \ominus_l l$. 因此, $x \ominus_r (i \oplus a) = x \ominus_r (j \oplus b), x \ominus_l (a \oplus k) = x \ominus_l (b \oplus l)$. 设 $d = i \oplus a = j \oplus b, c = a \oplus k = b \oplus l$. 从而 $c \ominus_r a \sim_I c \ominus_r a \sim_I 0, d \ominus_r a \sim_I d \ominus_r a \sim_I 0$. 而且, 若 $a \sim_I b$, 则存在 $i, j \in I$ 使得 $a \ominus_r i = b \ominus_r j$. 设 $c = a \ominus_r i$, 则 $a \ominus_l c = i, b \ominus_l c = j$. 由于 I 是正规的, 则 $a \ominus_l c \in I, b \ominus_l c \in I$, $a \ominus_l c \sim_I b \ominus_l c \sim_I 0$. □

引理 4.5.31 设 P 是上定向的广义伪效应代数. 若 I, J 是正规的 Riesz 理想,

则 $I \cap J$ 是正规的 Riesz 理想.

证明 易知 $I \cap J$ 是正规理想. 只需证明 $I \cap J$ 满足 (R1). 设 $i \in I \cap J, a, b \in P$ 且 $i \leqslant a \oplus b$. 由于 I 是 Riesz 理想, 则存在 $j, k \in I$ 使得 $j \leqslant a, k \leqslant b, i \leqslant j \oplus k$. 由于 J 是 Riesz 理想, 则存在 $l, m \in J$ 使得 $l \leqslant j, m \leqslant k$ 且 $i \leqslant l \oplus m$. 因此 $l, m \in I \cap J$, $l \leqslant a, m \leqslant b, i \leqslant l \oplus m \leqslant a \oplus b$. □

引理 4.5.32 设 P 是上定向的广义伪效应代数. 按照包含序关系, P 的正规的 Riesz 理想之集是完备格.

由引理 4.5.29 — 引理 4.5.32, 可得下面的结论.

定理 4.5.33 若 P 是上定向的广义伪效应代数, 则存在 Riesz 理想之格与 Riesz 同余之格之间的序同构.

4.6 广义伪效应代数与其单位化中的 Riesz 理想

本节主要给出广义伪效应代数中的 Riesz 理想与其单位化中的 Riesz 理想之间的关系.

定义 4.6.1[135] 设 $\sim$ 是伪效应代数 E 上的同余关系. 称 $\sim$ 是 Riesz **同余**当且仅当 $\sim$ 满足下面的条件:

(CR$'$) 若 $a \sim b$, 则存在 $c, d \in E$ 使得 $c \perp a, c \perp b, d \perp a, d \perp b$ 且 $a \oplus c \sim b \oplus c \sim 1, d \oplus a \sim d \oplus b \sim 1$.

在伪效应代数 E 中, 定义 4.5.26 与定义 4.6.1 是等价的.

证明 设 $\sim$ 是在定义 4.6.1 意义下的 Riesz 同余, 则 $\sim$ 满足 (C3b) 和 (C4). 只需证明 $\sim$ 满足 (CR). 设 $a \sim b$, 则存在 $x \in E$ 使得 $a \oplus x \sim b \oplus x \sim 1$, 则 $1 \ominus_r (a \oplus x) \sim 1 \ominus_r (b \oplus x) \sim 0$. 这样 $(1 \ominus_r x) \ominus_r a \sim (1 \ominus_r x) \ominus_r b \sim 0$. 设 $d = 1 \ominus_r x$, 则 $a, b \leqslant d$ 且 $d \ominus_r a \sim d \ominus_r b$. 由 $a \sim b$ 可得 $1 \ominus_l a \sim 1 \ominus_l b$, 则存在 $c \in P$ 使得 $c \oplus (1 \ominus_l a) \sim c \oplus (1 \ominus_l b) \sim 1$. 因此, $1 \ominus_r (c \oplus (1 \ominus_l a)) \sim 1 \ominus_r (c \oplus (1 \ominus_l b)) \sim 0$, $(1 \ominus_r (1 \ominus_l a)) \ominus_r c \sim (1 \ominus_r (1 \ominus_l b)) \ominus_r c$ 且 $a \ominus_r c \sim b \ominus_r c$.

反之, 设 $\sim$ 是在定义 4.5.26 意义下的 Riesz 同余, 只需证明 $\sim$ 满足 (CR$'$). 设 $a \sim b$, 则 $1 \ominus_r a \sim 1 \ominus_r b$. 由 $\sim$ 满足 (CR) 可得存在 $d \in P$ 使得 $(1 \ominus_r a) \ominus_r d \sim (1 \ominus_r b) \ominus_r d \sim 0$. 因此, $1 \ominus_l ((1 \ominus_r a) \ominus_r d) \sim 1 \ominus_l ((1 \ominus_r b) \ominus_r d) \sim 1$. 这样 $d \oplus (1 \ominus_l (1 \ominus_r a)) \sim d \oplus (1 \ominus_l (1 \ominus_r b)) \sim 1$, $d \oplus a \sim d \oplus a \sim 1$. 类似地, 存在 $c \in P$ 使得 $a \oplus c \sim b \oplus c \sim 1$. □

命题 4.6.2 广义伪效应代数 P 是其单位化 $\widehat{P}$ 中的正规的 Riesz 理想当仅当 P 是上定向的.

证明 必要性. 设 $a,b\in P$. 由 $b\leqslant a\oplus a^\sharp$ 可得存在 $j,k\in P$ 使得 $j\leqslant a, k\leqslant a^\sharp$ 且 $b\leqslant j\oplus k$. 又由于 $a\oplus k$ 是 a,b 的上界, 而且 $a\oplus k\in P$, 从而 P 是上定向的.

充分性. 由于 $\widehat{P}$ 是弱可换的伪效应代数, 只需证明 P 满足 (R1). 若 $i,a,b\in P$, 则结论显然成立. 下设 $i,a\in P, b^\sharp\in\widehat{P}$ 使得 $i\leqslant a\oplus b^\sharp=(b\ominus_r a)^\sharp$, 则 $(b\ominus_r a)\oplus i$ 存在. 由假设存在 $c\in P$ 使得 $(b\ominus_r a)\oplus i\leqslant c$ 且 $b\leqslant c$, $c^\sharp\oplus(b\ominus_r a)=[c\ominus_l(b\ominus_r a)]^\sharp=[a\oplus(c\ominus_l b)]^\sharp$. 因此 $a\oplus(c\ominus_l b)\in P$ 满足: $c\ominus_l b\leqslant b^\sharp$ 且 $i\leqslant a\oplus(c\ominus_l b)$. □

下面给出广义伪效应代数 P 中同余关系 $\sim$ 可以扩张为其 P 的单位化 $\widehat{P}$ 中的同余关系的充分必要条件. 首先通过 $\sim$ 定义 $\widehat{P}$ 中的二元关系 $\sim^*$:

$(*)$ $\sim^*=\{(x,y)|(x,y)\in\sim$ 或者 $(x,y)=(a^\sharp,b^\sharp),(a,b)\in\sim\}$.

定理 4.6.3 设 $\sim$ 是弱可换的广义伪效应代数 P 中的同余关系, 则 $\sim^*$ 是 $\widehat{P}$ 中的同余关系当且仅当 $\sim$ 满足条件 (C3b) 和 (C4).

证明 设 $\sim$ 是弱可换的广义伪效应代数 P 中的同余关系并且 $\sim$ 满足条件 (C3b) 和 (C4). 下证 $\sim^*$ 在 $\widehat{P}$ 中满足 (C1), (C2) 和 (C3).

对于 (C1). 由于 $\sim$ 是弱可换的广义伪效应代数 P 中的同余关系, 由 $\sim^*$ 的定义可知 $a\sim^* b^\sharp$ 不成立且 $a\sim b$ 当且仅当 $a^\sharp\sim b^\sharp$. 这样, $\sim^*$ 是等价关系.

对于 (C2). 只证下面的情形: 当 $a^\sharp\sim^* a_1^\sharp, b\sim^* b_1, a^\sharp\oplus b$, $a_1^\sharp\oplus b_1$ 存在时, $a^\sharp\oplus b\sim^* a_1^\sharp\oplus b_1$. 由 $a^\sharp\sim^* a_1^\sharp$, 有 $a\sim^* a_1$. 由于 $a=b\oplus(a\ominus_l b), a_1=b_1\oplus(a_1\ominus_l b_1)$, 则 $b\oplus(a\ominus_l b)\sim^* b_1\oplus(a_1\ominus_l b_1)$, $b\oplus(a\ominus_l b)\sim b_1\oplus(a_1\ominus_l b_1)$. 由于 $b\sim^* b_1$, $\sim$ 满足 (C4), 则 $a\ominus_l b\sim a_1\ominus_l b_1$. 因此, $(a\ominus_l b)^\sharp\sim^*(a_1\ominus_l b_1)^\sharp$. 由 $a^\sharp\oplus b=(a\ominus_l b)^\sharp$ 和 $a_1^\sharp\oplus b_1=(a_1\ominus_l b_1)^\sharp$, 可得 $a^\sharp\oplus b\sim^* a_1^\sharp\oplus b_1$.

对于 (C3). 只需证明下面的两种情形.

(i) 若 $a^\sharp\oplus b$ 存在. 对任意的 $a_1\in P, a^\sharp\sim^* a_1^\sharp$, 存在 $x\in P$ 使得 $x\sim^* b$, $a_1^\sharp\oplus x$ 存在; 对任意的 $b_1\in P, b\sim^* b_1$, 存在 $y\in P$ 使得 $a^\sharp\sim^* y^\sharp$, $y^\sharp\oplus b$ 存在.

(ii) 若 $a\oplus b^\sharp$ 存在. 对任意的 $a_1\in P, a\sim^* a_1$, 存在 $x\in P$ 使得 $x^\sharp\sim^* b^\sharp$, $a_1\oplus x^\sharp$ 存在; 对任意的 $b_1\in P, b^\sharp\sim^* b_1^\sharp$, 存在 $y\in P$ 使得 $a\sim^* y$, $y\oplus b_1^\sharp$ 存在.

对于 (i). 假设 $a^\sharp\sim^* a_1^\sharp, a^\sharp\oplus b$ 存在. 则 $a^\sharp\oplus b=(a\ominus_l b)^\sharp, a=b\oplus(a\ominus_l b)\sim a_1$. 由 (C3b), 存在 $x,y\in P$ 使得 $a_1=x\oplus y, x\sim b, y\sim a\ominus_l b$. 因此, $x\sim^* b$, $a_1^\sharp\oplus x$ 存在. 假设 $b\sim^* b_1, a^\sharp\oplus b$ 存在. 则 $a=b\oplus(a\ominus_l b)$. 由 $b\sim b_1$ 和 $\sim$ 满足 (C3), 则存在 $x\in P$ 使得 $a\ominus_l b\sim x$ 且 $b_1\oplus x$ 存在. 这样 $b\oplus(a\ominus_l b)\sim b_1\oplus x$, 则 $a^\sharp\sim^*(b_1\oplus x)^\sharp$,

$(b_1 \oplus x)^\sharp \oplus b_1$ 存在. (ii) 类似可证.

反之, 设 $\sim^*$ 是 $\widehat{P}$ 上的同余关系. 由 $\sim^*$ 满足 (C4) 可知 $\sim$ 也满足 (C4). 设 $a \sim b \oplus c, a, b, c \in P$. 则 $a^\sharp \sim^* (b \oplus c)^\sharp = b^\sharp \ominus_l c$. 由于 (C3) 及 $c \oplus (b^\sharp \ominus_l c)$ 存在, 则存在 $d \in \widehat{P}$ 使得 $d \oplus a^\sharp$ 存在且 $d \sim^* c$. 这样 $a = (a \ominus_r d) \oplus d \sim b \oplus c$. 因此, $a \ominus_r d \sim b$. □

容易证明下面的命题.

命题 4.6.4 设 I 是弱可换的广义伪效应代数 P 中正规的 (R1) 理想, 令 $\sim = \sim_I$. 则 $\sim^*$ 满足条件 (C3) 当且仅当 I 是正规的 Riesz 理想.

推论 4.6.5 设 I 是弱可换的广义伪效应代数 P 中正规的 Riesz 理想, 令 $\sim = \sim_I$. 则通过 $(*)$ 定义的 $\sim^*$ 是 $\widehat{P}$ 中的 Riesz 同余.

证明 由于 I 是满足条件 (R1) 的正规理想, 则 $\sim$ 满足 (C1), (C2) 和 (C3b). 且 I 是正规的 Riesz 理想, 则 $\sim$ 是 c-同余. 由定理 4.6.3, $\sim^*$ 是 $\widehat{P}$ 中的 Riesz 同余. □

定理 4.6.6 设 I 是弱可换的广义伪效应代数 P 中正规的 Riesz 理想, 令 $\sim = \sim_I$. 若 $\sim^*$ 是按照 $(*)$ 定义的二元关系. 则 $\sim^*$ 是 $\widehat{P}$ 中的 Riesz 同余当且仅当 $\sim$ 满足下面的条件:

(GCR) 若 $a \sim b$, 则存在 $i, j \in I$ 使得 $a \oplus i = b \oplus j$.

证明 设 $\sim$ 满足条件 (GCR). 由定理 4.6.3 可得 $\sim^*$ 是 $\widehat{P}$ 上的同余关系. 若 $a \sim b$, 由假设存在 $i, j \in I$ 使得 $a \oplus i = b \oplus j$. 则 $a^\sharp \ominus_l i = (a \oplus i)^\sharp = (b \oplus j)^\sharp = b^\sharp \ominus_l j$. 这样 $1 \sim^* (a \oplus a^\sharp) \ominus_l i = a \oplus (a^\sharp \ominus_l i) \sim^* (b \oplus b^\sharp) \ominus_l j = b \oplus (b^\sharp \ominus_l j)$, 设 $c = a^\sharp \ominus_l i$, 则 (CR$'$) 成立. 若 $a^\sharp \sim^* b^\sharp$, 则 $a \sim^* b$. 由于 $\sim^*$ 与 $\sim$ 在 P 中相同, 则存在 $i, j \in I$ 使得 $a \ominus_l i = b \ominus_l j$. 类似地, 设 $c = a \ominus_l i$, 则 $1 \sim^* (a^\sharp \oplus a) \ominus_l i = a^\sharp \oplus c \sim^* b^\sharp \oplus c = (b^\sharp \oplus b) \ominus_l j$.

反之, 设 $\sim^*$ 是 $\widehat{P}$ 上的 Riesz 同余, 则 $\sim$ 满足条件 (Cb3) 和 (C4). 设 $a \sim b$, 则存在 $c^\sharp \in \widehat{P}$ 使得 $a \oplus c^\sharp \sim^* b \oplus c^\sharp \sim^* 1$. 这样 $c \ominus_r a \sim^* c \ominus_r b \sim^* 0$, 因此存在 $i, j \in I$ 使得 $(c \ominus_r a) \ominus_r i = (c \ominus_r b) \ominus_r j$. 从而 $c \ominus_r (i \oplus a) = c \ominus_r (j \oplus b)$, 则 $i \oplus a = j \oplus b$. 设 $a \oplus k = i \oplus a = j \oplus b = b \oplus l$, $k, l \in P$. 由于 I 是正规理想, 则 $k, l \in I$. □

定理 4.6.7 弱可换的广义伪效应代数 P 中的正规 Riesz 理想 I 是 $\widehat{P}$ 中的正规理想当且仅当 $\sim_I$ 满足条件 (GCR).

证明 设 I 是弱可换的广义伪效应代数 P 中的正规 Riesz 理想.

若 $\sim_I$ 满足条件 (GCR), 则由定理 4.6.6, $\sim^*$ 是 $\widehat{P}$ 中的 Riesz 同余并且 I 是 0 的等价类. 因此由引理 4.5.29, I 是 $\widehat{P}$ 的 Riesz 理想.

反之, 设 I 是 $\widehat{P}$ 的 Riesz 理想, 则 $\sim^*$ 是 $\widehat{P}$ 的 Riesz 同余且 $\sim_I=\sim^*$. 由推论 4.5.28 (i), 关于 $\sim^*$ 的等价类是上定向的. 假设 $a\sim^* b$, 则 $a\sim_I b$. 存在 $c\in P$ 使得 $a\sim^* b\sim^* c$, $a,b\leqslant c$. 这样, 存在 $m,n\in P$ 使得 $a\oplus m=b\oplus n=c$. 由 $a\sim_I c$ 可得存在 $k,l\in I$ 使得 $(a\oplus m)\ominus_r k=a\ominus_r l$. 因此, $k=(a\oplus m)\ominus_l(a\ominus_r l)=l\oplus m$, 则 $m\leqslant k$, $m\in I$. 类似地, 可证 $n\in I$. 因此, (GCR) 成立. □

推论 4.6.8　若弱可换的广义伪效应代数 P 是上定向的, 则 P 的正规的 Riesz 理想 I 也是 $\widehat{P}$ 的正规的 Riesz 理想.

证明　设 I 是上定向的弱可换的广义伪效应代数 P 的正规的 Riesz 理想. 由定理 4.6.7, 只需证明 $\sim_I$ 满足条件 (GCR). 设 $a\sim_I b$. 则存在 $c\in P$ 使得 $a,b\leqslant c$. 由 (C4) 可得 $c\ominus_r a\sim_I c\ominus_r b$. 因此, 存在 $i,j\in I$ 使得 $(c\ominus_r a)\ominus_r i=(c\ominus_r b)\ominus_r j$. 这样 $c\ominus_r(i\oplus a)=c\ominus_r(j\oplus b)$. 因此, $i\oplus a=j\oplus b$. 由 I 的正规性, 存在 $k,l\in I$ 使得 $a\oplus k=i\oplus a=j\oplus b=b\oplus l$. □

定理 4.6.9　设 P 是弱可换的广义伪效应代数且 $\sim$ 是满足 (C3b) 和 (C4) 的同余关系, $\sim^*$ 是按照 $(*)$ 定义的 $\sim$ 的扩充. 则 $P/\sim$ 的单位化是 $\widehat{P}/\sim^*$, 这里 $\widehat{P}$ 是 P 的单位化. 特别地, 若 I 是 P 的满足 (C3a), (C4) 和 (GCR) 的正规理想, 则 P/I 的单位化是 $\widehat{P}/I$.

证明　首先, $\widehat{P}/\sim^*$ 是弱可换的伪效应代数. 对任意的 $x\in E$, 用 $[x]$ 表示与 x 等价的元素之集. 对任意的 $x\in\widehat{P}$, $a\in P$, 若 $x\sim^* a$, 则 $x\in P$, 而由 $x\sim^* a^\sharp$ 可得 $x\in P^\sharp$. 因此, 对任意的 $a,b\in P$, $[a]\subseteq P$, $[b^\sharp]\subseteq P^\sharp$. 从而, 对任意的 $a,b\in P$, $[a]\cap[b^\sharp]=\varnothing$. 注意到 $P/\sim^*=\{[a]|a\in P\}$, $P^\sharp/\sim^*=\{[a^\sharp]|a\in P\}$. 显然, 这两个集合的势相同且相交为空集, 并且 $\widehat{P}/\sim^*=(P/\sim^*)\cup(P^\sharp/\sim^*)$. 而且, $x^\sharp\in[a^\sharp]$. 由于 $a\oplus a^\sharp=a^\sharp\oplus a=0^\sharp$, 这里 $0^\sharp$ 是 $\widehat{P}$ 的单位元. 从而 $[a^\sharp]=[a]^\sharp$, 其中 $[a]^\sharp$ 是 $[a]$ 在 $\widehat{P}/\sim^*$ 中的正交补元. 对 $[a],[b]\in P/\sim^*$, 有 $[a]\oplus[b]$ 存在当且仅当存在 $a_1\in[a]$, $b_1\in[b]$ 使得 $a_1\oplus b_1$ 存在且 $[a]\oplus[b]=[a_1\oplus b_1]$. 若 $[a]\in P/\sim^*$, 则 $[a]\oplus[b^\sharp]$ 存在当且仅当存在 $a_1\in[a]$, $b_1^\sharp\in[b^\sharp]$ 使得 $a_1\oplus b_1^\sharp$ 存在且 $[a]\oplus[b^\sharp]=[a_1\oplus b_1^\sharp]=[(b_1\ominus_r a_1)^\sharp]=[(b_1\ominus_r a_1)]^\sharp$. 又 $[b^\sharp]\oplus[a]$ 存在当且仅当存在 $a_1\in[a]$, $b_1^\sharp\in[b^\sharp]$ 使得 $b_1^\sharp\oplus a_1$ 存在 $[b^\sharp]\oplus[a]=[b_1^\sharp\oplus a_1]=[(b_1\ominus_l a_1)^\sharp]=[(b_1\ominus_l a_1)]^\sharp$.

注意到由于 $a^\sharp\oplus b^\sharp$ 不存在, 从而 $[a^\sharp]\oplus[b^\sharp]$ 不存在. 这说明 $\widehat{P}/\sim^*$ 中的部分二元运算 $\oplus$ 的定义与 $P/\sim^*$ 的单位化中的运算 $\oplus$ 的定义是相同的.

其余部分由推论 4.6.5 和定理 4.6.6 可得. □

本节最后给出一些广义伪效应代数中理想及同余的例子.

例 4.6.10　设 $P=\{0,a,b,c,d,e\}$. 如下定义 P 上的部分加法运算 $\oplus$:

(i) $a\oplus b=b\oplus c=c\oplus a=d, b\oplus a=c\oplus b=a\oplus c=e$;

(ii) 对任意的 $x\in P, x\oplus 0=x$.

易证 P 是弱可换的广义伪效应代数.

令 $P^\sharp=\{0^\sharp,a^\sharp,b^\sharp,c^\sharp,d^\sharp,e^\sharp\}$, $P^\sharp\cap P=\varnothing$. $\widehat{P}=P\cup P^\sharp$. 则 $(\widehat{P};\oplus^*,0,0^\sharp)$ 是弱可换的伪效应代数.

显然, P 是弱可换的广义伪效应代数的正规 Riesz 理想, 但由于 P 不是上定向的, P 不是 $\widehat{P}$ 的 Riesz 理想. 事实上, 可以直接证明 P 不是 $\widehat{P}$ 的 Riesz 理想. 由于 $b\in P$ 且 $b\leqslant c\oplus^* d^\sharp$. 对任意的 $p\in P$, $p\leqslant d^\sharp$ 当且仅当 $p=0$. 则对任意的 $i,j\in P$ 只要 $i\leqslant c, j\leqslant d^\sharp$, 则 $i\oplus j\leqslant c$. 因此, $b\leqslant i\oplus j$ 不成立. 这样 P 不是 $\widehat{P}$ 的 Riesz 理想.

显然 $\{0\}$ 是 P 的正规的 Riesz 理想且是上定向的, 它也是 $\widehat{P}$ 的正规的 Riesz 理想.

例 4.6.11　设 P_1 是例 4.6.10 中的 $\widehat{P}$. 则 P_1 是弱可换的伪效应代数, 也是上定向的弱可换的广义伪效应代数. 设 $\widehat{P_1}$ 是 P_1 的单位化. 显然, P_1 是 $\widehat{P_1}$ 的正规的 Riesz 理想.

一般地, 可以用下面的方法来构造有限的弱可换的广义伪效应代数.

例 4.6.12　设 P 是集合 $\{0,a_1,a_2,\cdots,a_n,x,y\}$, 这里 $n\geqslant 3$. 如下定义 P 上的部分二元运算 $\oplus$:

(i) $a_1\oplus a_2=a_2\oplus a_3=\cdots=a_n\oplus a_1=y, a_2\oplus a_1=a_3\oplus a_2=\cdots=a_1\oplus a_n=x$;

(ii) 对任意的 $p\in P, p\oplus 0=0\oplus p=p$.

容易验证 P 是弱可换的广义伪效应代数.

令 $\widehat{P}=P\cup P^\sharp$, 则 $(\widehat{P};\oplus^*,0,0^\sharp)$ 是弱可换的伪效应代数.

例 4.6.13　设 P_1 和 P_2 是弱可换的广义伪效应代数且 $Q=P_1\times P_2$ 是它们的直积. 对 $a=(a_1,a_2)\in Q$, $b=(b_1,b_2)\in Q$ 定义 $a\sim b$ 当且仅当 $a_1=b_1$. 则 $\sim$ 既是 c-同余也是 p-同余. 这样 $Q/\sim$ 是弱可换的广义伪效应代数. 定义 $\phi: Q/\sim\longrightarrow P_1$, $\phi([a])=a_1$, 易知 ϕ 是同构.

令 $I=\{0\}\times P_2$, 则 I 是正规的 Riesz 理想. 显然, 它是正规的理想. 下证 I 满足 (R1), 设 $i\in I$, $i\leqslant a\oplus b$. 则 $(0,a_2),(0,b_2)\in I,(0,a_2)\leqslant a,(0,b_2)\leqslant b$, $i\leqslant(0,a_2)\oplus(0,b_2)$. 下证 I 满足 (R2), 设 $i\in I$, $(a\ominus_r i)\oplus b$ 存在, 令 $j=(0,b_2)$, 则 $j\in I$ 且 $a\oplus(b\ominus_l j)$. 其余类似可证.

因此, $\sim_I$ 是满足 (C3b) 的 c-同余且 $\sim_I=\sim$.

注 4.6.14 上例中 P_2 是上定向的当且仅当 $\sim_I$ 是 Riesz 同余.

证明 若 P_2 是上定向的, $a, b \in Q$, $a \sim_I b$, 则 $a_1 = b_1$ 且存在 $c_2 \in P_2$ 使得 $a_2, b_2 \leqslant c_2$. 设 $c = (a_1, c_2)$, 则 $a, b \leqslant c$, $c \ominus_r a \in I, c \ominus_r b \in I$. 这样 $c \ominus_r a \sim_I c \ominus_r b \sim_I 0$. 设 $d = (a_1, 0)$, 则 $a \ominus_r d \sim_I b \ominus_r d \sim_I 0$. 反之, 若 $\sim_I$ 是 Riesz 理想, 则对任意的 $a_2, b_2 \in P_2$, 有 $a = (0, a_2) \sim_I (0, b_2) = b$. 因此, 存在 $c \in Q, a, b \leqslant c$ 使得 $c = (c_1, c_2) \ominus_r a \sim_I c \ominus_r b \sim_I 0$. 这样 $c_1 = 0$ 且 $a_2, b_2 \leqslant c_2$. □

注 4.6.15 在例 4.6.13 中设 P_2 是上定向的. 则 P_1 是广义效应代数当且仅当 $\sim_I$ 满足条件 (S).

注 4.6.16 在例 4.6.13 设 P_2 是上定向的. 则 P_1 是线性的当且仅当 $\sim_I$ 满足条件 (L).

例 4.6.17 设 $G = Z \times Z \times Z$. 如下定义 G 上的二元运算 $+$:

$$(a_1, b_1, c_1) + (a_2, b_2, c_2) = \begin{cases} (a_1 + a_2, b_1 + b_2, c_1 + c_2), & a_2 \text{ 是偶数}, \\ (a_1 + a_2, b_2 + c_1, b_1 + c_2), & a_2 \text{ 是奇数}, \end{cases}$$

且 $G^+ = \{(a, b, c) \in G | a > 0, b, c \in Z\} \cup \{(a, b, c) \in G | a = 0, b \geqslant 0, c \geqslant 0, b, c \in Z\}$. 则 $(a_1, b_1, c_1) \leqslant (a_2, b_2, c_2)$ 当且仅当 $a_1 < a_2$ 或 $a_1 = a_2, b_1 \leqslant b_2, c_1 \leqslant c_2$. 因此 $(G; +, 0)$ 是格序的非交换群, 且对任意的 $x_1, x_2, y_1, y_2 \in G^+$, 若 $x_1 + x_2 = y_1 + y_2$, 则存在 $z_1, z_2, z_3, z_4 \in G^+$ 使得 ① $z_1 + z_2 = x_1, z_3 + z_4 = x_2, z_1 + z_3 = y_1, z_2 + z_4 = y_2$; ② $z_2 \wedge z_3 = 0$.

设 $P = G^+$, 则 P 是格序的弱可换的广义伪效应代数. 显然, $I = \{(a, b, c) \in G | a = 0, b \geqslant 0, c \geqslant 0$ 且 $b, c \in Z\}$ 是 P 的正规的 Riesz 理想. 由推论 4.6.8, I 也是 $\widehat{P}$ 的正规的 Riesz 理想. 并且 I 满足条件 (S) 和 (L).

容易得到 $(a_1, b_1, c_1) \sim_I (a_2, b_2, c_2)$ 当且仅当 $a_1 = a_2$. 因此, $P/\sim_I$ 同构于线性的广义效应代数 Z^+. 而 $\widehat{P}/\sim_I$ 同构于线性的效应代数 $\widehat{Z^+}$.

例 4.6.18 设 P 是非标准单位区间 NS[0,1] [137], 这里 NS[0,1]= $\{(a, b) \mid a = 0, b \in [0, +\infty)\} \cup \{(a, b) \mid a \in (0, 1), b \in (-\infty, +\infty)\} \cup \{(a, b) \mid a = 1, b \in (-\infty, 0]\}$. 其上的序是字典序: $(a, b) \leqslant (c, d)$ 当且仅当 $a < c$ 或 $a = c$ 且 $b \leqslant d$.

定义 $(a, b) \oplus (c, d) = (a + c + ac, b + d + bc)$ 当且仅当 $(a + c + ac, b + d + bc) \in P$. 容易得到 $(P; \oplus, (0, 0))$ 是广义伪效应代数. 事实上, 它是伪效应代数. 下面只验证 (GPEA1). 设 $(a, b), (c, d), (e, f) \in P$ 且 $(a, b) \oplus (c, d), ((a, b) \oplus (c, d)) \oplus (e, f)$ 在 P 中存在. 则 $((a, b) \oplus (c, d)) \oplus (e, f) = (a + c + e + ac + ae + ce + ace, b + d + f + bc + be + de + bce)$, $(a + c + e + ac + ae + ce + ace, b + d + f + bc + be + de + bce) \in P$. $(c + e + ce, d + f + de) \in P$,

因此, $(c,d)\oplus(e,f)$ 在 P 中存在. 由于 $(a+c+e+ac+ae+ce+ace, b+d+f+bc+be+de+bce)\in P$, 则 $(a,b)\oplus(c+e+ce, d+f+de)=(a+c+e+ac+ae+ce+ace, b+d+f+bc+be+de+bce)$.

设 $I=\{(a,b):a=0, b\in[0,+\infty)\}$, 则 I 是正规的 Riesz 理想并且满足条件 (S) 和 (L). 定义 $(a,b)\sim_I(c,d)$ 当且仅当 $a=c$. 则 $P/\sim_I$ 同构于线性的效应代数 $([0,1];\oplus,0,1)$, 这里, 对任意的 $x,y\in[0,1]$, $x\oplus y=x+y+xy$ 当且仅当 $x+y+xy\in[0,1]$.

第 5 章　完全伪效应代数

Belluce, Di Nola 和 Lettieri 在文献 [139] 中引入了完全 MV-代数的定义, 完全 MV-代数是一种典型的非 Archimedean MV-代数, 这种完全 MV-代数由其中的无限小元生成. 在完全 MV-代数中任何元素要么是无限小元, 要么是无限小元的正交补元. 在文献 [140] 中证明了对任意的完全 MV-代数 M, 存在一个可交换的 ℓ-群 (格序群) G 使得 M 同构于整数群与 G 的字典序乘积的一个区间. 对这种非 Archimedean 量子逻辑的结构与偏序群之间关系的研究建立了量子逻辑与偏序群之间新的范畴关系.

特别地, MV-代数是满足 RDP 的格效应代数. 对任何满足 RDP 的效应代数存在一个具有强单位的偏序群 G 使得 E 同构于区间 $\Gamma(G,u) := [0,u]$. Dvurečenskij 在文献 [44] 中引入了完全效应代数的定义, 完全效应代数是满足 RDP 的一种非 Archimedean 量子结构. 证明了每个完全效应代数都同构于整数群与某个具有 Riesz 插值性质的可交换群的字典序乘积的一个区间. 进一步, Dvurečenskij 证明了完全效应代数范畴等价于具有 Riesz 插值性质的可交换群范畴 [44]. 对非交换的 MV-代数, 2002 年 Dvurečenskij 在文献 [42] 中证明了任何伪 MV-代数都可同构于某个格序群的区间. 基于此结论, 文献 [45], [144] 引入了完全伪 MV-代数及 n-完全伪 MV-代数的定义, 并证明了任何强的 n-完全伪 MV-代数都同构于整数群与格序群字典序乘积的一个区间. 这些研究对非 Archimedean 量子逻辑的代数结构给出深入的刻画, 同时建立了量子逻辑与偏序群之间新的联系, 拓展了量子逻辑的研究领域 [141–150].

态是概率测度的推广, 是量子测量中的重要概念. 因此对量子结构上态的存在性及态空间性质的研究是量子逻辑研究的一个重要方面. 在布尔代数上, 总存在大量的二值态, 且任何二值态都是端点态. 任何一个完全 MV-代数或者完全效应代数上仅具有二值态. 然而在经典的量子逻辑 $L(H)$ 上, 若 Hilbert 空间 H 的维数 $\dim H \geqslant 3$, 则不存在二值态 [11]. 但是, 若 $\dim H = n$, 则 $L(H)$ 具有唯一的 $(n+1)$-值离散态 s, 且 $s(M) = \dim M/n$, $M \in L(H)$. 离散态在研究量子逻辑与偏序群代数结构中具有重要的地位, 例如在文献 [141] 中利用离散态研究了单调 σ-完备效应代数的表示.

首先, 本章给出具有二值离散态的伪效应代数的结构的刻画. 其次, 将给出具有 $(n+1)$-值离散态伪效应代数的一种刻画, 引入强的 n-完全伪效应代数的定义, 证明每个强的 n-完全伪效应代数都同构于整数群与某个具有 Riesz 插值性质的偏序群的字典序乘积的一个区间. 最后, 进一步指出强的 n-完全效应代数范畴等价于具有 Riesz 插值性质的可交换群范畴.

5.1 效应代数上的离散态

定义 5.1.1 (i) 设 $(E,+,0)$ 与 $(F,+,0)$ 是两个广义伪效应代数. 称映射 $f: E\to F$ 是**态射**, 若 f 满足以下条件:

(1) $f(0_E)=0_F$;

(2) 若 $a,b\in E$ 且 $a+b$ 存在, 则 $f(a)+f(b)$ 存在且 $f(a+b)=f(a)+f(b)$.

(ii) 若 E,F 是为效应代数. 称映射 $f: E\to F$ 是**态射**, 若 f 满足以下条件:

(1) $f(0_E)=0_F, f(1_E)=1_F$;

(2) 若 $a,b\in E$ 且 $a+b$ 存在, 则 $f(a)+f(b)$ 存在且 $f(a+b)=f(a)+f(b)$.

(iii) 设 E 是伪效应代数, 则称态射 $s: E\to[0,1]$ 是 E 上的**态**. 称态 s 是**离散态**, 若存在整数 n 使得 $s(E)\subseteq\left\{0,\frac{1}{n},\cdots,1\right\}$, 这里 $s(E)=\{s(x)\mid x\in E\}$. 若 $s(E)=\left\{0,\frac{1}{n},\cdots,1\right\}$, 称 s 是 $(n+1)$-值离散态.

特别地, 若 $n=1$, 则称 s 是**二值态**.

(iv) 称态 s 是**极端的**, 若对任意的态 s_1,s_2 及 $\alpha\in(0,1)$, 方程 $s=\alpha s_1+(1-\alpha)s_2$ 蕴涵 $s=s_1=s_2$.

显然, 任何一个二值态是 2-值离散态, 反之亦然. 伪效应代数上任何一个二值态都是极端的.

注意到, 若 s 是伪效应代数 E 上的态, 则 $s(0)=0$ 且 $s(1)=1$, 因此下面总假设 $0\neq 1$.

例 5.1.2 设 G 是定向偏序群且 $c\in G$. 则区间伪效应代数 $\Gamma(Z\overrightarrow{\times}G,(n,c))$ 具有 $(n+1)$-值离散态.

显然, 单位区间 $[0,1]$ 可被看作区间效应代数 $c\Gamma(\mathbb{R},1)$.

注 5.1.3 设 E 是伪效应代数, $s: E\to[0,1]$ 是态且 $|s(E)|=n+1$.

(i) 若 $n=1$, 则 $s(E)=\{0,1\}$ 是 $[0,1]$ 的子效应代数且 s 是二值态.

(ii) 若 $n>1$, 则 $s(E)$ 不一定是 $[0,1]$ 的子效应代数. 例如, 设 $E=\{0,a,b,1\}$, E 中部分加法运算 $+$ 定义如下: ① 任意的 $x\in E$, $x+0=0+x=x$; ② $a+b=b+a=1$. 则代数系统 $(E;+,0,1)$ 是效应代数. 定义映射 $s:E\to[0,1]$ 如下: $s(0)=0$, $s(a)=\dfrac{2}{5}$, $s(b)=\dfrac{3}{5}$, $s(1)=1$, 则 s 是 E 上的离散态且 $s(E)=\left\{0,\dfrac{2}{5},\dfrac{3}{5},1\right\}$. 然而, $s(E)$ 不是 $[0,1]$ 的子效应代数.

(iii) 设 s 是效应代数 $(n+1)$-值离散态. 则 s 不一定是极端的. 例如, 对 (ii) 中的效应代数 E, 令 $s(0)=0$, $s(a)=s(b)=\dfrac{1}{2}$, $s(1)=1$, 则 s 是 3-值离散态但不是极端的. 事实上, 设 $s_1(0)=s_1(a)=0$, $s_1(b)=s_1(1)=1$, 且 $s_2(0)=s_2(b)=0$, $s_2(a)=s_2(1)=1$, 则 s_1,s_2 是 E 上的两个态, 且 $s=\dfrac{1}{2}s_1+\dfrac{1}{2}s_2$, 然而, $s\neq s_1$, $s\neq s_2$. 在文献 [143, 命题 8.5] 中证明了具有 Riesz 分解性质的效应代数上的态 s 是极端的离散态当且仅当 s 是 $(n+1)$-值的离散态.

定理 5.1.4 设 E 是伪效应代数且 $s:E\to[0,1]$ 是 E 上的态. 若 $|s(E)|=n+1$ 且 $n\geqslant 1$, 则下列各条等价.

(i) s 是 $(n+1)$-值离散态.

(ii) $s(E)$ 是效应代数 $[0,1]$ 的子效应代数.

(iii) 任给 $t,u\in s(E)$, 若 $t\leqslant u$, 则存在 $v\in s(E)$ 使得 $t+v=u$.

证明 若 $n=1$, 由注 5.1.3, 可知 (i), (ii) 和 (iii) 相互等价.

下面假设 $n>1$ 且 $s(E)=\{0,t_1,\cdots,t_{n-1},1\}$, 这里 $0<t_1<t_2<\cdots<t_{n-1}<1$.

(i)⇒(ii). 若 s 是 $(n+1)$-值离散态, 则 $s(E)=\left\{0,\dfrac{1}{n},\cdots,\dfrac{n-1}{n},1\right\}$, 显然 $s(E)$ 是 $[0,1]$ 的子效应代数.

(ii) ⇒ (iii). 若 $s(E)$ 是 $[0,1]$ 的子效应代数. 任给 $t,u\in s(E)$, 若 $t\leqslant u$, 则存在 $v\in s(E)$ 使得 $t+v$ 存在且 $t+v=u$.

(iii) ⇒ (ii). 由 (iii), 任意的 $t,v\in s(E)$, 若 $t\leqslant v$, 则有 $v-t\in s(E)$. 定义 $s(E)$ 上部分加法运算 $+$ 如下: $t+v$ 在 $s(E)$ 中存在当且仅当 $t\leqslant 1-v$, 此时 $t+v$ 是普通的实数加法. 容易验证 $(s(E);+,0,1)$ 是效应代数. 而且, 任给 $t,v\in s(E)$, $t+v$ 存在当且仅当 $t+v\leqslant 1$, 从而 $(s(E);+,0,1)$ 是 $[0,1]$ 的子效应代数.

(ii) ⇒ (i). 假设 (ii) 成立, 从而 (iii) 成立. 只需证明对任意的 $i\in\{1,\cdots,n-1\}$, $t_i=\dfrac{i}{n}$ 成立.

若 $n=2$, 则 $s(E)=\{0,t_1,1\}$. 由 $0<t_1<1$, 则存在实数 $t\in s(E)$ 使得 $t+t_1=1$. 显然, $t\neq 0,1$, 因此 $t=t_1$, 这样 $t_1=\dfrac{1}{2}$. 故 (i) 成立.

假设 $n>2$. 下面使用数学归纳法证明: 对任意的 $i\in\{1,\cdots,n-1\}$, $t_i=it_1$.

若 $i=2$, 则 $t_1<t_2$, 且存在 $j\in\{1,2\}$ 使得 $t_1+t_j=t_2$, 因此 $j=1$, 故 $t_2=2t_1$.

假设对任意的 $j\leqslant i<n-1$, 已证 $t_j=jt_1$. 由于 $t_i<t_{i+1}$, 有 $t_{i+1}-t_i\in\{t_1,\cdots,t_i\}$. 若 $t_{i+1}-t_i\geqslant 2t_1$, 则有 $t_i<t_i+t_1<t_i+2t_1\leqslant t_i+t_j=t_{i+1}$. 但这是不可能的, 由于 t_i 与 t_{i+1} 之间不存在 $s(E)$ 中的元. 因此, $t_{i+1}-t_i=t_1$, 故对任意的 $i=1,\cdots,n-1$ 都有 $t_i=it_1$.

又由 $0<1-t_{n-1}<\cdots<1-t_1<1$ 可知 $1-t_{n-1}=t_1$, 从而 $t_1=\dfrac{1}{n}$. 这样 s 是 $(n+1)$-值离散态.

下面给出另外一种证明. 假设 $s(E)$ 是 $[0,1]$ 的一个子代数. 注意 $\Gamma(\mathbb{R},1)=[0,1]$ 及由文献 [90, 定理 2.4] 可知存在 $\mathbb{R}$ 的子群 G 使得 $\Gamma(G,1)=s(E)$. 由文献 [84] 中引理 4.21 可知存在下面两种情况.

(a) G 是 $\mathbb{R}$ 的一个稠密子群. 因此, $|\Gamma(G,1)|=|s(E)|$ 是无限的, 这矛盾于假设.

(b) G 是 $\mathbb{R}$ 的一循环子群. 假设 G 是由正元 t 所生成的, 因此 $G=\{nt\mid n\in Z\}$. 由于 $\Gamma(\mathbb{R},1)\subseteq[0,1]$, 则有 $t\in(0,1)$, 且 $nt=1$. 事实上, 由 $1\in G$ 可知, 存在自然数 m 使得 $mt=1$. 这样, $\Gamma(G,1)=\left\{0,\dfrac{1}{m},\cdots,1\right\}$, 从而 $s(E)=\left\{0,\dfrac{1}{m},\cdots,1\right\}$. 注意到 $|s(E)|=n+1$, 可得 $m=n$, 因此 $s(E)=\left\{0,\dfrac{1}{n},\cdots,1\right\}$.

这样, 证明了 $s(E)=\left\{0,\dfrac{1}{n},\cdots,1\right\}$. □

5.2 具有二值态的伪效应代数

本节将对具有二值态的伪效应代数的结构进行研究. 证明伪效应代数 E 具有二值态当且仅当存在理想 I 使得 $E=I\cup I^-=I\cup I^\sim$, 这里 $I^-=\{i^-\mid i\in I\}$, $I^\sim=\{i^\sim\mid i\in I\}$ 且 $I\cap I^-=I\cap I^\sim=\varnothing$.

广义伪效应代数 E 的一个非空子集 I 称为**理想**, 若满足下面条件:

(i) 任意的 $a\in E, i\in I$, 若 $a\leqslant i$, 则 $a\in I$;

(ii) 任意的 $i,j\in I$, 若 $i+j$ 在 E 中存在, 则有 $i+j\in I$.

显然 $\{0\}$ 和 E 都是 E 的理想. 此外, 若 I 是广义伪效应代数 E 的理想, 则 $(I;+,0)$ 是广义伪效应代数 E 的子代数.

定理 5.2.1 设 $(E;+,0,1)$ 是对称的伪效应代数, 则下面两条等价.

(i) E 具有一个二值态.

(ii) 存在 $(E;+,0)$ 的子广义伪效应代数 $(I;+,0)$ 使得 $E=\hat{I}$, 其中 I 是 E 的极大的正规理想.

证明 (i)⇒(ii). 假设 $s:E\to\{0,1\}$ 是 E 上的态. 设 $I=\mathrm{Ker}(s)$, 则 $I\neq E$ 是 E 的正规理想, 从而也是 E 的子广义伪效应代数.

下证 $E=\hat{I}$. 设 $I^\sharp$ 是集合 $\{a\in E\mid s(a)=1\}$. 由于 s 是 E 上的二值态, 则 $I\cap I^\sharp=\varnothing$ 且 $E=I\cup I^\sharp$. 定义映射 $f:\hat{I}\to E$ 如下: 对任意的 $x\in I$, $f(x)=x$, $f(x^\sharp)=x'$. 则 f 是双射且 $f(0)=0$, $f(0^\sharp)=1$. 对 $a,b\in\hat{I}$, 若 $a+b$ 在 $\hat{I}$ 中存在, 则有以下三种情况. ① a 与 b 都属于 I, 则 $a+b\in I$, 从而 $f(a+b)=a+b=f(a)+f(b)$. ② a 与 b 中仅有一个属于 I. 不失一般性, 设 $a\in I$, $b\in I^\sharp$. 则存在 $c\in I$ 且 $b=c^\sharp$. 由 $(c\backslash a)+a+c'=1$, 可得 $f(a+b)=f(a+c^\sharp)=f((c\backslash a)^\sharp)=(c\backslash a)'=a+c'=f(a)+f(c^\sharp)=f(a)+f(b)$. ③ a 与 b 都属于 $\hat{I}$, 但这是不可能的. 因此, f 是态射. 而且, 对 $a,b\in\hat{I}$, 若 $f(a)\leqslant f(b)$, 则有以下四种情况. ① 若 $a,b\in I$, 则由 $f(a)=a$, $f(b)=b$, 可知 $a\leqslant b$. ② 若 $a,b\in I^\sharp$, 则存在 $c,d\in I$ 使得 $a=c^\sharp$, $b=d^\sharp$, 从而 $c'\leqslant d'$, 故 $d\leqslant c$. 因此, $a=c^\sharp\leqslant d^\sharp=b$. ③ 若 $a\in E$, $b\in I^\sharp$, 则存在元素 $c\in I$ 使得 $b=c^\sharp$. 因此, $a\leqslant c'$, $a\leqslant b$. ④ 若 $a\in I^\sharp$, $b\in I$, 则存在 $d\in I$ 且 $a=d^\sharp$. 因此, $d'\leqslant b$, $d^\sharp\leqslant b$, 但这是不可能的. 故由 $f(a)\leqslant f(b)$ 可得 $a\leqslant b$, 从而 f 是单态射. 这样, f 是伪效应代数 $\hat{I}$ 与 E 间的同构. 又集合 $\hat{I}$ 与 E 相等, 从而伪效应代数 $\hat{I}$ 与 E 相等.

若 J 是 E 的理想使得 $I\subseteq J$ 且 $J\setminus I\neq\varnothing$, 则存在 $i\in I$ 使得 $i'\in J$, 因此, 由 $1\in J$ 可得 $J=E$.

(ii)⇒(i). 若伪效应代数 $E=I\cup I^\sharp$, 则由定理 4.2.12 可知 I 是对称的广义伪效应代数. 这样定义 $s:E\to\{0,1\}$ 如下: 对任意的 $a\in I$, $s(a)=0$, $s(a^\sharp)=1$. 因此, $s(0)=0$, $s(1)=s(0^\sharp)=1$. 若 $x,y\in E$, 且 $x+y$ 在 E 中存在, 则 $x,y\in I$ 或 x,y 中仅有一个属于 I. 若 $x,y\in I$, 则 $x+y\in I$, 且 $s(x+y)=s(x)+s(y)=0$. 若 $x\in I$, $y\in I^\sharp$, 则 $x+y\in I^\sharp$, 因此 $s(x+y)=1=s(x)+s(y)$. 类似地, 若 $x\in I^\sharp$, $y\in I$, 则 $x+y\in I^\sharp$, 因此 $s(x+y)=1=s(x)+s(y)$. 这样, s 是 E 上的二值态. □

例 5.2.2 设 $Z\overrightarrow{\times}G$ 是整数群 Z 与偏序群 G 的字典序乘积. 若 $E=\Gamma(Z\overrightarrow{\times}G,(1,0))$, 则 E 是对称的伪效应代数. 令 $I=\{(0,g)\in E\mid g\in G\}$, 则 I 是 E 的极大的正规理想. 容易验证 $E=I\cup I^-=I\cup I^\sim$ 且 $I\cap I^-=I\cap I^\sim=\varnothing$. 这样, 对称的伪效应代数 E 具有二值态, 且是 E 上唯一的态.

Riečanová 和 I. Marinová 在文献 [152], [153] 中研究了具有二值态的效应代数,

证明了具有二值态的效应代数是其子广义的效应代数的单位化. 定理 5.2.1 证明了具有二值态的对称伪效应代数是其子对称伪广义效应代数的单位化, 从而推广了文献 [152] 中的结论. 然而, 一般的具有二值态的伪效应代数不一定是其子代数的单位化. 但对具有二值态的伪效应代数有下面结论.

定理 5.2.3 设 E 是伪效应代数. 则 E 具有二值态 s 当且仅当存在极大正规理想 I 使得 $E=I\cup I^-=I\cup I^\sim$ 且 $I\cap I^-=I\cap I^\sim=\varnothing$.

证明 假设伪效应代数 E 具有二值态 s, 则对任意的 $x\in E$, 要么 $s(x)=0$, 要么 $s(x)=1$. 设 $I=\mathrm{Ker}(s)$, 有 $E=I\cup(E\setminus I)$. 对任意的 $x\in I$, $s(x^-)=1$, 因此, $I^-\subseteq E\setminus I$. 反之, 对任意的 $y\in E\setminus I$, 有 $s(y)=1$, $s(y^\sim)=0$, 从而 $y^\sim\in I$. 注意到 $y=y^{\sim -}$, 则有 $y\in I^-$, $E\setminus I\subseteq I^-$. 因此, $E\setminus I=I^-$. 类似可证 $E\setminus I=I^\sim$. 显然 $I\cap I^-=I\cap I^\sim=\varnothing$. 类似于定理 5.2.1, 可证 I 是极大的正规理想.

反之, 假设存在正规理想 I 使得 $E=I\cup I^-=I\cup I^\sim$ 且 $I\cap I^-=I\cap I^\sim=\varnothing$. 定义 $s:E\to\{0,1\}$ 如下:

$$s(x)=\begin{cases}0, & x\in I,\\ 1, & x\notin I.\end{cases}$$

易知 s 是定义好的且 $s(0)=0$, $s(1)=1$. $x,y\in E$, 设 $x+y$ 在 E 中存在, 则有下面三种情况.

(i) 当 $x,y\in I$ 时, 由于 I 是理想, 则有 $x+y\in I$. 因此, $s(x+y)=s(x)+s(y)=0$.

(ii) 当 x 与 y 中仅有一个属于 I 时, 不失一般性, 假设 $x\in I$ 且 $y\notin I$. 由于 I 是理想, 则 $x+y\notin I$. 因此, $s(x+y)=s(x)+s(y)=1$.

(iii) 当 $x\notin I$ 且 $y\notin I$ 时. 假设存在 $a,b\in I$ 且 $x=a^-$, $y=b^-$. 则 a^-+b^- 存在, 从而 $b^-\leqslant a^{-\sim}=a$. 因此, $y=b^-\in I$, 但这矛盾于 $y\notin I$. 这样, 若 $x+y$ 在 E 中存在, 则 x,y 中至少有一个属于 I.

因此, $x,y\in E$, 只要 $x+y$ 在 E 中存在, 则有 $s(x+y)=s(x)+s(y)$. 从而映射 s 是 E 上的二值态. □

例 5.2.4 设 Z 是整数群且 $G=Z\times Z\times Z$. 定义 G 上的加法如下: $(a,b,c),(x,y,z)\in G$,

$$(a,b,c)+(x,y,z)=\begin{cases}(a+x,b+y,c+z), & x\text{ 是偶数},\\ (a+x,c+y,b+z), & x\text{ 是奇数}.\end{cases}$$

定义 G 上的 $\leqslant$ 如下: $(a,b,c)\leqslant(x,y,z)$ 且仅当① $a<x$ 或② $a=x,b\leqslant y$ 且 $c\leqslant z$. 则 $(G;+,\leqslant)$ 是格序群且 $\varGamma(G,(1,0,0))$ 是伪效应代数.

令 $E=\Gamma(G,(1,0,0))$. 假设 $s:E\to[0,1]$ 是 E 上的态. 由于对任意的 $(0,b,c)\in E$, 对任意的 $n\in N$, $n(0,b,c)$ 在 E 中存在, 故有 $s(0,b,c)=0$. 而 $\mathrm{Ker}(s)=\{(0,b,c)|(0,b,c)\in E\}$ 是 E 的正规理想. 而且, 对任意的 $(0,b,c)\in E$, 易知 $(0,b,c)^-=(1,-b,-c)$, $(0,b,c)^\sim=(1,-c,-b)$, 从而 $E=\mathrm{Ker}(s)\cup(\mathrm{Ker}(s))^-=\mathrm{Ker}(s)\cup(\mathrm{Ker}(s))^\sim$ 且 $\mathrm{Ker}(s)\cap(\mathrm{Ker}(s))^-=\mathrm{Ker}(s)\cap(\mathrm{Ker}(s))^\sim=\varnothing$. 因此, E 上的态 s 是二值的, 且这个态是 E 上唯一的态.

5.3 具有 $(n+1)$-值离散态的伪效应代数

本节将研究具有 $(n+1)$-值离散态的伪效应代数的一些性质并给出伪效应代数具有 $(n+1)$-值离散态的充分必要条件.

设 E 是伪效应代数且 $A,B\subseteq E$. 记 $A\leqslant B$ 当且仅当 $a\leqslant b$, 对任意的 $a\in A$, $b\in B$.

$A+B:=\{a+b\mid a\in A,\ b\in B$ 且 $a+b\in E\}$. 当对任意的 $a\in A$, $b\in B$, $a+b$ 在 E 中总存在时, 称 $A+B$ 在 E 中存在.

记 $1A:=A$. 若 $A+A$ 存在, 则 $2A=A+A$. 若 iA 存在, 且 $iA+A$ 存在, 则 $(i+1)A=iA+A$, 对 $i\geqslant 2$.

定理 5.3.1 设 $(E;+,0,1)$ 是伪效应代数, 则下列各条等价.

(i) E 具有 $(n+1)$-值离散态.

(ii) 存在 E 的子集 $E_0,E_1,\cdots,E_n$ 满足下面条件.

(a) 当 $i\neq j$ 时, $E_i\cap E_j=\varnothing$, 其中 $i,j\in\{0,1,\cdots,n\}$.

(b) $E=E_0\cup E_1\cup\cdots\cup E_n$.

(c) $E_i^-=E_i^\sim=E_{n-i}$, 其中 $i\in\{0,1,\cdots,n\}$.

(d) 若 $x\in E_i$, $y\in E_j$ 且 $x+y$ 在 E 中存在, 则 $i+j\leqslant n$ 且 $x+y\in E_{i+j}$, 其中 $i,j\in\{0,1,\cdots,n\}$.

证明 设 s 是 E 上的 $(n+1)$-值离散态, 对 $i\in\{0,1,\cdots,n\}$, 记 $E_i=s^{-1}\left(\left\{\dfrac{i}{n}\right\}\right)$. 容易验证条件 (a) 和 (b) 成立. 对 (c), $x\in E_i$, 当且仅当 $s(x)=\dfrac{i}{n}$, 当且仅当 $s(x^-)=s(x^\sim)=\dfrac{n-i}{n}$, 从而 (c) 成立. 对 (d), 假设 $x\in E_i$, $y\in E_j$ 且 $x+y$ 存在, 则有 $s(x)=\dfrac{i}{n}$, $s(y)=\dfrac{j}{n}$ 且 $s(x+y)=s(x)+s(y)=\dfrac{i+j}{n}\leqslant 1$, 从而 $i+j\leqslant n$ 且 $x+y\in E_{i+j}$.

反之, 定义映射 $s:E\to[0,1]$ 如下: 当 $x\in E_i$ 时, $s(x)=\dfrac{i}{n}$, 这里 $i\in$

$\{0,1,\cdots,n\}$. 显然 s 是定义好的且 $s(E)=\left\{0,\dfrac{1}{n},\cdots,\dfrac{n-1}{n},1\right\}$. 设 $x,y\in E$ 使得 $x+y$ 存在. 则存在唯一的整数 i 及 j 使得 $x\in E_i$, $y\in E_j$. 由 (d), 有 $i+j\leqslant n$ 且 $x+y\in E_{i+j}$. 因此, $s(x+y)=s(x)+s(y)$. 而且, 存在唯一的 $i\in\{0,1,\cdots,n\}$ 使得 $0\in E_i$. 任给 $x\in E_n$, $x+0$ 及 $0+x$ 存在, 因此, 由 (d), $i+n\leqslant n$, 可得 $i=0$. 这样, 由 (c) 可知 $0\in E_0$ 且 $1\in E_n$. 因此, $s(0)=0$ 且 $s(1)=1$. 这样, s 是 E 上的 $(n+1)$-值离散态. □

设 E 是伪效应代数且 $n\geqslant 1$ 是整数. 若 E 的子集 $E_0,\cdots,E_n$ 满足定理 5.3.1 中条件 (a)—(d), 称 $E_0,\cdots,E_n$ 是 E 的 n-**划分**, 记为 $(E_0,\cdots,E_n)$. 设 $\mathcal{D}_n(E)=\{(E_0,\cdots,E_n)\mid(E_0,\cdots,E_n)$ 是 E 的 n-划分$\}$ 且 $\mathcal{S}_n(E)=\{s\mid s$ 是 E 上的 $(n+1)$-值离散态$\}$.

定理 5.3.2 设 $(E;+,0,1)$ 是伪效应代数且 $n\geqslant 1$ 是整数. 则存在 $\mathcal{D}_n(E)$ 与 $\mathcal{S}_n(E)$ 之间的双射.

证明 定义映射 $f:\mathcal{D}_n(E)\to\mathcal{S}_n(E)$ 如下: 设 $D=(E_0,\cdots,E_n)\in\mathcal{D}_n(E)$, $f(D)=s$, 其中 $s:E\to[0,1]$ 是态且使得对任意的 $i\in\{0,\cdots,n\}$, $s(E_i)=\dfrac{i}{n}$ 成立. 假设存在 E 上的态 s_1 使得对任意的 $i\in\{0,\cdots,n\}$, $s_1(E_i)=\dfrac{i}{n}$. 对任意的 $x\in E$, 存在唯一的 $i\in\{0,\cdots,n\}$ 使得 $x\in E_i$, $s(x)=s_1(x)$. 这样, f 是定义好的. 对任意的 $D=(E_0,\cdots,E_n)$, 且 $D_1=(F_0,\cdots,F_n)$, 若 $f(D)=f(D_1)=s$, 则对任意的 $i\in\{0,\cdots,n\}$ 都有 $s(E_i)=s(F_i)=\dfrac{i}{n}$. 因此, $s^{-1}\left(\left\{\dfrac{i}{n}\right\}\right)=E_i=F_i$, $i\in\{0,\cdots,n\}$, 从而 $D=D_1$, f 是单射. 由定理 5.3.1, f 是满射. 因此, f 是双射. □

推论 5.3.3 设 $(E;+,0,1)$ 是伪效应代数. 若 $(E_0,E_1,\cdots,E_n)$ 是 E 的 n-划分, 则 E_0 是正规理想.

证明 由定理 5.3.1, 存在 $(n+1)$-值离散态 s 使得 $E_0=\mathrm{Ker}(s)$, 从而 s 是正规理想. □

注 5.3.4 设伪效应代数 $(E;+,0,1)$ 具有 $(n+1)$-值离散态 s, 由定理 5.3.2, 存在唯一的 n-划分 $(E_0,E_1,\cdots,E_n)$ 使得 $s(E_i)=\dfrac{i}{n}$, $i=0,1,\cdots,n$.

(i) 对任意的 $i,j\in\{0,1,\cdots,n\}$, 若 $i\leqslant j$, 则 $E_i\leqslant E_j$ 一般不成立. 例如, 四元布尔代数 $E=\{0,a,a',1\}$ 具有 2-值离散态 s 使得 $s(0)=s(a)=0,s(a')=s(1)=1$. 令 $E_0=\{0,a\}$, $E_1=\{0,a'\}$, 则 $E_0\not\leqslant E_1$.

(ii) 一般地, 对 $i,j\in\{0,1,\cdots,n\}$, 当 $i+j<n$ 时, E_i+E_j 不存在. 甚至 E_0+E_0 也一般不存在. 例如, 四元布尔代数 $E=\{0,a,a',1\}$ 具有二值态 s 使得 $s(0)=s(a)=0,s(a')=s(1)=1$. 令 $E_0=\{0,a\}$, $E_1=\{0,a'\}$, 则 E_0+E_0 不存在.

(iii) 由定理 5.2.3, 若 $n=1$, 则 E_0 是极大理想. 然而, 若 $n\geqslant 2$, 则 E_0 不一定是极大理想. 例如, 四元布尔代数 $E=\{0,a,a',1\}$ 具有 3-值离散态 s 使得 $s(0)=0, s(a)=s(a')=\dfrac{1}{2}, s(1)=1$. 但 $E_0=\{0\}$ 不是 E 的极大理想.

定理 5.3.5　设 $(E_0,E_1,\cdots,E_n)$ 是伪效应代数 E 的 n-划分. 则 $E_0\leqslant E_1\leqslant\cdots\leqslant E_n$ 当且仅当只要 $i+j<n$, E_i+E_j 存在, 其中 $i,j\in\{0,\cdots,n\}$. 此时,

(i) $E_0=\mathrm{Infinit}(E)$, $\mathrm{Infinit}(E)$ 是正规理想;

(ii) 若 $i+j<n$, 则 $E_i+E_j=E_{i+j}$;

(iii) 对任意的 $x\in E_i$, $y\in E_j=E_{i+j}$, 若 $i+j>n$, 则 $x+y$ 与 $y+x$ 都不存在.

证明　由定理 5.3.1, 存在唯一的 $(n+1)$-值离散态 s 使得 $s(E_i)=\dfrac{i}{n}$, 其中 $i=0,1,\cdots,n$.

设 $E_0\leqslant E_1\leqslant\cdots\leqslant E_n$. 若 $i+j<n$, $i,j\in\{0,\cdots,n-1\}$, 则 $E_i\leqslant E_j^-$, 从而 E_i+E_j 存在且 $E_i+E_j=E_{i+j}$. 事实上, 任意的 $a\in E_i$, $b\in E_j$, 由 $s(a+b)=\dfrac{i+j}{n}$ 可知 $a+b\in E_{i+j}$. 反之, 设 $c\in E_{i+j}$. 任意的 $a\in E_i$, 有 $a\leqslant c$. 则存在 $b\in E$ 使得 $a+b=c$. 因此, $s(a+b)=s(a)+s(b)=\dfrac{i+j}{n}$, $s(b)=\dfrac{j}{n}$, 从而 $b\in E_j$.

反之, 设当 $i+j<n$ 时, E_i+E_j 在 E 中存在.

(i) 任给 $x,y\in E_0$, $x+y$ 在 E 中存在. 则 $s(x+y)=s(x)+s(y)=0$ 且 $x+y\in E_0$, 从而 $E_0\subseteq\mathrm{Infinit}(E)$. 反之, 设 $x\in\mathrm{Infinit}(E)$, 对整数 $m\geqslant 1$, mx 在 E 中存在. 则 $s(mx)=ms(x)\leqslant 1$, 从而 $s(x)=0$ 且 $x\in\mathrm{Ker}(s)$, 因此, $x\in E_0$.

对 $i,j\in\{0,1,\cdots,n-1\}$, 若 $i+j<n$, 则 E_i+E_j 存在, 因此 $E_i\leqslant E_j^-=E_{n-j}$. 对 $i\in\{0,1,\cdots,n-1\}$, 设 $j=n-i-1$, 则 $i+j<n$, 从而 $E_i\leqslant E_{n-j}^-=E_{i+1}$, 这样 $E_0\leqslant E_1\leqslant\cdots\leqslant E_n$.

(ii) 假设 $a\in E_i$, $b\in E_j$, 这里 $i+j<n$. 则 $a+b$ 存在且 $s(a+b)=\dfrac{i+j}{n}$, 因此 $a+b\in E_{i+j}$. 反之, 设 $z\in E_{i+j}$, 则对任意的 $x\in E_i$, $x\leqslant z$, 由 $s(z)=s(x)+s(x/z)$ 可知 $z=x+(x/z)$, 从而 $x/z\in E_j$.

(iii) 假设 $i+j>n$, $x\in E_i$, $y\in E_j=E_{i+j}$, $x+y$ 与 $y+x$ 中有一个存在, 则 $s(x+y)>1$ 或 $s(y+x)>1$, 这是不可能的. □

例 5.3.6　设 D 是非空集合 $\{0,a,b,1\}$. 定义 D 上部分二元运算 $+_D$ 如下: $a+_Da=b+_Db=1, 0+_Da=a+_D0=a, 0+_Db=b+_D0=b, 1+_D0=0+_D1=1$. 则代数系统 $(D;+_D,0,1)$ 是效应代数, 通常称这个效应代数为钻石. 设 $E_0=\{(0,i)\mid i\in Z^+\}$, $E_1=\{(a,i)\mid i\in Z\}\cup\{(b,j)\mid j\in Z\}$, $E_2=\{(1,-i)\mid i\in Z^+\}$, 且 $E=E_0\cup E_1\cup E_2$. 定义 E 上部分二元运算 $+$ 如下.

(i) 任意的 $x=(0,i)$, $y=(0,j)\in E_0$, $x+y=(0,i+j)$.

(ii) 任意的 $x=(0,i)\in E_0$, $y=(a,j)\in E_1$, 则 $x+y=y+x=(a,i+j)$. 任意的 $x=(0,i)\in E_0$, $z=(b,j)\in E_1$, 则 $x+z=z+x=(b,i+j)$.

容易验证 $(E;+,0,1)$ 是效应代数, 这里 0 和 1 分别表示 $(0,0)$ 和 $(1,0)$. 映射 $s:E\to[0,1]$ 是满足 $s(E_i)=\dfrac{i}{2}$, $i=0,1,2$ 的 3-值离散态. 下列各条成立.

(1) $E_0=E_0+E_0$, $E_1=E_0+E_1$.

(2) E_0+E_2, E_1+E_1, E_1+E_2 都不存在.

(3) $E_0\leqslant E_1\leqslant E_2$.

(4) $E_0=\mathrm{Infinit}(E)$, 且 E_0 是极大理想.

例 5.3.7 设 B 是非空集合 $\{0,a,b,1\}$. 定义 B 上的部分二元运算 $+_B$ 如下: $a+_Bb=b+_Ba=1$, $0+_Ba=a+_B0=a$, $0+_Bb=b+_B0=b$, $1+_B0=0+_B1=1$. 则代数系统 $(B;+_B,0,1)$ 是效应代数. 设 (G,u) 是具有强单位 u 的偏序群. 记 $E_0=\{(0,i)\mid i\in G^+\}$, $E_1=\{(a,i)\mid i\in G\}\cup\{(b,j)\mid j\in G\}$, $E_2=\{(1,-i)\mid i\in G^+\}$, 且 $E=E_0\cup E_1\cup E_2$. 定义 E 上的部分二元加法运算 $+$ 如下:

(i) 任意 $x=(0,i),y=(0,j)\in E_0$, $x+y$ 存在且 $x+y=(0,i+j)$;

(ii) 任意的 $x=(a,i)$, $y=(b,j)\in E_1$, 若 $i+j\leqslant 0$, 则 $x+y$ 存在且 $x+y=(1,i+j)$;

(iii) 任意的 $x=(0,i)\in E_0$, $y=(a,i)$, $z=(b,j)\in E_1$, $x+y$, $y+x$, $x+z$, $z+x$ 都存在, 且 $x+y=(a,i+j)$, $y+x=(a,j+i)$, $x+z=(b,j)$, $z+x=(b,j+i)$. 易知 $(E;+,0,1)$ 是伪效应代数, 这里 0 及 1 分别表示 $(0,0)$ 及 $(1,0)$.

易知只要 $i+j<2$, 则 E_i+E_j 存在.

由于 $E_0=\mathrm{Infinit}(E)$, E_0 不是极大理想. 若记 $I_a=E_0\cup\{(a,i)\mid(a,i)\in E_1\}$ 及 $I_b=E_0\cup\{(b,j)\mid(b,j)\in E_1\}$, 则 I_a 及 I_b 均是正规理想, 且 $E_0\subsetneq I_a$, $E_0\subsetneq I_b$. 事实上, $\{I_a,I_b\}$ 是 E 的极大理想且 $E_0=I_a\cap I_b$.

5.4 n-完全伪效应代数

定义 5.4.1 设 $(E;+,0,1)$ 是伪效应代数. 称 E 是 n-**完全**伪效应代数, 若

(i) 存在 E 的 n-划分 $(E_0,E_1,\cdots,E_n)$;

(ii) 当 $i+j<n$ 时, E_i+E_j 存在;

(iii) E_0 是 E 的唯一的极大理想.

由推论 5.3.3, E_0 是 E 的唯一正规极大理想.

例 5.4.2　设 Z 是整数群且 G 是偏序群, $Z\overrightarrow{\times}G$ 是 Z 与 G 的字典序乘积, 且 $u=(n,0)$. 若 $E=\Gamma(Z\overrightarrow{\times}G,(n,0))$, 则 E 是伪效应代数. 记 $E_0=\{(0,g)\mid g\in G^+\}$, 对 $i\in\{1,\cdots,n-1\}$, $E_i=\{(i,g)\mid g\in G\}$, $E_n=\{(0,-g)\mid g\in G^+\}$, 则 E 是 n-完全伪效应代数.

文献 [144] 中引入了如下两个定义. 用 $\mathcal{M}(E)$ 和 $\mathcal{N}(E)$ 分别表示效应代数 E 的极大理想与正规理想之集.

(i) 称 $\mathrm{Rad}(E)$ 是伪效应代数 E 的根, 这里

$$\mathrm{Rad}(E)=\cap\{I\mid I\in\mathcal{M}(E)\},$$

(ii) 称 $\mathrm{Rad}_n(E)$ 是伪效应代数 E 的正规根, 这里

$$\mathrm{Rad}_n(E)=\cap\{I\mid I\in\mathcal{M}(E)\cap\mathcal{N}(E)\}.$$

显然在伪效应代数 E 中, $\mathrm{Rad}(E)\subseteq\mathrm{Rad}_n(E)$.

引理 5.4.3　设 $(E;+,0,1)$ 是 n-完全伪效应代数. 则 $E_0=\mathrm{Infinit}(E)=\mathrm{Rad}(E)=\mathrm{Rad}_n(E)$.

证明　由定理 5.3.5, $E_0=\mathrm{Infinit}(E)$. 由定义 5.4.1 (iii) 可知 $\mathrm{Rad}(E)=E_0$. 而且, E_0 也是正规理想, 从而 $\mathrm{Rad}(E)=\mathrm{Rad}_n(E)$. □

定义 5.4.4　称广义伪效应代数 E 的理想 I 是 R_1-**理想**, 若满足下面的条件:

(R1) 设 $i\in I, a,b\in E$ 且 $a+b$ 存在, 当 $i\leqslant a+b$ 时, 则存在 $j,k\in I$ 使得 $j\leqslant a$, $k\leqslant b$ 且 $i\leqslant j+k$.

称 R_1-理想 I 是 Riesz 理想, 若下面条件成立:

(R2) 设 $i\in I, a,b\in E$, $i\leqslant a$ 且 $(a\backslash i)+b$ 存在, 则存在 $j\in I$ 使得 $j\leqslant b$ 且 $a+(j/b)$ 存在; 若 $i\in I, a,b\in E, i\leqslant a$ 且 $b+(i/a)$ 存在, 则存在 $j\in I$ 使得 $j\leqslant b$ 且 $(b\backslash j)+a$ 存在.

设 A 是偏序集 E 的子集. 称 A 是**下定向的** (**上定向的**) 若对任意的 $x,y\in A$, 存在 $z\in A$ 使得 $z\leqslant x,y$ $(x,y\leqslant z)$. 若 E 是偏序群, 则 E 是上定向的当且仅当它也是下定的.

命题 5.4.5[136]　设 E 是上定向的广义伪效应代数, 理想 I 是 Riesz 理想当且仅当 I 是 R_1-理想.

命题 5.4.6　设 $(E;+,0,1)$ 是 n-完全伪效应代数, 这里 $n\geqslant 1$. 则 E_0 是 Riesz 理想.

证明 由于伪效应代数 E 是上定向的, 由命题 5.4.5 可知只需证明 E_0 满足条件 (R1). 假设 $i \in E_0$, $a, b \in E$, $a+b$ 存在, 且 $i \leqslant a+b$, 则存在下面三种情况: ① a 与 b 都属于 E_0. 此时结论显然成立. ② a 与 b 仅有一个属于 E_0. 不失一般性, 假设 $a \in E_0$ 且 $b \notin E_0$. 由定理 5.3.5 (ii), $i \leqslant b$, 这样 $i \leqslant a+i \leqslant a+b$. ③ a 与 b 都不属于 E_0. 则由定理 5.3.5 (ii), $i \leqslant a, b$, 因此 $i \leqslant i+i \leqslant a+b$, 且 $i \in E_0$. □

定义 5.4.7 设 I 是广义伪效应代数 E 的理想, 定义 $a \sim_I b$ 若存在 $i, j \in I$, $i \leqslant a$, $j \leqslant b$ 使得 $a \setminus i = b \setminus j$.

定理 5.4.8[136] 设 I 是广义伪效应代数 E 的正规 Riesz 理想 E. 则 $E/\sim_I$ 是线性序的广义伪效应代数当且仅当 I 满足下面条件:

(L) 对任意的 $a, b \in E$, 存在 $c \in E$ 使得 $a+c \sim_I b$ 或 $b+c \sim_I a$.

引理 5.4.9[136] 若 $\sim$ 是广义伪效应代数 E 的 Riesz 同余, 则对任意的 $a \in E$, 等价类 $[a]$ 既是上定向的又是下定向的.

引理 5.4.10[134] 若 I 是满足 $(\mathrm{RDP})_0$ 的伪效应代数 E 的理想且 $a \in E$, 则由 I 及 a 所生成的理想 $I_0(I,a) = \{x \in E \mid x = x_1+a_1+\cdots+x_n+a_n,\ x_i \in I, a_i \leqslant a, 1 \leqslant i \leqslant n,\ n \geqslant 1\}$. 若 I 是正规理想, 则 $I_0(I,a) = \{x \in E \mid x = x_1+a_1+\cdots+a_n,\ y \in I, a_i \leqslant a, 1 \leqslant i \leqslant n,\ n \geqslant 1\}$.

命题 5.4.11 设 $(E;+,0,1)$ 是 n-完全伪效应代数. 则 E_0 及 E_n 都是上定向和下定向的.

证明 由于 $0 \in E_0$, E_0 是下定向的. 任给 $x, y \in E_0$, $x+y$ 存在且 $x+y \in E_0$, 这样 E_0 是上定向的. 由于 $E_n = E_0^{\sim}$, 从而 E_n 既是上定向的也是下定向的. □

命题 5.4.12 设 $(E;+,0,1)$ 是满足 $(\mathrm{RDP})_0$ 的 n-完全伪效应代数. 则 E 满足下面条件:

(e) 任意的 $i \in \{0,1,\cdots,n\}$, E_i 既是上定向的也是下定向的.

证明 由命题 5.4.11, 若 $n=1$, 则结论成立. 下面假设 $n>1$. 由 $E_i = E_i^- = E_i^{\sim}$, 只需证明对任意的 $i \in \{1,\cdots,n-1\}$, E_i 是下定向的.

设 $x, y \in E_1$. 则由正规理想 E_0 及 x 生成的理想 $I(E_0,x)$ 是伪效应代数 E, 由于 E_0 是极大理想. 这样存在 $a \in E_0$, $z_1,\cdots,z_m \in E_1$ 且 $z_1,\cdots,z_m \leqslant x$ 使得 $y = a+z_1+\cdots+z_m$. 由 $y \in E_1$ 可知 $m=1$. 这样, $z_1 \leqslant x, y$ 且 $z_1 \in E_1$, E_1 是下定向的.

由定理 5.3.5 可知, 对任意的 $i \in \{1,\cdots,n-1\}$, $E_i = iE_1$. 假设 $x, y \in E_i$, 则存在 $x_1,\cdots,x_i \in E_1$, 及 $y_1,\cdots,y_i \in E_1$, 使得 $x = x_1+\cdots+x_i$ 且 $y = y_1+\cdots+y_i$. 由于 E_1 是下定向的, 则存在 $z \in E_1$ 使得 $z \leqslant x_1,\cdots,x_i$ 且 $z \leqslant y_1,\cdots,y_i$. 这样,

$iz \in E_i$ 且 $iz \leqslant x, y$. 因此对任意的 $i \in \{1, \cdots, n-1\}$, E_i 是下定向的. □

对 $a, b \in E$, 设 $a \leqslant b$, 定义 $[a, b] := \{x \in E \mid a \leqslant x \leqslant b\}$.

命题 5.4.13 设 $(E; +, 0, 1)$ 是满足条件 (e) 的 n-完全伪效应代数. 若 E_1 中任意的下降链在 E_1 中有一个下界, 则

(i) E_1 中存在最小元 c;

(ii) 对任意的 $i \in \{0, 1, \cdots, n\}$, ic 是 E_i 中的最小元;

(iii) 对任意的 $i \in \{0, 1, \cdots, n\}$, $(ic)^{\sim} = (ic)^{-}$, 且 $(ic)^{\sim}$ 是 E_{n-i} 的最大元;

(iv) 对任意的 $i \in \{0, 1, \cdots, n\}$, $E_i = [ic, ((n-i)c)^{\sim}]$;

(v) $E = \{0, c, \cdots, nc\}$.

证明 由 Zorn 引理可知 E_1 中存在极小元 c. 又由于 E_1 是下定向的, 因此该极小元也是 E_1 中的最小元.

由定理 5.3.5 (iii), 对任意的 $i \in \{1, \cdots, n\}$, $E_i = iE_1$. 对 $i \in \{1, \cdots, n\}$, $x \in E_i$, 存在 $x_1, \cdots, x_i \in E_1$ 使得 $x = x_1 + \cdots + x_i$, 从而由 c 是 E_1 中的最小元可知 $ic \leqslant x$. 因此, 对任意的 $i \in \{0, 1, \cdots, n\}$, ic 是 E_i 中的最小元. 这样, $(ic)^{\sim}$ 及 $(ic)^{-}$ 是 E_{n-i} 中的最大元, 故 $(ic)^{\sim} = (ic)^{-}$. 从而, 对任意的 $i \in \{0, 1, \cdots, n\}$, $E_i = [ic, ((n-i)c)^{\sim}]$.

由于 $(nc)^{-}$ 是 E_0 的最大元, $(nc)^{-} + (nc)^{-}$ 及 $(nc)^{-} + (nc)^{-} \in E_0$, 因此 $(nc)^{-} = 0$, 则 $nc = 1$. 这样对任意的 $i \in \{0, 1, \cdots, n\}$, $ic = ((n-i)c)^{\sim}$. 由 $E_i = [ic, ((n-i)c)^{\sim}]$ 可知 $E_i = \{ic\}$, $i \in \{0, 1, \cdots, n\}$. □

设 $s : E \to [0, 1]$ 是伪效应代数 E 上的态, 定义 E 上的二元关系 $\sim_s$ 如下: $x \sim_s y$ 当且仅当 $s(x) = s(y)$, $x, y \in E$.

命题 5.4.14 设 $(E; +, 0, 1)$ 是满足条件 (e) 的 n-完全伪效应代数且 $s : E \to [0, 1]$ 是伪效应代数 E 上的态. 若态 s 使得对任意 $i \in \{0, 1, \cdots, n\}$, 有 $s(E_i) = \dfrac{i}{n}$, 则

(i) 对任意的 $x, y \in E$, $x \sim_s y$ 当且仅当 $i \in \{0, 1, \cdots, n\}$ 使得 $x, y \in E_i$;

(ii) 对任意的 $x, y \in E$, $x \sim_s y$ 当且仅当 $x \sim_{E_0} y$.

证明 (i) 结论显然.

(ii) 对 $x, y \in E$, 若 $x \sim_{E_0} y$, 则存在 $a, b \in E_0$ 使得 $x \setminus a = y \setminus b$, 从而 $s(x \setminus a) = s(y \setminus b)$. 由于 $s(E_0) = 0$, 则有 $s(x) = s(y)$, 从而 $x \sim_s y$.

反之, 若 $x \sim_s y$, 则存在唯一的 $i \in \{0, 1, \cdots, n\}$ 使得 $x, y \in E_i$. 若 $i = 0$, 则 $x \sim_{E_0} y$. 若 $i = n$, 则 $1 \setminus x, 1 \setminus y \in E_0$, $1 \setminus x \sim_{E_0} 1 \setminus y$, 因此, $x \sim_{E_0} y$. 若 $n = 1$, 则证明已完成. 假设 $n > 1$ 且 $i \in \{1, \cdots, n-1\}$. 由于 E_i 是下定向的, 则存在 $z \in E_i$ 使得 $z \leqslant x, y$. 这样, $z = x \setminus (z/x) = y \setminus (z/y)$ 且 $z/x, z/y \in E_0$, 从而 $x \sim_{E_0} y$. □

命题 5.4.15 设 $(E;+,0,1)$ 是满足条件 (e) 的 n-完全伪效应代数且 $s:E\to[0,1]$ 是伪效应代数 E 上的态. 若态 s 使得对任意 $i\in\{0,1,\cdots,n\}$, 有 $s(E_i)=\dfrac{i}{n}$. 若对任意的 $x,y\in E$, $x\sim_s y$ 当且仅当 $x\sim_{E_0}y$, 则 E 满足条件 (e).

证明 由假设可知对任意的 $i\in\{0,1,\cdots,n\}$, E_i 是 E 中关于 Riesz 同余 $\sim_{E_0}$ 的等价类. 这样由引理 5.4.9, 对任意的 $i\in\{0,1,\cdots,n\}$, E_i 既是上定向的又是下定向的. □

定理 5.4.16 设 $(E;+,0,1)$ 是满足条件 (e) 的 n-完全伪效应代数, 则 $E/\sim_{E_0}$ 是同构于 $\left\{0,\dfrac{1}{n},\cdots,\dfrac{n-1}{n},1\right\}$ 的标度效应代数.

证明 对任意的 $x,y\in E$, 存在唯一的 $i,j\in\{0,1,\cdots,n\}$ 使得 $x\in E_i$, $y\in E_j$. 不失一般性, 假设 $i\leqslant j$. 若 $i=j$, 由定理 5.3.1 可知存在态 $s:E\to\left\{0,\dfrac{1}{n},\cdots,\dfrac{n-1}{n},1\right\}$ 使得 $s(E_i)=\dfrac{i}{n}$, 对任意的 $i\in\{0,1,\cdots,n\}$. 由命题 5.4.14 可知 $E/\sim_{E_0}=\{E_0,E_1,\cdots,E_n\}$, 则 $x\sim_{E_0}y$. 若 $i<j$, 则 $x<y$, 因此存在 $z\in E$ 使得 $y=x+z$, 故 $x+z\sim_{E_0}y$. 由定理 5.4.8 可知 $E/\sim_{E_0}$ 是标度效应代数.

对任意的 $a\in E_1$, 由定义 5.4.1 有 ma 存在且 $ma\in E_m$, $m\in\{1,\cdots,n-1\}$. 注意到 $(n-1)a+((n-1)a)^{\sim}=1$, 且 $((n-1)a)^{\sim}\in E_1$. 然而, 由于 E_1 是下定向的, 因此存在 $c\in E_1$ 使得 $c\leqslant a,((n-1)a)^{\sim}$. 因此, 对任意的 $i\in\{0,1,\cdots,n\}$, ic 存在且 $ic\in E_i$. 这样, 对任意的 $i\in\{0,1,\cdots,n\}$, $E_i=(ic)/\sim_{E_0}$. 由此可定义 $\phi:E/\sim_{E_0}\to\left\{0,\dfrac{1}{n},\cdots,1\right\}$ 如下, $\phi(E_i)=\dfrac{i}{n}$, 对任意的 $i\in\{0,1,\cdots,n\}$. 易知 ϕ 是效应代数间的同构. □

5.5 强 n-完全伪效应代数的表示

在文献 [91] 中给出了一类非 Archimedean 标度效应代数的结构并给出了这类效应代数能同构于一个标度 Archimedean 效应代数与线性序群字典序乘积的条件. 若效应代数 E 满足条件 $\mathrm{Infinit}(E)=\{0\}$, 则称效应代数 E 是 Archimedean 的.

下面引入强 n-完全伪效应代数的定义, 并给出强 n-完全伪效应代数同构于 n-完全伪效应代数 $\Gamma(Z\overrightarrow{\times}G,(n,0)$ 的条件, 这里 G 是无扭偏序群且使得 $Z\overrightarrow{\times}G$ 满足 $(\mathrm{RDP})_1$. 另外, 将建立强 n-完全伪效应代数与无扭定向偏序群范畴的范畴等价关系.

设 $(E;+,0,1)$ 是伪效应代数且 $(G;+,\leqslant)$ 是定向的偏序群, 固定 $h\in G$. 令

$E\overrightarrow{\times}_h G$ 表示集合 $\{(0,g) \mid g \in G^+\} \cup \{(a,g) \mid a \in E \setminus \{0,1\}, g \in G\} \cup \{(1,g) \mid g \leqslant h, g \in G\}$. 按坐标定义 $E\overrightarrow{\times}_h G$ 上的部分加法运算 $+^*$ 如下, 任给 $(a,x),(b,y),(c,z) \in E\overrightarrow{\times}_h G$, $(a,x)+^*(b,y)$ 存在且 $(a,x)+^*(b,y)=(c,z)$ 当且仅当 $a+b=c, x+y=z$. 容易验证 $(E\overrightarrow{\times}_h G;+^*,(0,0),(1,h))$ 是伪效应代数. 称代数系统 $(E\overrightarrow{\times}_h G;+^*,(0,0),(1,h))$ 是伪效应代数 E 与偏序群 G 关于 h 的**字典序乘积**.

将 $E\overrightarrow{\times}_h G$ 也可通过函子 Γ 表示为 $\Gamma(E\overrightarrow{\times}G,(1,h)) := \{(a,g) \mid (0,0) \leqslant (a,g) \leqslant (1,h)\}$.

容易验证下面的命题.

命题 5.5.1 设 $(E;+,0,1)$ 是标度效应代数 $\left\{0,\dfrac{1}{n},\cdots,1\right\}$ 且 $(G;+,\leqslant)$ 是定向偏序群. 则效应代数 E 与偏序群 G 关于 h 的字典序乘积 $(E\overrightarrow{\times}_h G;+^*,(0,0),(1,h))$ 是 n-完全伪效应代数 $\Gamma\left(\dfrac{1}{n}Z\overrightarrow{\times}G,(1,h)\right)$.

命题 5.5.2 设 $(E;+,0,1)$ 是 n-完全伪效应代数. 则存在唯一的定向群 G 使得 $G^+=E_0$.

证明 由定理 5.3.5, $E_0=\mathrm{Infinit}(E)$. 而且, E_0+E_0 存在且 $E_0+E_0=E_0$. 因此, 对任意的 $x,y \in E_0$, $x+y \in E_0$, 且 $(E_0;+,0)$ 是半群. 对任意的 $x,y \in E_0$, 由方程 $x+y=0$ 可知 $x=y=0$. 对任意的 $x,y,z \in E_0$, 由方程 $x+y=x+z$ 可得 $y=z$, 类似由方程 $y+x=z+x$ 也有 $y=z$. 从而 $(E_0;+,0)$ 是满足消去律的半群, 由 [147] 可知 E_0 是某个唯一的 (同构意义下) 偏序群 G 的正部. 不失一般性, 假设 G 由其正部 E_0 生成, 且 G 是上定向的 [147]. □

命题 5.5.3 设 $(E;+,0,1)$ 是 n-完全伪效应代数 且 H 是具有强序单位 u 的偏序群. 若 $E=\Gamma(H,u)$, 则下面条件成立.

$(*)$ 设 $x,y \in E\backslash E_0$, $a,b,c,d,e,f,g,h \in E_0$, 若 $x\backslash a=y\backslash b$ 且 $x\backslash c=y\backslash d$, 则 $b/a=d/c$ 且 $a/b=c/d$ 在 G 中成立. 若 $e/x=f/y$ 且 $g/x=h/y$, 则 $e\backslash f=g\backslash h$ 且 $f\backslash e=h\backslash g$ 在 H 中成立.

证明 假设 $(E_0,\cdots,E_n)$ 是效应代数 E 的 n-划分且 G 是由 E 所唯一确定的使得 $G^+=E_0$ 的偏序群. 由于 E 是区间伪效应代数, 假设存在 $(H;+,0)$ 的正元 u 使得 $\Gamma(H,u)=E$. 从而, G 是 H 的子群且 $G^+ \subseteq H^+$.

若 $x\backslash a=y\backslash b$ 且 $x\backslash c=y\backslash d$, 则有 $x=y+(-b)+a=y+(-d)+c$, $y=x\backslash a+b=x\backslash c+d$, 因此 $-y+x=(-b)+a=(-d)+c$, $-x+y=-a+b=-c+d$, 故 $y/x=b/a=d/c$, $x/y=a/b=c/d$ 成立. 命题中其余部分类似可证. □

命题 5.5.4 设 $(E;+,0,1)$ 是 n-完全伪效应代数, $(E_0,\cdots,E_n)$ 是其 n-划分.

若存在 $c \in E_1$ 使得 $nc = 1$, 则对任意的 $x \in E$, $x + c$ 存在当且仅当 $c + x$ 存在.

证明 由于 $nc = 1$, 则 $c^{\sim} = c^{-}$. 从而 $x + c$ 存在, 当且仅当 $x \leqslant c^{-}$, 当且仅当 $x \leqslant c^{\sim}$, 当且仅当 $c + x$ 存在. □

设 $n > 0$ 是整数. 称伪效应代数 E 中的元 a 是 n **阶循环元**, 若 na 存在且 $na = 1$. 若 a 是 n 阶循环元, 则 $a^{-} = a^{\sim}$, 事实上, $a^{-} = (n-1)a = a^{\sim}$.

对任意的 $g \neq 0$ 及非零整数 n, 若 $ng \neq 0$, 则称群 G 是**无扭的**. 例如, 任何格序群是无扭的, 参见 [148]. 若 G 是无扭群, 则 $Z \overrightarrow{\times} G$ 也是无扭群.

设 G 是定向的偏序群, 对所有正整数 $n > 1$, $g, h \in G$, 当 $g^n = f^n$ 时都有 $g = h$, 称偏序群 G 具有**唯一方根性质**. 任何线性序群或者可表示的格序群, 任何 Abelian 格序群都是具有唯一方根性质的, 参见 [148].

设 E 是伪效应代数, 对所有正整数 $n > 1$, $a, b \in E$, 当 na, nb 存在且 $na = 1 = nb$ 时都有 $a = b$, 称伪效应代数 E 具有**唯一方根性质**. 若 G 是定向的偏序群, 显然当 $n \geqslant 1$ 时伪效应代数 $\varGamma(Z \overrightarrow{\times} G, (n, 0))$ 具有唯一方根性质. 事实上, 设 $(i, g), (j, h) \in \varGamma(Z \overrightarrow{\times} G, (n, 0))$ 且 $k(i, g) = (n, 0) = k(j, h)$, 则 $ki = n = kj$, 从而 $i = j > 0$, 且由 $kg = 0 = kh$ 可知 $g = 0 = h$.

定义 5.5.5 设 E 是满足 $(\mathrm{RDP})_1$ 的 n-完全伪效应代数. 称 E 是**强 $\boldsymbol{n}$-完全伪效应代数**, 若

(i) 存在无扭的具有强单位的偏序群 (H, u) 使得 $E = \varGamma(H, u)$;

(ii) 存在元 $c \in E_1$ 使得 (a) $nc = u$, 且 (b) $c \in C(H)$.

称满足定义中条件 (ii) 的元素 c 是**强 n 阶循环元**.

引理 5.5.6 设 H 是具有强单位元 u 的无扭偏序群, $E = \varGamma(H, u)$, 且 $c \in E$ 是强 n 阶循环元的. 若 $d \in E$, $nd = u$, 则 $c = d$.

证明 事实上, 由于 $c \in C(H)$ 且 $d \in H$, 有 $c + d = d + c$ 在群 H 成立. 则 $n(c - d) = nc - nd = 0$, 因此 $c = d$. □

定理 5.5.7 设 E 是伪效应代数且整数 $n \geqslant 1$. 则 E 是强 n-完全伪效应代数当且仅当存在无扭定向偏序群 G 使得 $Z \overrightarrow{\times} G$ 满足$(\mathrm{RDP})_1$, 且 E 同构于 $\varGamma(Z \overrightarrow{\times} G, (n, 0))$. 若 G 存在, 可知 G 是唯一的且满足$(\mathrm{RDP})_1$.

证明 若存在无扭定向偏序群 G 使得 E 同构于 $\varGamma(Z \overrightarrow{\times} G, (n, 0))$, 则 E 是 n-完全伪效应代数且具有唯一的强 n 阶循环元 $(1, 0)$. 因此, E 是强 n-完全伪效应代数.

反之, 假设伪效应代数 E 是强 n-完全的, $(E_0, \cdots, E_n)$ 是 E 的 n-划分且 $E = \varGamma(H, u)$, 这里 (H, u) 是满足 $(\mathrm{RDP})_1$ 的具有强单位的偏序群. 由文献 [23] 中定理

5.7, (H,u) 是同构意义下唯一具有强单位及 $(\mathrm{RDP})_1$ 的. 由引理 5.5.6 可知, 存在唯一的强的循环元 $c\in E_1$ 使得 $nc=u$, 且对任意的 $g\in H$, $c+g=g+c$ 成立. 则 $E_i=(ic)/\sim_{E_0}, i\in\{0,1,\cdots,n\}$. 由命题 5.5.2 可知, 存在定向偏序群 G 使得 G 是 H 的子群且 $E_0=G^+\subseteq H^+$.

定义映射 $\varphi: E\to\Gamma(Z\overrightarrow{\times}G,(n,0))$ 如下: 若 $x\in E_i$, 则 $\varphi(x)=(i,(ic)/x)$, $i\in\{0,1,\cdots,n\}$. 由于 E 是区间伪效应代数, 利用命题 5.5.3 可知 (∗) 成立, 从而 ϕ 是定义好的, 且 $\varphi(0)=(0,0)$, $\varphi(u)=(n,0)$.

假设 $x,y\in E$, 且 $x+y$ 在 E 中存在, 则存在唯一的 $i,j\in\{0,1,\cdots,n\}$ 使得 $x\in E_i, y\in E_j$, 因此 $x+y\in E_{i+j}$. 由 φ 的定义可知 $\varphi(x+y)=(i+j,((i+j)c)/(x+y))$. 由于对任意的 $g\in H$, $c+g=g+c$ 成立, 从而 $-c+g=g-c$, 这样 $((i+j)c)/(x+y)=(ic+jc)/(x+y)=-(ic+jc)+x+y=-jc-ic+x+y=-ic+x-jc+y=(ic)/x+(jc)/y$, 因而 $(i+j,((i+j)c)/(x+y))=(i+j,(ic)/x+(jc)/y)=(i,(ic)/x)+(j,(jc)/y)$, 故 $\varphi(x+y)=\varphi(x)+\varphi(y)$. 这样, φ 是伪效应代数间的同构. 假设 $\varphi(x)=(i,(ic)/x)$, $\varphi(y)=(j,(jc)/y)$, 且 $\varphi(x)\leqslant\varphi(y)$. 则有以下两种情况. ① 若 $i=j$, 则 $(ic)/x\leqslant(jc)/y$, 因此 $x\leqslant y$. ② 若 $i<j$, 则 $x\in E_i, y\in E_j$, 从而由定理 5.3.5 (ii) 可知 $x<y$. 这样, φ 是单态射. 对任意的 $g\in G^+$, $\varphi^{-1}((0,g))=g\in E_0$, $\varphi^{-1}((n,-g))=g^-\in E_n$. 假设 $(i,g)\in\Gamma(Z\overrightarrow{\times}G,(n,0))$ 且 $i\in\{1,\cdots,n-1\}$. 则 $ic+g=\varphi^{-1}((i,g))$. 这样, φ 是满射.

因此, φ 是强 n-完全伪效应代数 E 到伪效应代数 $\Gamma(Z\overrightarrow{\times}G,(n,0))$ 的同构. 由于 (H,u) 是满足 $(\mathrm{RDP})_1$ 的强单位的偏序群, 且使得 $E=\Gamma(H,u)$, E 同构于 $\Gamma(Z\overrightarrow{\times}G,(n,0))$, 由文献 [23] 可知 (H,u) 及 $(Z\overrightarrow{\times}G,(n,0))$ 是具有强单位且满足 $(\mathrm{RDP})_1$ 的同构偏序群, 因此 $Z\times G$ 是无扭的. 下证 G 也是无扭的. 事实上, 假设 $n\neq0$, $g\in G$, 且 $ng=0$. 注意到 G 是 H 的子群, $ng\in H$, 因此, $g=0$.

最后, 由于 $Z\overrightarrow{\times}G$ 满足 $(\mathrm{RDP})_1$, 则 G 也满足 $(\mathrm{RDP})_1$. □

推论 5.5.8　设 E 是强 n-完全伪效应代数, 则下列各条成立.

(i) 伪效应代数 E 具有唯一的强 n 阶循环元.

(ii) 伪效应代数 E 具有唯一的 n-划分 $(E_0,\cdots,E_n)$.

(iii) 使得对任意的 $i\in\{0,\cdots,n\}$, $s(E_i)=\dfrac{i}{n}$ 成立的伪效应代数 E 上的态 $s:E\to[0,1]$ 是端点的.

(iv) 伪效应代数 E 是对称的.

证明　由定理 5.5.7, 存在定向的无扭偏序群 G 使得 E 同构于 $\Gamma(Z\overrightarrow{\times}G,(n,0))$.

(i) 元素 $(1,0)$ 是 $\Gamma(Z\overrightarrow{\times}G,(n,0))$ 唯一的强 n 阶循环元, 从而由引理 5.5.6 可知在 E 中存在唯一的强 n 阶循环元.

(ii) 伪效应代数 $\Gamma(Z\overrightarrow{\times}G,(n,0))$ 具有唯一的 n-划分 $(E_0,\cdots,E_n)$, 其中 $E_0=\{(0,g)\mid g\in G^+\}$, $E_n=\{(n,-g)\mid g\in G^+\}$, $E_i=\{(i,g)\mid g\in G\}$, $i\in\{0,\cdots,n-1\}$.

(iii) 映射 $s:\Gamma(Z\overrightarrow{\times}G,(n,0))\to[0,1]$ 使得对任意的 $i\in\{0,\cdots,n\}$ 有 $s(i,g)=\dfrac{i}{n}$ 是 $\Gamma(Z\overrightarrow{\times}G,(n,0))$ 上唯一的态. 事实上, 设 s_1 是 $\Gamma(Z\overrightarrow{\times}G,(n,0))$ 上的态, 显然 $E_0=\mathrm{Infinit}(E)\subseteq\mathrm{Ker}(s_1)$. 另一方面, 由于 E_0 是极大理想, 从而 $\mathrm{Ker}(s_1)\subseteq E_0$, 因此, $\mathrm{Ker}(s_1)=E_0$. 又由于 $1=s_1(n(1,0))=ns_1(1,0)$, 从而 $s_1(1,0)=1/n$. 设 $g\geqslant 0$, 则 $(1,g)=(1,0)+(0,g)$, 故 $s_1(1,g)=1/n$. 对任意的 $g\in G$, 由于 G 是上定向的, 则存在 $g_1,g_2\geqslant 0$ 使得 $g=g_1-g_2$. 因此, 由 $(1,g)\leqslant(1,g_1)$ 可知 $s_1(1,g)\leqslant\dfrac{1}{n}$. 类似地, 对任意的 $i=1,\cdots,n-1$, $s_1(i,g)\leqslant\dfrac{i}{n}$. 因此, 由 $1=s_1(1,g)+s_1(n-1,-g)\leqslant\dfrac{1}{n}+\dfrac{n-1}{n}=1$ 可知对任意的 $i\in\{0,1,\cdots,n\}$, $s_1(1,g)=\dfrac{1}{n}$ 且 $s_1(E_i)=\dfrac{i}{n}$.

由上可知, E 具有唯一的态 s 使得对任意的 $i\in\{0,\cdots,n\}$, $s(E_i)=\dfrac{i}{n}$, 因此态 s 是端点的.

(iv) 由于伪效应代数 $\Gamma(Z\overrightarrow{\times}G,(n,0))$ 是对称的, 从而 E 也是对称的. □

定理 5.5.9 设 E 和 F 是两个强 n-完全伪效应代数, $(E_0,\cdots,E_n)$ 及 $(F_0,\cdots,F_n)$ 分别是 E 和 F 的 n-划分. G 及 H 是由 E 和 F 所决定的两个定向偏序群, 这里 $G^+=E_0$ 且 $H^+=F_0$. 若 $f:E\to F$ 是 E 和 F 之间的态射, 则

(i) 对任意的 $i\in\{0,1,\cdots,n\}$, $f(E_i)\subseteq F_i$;

(ii) 存在唯一的态射 $\widehat{f}:G\to H$ 使得 $g\in G^+$, $\widehat{f}(g)=h$ 当且仅当 $f(g)=h$.

证明 由于 E 和 F 都是强 n-完全伪效应代数, 由定理 5.5.7, 则存在唯一的满足 $(\mathrm{RDP})_1$ 的无扭定向偏序群 G 和 H 使得 E 和 F 分别同构于 $\Gamma(Z\overrightarrow{\times}G,(n,0))$ 和 $\Gamma(Z\overrightarrow{\times}H,(n,0))$. 这样, 假设 $E=\Gamma(Z\overrightarrow{\times}G,(n,0))$ 和 $F=\Gamma(Z\overrightarrow{\times}H,(n,0))$, 且 $E_0=\{(0,g)\mid g\in G^+\}$, $E_n=\{(0,-g)\mid g\in G^+\}$, $F_0=\{(0,h)\mid h\in H^+\}$, $F_n=\{(0,-h)\mid h\in H^+\}$, 对任意的 $i\in\{1,\cdots,n-1\}$, $E_i=\{(i,g)\mid g\in G\}$, $F_i=\{(i,h)\mid h\in H\}$.

(i) 任给 $(0,g)\in E_0=\mathrm{Infinit}(E)$ 及任意的整数 $k\geqslant 1$, 由于 $k(0,g)=(0,kg)\in E_0$, 故 $f(0,kg)=kf(0,g)$, 从而有 $f(0,g)\in F_0=\mathrm{Infinit}(F)$. 这样, 有 $f(E_0)\subseteq F_0$. 而且, 由 $E_n=E_0^-$ 及 $F_n=F_0^-$, 可得 $f(E_n)\subseteq F_n$.

设整数 $n>1$. 对 $(1,0)\in E_1$, 由于 $n(1,0)=(n,0)$, 可得 $nf(1,0)=(n,0)$, 从

而 $f(1,0) \in F_1$. 任意的 $(1,g)$, 存在 $g_1, g_2 \in G^+$ 使得 $g = g_1 - g_2$. 因此 $(1,g) = (0,g_1) + (1,-g_2)$. 由 $f(1,-g_2) \leqslant f(1,0)$ 可得 $f(1,-g_2) \in F_0 \cup F_1$. 注意到 $f(1,0) = f(1,-g_2) + f(0,g_2) \in F_1$ 且 $f(0,g_2) \in F_0$, 从而有 $f(1,-g_2) \in F_1$. 这样, 对任意的 $g \in G$, $f(1,g) = f(0,g_1) + f(1,-g_2) \in F_1$.

类似地, 可证明存在 $j = 0,1,\cdots,i < n$ 使得 $f(i,g) \in F_j$. 下证 $f(1,g) \in F_1$. 否则, 设 $f(1,g) \in F_0$ 且 $f(n-1,g) \in F_j$ 对某个 $j = 0,1,\cdots,i$ 成立. 由于 $f(n,0) \in F_n$ 且 $f(n,0) = f(1,g) + f(n-1,-g) \in F_0 + F_j = F_j \subseteq E \setminus F_n$, 但这是不可能的.

由于对任意的 $i \in \{1,\cdots,n-1\}$, $E_i = iE_1$, 因此有 $f(E_i) \subseteq F_i$.

(ii) 如下定义 $f_1 : G^+ \to H^+$: 对 $g \in G^+$, $f_1(g) = h$ 当且仅当 $f(0,g) = (0,h)$. 显然, f_1 是定义好的且对任意的 $g \in G^+$, $f(0,g) = (0,f_1(g))$. 而且, 对任意的 $g_1, g_2 \in G^+$, 由于 $f(0,g_1+g_2) = f(0,g_1) + f(0,g_2)$ 及 $f(0,g) = (0,f_1(g))$, 有 $f_1(g_1+g_2) = f_1(g_1) + f_1(g_2)$.

如下定义 $\widehat{f} : G \to H$: 对任意的 $g \in G$, 只要 $g = g_1 - g_2$, 令 $\widehat{f}(g) = f_1(g_1) - f_1(g_2)$, 这里 $g_1, g_2 \geqslant 0$. 下证 $\widehat{f}$ 是定义好的. 事实上, 若 $g = -h_1 + h_2$, $h_1, h_2 \geqslant 0$, 则 $g = g_1 - g_2 = -h_1 + h_2$, 且 $h_1 + g_1 = h_2 + g_2$, 从而 $f_1(h_1+g_1) = f_1(h_2+g_2)$, 因此 $f_1(g_1) - f_1(g_2) = -f_1(h_1) + f_1(h_2)$. 故 $\widehat{f}$ 是定义好的.

若 $g, h \in G$, 下证 $\widehat{f}(g+h) = \widehat{f}(g) + \widehat{f}(h)$. 假设 $g = -g_1 + g_2$, $h = h_1 - h_2$, $g + h = k_1 - k_2$, 则 $g_2 + h_1 - h_2 = g_1 + k_1 - k_2$. 因此, $f_1(g_2) + f_1(h_1) - f_1(h_2) = f_1(g_1) + f_1(k_1) - f_1(k_2)$, 从而, $\widehat{f}(g+h) = \widehat{f}(g) + \widehat{f}(h)$. 这样, $\widehat{f}$ 是群同态. 而且, 若 $g \geqslant 0$, 则 $\widehat{f}(g) \geqslant 0$. 由 $\widehat{f}$ 的定义可知 $\widehat{f}(G^+) \subseteq H^+$, 且 $g \in G^+$, $\widehat{f}(g) = h$.

先设 $k : G \to H$ 是同态且使得 $g \in G^+$, $\widehat{f}(g) = h$ 当且仅当 $f(0,g) = (0,h)$. 则 $\widehat{f}\,|_{G^+} = k_{G^+}$, 由于 G 是定向的有 $\widehat{f} = k$. □

设 $\mathcal{G}$ 是以能使得字典序乘积 $Z \overrightarrow{\times} G$ 满足 $(\mathrm{RDP})_1$ 的无扭定向偏序群为对象、偏序群之间的同态映射为态射的范畴. 设 SPPEA_n 是以强 n-完全伪效应代数为对象、伪效应代数之间的同态为态射的范畴.

如下定义函子 $\mathcal{E}_n : \mathcal{G} \to \mathrm{SPPEA}_n$, 对 $G \in \mathcal{G}$, $\mathcal{E}_n(G) := \Gamma(Z \overrightarrow{\times} G, (n,0))$, 且当 h 是偏序群之间同态时, 令

$$\mathcal{E}_n(h)(x) = (i, h((ic)/x)),$$

这里 c 是 E 中唯一的 n 阶强循环元.

定理 5.5.10　函子 $\mathcal{E}_n$ 是无扭偏序群范畴与强 n-完全伪效应代数范畴之间满

的忠实的函子.

证明 设 h_1 和 h_2 是从 G_1 到 G_2 的两个态射且 $\mathcal{E}(h_1)=\mathcal{E}(h_2)$. 由于 G_1 和 G_2 都是上定向的, 只需证明对任意的 $g\in G_1^+$ 都有 $h_1(g)=h_2(g)$. 注意到 $\mathcal{E}(h_1)=\mathcal{E}(h_2)$, 则对任意的 $g\in G_1^+$, 有 $(0,h_1(g))=(0,h_2(g))$, 从而 $h_1=h_2$. 这样证明了 $\mathcal{E}_n$ 是忠实的.

设 $f:\Gamma(Z\overrightarrow{\times}G_1,(n,0))\to\Gamma(Z\overrightarrow{\times}G_2,(n,0))$ 是伪效应代数间的同态. 则对任意的 $x\in G_1^+$, 存在唯一的 $y\in G_2^+$ 使得 $f(0,x)=(0,y)$. 如下定义映射 $h:G_1^+\to G_2^+$: 对任意的 $x\in G_1^+$, $h(x)=y$ 当且仅当 $f(0,x)=(0,y)$. 注意到对任意的 $x_1,x_2\in G_1^+$, 有 $h(x_1+x_2)=h(x_1)+h(x_2)$. 由于 G_1 是定向的, 对任意的 $x\in G_1$, 若存在 $x_1,x_2,g_1,g_2\in G_1^+$ 使得 $x=x_1-x_2$ 且 $x=-g_1+g_2$, 则有 $g_1+x_1=g_2+x_2$, 因此 $h(g_1)+h(x_1)=h(g_2)+h(x_2)$, 从而 $h(x_1)-h(x_2)=-h(g_1)+h(g_2)$. 这样证明了 $h(x)=h(x_1)-h(x_2)$ 是定义好的, 且是偏序群 G_1 与 G_2 间的同态. 这样证明了 $\mathcal{E}_n$ 是满的. □

称序对 (G,γ) 是伪效应代数 E 的**泛群**, 这里 G 是定向的偏序群且 $\gamma:E\to G$ 是 G-值测度 (i.e., 只要 $a+b$ 在 E 中存在, 就有 $\gamma(a+b)=\gamma(a)+\gamma(b)$, (G,γ) 满足下列条件: ① $\gamma(E)$ 生成 G; ② 若 H 是群且 $\phi:E\to H$ 是 H-值测度, 则存在 (唯一的) 同态群 $\phi^*:G\to H$ 使得 $\phi=\phi^*\circ\gamma$.

定理 5.5.11 设 E 是强 n-完全伪效应代数. 则定理 5.5.7 中定向偏序群 $Z\overrightarrow{\times}G$ 及同构映射 $\gamma:E\to\Gamma(Z\overrightarrow{\times}G,(n,0))\subset Z\overrightarrow{\times}G$ 是伪效应代数 E 的泛群.

证明 设 E 是强 n-完全伪效应代数. 由定理 5.5.7, 存在唯一的无扭定向的偏序群 G 使得 E 同构于 $\Gamma(Z\overrightarrow{\times}G,(n,0))$. 设 $\mathcal{G}=Z\overrightarrow{\times}G$, 且 $\gamma:E\to Z\overrightarrow{\times}G$ 是嵌入映射, 则下列各条成立.

(i) $\gamma(E)$ 生成群 $\mathcal{G}$, 又由于 $(1,0)$ 是强单位, $\mathcal{G}$ 是定向的.

(ii) 假设 $\phi:E\to K$ 是 K-值测度. 则 $\phi(0,0)=0_H$. 注意到 E 是对称的, 因此对任意的 $g\in G^+$, $\phi(1,-g)=\phi((1,0)\backslash(0,g))=\phi((0,g)/(1,0))$, 从而 $\phi(1,0)-\phi(0,g)=-\phi(0,g)+\phi(1,0)$. 如下定义映射 $\phi^*:\mathcal{G}\to H$: 对任意的 $g,h\in G^+$,

(a) $\phi^*(0,g)=\phi(0,g)$;

(b) $\phi^*(0,-g)=-\phi(0,g)$;

(c) $\phi^*(0,g-h)=\phi(0,g)-\phi(0,h)$;

(d) $\phi^*(0,-g+h)=-\phi(0,g)+\phi(0,h)$;

(e) $\phi^*(1,g-h)=\phi(1,0)+\phi^*(0,g-h)$;

(f) $\phi^*(m, g-h) = m\phi(1,0) + \phi^*(0, g-h)$.

对 $g \in G$, 若存在 $g_1, g_2, h_1, h_2 \in G^+$ 使得 $(0,g) = (0, g_1 - g_2) = (0, h_1 - h_2)$, 则由于 G 是定向偏序群, 存在 $k_1, k_2 \in G^+$ 使得 $g = -k_1 + k_2$. 这样就有 $k_1 + g_1 = k_2 + g_2$, $k_1 + h_1 = k_2 + h_2$, 从而 $\phi(0,k_1) + \phi(0,g_1) = \phi(0,k_2) + \phi(0,g_2)$, $\phi(0,k_1) + \phi(0,h_1) = \phi(0,k_2) + \phi(0,h_2)$, 进而, $-\phi(0,k_1) + \phi(0,k_2) = \phi(0,g_1) - \phi(0,g_2) = \phi(0,h_1) - \phi(0,h_2)$. 由此, ϕ^* 是定义好的.

对任意的 $g_1, g_2, h_1, h_2 \in G^+$, 存在 $k_1, k_2 \in G^+$ 使得 $-g_2 + h_1 = k_1 - k_2$, 从而 $(0, g_1 - g_2) + (0, h_1 - h_2) = (0, g_1 + k_1 - k_2 - h_2)$. 因此, $\phi^*((0, g_1 - g_2) + (0, h_1 - h_2)) = \phi^*(0, g_1 + k_1 - k_2 - h_2) = \phi(0, g_1 + k_1) - \phi(0, h_2 + k_2) = \phi(0,g_1) + \phi(0,k_1) - \phi(0,k_2) - \phi(0,h_2) = \phi(0, g_1 + k_1) - \phi(0, h_2 + k_2) = \phi(0,g_1) + \phi(0,k_1) - \phi(0,k_2) - \phi(0,h_2) = \phi(0,g_1) + \phi^*(0, k_1 - k_2) - \phi(0,h_2) = \phi(0,g_1) + \phi^*(0, -g_2 + h_1) - \phi(0,h_2) = \phi(0,g_1) - \phi(0,g_2) + \phi(0,h_1) - \phi(0,h_2) = \phi(0,g_1) - \phi(0,g_2) + \phi(0,h_1) - \phi(0,h_2) = \phi^*(0, g_1 - g_2) + \phi^*(0, h_1 - h_2)$.

由于对任意的 $g \in G^+$, 有 $\phi(1,0) - \phi(0,g) = -\phi(0,g) + \phi(1,0)$, 从而 $\phi(0,g) + \phi(1,0) - \phi(0,g) = \phi(1,0)$, 因此 $\phi(0,g) + \phi(1,0) = \phi(1,0) + \phi(0,g)$. 这样对任意的 $g \in G$, 有 $\phi(1,0) + \phi^*(0,g) = \phi^*(0,g) + \phi(1,0)$.

设 $g_1, g_2, h_1, h_2 \in G^+$, 且 $(i, g_1 - g_2) + (j, h_1 - h_2) = (i+j, g_1 - g_2 + h_1 - h_2)$, 则有 $\phi^*((i, g_1 - g_2) + (j, h_1 - h_2)) = \phi^*(i+j, g_1 - g_2 + h_1 - h_2) = (i+j)\phi(1,0) + \phi^*(0, g_1 - g_2 + h_1 - h_2) = i\phi(1,0) + j\phi(1,0) + \phi^*(0, g_1 - g_2) + \phi^*(0, h_1 - h_2) = i\phi(1,0) + \phi^*(0, g_1 - g_2) + j\phi(1,0) + \phi^*(0, h_1 - h_2) = \phi^*(i, g_1 - g_2) + \phi^*(j, h_1 - h_2)$.

这样, ϕ^* 是群同态且 $\phi = \phi^* \circ \gamma$. □

称从范畴 $\mathcal{A}$ 到范畴 $\mathcal{B}$ 的函子 $\mathcal{E}$ 是**左伴随的**, 若对任意的 $\mathcal{B}$-对象 B 存在一个定义在 B 上的 $\mathcal{E}$- 泛箭头 [138].

定理 5.5.12　函子 $\mathcal{E}_n$ 有一个左伴随.

证明　由定理 5.5.7, 对任意的强 n-完全伪效应代数 E, 存在唯一的无扭定向的偏序群 G 使得字典序乘积 $Z \overrightarrow{\times} G$ 满足 $(\mathrm{RDP})_1$, 且由定理 5.5.11 可知, $(Z \overrightarrow{\times} G, \gamma)$ 是伪效应代数 E 的泛群.

对强的 n-完全伪效应代数 $F = \mathcal{E}_n(G_1)$, 这里 G_1 是无扭的定向偏序群使得 $Z \overrightarrow{\times} G$ 满足 $(\mathrm{RDP})_1$, 假设 $f' : E \to \mathcal{E}_n(G_1)$ 是伪效应代数之间的同态. 存在唯一的群同态 $f_1 : Z \overrightarrow{\times} G \to Z \overrightarrow{\times} G_1$ 使得 $f' = f_1 \circ \gamma$. 如下定义 $f : G \to G_1$: 对任意的 $g \in G^+$, $f(g) = h$ 当且仅当 $f_1(0,g) = (0,h)$. 由于 G 是定向的, 容易验证 f 是 G

与 G_1 之间的群同态. 由定理 5.5.9, f 是使得对任意的 $g \in G^+$, $f(g) = h$ 当且仅当 $f_1(0,g) = (0,h)$ 成立的 G 与 G_1 之间唯一的群同态. 从而也是使得 $f' = \mathcal{E}(f) \circ \gamma$ 成立的唯一的同态. □

如下定义函子 $\mathcal{P}_n : \mathrm{SPPEA}_n \to \mathcal{G}$: 若 $G \in \mathcal{G}$, 令

$$\mathcal{P}_n(\Gamma(Z \overrightarrow{\times} G, (n,0))) := G,$$

这里 $(Z \overrightarrow{\times} G, \gamma)$ 是强 n-完全伪效应代数 $\Gamma(Z \overrightarrow{\times} G, (n,0))$ 的泛群.

定理 5.5.13 函子 $\mathcal{P}_n$ 是函子 $\mathcal{E}_n$ 的左伴随.

证明 由定理 5.5.12 及 $\mathcal{P}_n$ 的定义可知结论成立. □

称从范畴 $\mathcal{A}$ 到范畴 $\mathcal{B}$ 的函子 $\mathcal{F}$ 是**范畴等价的**, 若它是满的、忠实的、同构稠的. 这里同构稠的是指对任意的 $\mathcal{B}$-对象 B 存在 $\mathcal{A}$-对象 A 使得 $\mathcal{F}(A)$ 同构于 B [138].

定理 5.5.14 函子 $\mathcal{E}_n$ 是范畴 $\mathcal{G}$ 与范畴 SPPEA_n 之间的等价函子.

证明 只需证明对任意的 n-完全伪效应代数 E, 存在无扭的定向的偏序群 G 使得 $Z \overrightarrow{\times} G$ 满足 $(\mathrm{RDP})_1$ 且 $\mathcal{E}_n(G)$ 同构于 E. 为此, 取 G 为 E 的范群 $(Z \overrightarrow{\times} G, \gamma)$. 则 $\mathcal{E}_n(G)$ 及 E 同构. □

在文献 [151], [154] 中研究了偏序群的字典序的乘积, 并得到了一些有趣的结果.

设 $G_1 \times G_2$ 是偏序群 G_1 与 G_2 的直积, $\leqslant$ 是 $G_1 \times G_2$ 上的一个偏序关系. 若对任意的 $(g_1,h_1), (g_2,h_2) \in G_1 \times G_2$, $(g_1,h_1) \leqslant (g_2,h_2)$ 当且仅当 $g_1 < g_2$ 或当 $g_1 = g_2$ 时, $h_1 \leqslant h_2$, 则称 $\leqslant$ 为直积 $G_1 \times G_2$ 上的 **字典序**, 此时偏序群 $(G_1 \times G_2, \leqslant)$ 简记作 $G_1 \overrightarrow{\times} G_2$.

回忆偏序群 G 与偏序群 $Z \overrightarrow{\times} G$ 满足 RDP 之间的关系.

定理 5.5.15[151] 设 Z 是整数群且 G 是偏序群.

(i) 偏序群 $Z \overrightarrow{\times} G$ 满足 RDP 当且仅当 G 是满足 RDP 的定向偏序群.

(ii) 偏序群 $Z \overrightarrow{\times} G$ 满足 $(\mathrm{RDP})_1$ 当且仅当 G 是满足 $(\mathrm{RDP})_1$ 的定向偏序群.

设 $\dfrac{1}{n}Z = \left\{\dfrac{i}{n} : i \in Z\right\}$ 是群 $\mathbb{R}$ 的离散子群, G 是偏序群. 则元素 $u = (1,0)$ 是 $\dfrac{1}{n}Z \overrightarrow{\times} G$ 的强序单位, 且 $\Gamma\left(\dfrac{1}{n}Z \overrightarrow{\times} G, (1,0)\right)$ 是伪效应代数.

利用定理 5.5.15, 本节定理 5.5.7 可改进如下.

定理 5.5.16[151] 设 E 是伪效应代数且整数 $n \geqslant 1$. 则 E 是强 n-完全伪效应代数当且仅当存在无扭定向偏序群 G 满足 $(\mathrm{RDP})_1$, 且 E 同构于 $\Gamma(Z \overrightarrow{\times} G, (n,0))$.

若 G 存在, 可知 G 是唯一的且满足$(\mathrm{RDP})_1$.

设 $n \geqslant 1$ 是整数. 设 $\mathcal{G}$ 表示对象为满足 $(\mathrm{RDP})_1$ 的定向的无扭偏序群 G, 态射为偏序群态射的范畴. SPPEA_n 是以强 n-完全伪效应代数为对象, 伪效应代数之间的同态为态射的范畴.

定义函子 $\mathcal{E}_n : \mathcal{G} \to \mathrm{SPPEA}_n$ 如下: 对 $G \in \mathcal{G}$, $\mathcal{E}_n(G) := \Gamma(Z \overrightarrow{\times} G, (n, 0))$, 且当 h 是偏序群之间同态时, 令

$$\mathcal{E}_n(h)\left(\frac{i}{n}, g\right) = \left(\frac{i}{n}, h(g)\right), \quad \left(\frac{i}{n}, g\right) \in \Gamma(Z \overrightarrow{\times} G, (n, 0)).$$

则 $\mathcal{E}_n$ 是从满足 $(\mathrm{RDP})_1$ 的定向无扭偏序群的范畴 $\mathcal{G}$ 到强 n-完全伪效应代数范畴 SPPEA_n 的忠实的满的函子. 此外, 下面定理是定理 5.5.14 的进一步改进.

定理 5.5.17　函子 $\mathcal{E}_n$ 是范畴 $\mathcal{G}$ 与范畴 SPPEA_n 之间的等价函子.

而进一步地, 设 $\mathbb{Q}$ 是有理数群. $\mathbb{Q}$ 与 G 的字典积和伪效应代数 $\Gamma\left(\frac{1}{n} Z \overrightarrow{\times} G, (1, 0)\right)$ 满足 $(\mathrm{RDP})_1$ 的关系如下.

定理 5.5.18[154]　设 G 是偏序群. 定义下列命题:

(i) 偏序群 $Q \overrightarrow{\times} G$ 满足 $(\mathrm{RDP})_1$;

(ii) G 满足 $(\mathrm{RDP})_1$;

(iii) G 是满足 $(\mathrm{RDP})_1$ 的定向偏序群;

(iv) 伪效应代数 $E = (\mathbb{Q} \overrightarrow{\times} G, (1, 0))$ 满足 $(\mathrm{RDP})_1$.

则 (i) 蕴涵 (ii), (i) 与 (iv) 等价. 若 G 是定向的, 则 (i) 与 (iii) 也等价.

下面推广 n-完全伪效应代数的定义给出 Q-完全伪效应代数.

对于有理数群 Q, 设 $[0, 1]_Q = [0, 1] \cap Q$.

不同于 n-完全伪效应代数 E 的 n-分解 $(E_0, E_1, \cdots, E_n)$, 下面将研究形式为 $(E_t : t \in [0, 1]_Q)$ 的 E 的分解, 每个 E_t 均为 E 的非空子集.

设 $(E_t : t \in [0, 1]_Q)$ 为 E 的一个分化, E 的非空子集族 $(E_t : t \in [0, 1]_Q)$ 使得对任意的 $s < t, s, t \in [0, 1]_Q$ 都有 $E_s \cap E_t = \varnothing$ 且 $\bigcup_{t \in [0,1]_Q} = E$.

(I) 称 $(E_t : t \in [0, 1]_Q)$ 为 E 的 类型 I 的 Q-分解, 若

(i) $s + t < 1$, 则 $E_s + E_t$ 存在;

(ii) E_0 为 E 的唯一的极大理想.

(II) 称 $(E_t : t \in [0, 1]_Q)$ 为 E 的 Q-分解, 若

(i) $E_t^- = E_t^\sim = E_{1-t}$, 对任意的 $t \in [0, 1]_Q$;

(ii) 若 $x \in E_s$, $y \in E_t$, $x + y$ 在 E 中存在, 则对任意的 $s, t \in [0, 1]_Q$, $s + t \leqslant 1$ 且 $x + y \in E_{s+t}$.

称 E 上的态 s 为 Q-值的, 若 $s(E)=[0,1]_Q$. 类似于定理 5.3.1 的证明有如下结论.

命题 5.5.19 设 E 是伪效应代数. 则下面两条等价.

(i) 存在 E 上的 Q-值态.

(ii) 存在 E 上非空子集 Q-分解 $(E_t : t\in[0,1]_Q)$.

设 $(E_t : t\in[0,1]_Q)$ 是伪效应代数 E 的 Q-分解, 称 $(E_t : t\in[0,1]_Q)$ 是有序的, 若当 $t<s$ 时有 $E_t<E_s$. 类似于定理 5.3.5 的证明可得下面结论.

命题 5.5.20 设 $(E_t : t\in[0,1]_Q)$ 是伪效应代数 E 的 Q-分解. 则 $(E_t : t\in[0,1]_Q)$ 是有序的当且仅当对任意的 $s,t\in[0,1]_Q$, $s+t<1$, E_s+E_t 存在.

在这种情况下,

(i) $E_0=\mathrm{Infinit}(E)$ 是一个正规理想;

(ii) 当 $s+t<1$ 时 $E_s+E_t=E_{s+t}$;

(iii) 若 $s+t>1$, 则对 $\forall x\in E_s$, $\forall y\in E_t$, $x+y$ 和 $y+x$ 都不存在.

称伪效应代数 E 的一个分解 $(E_t : t\in[0,1]_Q)$ 具有定向性质, 若对任意的 $t\in[0,1]_Q$, 每个 E_t 都是定向的.

定义 5.5.21 设 E 是满足 $(\mathrm{RDP})_1$ 性质的伪效应代数. 称 E 是**强 Q-完全的伪效应代数**, 若 E 满足下面条件:

(i) 存在满足 $(\mathrm{RDP})_1$ 且具有序单位的无扭偏序群 (G,u) 使得 $E=\Gamma(G,u)$;

(ii) 对任意的自然数 $n\geqslant 1$, 存在元 $c\in E$ 使得 (a) $nc=u$, 且 (b) $c\in C(G)$;

(iii) E 有满足定向性质的有序的 Q-分解.

下面命题给出了强 Q-完全的伪效应代数的一个典型例子.

命题 5.5.22 设 G 是满足 $(\mathrm{RDP})_1$ 性质的无扭定向偏序群. 则伪效应代数

$$\mathcal{Q}(G):=\Gamma(Q\overrightarrow{\times}G,(1,0))$$

是一个强 Q-完全的伪效应代数.

证明 由定理 5.5.18 可知 $\mathcal{Q}(G)$ 满足 $(\mathrm{RDP})_1$, 其余条件容易验证. □

类似于强 n-完全的伪效应代数的表示定理可以证明如下强 Q-完全的伪效应代数的表示定理.

定理 5.5.23 设 E 是强 Q-完全的伪效应代数. 则存在唯一 (在同构意义下唯一) 一个满足 $(\mathrm{RDP})_1$ 的定向的无扭偏序群使得 $E\cong\Gamma(Q\overrightarrow{\times}G,(1,0))$.

最后, 给出一个范畴等价. 设 SQPPEA 是强 Q-完全的伪效应代数范畴, 它的对象是强 Q-完全的伪效应代数, 态射是伪效应代数间的同态. 类似地, 设 $\mathcal{G}$ 是一个偏序群范畴, 它的对象是满足 $(\mathrm{RDP})_1$ 的定向无扭的偏序群, 态射是具有强单位的偏序群间的同态. 定义一个函子 $\mathcal{E}_Q:\mathcal{G}\to$ SQPPEA 如下: 对任意的 $G\in\mathcal{G}$, 令 $\mathcal{E}_Q(G):=\Gamma(Q\overrightarrow{\times}G,(1,0))$, 若 $h:G\to G_1$ 是偏序群间的同态映射, 则令 $\mathcal{E}_Q(h)\left(\frac{i}{n},g\right)=\left(\frac{i}{n},h(g)\right),\left(\frac{i}{n},g\right)\in\Gamma(Q\overrightarrow{\times}G,(1,0))$.

类似于定理 5.5.14 的证明, 可得如下结论.

定理 5.5.24 函子 $\mathcal{E}_Q$ 是范畴 $\mathcal{G}$ 与范畴 SQPPEA 之间的范畴等价.

下面定理是定理 5.5.17 和 5.5.24 的直接结果.

定理 5.5.25 范畴 $\mathcal{G}$, SPPEA_n 和 SQPPEA 是相互范畴等价的.

本节主要研究了一种非 Archimedean 伪效应代数的结构, 从本节的研究内容可以看到, 满足 $(\mathrm{RDP})_1$ 的偏序群的字典序乘积是否仍然满足 $(\mathrm{RDP})_1$ 对刻画完全伪效应代数具有至关重要的作用, 而对此问题的研究是当前量子逻辑和偏序群研究的一个重要方向 [156–159].

第6章　量子测度理论

在 20 世纪 30 年代, Kolmogorov 首先给出了概率理论的公理化数学模型. 在该模型中称三元组 $(X,\mathcal{A},\mu)$ 为测度空间, 这里 X 是非空集合, $\mathcal{A}$ 是 X 上的 σ-代数, μ 是在 $\mathcal{A}$ 上的非负可数可加的函数. 这个数学模型在概率理论、泛函分析和理论物理中有着重要的应用 [160, 161]. 测量理论可以用来度量长度、体积、可能性、质量、能量等 [27, 161]. 随着物理学与数学科学的发展, 特别是模糊数学的出现, 出现了基于布尔代数上的模糊测度与非单调测度, 参见文献 [162]—[168]. 然而, 在文献 [26] 中 Sorkin 指出经典测度理论中的可加性公理在量子力学中不一定成立, 首先提出了基于布尔代数上的量子测度, 而这种测度与经典测度的不同在于量子测度是非单调测度.

量子力学的重要特征是波粒二象性, 根据这一原则, 费米子和波色子可用波函数来描述 [169]. 而这些波函数像经典的波一样具有干涉和衍射等性质, 而干涉和衍射的本质在于波的相干性 [26,169−172]. 电子的双缝实验最直观地展现了波粒二象性. 当电子束通过具有两个狭小缝隙的墙面时, 电子数目分布用函数 μ 来表示. 当只打开第一个缝隙时探测到的电子分布函数为 $\mu(A)$; 当只打开第二个缝隙时探测到的电子分布函数为 $\mu(B)$; 当同时打开两个缝隙时探测到的电子分布函数为 $\mu(C)$; 但是当干涉发生时 $\mu(C)-\mu(A)-\mu(B)$ 一般不为零. 这说明当干涉发生时, 观测量的可加性不再成立 [26]. 类似这样的现象通常称为量子干涉. 在量子力学中, 可能性的度量常用复的振幅来计算而不是通常的实值概率 [27, 169, 170]. 在量子系统 $\mathcal{H}$ 中, 退相干函数 $D(a,b)=v(a)\overline{v(b)}$, 这里 v 是 $\mathcal{H}$ 中历史的复值概率振幅, 函数 $\mu:\mathcal{A}\to\mathbb{R}^+$ 定义为 $\mu(a)=D(a,a)$, 它表示历史 a 与自身的干涉的度量. 然而 μ 不满足经典概率理论中的可加性公理, μ 满足可加性当且仅当对所有的 $a,b\in\mathcal{A}$, $D(a,b)$ 的实部等于 0 [27]. 基于此, Sorkin 在文献 [26] 中提出了量子测度的理论, 随后 Gudder 教授对该理论的数学基础进行了深入的研究 [27,173−179],本章将研究建立在效应代数上的量子测度理论.

量子测度是一种非单调测度, 它能够描绘量子干涉现象, 是经典可加测度的推广. Sorkin 首先在文献 [26] 引入了量子测度理论, 随后诸多数学和物理学家研究了布尔代数上的量子测度理论 [27−29,176,179]. Isham 在文献 [180] 中给出了量子力学的一种新的解释, 用投影算子来描述“历史”. 后来, Pulmannová 在文献 [181] 中对 Isham 提出的历史理论进行了深入的研究, 并指出历史理论中最基本的概念是历史筛子或者可能的事件所构成的空间, 而历史之集是由历史筛子所生成的差分偏序集. 基于此, 文献 [183] 引入并研究了与差分偏序集等价的效应代数上的量子测度.

本章主要介绍量子测度的代数结构. 首先研究了布尔代数上量子测度及超级量子测度的结构, 利用 Dirac 测度给出了布尔代数上超级量子测度空间的一组基. 刻画了超级量子测度与干涉函数之间的关系. 指出并证明了超级量子测度与带号测度之间相互唯一确定的条件, 回答了 Gudder 教授在文献 [27] 中关于超级量子测度与带号测度之间关系的猜想. 其次, 研究了效应代数上量子测度及超级量子测度的结构. 给出了具有 Riesz 分解性质的有限效应代数上的带号超级量子测度空间的一组基. 进一步给出了具有 Riesz 分解性质的有限效应代数上的超级量子测度与干涉函数及带号测度的关系. 不同于布尔代数上超级量子测度, 对效应代数 E 上的超级量子测度 μ 不一定存在 $\otimes^t E$ 上对角正的对称带号测度 λ 使得 $\mu(x) = \lambda(\otimes^t x)$, $x \in E$. 针对此问题, 在本章定理 6.5.7 及定理 6.5.9 中, 证明了一些特殊的超级量子测度存在相应的对角正的对称带号测度. 最后给出了超级量子测度可表示的定义, 并给出了超级量子测度可表示的一些必要条件. 本章内容主要取自于文献 [183]—[185].

6.1 有限空间上的超级量子测度

设 X 是物理系统的一个样本空间, X 中的元素称为样本, 且 X 是有限集. 称 X 的子集是事件, 并将所有的事件之集 2^X 表示为 $\mathcal{A}$.

一个可测空间是序对 $(X, \mathcal{A})$, 其中 X 是非空集, $\mathcal{A}$ 是 X 上的 σ-代数. 若 A 与 B 是非交的, 则用 $A \cup B$ 表示 A 与 B 的并. 类似地, 用 $\cup A_i$ 表示一列两两不交集的并. 用 R^+ 表示非负实数之集, 称集函数 $\mu : \mathcal{A} \to \mathbb{R}^+$ 是 **可加的**, 若 $\mu(A \cup B) = \mu(A) + \mu(B)$, 对任意不交集 $A, B \in \mathcal{A}$. 称 μ 是**可数可加的**, 若 $\mu(\cup A_i) = \sum \mu(A_i)$, 其中 $A_i \in \mathcal{A}$ 是任意一列两两不交之集. 在概率论中, $\mu : \mathcal{A} \to \mathbb{R}^+$ 是可数可加的当且仅当 μ 是可加的且对单调递增的集列 $(A_i \subseteq A_{i+1})$ $\lim\limits_{i\to\infty} \mu(A_i) = \mu(\cup A_i)$, $A_i \in \mathcal{A}$. 当 μ 是可数可加时, 称 μ 是**测度** 且称三元组 $(X, \mathcal{A}, \mu)$ 是**测度空间**.

本章称可加的集函数为 1-级可加的, 称测度空间为 1-级测度空间. 若将 $\mathbb{R}^+$ 换

为 $\mathbb{R}$, 称上述相应的定义是带号的.

称集函数 $\mu:\mathcal{A}\to\mathbb{R}^+$ 是 σ-代数 $\mathcal{A}$ 上 **2-级可加的**，若 μ 满足

$$\mu(A\uplus B\uplus C)=\mu(A\uplus B)+\mu(A\uplus C)+\mu(B\uplus C)-\mu(A)-\mu(B)-\mu(C). \tag{6.1}$$

对自然数 $t\geqslant 2$, 称集函数 $\mu:\mathcal{A}\to\mathbb{R}^+$ 是 σ-代数 $\mathcal{A}$ 上 **t-级可加的**, 若 μ 满足

$$\begin{aligned}\mu(A_1\uplus\cdots\uplus A_{t+1})=&\sum_{1\leqslant i_1<\cdots<i_t\leqslant t+1}\mu(A_{i_1}\uplus\cdots\uplus A_{i_t})\\&-\sum_{1\leqslant i_1<\cdots<i_{t-1}\leqslant t+1}\mu(A_{i_1}\uplus\cdots\uplus A_{i_{t-1}})\\&+\sum_{1\leqslant i_1<\cdots<i_t\leqslant t+1}\mu(x_{i_1}+\cdots+x_{i_t})+\cdots+(-1)^{t+1}\sum_{i=1}^{t+1}\mu(A_i).\end{aligned}$$

称 t-级可加函数 $\mu:\mathcal{A}\to\mathbb{R}^+$ 是**t-级测度**, 若满足以下连续性条件 (C1) 与 (C2):

(C1) $\lim\limits_{i\to\infty}\mu(A_i)=\mu(\bigcup_{i=1}^{\infty}A_i)$,
其中 $A_1\subseteq A_2\subseteq\cdots$ 是 $\mathcal{A}$ 中递增集列;

(C2) $\lim\limits_{i\to\infty}\mu(A_i)=\mu(\bigcap_{i=1}^{\infty}A_i)$,
其中 $A_1\supseteq A_2\supseteq\cdots$ 是 $\mathcal{A}$ 中递减集列.

类似地，**带号 t-级可加测度**是满足连续性条件 (C1) 与 (C2) 的 t 级可加集函数 $\mu:\mathcal{A}\to\mathbb{R}$.

设 X 是非空集合, $\mathcal{A}$ 是 X 上的 σ-代数.

(i) 若 μ 是 $\mathcal{A}$ 上的 2-级测度, 则称三元组 $(X,\mathcal{A},\mu)$ 是**量子测度空间**且称 μ 是**量子测度**.

(ii) 设 $t\geqslant 3$, $t\in N$. 若 μ 是 $\mathcal{A}$ 上的 t-级测度, 则称三元组 $(X,\mathcal{A},\mu)$ 是**t-级超级量子测度空间**, 且 μ 称为**t-级超级量子测度**.

若 X 是有限集, 则称量子测度空间 (超级量子测度空间) $(X,\mathcal{A},\mu)$ 是**有限**量子测度空间 (超级量子测度空间). 本章总假设 $X=\{x_1,x_2,\cdots,x_n\}$ 是有限的.

显然 1-级测度就是通常说的测度. 对非空集 X 上的 σ-代数 $\mathcal{A}$, 设 $t\geqslant 1, t\in N$, 令 $Q^t(\mathcal{A})$ 表示 $\mathcal{A}$ 上所有的 t-级测度之集. 使用数学归纳法可以证明 t-级测度是 $(t+1)$-级的 [28, 182]. 从而, $Q^t(\mathcal{A})\subseteq Q^{t+1}(\mathcal{A})$. 然而, 反之不真 [27, 176].

在量子力学中, 退相干函数 $D:\mathcal{A}\times\mathcal{A}\to\mathbb{C}$ 具有重要的作用. 退相干函数 (至少是其实部) 表示了 $\mathcal{A}$ 中两个元素之间的干涉量, 具有以下一些性质: ① $D(A\uplus B, C)=D(A,C)+D(B,C)$; ② $D(A,B)=\overline{D(B,A)}$; ③ $D(A,A)\geqslant 0$; ④ $|D(A,B)|^2\leqslant$

$D(A,A)D(B,B)$; ⑤ $A \mapsto D(A,A)$ 是连续的. Gudder 指出对任意的退相干函数 D, $\mu(A)=D(A,A)$ 是量子测度 [27]. 设 μ 是 X 上的量子测度, 定义**量子干涉函数** $I_\mu : X \times X \to \mathbb{R}$ 为 $I_\mu(\{x_i,x_j\}) = \mu(\{x_i,x_j\}) - \mu(x_i) - \mu(x_j)$, 对 $x_i, x_j \in X$ 且 $x_i \neq x_j$, $I_\mu(\{x_i,x_i\}) = 0$, $x_i \in X$. 这样, I_μ 反映了 μ 成为集合 $\{x_i,x_j\}$ 可加测度的偏差, 因此, I_μ 描述了 x_i 和 x_j 之间的干涉情况. 并且, μ 是经典可加测度当且仅当 $I_\mu = 0$. 由此可以看出 2-级量子测度直接来源于描述量子力学中的干涉现象.

作为量子干涉函数的自然推广, Gudder 给出了下面**广义量子干涉函数** $I_\mu : X^n \to \mathbb{R}$ 的定义 [26, 28, 176]: 当 $x_i \neq x_j$, $x_i \in X$ 时,

$$\begin{aligned} I_\mu(\{x_1,\cdots,x_n\}) =& \mu(\{x_1,\cdots,x_n\}) - \sum_{1\leqslant j_1<\cdots<j_{s-1}\leqslant n} \mu(\{x_{j_1},\cdots,x_{j_{s-1}}\}) \\ &+ \cdots + (-1)^{n-2} \sum_{1\leqslant j_1<j_2\leqslant n} \mu(\{x_{j_1},x_{j_2}\}) + (-1)^{n-1}\sum_{j_1=1}^{n}\mu(x_{j_1}), \end{aligned}$$

否则, $I_\mu(\{x_1,\cdots,x_n\}) = 0$, $x_i \in X$.

广义的干涉函数 I_μ 表示了函数 μ 成为集合 $\{x_1,\cdots,x_n\}$ 上 $(n-1)$-级可加函数的偏差, 因此也反映了 $x_1,\cdots,x_n$ 之间的干涉量. 而且, μ 是 $(n-1)$-级超级量子测度当且仅当 $I_\mu = 0$. Gudder 在文献 [27] 中指出超级量子测度可能用于广义的量子力学.

Gudder 在文献 [179] 中, 证明了可加测度的乘积是量子测度. 一个自然的问题是 p-级超级量子测度与 q-级超级量子测度的乘积是否是 $(p+q)$-级超级量子测度?

Gudder 在文献 [27] 中, 对量子测度的结构进行了刻画. 证明了量子测度和对角正的对称的带号测度是相互唯一确定的. 并证明了任意对角正的对称的带号测度可唯一确定一个超级量子测度, 反之, 他猜想任何超级量子测度同样可以唯一确定一个对角正的对称的带号测度. 下面主要研究这样两个问题.

假设 $X = \{x_1, x_2, \cdots, x_n\} (n \geqslant 2)$ 是有限集, 对任意的 $t \in \{1,\cdots,n\}$, t-级可加的集函数 μ 满足条件 (C1) 与 (C2), 从而是 t-级超级量子测度. 对布尔代数 $\mathcal{A} = 2^X$, 设 $F(\mathcal{A})$ 表示 $\mathcal{A}$ 上所有实值函数, 对任意的 $\mu, \nu \in F(\mathcal{A})$, $c \in \mathbb{R}$, 定义 $(\mu+\nu)(A) = \mu(A) + \nu(A)$, $(c\mu)(A) = c\mu(A)$, $A \in \mathcal{A}$. 则 $F(\mathcal{A})$ 是实的线性空间. 进一步可以如下定义乘积: $(\mu\nu)(A) = \mu(A)\nu(A), A \in \mathcal{A}$.

回忆 Dirac **测度** $\delta_i : \mathcal{A} \to \mathbb{R}^+$ 的定义为, 对任意 $A \in \mathcal{A}$,

$$\delta_i(A) = \begin{cases} 1, & x_i \in A, \\ 0, & x_i \notin A. \end{cases}$$

显然 δ_i 是 $\mathcal{A}$ 上的测度, 也是 t-级超级量子测度, $t \in \{1,\cdots,n\}$.

下面主要利用 Dirac 测度来研究 t-级超级量子测度的结构. 首先给出 Dirac 测度的一些性质.

任给 $i,j \in \{1,\cdots,n\}$ 且 $i \neq j$, 定义 $\widehat{\delta_{ij}} = \delta_i\delta_j$, 则乘积 $\widehat{\delta_{ij}}$ 不是可加测度而是量子测度 [179].

设 $n \geqslant 3$, 定义 $\widehat{\delta_{ijk}} = \delta_i\delta_j\delta_k$, 其中 $i,j,k \in \{1,\cdots,n\}$ 两两不同. 则对任意的 $A \in \mathcal{A}$, $\widehat{\delta_{ijk}}(A) = 1$, 当且仅当 $\delta_i(A)\delta_j(A)\delta_k(A) = 1$, 当且仅当 $\delta_i(A) = \delta_j(A) = \delta_k(A) = 1$, 当且仅当 $\{x_i,x_j,x_k\} \subseteq A$. 这样有下面的结论.

引理 6.1.1 乘积 $\widehat{\delta_{ijk}}$ 是 3-级超级量子测度.

证明 设 $A_1,\cdots,A_4$ 是 $\mathcal{A}$ 中的元且 $A_i \cap A_j = \varnothing$, $i,j \in \{1,\cdots,4\}$, $i \neq j$. 这样

$$\widehat{\delta_{ijk}}(A_1 \uplus \cdots \uplus A_4) = \begin{cases} 1, & \{x_i,x_j,x_k\} \subseteq A_1 \uplus \cdots \uplus A_4, \\ 0, & \{x_i,x_j,x_k\} \nsubseteq A_1 \uplus \cdots \uplus A_4. \end{cases}$$

若 $\widehat{\delta_{ijk}}(A_1 \uplus \cdots \uplus A_4) = 0$, 则 $\{x_i,x_j,x_k\} \nsubseteq \biguplus_{i=1}^4 A_i$. 这样 $\{x_i,x_j,x_k\} \nsubseteq B$ 对任意 $A_1 \uplus \cdots \uplus A_4$ 的子集 B, 从而 $\widehat{\delta_{ijk}}(B)=0$. 因此, $\sum_{1\leqslant i_1<i_2<i_3\leqslant 4} \widehat{\delta_{ijk}}(A_{i_1} \uplus A_{i_2} \uplus A_{i_3}) - \sum_{1\leqslant i_1<i_2\leqslant 4} \widehat{\delta_{ijk}}(A_{i_1} \uplus A_{i_2}) + \sum_{i=1}^4 \widehat{\delta_{ijk}}(A_{i_1}) = 0 = \widehat{\delta_{ijk}}(A_1 \uplus \cdots \uplus A_4)$.

若 $\widehat{\delta_{ijk}}(A_1 \uplus \cdots \uplus A_4) = 1$, 则 $\{x_i,x_j,x_k\} \subseteq \biguplus_{i=1}^4 A_i$. 下面分情况讨论.

若 $\{x_i,x_j,x_k\} \subseteq A_1$, 则

$$\begin{aligned} &\sum_{1\leqslant i_1<i_2<i_3\leqslant 4} \widehat{\delta_{ijk}}(A_{i_1} \uplus A_{i_2} \uplus A_{i_3}) - \sum_{1\leqslant i_1<i_2\leqslant 4} \widehat{\delta_{ijk}}(A_{i_1} \uplus A_{i_2}) + \sum_{i=1}^4 \widehat{\delta_{ijk}}(A_{i_1}) \\ =&3 - 3 + 1 = \widehat{\delta_{ijk}}(A_1 \uplus \cdots \uplus A_4). \end{aligned}$$

若 $\{x_i,x_j\} \subseteq A_1$, $\{x_k\} \subseteq A_3$, 则

$$\begin{aligned} &\sum_{1\leqslant i_1<i_2<i_3\leqslant 4} \widehat{\delta_{ijk}}(A_{i_1} \uplus A_{i_2} \uplus A_{i_3}) - \sum_{1\leqslant i_1<i_2\leqslant 4} \widehat{\delta_{ijk}}(A_{i_1} \uplus A_{i_2}) + \sum_{i=1}^4 \widehat{\delta_{ijk}}(A_{i_1}) \\ =&2 - 1 + 0 = \widehat{\delta_{ijk}}(A_1 \uplus \cdots \uplus A_4). \end{aligned}$$

若 $\{x_i\} \subseteq A_1$, $\{x_j\} \subseteq A_2$, $\{x_k\} \subseteq A_3$, 则

$$\begin{aligned} &\sum_{1\leqslant i_1<i_2<i_3\leqslant 4} \widehat{\delta_{ijk}}(A_{i_1} \uplus A_{i_2} \uplus A_{i_3}) - \sum_{1\leqslant i_1<i_2\leqslant 4} \widehat{\delta_{ijk}}(A_{i_1} \uplus A_{i_2}) + \sum_{i=1}^4 \widehat{\delta_{ijk}}(A_{i_1}) \\ =&1 - 0 + 0 = \widehat{\delta_{ijk}}(A_1 \uplus \cdots \uplus A_4). \end{aligned}$$

其余情况类似可证. □

一般情况下, 可定义 $\widehat{\delta_{i_1 i_2\cdots i_k}}=\delta_{i_1}\delta_{i_2}\cdots\delta_{i_k}$, 其中 $i_1,i_2,\cdots,i_k\in\{1,\cdots,n\}$ 两两不同. 这样, 对任意的 $A\in\mathcal{A}$, $\widehat{\delta_{i_1 i_2\cdots i_k}}(A)=1$ 当且仅当 $\{x_{i1},x_{i2},\cdots,x_{ik}\}\subseteq A$.

引理 6.1.2 乘积 $\widehat{\delta_{i_1 i_2\cdots i_k}}$ 是 k-级超级量子测度.

证明 假设 $A_1,\cdots,A_{k+1}$ 是 $\mathcal{A}$ 中使得 $A_i\cap A_j=\varnothing$ 的元素, 其中 $i\neq j$, $i,j\in\{1,\cdots,k+1\}$. 则

$$\widehat{\delta_{i_1 i_2\cdots i_k}}(A_1\uplus\cdots\uplus A_{k+1})=\begin{cases}1, & \{x_{i1},x_{i2},\cdots,x_{ik}\}\subseteq A_1\uplus\cdots\uplus A_{k+1},\\ 0, & \{x_{i1},x_{i2},\cdots,x_{ik}\}\nsubseteq A_1\uplus\cdots\uplus A_{k+1}.\end{cases}$$

若 $\widehat{\delta_{i_1 i_2\cdots i_k}}(A_1\uplus\cdots\uplus A_{k+1})=0$, 则 $\{x_{i1},x_{i2},\cdots,x_{ik}\}\nsubseteq\biguplus_{i=1}^{k+1}A_i$. 这样对 $\biguplus_{i=1}^{k+1}A_i$ 的任意子集 B, 若 $\{x_{i1},x_{i2},\cdots,x_{ik}\}\nsubseteq B$, 则 $\widehat{\delta_{i_1 i_2\cdots i_k}}(B)=0$. 因此,

$$\sum_{1\leqslant j_1<\cdots<j_k\leqslant k+1}\widehat{\delta_{i_1 i_2\cdots i_k}}(A_{j_1}\uplus\cdots\uplus A_{j_k})-\sum_{1\leqslant j_1<\cdots<j_{k-1}\leqslant k+1}\widehat{\delta_{i_1 i_2\cdots i_k}}(A_{j_1}\uplus A_{j_2})+\cdots$$
$$+(-1)^{k+1}\sum_{j=1}^{k+1}\widehat{\delta_{i_1 i_2\cdots i_k}}(A_j)=0.$$

若 $\widehat{\delta_{i_1 i_2\cdots i_k}}(A_1\uplus\cdots\uplus A_{k+1})=1$, 则 $\{x_{i1},x_{i2},\cdots,x_{ik}\}\subseteq\biguplus_{i=1}^{k+1}A_i$. 因此, 存在 $s\in\{1,\cdots,k\}$ 和 $A_{j_1},\cdots,A_{j_s}$ 使得 $A_{j_l}\cap\{x_{i1},x_{i2},\cdots,x_{ik}\}\neq\varnothing$ 对任意的 $l\in\{1,\cdots,s\}$ 成立, 且 $A_j\cap\{x_{i1},x_{i2},\cdots,x_{ik}\}=\varnothing$, 对任意的 $j\in\{1,\cdots,k+1\}-\{j_1,\cdots,j_s\}$ 成立.

不失一般性, 假设 $\widehat{\delta_{i_1 i_2\cdots i_k}}=\widehat{\delta_{12\cdots k}}$. 进一步假设 $\{x_1,\cdots,x_k\}\cap A_i\neq\varnothing$, 对任意 $i\in\{1,\cdots,s\}$, 且 $\{x_1,\cdots,x_k\}\cap A_j=\varnothing$, 对任意的 $j\in\{s+1,\cdots,k+1\}$.

不失一般性, 也假设 $\{x_1,x_2,\cdots,x_k\}\cap A_1=\{x_1,\cdots,x_{t_1}\}$, $\{x_1,x_2,\cdots,x_k\}\cap A_2=\{x_{t_1+1},\cdots,x_{t_2}\}$, $\cdots$, $\{x_1,x_2,\cdots,x_k\}\cap A_s=\{x_{t_{s-1}+1},\cdots,x_k\}$. 则 $\widehat{\delta_{12\cdots k}}(A_{j_1})=\widehat{\delta_{12\cdots k}}(A_{j_1}\cup A_{j_2})=\cdots=\widehat{\delta_{12\cdots k}}(A_{j_1}\uplus\cdots\uplus A_{j_{s-1}})=0$, 对任意的 $j_1,j_2,\cdots,j_{s-1}\in\{1,\cdots,k+1\}$.

$$\sum_{1\leqslant j_1<\cdots<j_k\leqslant k+1}\widehat{\delta_{12\cdots k}}(A_{j_1}\uplus\cdots\uplus A_{j_k})$$
$$-\sum_{1\leqslant j_1<\cdots<j_{k-1}\leqslant k+1}\widehat{\delta_{12\cdots k}}(A_{j_1}\uplus\cdots\uplus A_{j_{k-1}})+\cdots$$
$$+(-1)^{k-s}\sum_{1\leqslant j_1<\cdots<j_s\leqslant k+1}\widehat{\delta_{12\cdots k}}(A_{j_1}\uplus\cdots\uplus A_{j_s})$$
$$+(-1)^{k-s+1}\sum_{1\leqslant j_1<\cdots<j_{s-1}\leqslant k+1}\widehat{\delta_{12\cdots k}}(A_{j_1}\uplus\cdots\uplus A_{j_{s-1}})+\cdots$$

$$
\begin{aligned}
&+(-1)^{k-2}\sum_{1\leqslant j_1<\cdots<j_2\leqslant k+1}\widehat{\delta_{12\cdots k}}(A_{j_1}\dot\cup A_{j_2})+(-1)^{k-1}\sum_{j_1=1}^{k+1}\widehat{\delta_{12\cdots k}}(A_{j_1})\\
=&\begin{pmatrix}k-s+1\\k-s\end{pmatrix}-\begin{pmatrix}k-s+1\\k-s-1\end{pmatrix}+\cdots+(-1)^{k-s}\begin{pmatrix}k-s+1\\0\end{pmatrix}+\underbrace{0+\cdots+0}_{(s-1)\text{次}}\\
=&\begin{pmatrix}k-s+1\\k-s+1\end{pmatrix}-\begin{pmatrix}k-s+1\\k-s+1\end{pmatrix}+\begin{pmatrix}k-s+1\\k-s\end{pmatrix}-\begin{pmatrix}k-s+1\\k-s-1\end{pmatrix}+\cdots\\
&+(-1)^{k-s}\begin{pmatrix}k-s+1\\0\end{pmatrix}\\
=&\begin{pmatrix}k-s+1\\k-s+1\end{pmatrix}-(1-1)^{k-s+1}=1.
\end{aligned}
$$

□

一般地, 定义 $\widehat{\delta_{i_1\cdots i_k}}=\delta_{i_1}\cdots\delta_{i_k}$, 对任意的 $i_1,\cdots,i_k\in\{1,\cdots,n\}$, 其中 $i_1,\cdots,i_k$ 不必两两不同. 易得 $\widehat{\delta_{ii}}=\delta_i$. 由归纳法易证, 对任意的 $k\in\{1,\cdots,n\}$, 若 $i_1=\cdots=i_k$, 则 $\widehat{\delta_{i_1\cdots i_k}}=\delta_{i_1}$.

定理 6.1.3 若 $s,t\in\{1,\cdots,n\}$, 则 $\widehat{\delta_{i_1i_2\cdots i_s}}$ 与 $\widehat{\delta_{j_1j_2\cdots j_t}}$ 的乘积是 $(s+t)$-级超级量子测度.

证明 注意到要么 (i) $s+t\leqslant n$, 要么 (ii) $s+t>n$, 故分以下两种情况讨论.

对情形 (i), 又存在以下两种情况.

(1) 当 $\{i_1,i_2,\cdots,i_s\}\cap\{j_1,j_2,\cdots,j_t\}=\varnothing$ 时, 由乘积的定义, $\widehat{\delta_{i_1i_2\cdots i_s}}\widehat{\delta_{j_1j_2\cdots j_t}}=\delta_{i_1}\delta_{i_2}\cdots\delta_{i_s}\delta_{j_1}\delta_{j_2}\cdots\delta_{j_t}=\widehat{\delta_{i_1i_2\cdots i_sj_1j_2\cdots j_t}}$. 由引理 6.1.2, $\widehat{\delta_{i_1i_2\cdots i_sj_1j_2\cdots j_t}}$ 是 $(s+t)$-级可加函数.

(2) 当 $\{i_1,i_2,\cdots,i_s\}\cap\{j_1,j_2,\cdots,j_t\}\neq\varnothing$ 时, 不妨假设 $\{i_1,i_2,\cdots,i_s\}\cap\{j_1,j_2,\cdots,j_t\}=\{j_1,\cdots,j_r\}$, 其中 $r\leqslant s,r\leqslant t$. 注意到 $\delta_{j_1}\cdots\delta_{j_r}\delta_{j_1}\cdots\delta_{j_r}=\delta_{j_1}\cdots\delta_{j_r}$, 有

$$
\begin{aligned}
&\widehat{\delta_{i_1i_2\cdots i_s}}\widehat{\delta_{j_1j_2\cdots j_t}}=\delta_{i_1}\delta_{i_2}\cdots\delta_{i_s}\delta_{j_1}\delta_{j_2}\cdots\delta_{j_t}=\delta_{i_1}\delta_{i_2}\cdots\delta_{i_s}\delta_{j_{r+1}}\delta_{j_2}\cdots\delta_{j_t}\\
=&\widehat{\delta_{i_1i_2\cdots i_sj_{r+1}\cdots j_t}}.
\end{aligned}
$$

由引理 6.1.2, $\widehat{\delta_{i_1i_2\cdots i_sj_{r+1}\cdots j_t}}$ 是 $(s+t-r)$-级可加函数.

对情形 (ii), 交集 $\{i_1,i_2,\cdots,i_s\}\cap\{j_1,j_2,\cdots,j_t\}$ 是非空的. 不妨假设 $\{i_1,i_2,\cdots,i_s\}\cap\{j_1,j_2,\cdots,j_t\}=\{j_1,\cdots,j_r\}$, 其中 $r\leqslant s,r\leqslant t$.

注意到 $\delta_{j_1}\cdots\delta_{j_r}\delta_{j_1}\cdots\delta_{j_r}=\delta_{j_1}\cdots\delta_{j_r}$ 及 $s+t-r=n$, 有

$$
\begin{aligned}
&\widehat{\delta_{i_1i_2\cdots i_s}}\widehat{\delta_{j_1j_2\cdots j_t}}=\delta_{i_1}\delta_{i_2}\cdots\delta_{i_s}\delta_{j_1}\delta_{j_2}\cdots\delta_{j_t}\\
=&\delta_{i_1}\delta_{i_2}\cdots\delta_{i_s}\delta_{j_{r+1}}\delta_{j_2}\cdots\delta_{j_t}=\widehat{\delta_{i_1i_2\cdots i_sj_{r+1}\cdots j_t}}=\widehat{\delta_{12\cdots n}},
\end{aligned}
$$

从而 $\widehat{\delta_{i_1 i_2 \cdots i_s}}$ 和 $\widehat{\delta_{j_1 j_2 \cdots j_t}}$ 的乘积是 n-级可加的. 因此由 $s+t>n$ 可知该乘积也是 $(s+t)$-级可加的. □

对 2-级测度 μ, 由 [27, 定理 2.2] 可知有下列关系:

$$\mu(\bigcup_{i=1}^{n} A_i) = \sum_{1=i<j} \mu(A_i \uplus A_j) - (n-2)\sum_{i=1}^{n} \mu(A_i).$$

由此方程可知, 任何的 2-级可加函数 μ 完全可由其在单点集上的值 $\mu(x_{i_1}) = \mu(\{x_{i_1}\})$ 及其在二元集上的值 $\mu(x_{i_1}, x_{i_2}) = \mu(\{x_{i_1}, x_{i_2}\})$ 完全确定. 下面证明一般情形.

首先证明 3-级可加函数的情形.

定理 6.1.4　若 $\mu : \mathcal{A} \to \mathbb{R}^+$ 是 3-级可加函数, 则

(i) $\mu(A_1 \uplus \cdots \uplus A_5) = \sum_{1 \leqslant i_1 < i_2 < i_3 \leqslant 5} \mu(A_{i_1} \uplus A_{i_2} \uplus A_{i_3}) - 2\sum_{1 \leqslant i_1 < i_2 \leqslant 5} \mu(A_{i_1} \uplus A_{i_2}) + 3\sum_{i=1}^{5} \mu(A_i)$;

(ii) 对任意的自然数 $k \geqslant 4$,

$$\mu(A_1 \uplus \cdots \uplus A_k) = \sum_{1 \leqslant i_1 < i_2 < i_3 \leqslant k} \mu(A_{i_1} \uplus A_{i_2} \uplus A_{i_3}) - (k-3)\sum_{1 \leqslant i_1 < i_2 \leqslant k} \mu(A_{i_1} \uplus A_{i_2}) + \frac{1}{2}(k-3)(k-2)\sum_{i=1}^{k} \mu(A_i).$$

证明　(i) 容易证明.

(ii) 对 k 使用数学归纳法证明. 由 μ 的定义和 (i) 可知当 $k=4,5$ 时, 结论成立. 现假设结论在 $k-1$ 时成立, 则有

$$\begin{aligned}
&\mu(A_1 \uplus \cdots \uplus A_{k-1} \uplus A_k) = \mu(A_1 \uplus \cdots \uplus (A_{k-1} \uplus A_k)) \\
=& \sum_{1 \leqslant i_1 < i_2 < i_3 \leqslant k-2} \mu(A_{i_1} \uplus A_{i_2} \uplus A_{i_3}) + \sum_{1 \leqslant i_1 < i_2 \leqslant k-2} \mu(A_{i_1} \uplus A_{i_2} \uplus A_{k-1} \uplus A_k) \\
&- (k-4)\left(\sum_{1 \leqslant i_1 < \cdots < i_2 \leqslant k-2} \mu(A_{i_1} \uplus A_{i_2}) + \sum_{i=1}^{k-2} \mu(A_i \uplus A_{k-1} \uplus A_k)\right) \\
&+ \frac{1}{2}(k-4)(k-3)\left(\sum_{i=1}^{k-2} \mu(A_i) + \mu(A_{k-1} \uplus A_k)\right) \\
=& \sum_{1 \leqslant i_1 < i_2 < i_3 \leqslant k-2} \mu(A_{i_1} \uplus A_{i_2} \uplus A_{i_3}) \\
&+ \sum_{1 \leqslant i_1 < i_2 \leqslant k-2} [\mu(A_{i_1} \uplus A_{i_2} \uplus A_{k-1}) + \mu(A_{i_1} \uplus A_{i_2} \uplus A_k) + \mu(A_{i_1} \uplus A_{k-1} \uplus A_k)
\end{aligned}$$

$$
\begin{aligned}
&+\mu(A_{i_2}\dot{\cup}A_{k-1}\dot{\cup}A_k)-\mu(A_{i_1}\dot{\cup}A_{i_2})-\mu(A_{i_1}\dot{\cup}A_{k-1})-\mu(A_{i_1}\dot{\cup}A_k)\\
&-\mu(A_{i_2}\dot{\cup}A_{k-1})-\mu(A_{i_2}\dot{\cup}A_k)\\
&-\mu(A_{k-1}\dot{\cup}A_k)+\mu(A_{i_1})+\mu(A_{i_2})+\mu(A_{k-1})+\mu(A_k)]\\
&-(k-4)\left(\sum_{1\leqslant i_1<i_2\leqslant k-2}\mu(A_{i_1}\dot{\cup}A_{i_2})+\sum_{i=1}^{k-2}\mu(A_i\dot{\cup}A_{k-1}\dot{\cup}A_k)\right)\\
&+\frac{1}{2}(k-4)(k-3)\left(\sum_{i=1}^{k-2}\mu(A_i)+\mu(A_{k-1}\dot{\cup}A_k)\right)\\
=&\sum_{1\leqslant i_1<i_2<i_3\leqslant k-2}\mu(A_{i_1}\dot{\cup}A_{i_2}\dot{\cup}A_{i_3})+\sum_{i_1<i_2=1}^{k-2}\mu(A_{i_1}\dot{\cup}A_{i_2}\dot{\cup}A_{k-1})\\
&+\sum_{1\leqslant i_1<i_2\leqslant k-2}\mu(A_{i_1}\dot{\cup}A_{i_2}\dot{\cup}A_k)\\
&+\sum_{1\leqslant i_1<i_2\leqslant k-2}(\mu(A_{i_1}\dot{\cup}A_{k-1}\dot{\cup}A_k)+\mu(A_{i_2}\dot{\cup}A_{k-1}\dot{\cup}A_k))\\
&-\sum_{1\leqslant i_1<i_2\leqslant k-2}\mu(A_{i_1}\dot{\cup}A_{i_2})\\
&-\sum_{1\leqslant i_1<i_2\leqslant k-2}[\mu(A_{i_1}\dot{\cup}A_{k-1})+\mu(A_{i_1}\dot{\cup}A_k)+\mu(A_{i_2}\dot{\cup}A_{k-1})\\
&+\mu(A_{i_2}\dot{\cup}A_k)+\mu(A_{k-1}\dot{\cup}A_k)\\
&-\mu(A_{i_1})-\mu(A_{i_2})-\mu(A_{k-1})-\mu(A_k)]\\
&-(k-4)\left(\sum_{1\leqslant i_1<\cdots<i_2\leqslant k-2}\mu(A_{i_1}\dot{\cup}A_{i_2})+\sum_{i=1}^{k-2}\mu(A_i\dot{\cup}A_{k-1}\dot{\cup}A_k)\right)\\
&+\frac{1}{2}(k-4)(k-3)\left(\sum_{i=1}^{k-2}\mu(A_i)+\mu(A_{k-1}\dot{\cup}A_k)\right).
\end{aligned}
$$

注意到

$$
\sum_{1\leqslant i_1<i_2\leqslant k-2}(\mu(A_{i_1}\dot{\cup}A_{k-1}\dot{\cup}A_k)+\mu(A_{i_2}\dot{\cup}A_{k-1}\dot{\cup}A_k))=(k-3)\sum_{i=1}^{k-2}\mu(A_i\dot{\cup}A_{k-1}\dot{\cup}A_k)
$$

及

$$
\begin{aligned}
&\sum_{1\leqslant i_1<i_2\leqslant k-2}[\mu(A_{i_1}\dot{\cup}A_{k-1})+\mu(A_{i_1}\dot{\cup}A_k)+\mu(A_{i_2}\dot{\cup}A_{k-1})+\mu(A_{i_2}\dot{\cup}A_k)\\
&+\mu(A_{k-1}\dot{\cup}A_k)-\mu(A_{i_1})-\mu(A_{i_2})-\mu(A_{k-1})-\mu(A_k)]\\
=&\sum_{1\leqslant i_1<i_2\leqslant k-2}[\mu(A_{i_1}\dot{\cup}A_{k-1})+\mu(A_{i_1}\dot{\cup}A_k)
\end{aligned}
$$

$$
\begin{aligned}
&+\mu(A_{i_2}\uplus A_{k-1})+\mu(A_{i_2}\uplus A_k)-\mu(A_{i_1})-\mu(A_{i_2})]\\
&+\frac{1}{2}(k-2)(k-3)\mu(A_{k-1}\uplus A_k)-\frac{1}{2}(k-2)(k-3)(\mu(A_{k-1})+\mu(A_k))\\
=&(k-3)\sum_{i_1=1}^{k-2}\mu(A_{i_1}\uplus A_{k-1})+(k-3)\sum_{i_1=1}^{k-2}\mu(A_{i_1}\uplus A_k)-(k-3)\sum_{i_1=1}^{k-2}\mu(A_{i_1})\\
&+\frac{1}{2}(k-2)(k-3)\mu(A_{k-1}\uplus A_k)-\frac{1}{2}(k-2)(k-3)(\mu(A_{k-1})+\mu(A_k)),
\end{aligned}
$$

从而有

$$
\begin{aligned}
&\mu(A_1\uplus\cdots\uplus A_{k-1}\uplus A_k)\\
=&\sum_{1\leqslant i_1<i_2<i_3\leqslant k}\mu(A_{i_1}\uplus A_{i_2}\uplus A_{i_3})-(k-3)\sum_{1\leqslant i_1<i_2\leqslant k-2}\mu(A_{i_1}\uplus A_{i_2})\\
&-(k-3)\sum_{i=1}^{k-2}(\mu(A_i\uplus A_{k-1})+\mu(A_i\uplus A_k))+(k-3)\sum_{i=1}^{k-2}\mu(A_i)\\
&-\frac{1}{2}(k-2)(k-3)\mu(A_{k-1}\uplus A_k)+\frac{1}{2}(k-2)(k-3)(\mu(A_{k-1})+\mu(A_k))\\
&+\frac{1}{2}(k-4)(k-3)\left(\sum_{i=1}^{k-2}\mu(A_i)+\mu(A_{k-1}\uplus A_k)\right)\\
=&\sum_{1\leqslant i_1<i_2<i_3\leqslant k}\mu(A_{i_1}\uplus A_{i_2}\uplus A_{i_3})-(k-3)\sum_{1\leqslant i_1<i_2\leqslant k}\mu(A_{i_1}\uplus A_{i_2})\\
&+\frac{1}{2}(k-3)(k-2)\sum_{i=1}^{k}\mu(A_i).
\end{aligned}
$$

□

下面证明 t-级可加函数的情形, 这里 $t\geqslant 3$.

定理 6.1.5 若 $\mu:\mathcal{A}\to\mathbb{R}^+$ 是 t-级可加函数, 则对任意的 $k\geqslant t+1$,

$$
\begin{aligned}
\mu(A_1\uplus\cdots\uplus A_k)=&a_0\sum_{1\leqslant i_1<\cdots<i_t\leqslant k}\mu(A_{i_1}\uplus\cdots\uplus A_{i_t})\\
&+a_1\sum_{1\leqslant i_1<\cdots<i_{t-1}\leqslant k}\mu(A_{i_1}\uplus\cdots\uplus A_{i_{t-1}})+\cdots+a_{t-1}\sum_{i=1}^{k}\mu(A_i),
\end{aligned}
$$

这里 $a_i=(-1)^i\begin{pmatrix}k-t+i-1\\ i\end{pmatrix}, i\in\{0,1,\cdots,t-1\}$.

证明 对 k 使用数学归纳法证明.

由 μ 的定义可知, 结论对 $k=t+1$ 成立. 现假设结论对 $k=t-1$ 成立, 下证结论对 $k=t$ 亦成立.

由假设有

$$
\begin{aligned}
&\mu(A_1\dot\cup\cdots\dot\cup A_k)=\mu(A_1\dot\cup\cdots\dot\cup(A_{k-1}\dot\cup A_k))\\
=&\Bigg(\sum_{1\leqslant i_1<\cdots<i_t\leqslant k-2}\mu(A_{i_1}\dot\cup\cdots\dot\cup A_{i_t})\\
&+\sum_{1\leqslant i_1<\cdots<i_{t-1}\leqslant k-2}\mu(A_{i_1}\dot\cup\cdots\dot\cup A_{i_{t-1}}\dot\cup(A_{k-1}\dot\cup A_k))\Bigg)\\
&-\begin{pmatrix} k-1-t\\ 1\end{pmatrix}\Bigg(\sum_{1\leqslant i_1<\cdots<i_{t-1}\leqslant k-2}\mu(A_{i_1}\dot\cup\cdots\dot\cup A_{i_{t-1}})\\
&+\sum_{1\leqslant i_1<\cdots<i_{t-2}\leqslant k-2}\mu(A_{i_1}\dot\cup\cdots\dot\cup A_{i_{t-2}}\dot\cup(A_{k-1}\dot\cup A_k))\Bigg)\\
&+\begin{pmatrix} k-t\\ 2\end{pmatrix}\Bigg(\sum_{1\leqslant i_1<\cdots<i_{t-2}\leqslant k-2}\mu(A_{i_1}\dot\cup\cdots\dot\cup A_{i_{t-2}})\\
&+\sum_{1\leqslant i_1<\cdots<i_{t-3}\leqslant k-2}\mu(A_{i_1}\dot\cup\cdots\dot\cup A_{i_{t-3}}\dot\cup(A_{k-1}\dot\cup A_k))\Bigg)+\cdots\\
&+(-1)^{t-2}\begin{pmatrix} k-4\\ t-2\end{pmatrix}\left(\sum_{1\leqslant i_1<i_2\leqslant k-2}\mu(A_{i_1}\dot\cup A_{i_2})+\sum_{i_1=1}^{k-2}\mu(A_{i_1}\dot\cup A_{k-1}\dot\cup A_k)\right)\\
&+(-1)^{t-1}\begin{pmatrix} k-3\\ t-1\end{pmatrix}\left(\sum_{i_1=1}^{k-2}\mu(A_{i_1})+\mu(A_{k-1}\dot\cup A_k)\right).
\end{aligned}
$$

由于 μ 是 t-级可加函数, 有

$$
\begin{aligned}
&\mu(A_{i_1}\dot\cup\cdots\dot\cup A_{i_{t-1}}\dot\cup(A_{k-1}\dot\cup A_k))=\mu(A_{i_1}\dot\cup\cdots\dot\cup A_{i_{t-1}}\dot\cup A_{k-1}\dot\cup A_k)\\
=&\Bigg[\sum_{i_1\leqslant j_1<\cdots<j_{t-1}\leqslant i_{t-1}}\mu(A_{j_1}\dot\cup\cdots\dot\cup A_{j_{t-1}}\dot\cup A_{k-1})\\
&+\sum_{i_1\leqslant j_1<\cdots<j_{t-1}\leqslant i_{t-1}}\mu(A_{j_1}\dot\cup\cdots\dot\cup A_{j_{t-1}}\dot\cup A_k)\Bigg]\\
&+\sum_{i_1\leqslant j_1<\cdots<j_{t-2}\leqslant i_{t-1}}\mu(A_{j_1}\dot\cup\cdots\dot\cup A_{j_{t-2}}\dot\cup A_{k-1}\dot\cup A_k)]\\
&-\Bigg[\sum_{i_1\leqslant j_1<\cdots<j_{t-1}\leqslant i_{t-1}}\mu(A_{j_1}\dot\cup\cdots\dot\cup A_{j_{t-1}})\\
&+\sum_{i_1\leqslant j_1<\cdots<j_{t-2}\leqslant i_{t-1}}\mu(A_{j_1}\dot\cup\cdots\dot\cup A_{j_{t-2}}\dot\cup A_{k-1})\\
&+\sum_{i_1\leqslant j_1<\cdots<j_{t-2}\leqslant i_{t-1}}\mu(A_{j_1}\dot\cup\cdots\dot\cup A_{j_{t-2}}\dot\cup A_k)
\end{aligned}
$$

$$+\sum_{i_1\leqslant j_1<\cdots<j_{t-3}\leqslant i_{t-1}}\mu(A_{j_1}\uplus\cdots\uplus A_{j_{t-3}}\uplus A_{k-1}\uplus A_k)\Bigg]+\cdots$$

$$+(-1)^{t-2}\Bigg[\sum_{i_1\leqslant j_1<j_2\leqslant i_{t-1}}\mu(A_{j_1}\uplus A_{j_2})+\sum_{j_1=i_1}^{i_{t-1}}\mu(A_{j_1}\uplus A_{k-1})$$

$$+\sum_{j_1=i_1}^{i_{t-1}}\mu(A_{j_1}\uplus A_k)+\mu(A_{k-1}\uplus A_k)\Bigg]$$

$$+(-1)^{t-1}\Bigg[\sum_{j_1=i_1}^{i_{t-1}}\mu(A_{j_1})+\mu(A_{k-1})+\mu(A_k)\Bigg].$$

下面计算 $\sum_{1\leqslant i_1<\cdots<i_t\leqslant k}\mu(A_{i_1}\uplus\cdots\uplus A_{i_t})$ 的系数. 注意到

$$\sum_{1\leqslant i_1<\cdots<i_{t-1}\leqslant k-2}\Bigg[\sum_{i_1\leqslant j_1<\cdots<j_{t-1}\leqslant i_{t-1}}\mu(A_{j_1}\uplus\cdots\uplus A_{j_{t-1}}\uplus A_{k-1})$$

$$+\sum_{i_1\leqslant j_1<\cdots<j_{t-1}\leqslant i_{t-1}}\mu(A_{j_1}\uplus\cdots\uplus A_{j_{t-1}}\uplus A_k)$$

$$+\sum_{i_1\leqslant j_1<\cdots<j_{t-2}\leqslant i_{t-1}}\mu(A_{j_1}\uplus\cdots\uplus A_{j_{t-2}}\uplus A_{k-1}\uplus A_k)\Bigg]$$

$$=\sum_{1\leqslant i_1<\cdots<i_{t-1}\leqslant k-2}\mu(A_{i_1}\uplus\cdots\uplus A_{i_{t-1}}\uplus A_{k-1})$$

$$+\sum_{1\leqslant i_1<\cdots<i_{t-1}\leqslant k-2}\mu(A_{i_1}\uplus\cdots\uplus A_{i_{t-1}}\uplus A_k)$$

$$+\sum_{1\leqslant i_1<\cdots<i_{t-1}\leqslant k-2}\left(\sum_{i_1\leqslant j_1<\cdots<j_{t-2}\leqslant i_{t-1}}\mu(A_{j_1}\uplus\cdots\uplus A_{j_{t-2}}\uplus A_{k-1}\uplus A_k)\right)$$

$$=\sum_{1\leqslant i_1<\cdots<i_{t-1}\leqslant k-2}\mu(A_{i_1}\uplus\cdots\uplus A_{i_{t-1}}\uplus A_{k-1})$$

$$+\sum_{1\leqslant i_1<\cdots<i_{t-1}\leqslant k-2}\mu(A_{i_1}\uplus\cdots\uplus A_{i_{t-1}}\uplus A_k)$$

$$+\begin{pmatrix}k-t\\1\end{pmatrix}\sum_{1\leqslant i_1<\cdots<i_{t-2}\leqslant k-2}\mu(A_{i_1}\uplus\cdots\uplus A_{i_{t-2}}\uplus A_{k-1}\uplus A_k),$$

从而

$$\sum_{1\leqslant i_1<\cdots<i_t\leqslant k-2}\mu(A_{i_1}\uplus\cdots\uplus A_{i_t})$$

$$+\sum_{1\leqslant i_1<\cdots<i_{t-1}\leqslant k-2}\mu(A_{i_1}\uplus\cdots\uplus A_{i_{t-1}}\uplus A_{k-1})$$

$$
\begin{aligned}
&+\sum_{1\leqslant i_1<\cdots<i_{t-1}\leqslant k-2}\mu(A_{i_1}\uplus\cdots\uplus A_{i_{t-1}}\uplus A_k)\\
&+\begin{pmatrix}k-t\\1\end{pmatrix}\sum_{1\leqslant i_1<\cdots<i_{t-2}\leqslant k-2}\mu(A_{i_1}\uplus\cdots\uplus A_{i_{t-2}}\uplus A_{k-1}\uplus A_k)\\
&-\begin{pmatrix}k-t-1\\1\end{pmatrix}\sum_{1\leqslant i_1<\cdots<i_{t-2}\leqslant k-2}\mu(A_{i_1}\uplus\cdots\uplus A_{i_{t-2}}\uplus(A_{k-1}\uplus A_k))\\
=&\sum_{1\leqslant i_1<\cdots<i_t\leqslant k}\mu(A_{i_1}\uplus\cdots\uplus A_{i_t}).
\end{aligned}
$$

因此, $a_0=1=(-1)^0\begin{pmatrix}k-t+0-1\\0\end{pmatrix}$.

现在计算 $\sum_{1\leqslant i_1<\cdots<i_{t-1}\leqslant k}\mu(A_{i_1}\uplus\cdots\uplus A_{i_t-1})$ 的系数.

$$
\begin{aligned}
&-\Bigg(\sum_{1\leqslant i_1<\cdots<i_{t-1}\leqslant k-2}\Bigg(\sum_{i_1\leqslant j_1<\cdots<j_{t-1}\leqslant i_{t-1}}\mu(A_{j_1}\uplus\cdots\uplus A_{j_{t-1}})\\
&+\sum_{i_1\leqslant j_1<\cdots<j_{t-2}\leqslant i_{t-1}}\mu(A_{j_1}\uplus\cdots\uplus A_{j_{t-2}}\uplus A_{k-1})+\\
&+\sum_{i_1\leqslant j_1<\cdots<j_{t-2}\leqslant i_{t-1}}\mu(A_{j_1}\uplus\cdots\uplus A_{j_{t-2}}\uplus A_k)\\
&+\sum_{i_1\leqslant j_1<\cdots<j_{t-3}\leqslant i_{t-1}}\mu(A_{j_1}\uplus\cdots\uplus A_{j_{t-3}}\uplus A_{k-1}\uplus A_k)\Bigg)\Bigg)\\
&-\begin{pmatrix}k-1-t\\1\end{pmatrix}\sum_{1\leqslant i_1<\cdots<i_{t-1}\leqslant k-2}\mu(A_{i_1}\uplus\cdots\uplus A_{i_{t-1}})\\
&+\begin{pmatrix}k-t\\2\end{pmatrix}\sum_{1\leqslant i_1<\cdots<i_{t-3}\leqslant k-2}\mu(A_{i_1}\uplus\cdots\uplus A_{i_{t-3}}\uplus(A_{k-1}\uplus A_k))\\
=&-\sum_{1\leqslant i_1<\cdots<i_{t-1}\leqslant k-2}\mu(A_{i_1}\uplus\cdots\uplus A_{i_{t-1}})\\
&-\begin{pmatrix}k-t\\1\end{pmatrix}\sum_{1\leqslant i_1<\cdots<i_{t-2}\leqslant k-2}\mu(A_{i_1}\uplus\cdots\uplus A_{i_{t-2}}\uplus A_{k-1})\\
&-\begin{pmatrix}k-t\\1\end{pmatrix}\sum_{1\leqslant i_1<\cdots<i_{t-2}\leqslant k-2}\mu(A_{i_1}\uplus\cdots\uplus A_{i_{t-2}}\uplus A_k)\\
&-\begin{pmatrix}k-t+1\\2\end{pmatrix}\sum_{1\leqslant i_1<\cdots<i_{t-3}\leqslant k-2}\mu(A_{i_1}\uplus\cdots\uplus A_{i_{t-3}}\uplus A_{k-1}\uplus A_k)
\end{aligned}
$$

$$
\begin{aligned}
&-\binom{k-1-t}{1}\sum_{1\leqslant i_1<\cdots<i_{t-1}\leqslant k-2}\mu(A_{i_1}\uplus\cdots\uplus A_{i_{t-1}})\\
&+\binom{k-t}{2}\sum_{1\leqslant i_1<\cdots<i_{t-3}\leqslant k-2}\mu(A_{i_1}\uplus\cdots\uplus A_{i_{t-3}}\uplus(A_{k-1}\uplus A_k))\\
=&-\binom{k-t}{1}\sum_{1\leqslant i_1<\cdots<i_{t-1}\leqslant k}\mu(A_{i_1}\uplus\cdots\uplus A_{i_{t-1}}).
\end{aligned}
$$

因此, $a_1=-\binom{k-t}{1}=(-1)^1\binom{k-t+1-1}{1}$.

一般地, 对任意的 $s\in\{2,\cdots,t-3\}$, 可得 $\sum_{1\leqslant i_1<\cdots<i_s\leqslant k}\mu(A_{i_1}\uplus\cdots\uplus A_{i_s})$ 的系数.

$$
\begin{aligned}
&(-1)^{t-s}\Bigg(\sum_{1\leqslant i_1<\cdots<i_{t-1}\leqslant k-2}\Bigg(\sum_{i_1\leqslant j_1<\cdots<j_s\leqslant i_{t-1}}\mu(A_{j_1}\uplus\cdots\uplus A_{j_s})\\
&+\sum_{i_1\leqslant j_1<\cdots<j_{s-1}\leqslant i_{t-1}}\mu(A_{j_1}\uplus\cdots\uplus A_{j_{s-1}}\uplus A_{k-1})\\
&+\sum_{i_1\leqslant j_1<\cdots<j_s\leqslant i_{t-1}}\mu(A_{j_1}\uplus\cdots\uplus A_{j_{s-1}}\uplus A_k)\\
&+\sum_{i_1\leqslant j_1<\cdots<j_{s-2}\leqslant i_{t-1}}\mu(A_{j_1}\uplus\cdots\uplus A_{j_{s-2}}\uplus A_{k-1}\uplus A_k)\Bigg)\Bigg)\\
&+(-1)^{t-s}\binom{k-s-2}{t-s}\sum_{1\leqslant i_1<\cdots<i_s\leqslant k-2}\mu(A_{i_1}\uplus\cdots\uplus A_{i_s})\\
&+(-1)^{t-s+1}\binom{k-s-1}{t-s+1}\sum_{1\leqslant i_1<\cdots<i_{s-2}\leqslant k-2}\mu(A_{i_1}\uplus\cdots\uplus A_{i_{s-2}}\uplus(A_{k-1}\uplus A_k))\\
=&(-1)^{t-s}\binom{k-s-2}{t-s-1}\sum_{1\leqslant i_1<\cdots<i_{t-1}\leqslant k-2}\mu(A_{i_1}\uplus\cdots\uplus A_{i_s})\\
&+(-1)^{t-s}\binom{k-s-1}{t-s}\sum_{1\leqslant i_1<\cdots<i_{s-1}\leqslant k-2}\mu(A_{i_1}\uplus\cdots\uplus A_{i_{s-1}}\uplus A_{k-1})\\
&+(-1)^{t-s}\binom{k-s-1}{t-s}\sum_{1\leqslant i_1<\cdots<i_{s-1}\leqslant k-2}\mu(A_{i_1}\uplus\cdots\uplus A_{i_{s-1}}\uplus A_k)\\
&+(-1)^{t-s}\binom{k-s}{t-s+1}\sum_{1\leqslant i_1<\cdots<i_{s-2}\leqslant k-2}\mu(A_{i_1}\uplus\cdots\uplus A_{i_{s-2}}\uplus A_{k-1}\uplus A_k)
\end{aligned}
$$

$$+(-1)^{t-s}\begin{pmatrix} k-s-2 \\ t-s \end{pmatrix}\sum_{1\leqslant i_1<\cdots<i_s\leqslant k-2}\mu(A_{i_1}\dot{\cup}\cdots\dot{\cup}A_{i_s})$$

$$+(-1)^{t-s+1}\begin{pmatrix} k-s-1 \\ t-s+1 \end{pmatrix}\sum_{1\leqslant i_1<\cdots<i_{s-2}\leqslant k-2}\mu(A_{i_1}\dot{\cup}\cdots\dot{\cup}A_{i_{s-2}}\dot{\cup}(A_{k-1}\dot{\cup}A_k))$$

$$=(-1)^{t-s}\begin{pmatrix} k-s-1 \\ t-s \end{pmatrix}\sum_{1\leqslant i_1<\cdots<i_s\leqslant k}\mu(A_{i_1}\dot{\cup}\cdots\dot{\cup}A_{i_s}).$$

因此, $a_s=\begin{pmatrix} k-s-1 \\ s \end{pmatrix}$, 对 $s\in\{2,\cdots,t-3\}$.

下面计算 $\sum_{1\leqslant i_1<i_2\leqslant k}\mu(A_{i_1}\dot{\cup}A_{i_2})$ 的系数.

$$(-1)^{t-2}\Bigg(\sum_{1\leqslant i_1<\cdots<i_{t-1}\leqslant k-2}\Bigg(\sum_{i_1\leqslant j_1<j_2\leqslant i_{t-1}}\mu(A_{j_1}\dot{\cup}A_{j_2})$$

$$+\sum_{j_1=i_1}^{i_{t-1}}\mu(A_{j_1}\dot{\cup}A_{k-1})+\sum_{j_1=i_1}^{i_{t-1}}\mu(A_{j_1}\dot{\cup}A_k)+\mu(A_{k-1}\dot{\cup}A_k)\Bigg)\Bigg)$$

$$+(-1)^{t-2}\begin{pmatrix} k-4 \\ t-2 \end{pmatrix}\sum_{1\leqslant i_1<i_2\leqslant k-2}\mu(A_{i_1}\dot{\cup}A_{i_2})$$

$$+(-1)^{t-2}\begin{pmatrix} k-3 \\ t-1 \end{pmatrix}\mu(A_{k-1}\dot{\cup}A_k)$$

$$=(-1)^{t-2}\begin{pmatrix} k-4 \\ t-3 \end{pmatrix}\sum_{1\leqslant i_1<i_2\leqslant k-2}\mu(A_{i_1}\dot{\cup}A_{i_2})$$

$$+(-1)^{t-2}\begin{pmatrix} k-3 \\ t-2 \end{pmatrix}\sum_{i_1=1}^{k-2}\mu(A_{i_1}\dot{\cup}A_{k-1})$$

$$+(-1)^{t-2}\begin{pmatrix} k-3 \\ t-2 \end{pmatrix}\sum_{i_1=1}^{k-2}\mu(A_{i_1}\dot{\cup}A_k)$$

$$+(-1)^{t-2}\begin{pmatrix} k-2 \\ t-1 \end{pmatrix}\mu(A_{k-1}\dot{\cup}A_k)$$

$$+(-1)^{t-2}\begin{pmatrix} k-4 \\ t-2 \end{pmatrix}\sum_{1\leqslant i_1<i_2\leqslant k-2}\mu(A_{i_1}\dot{\cup}A_{i_2})$$

$$+(-1)^{t-1}\begin{pmatrix} k-3 \\ t-1 \end{pmatrix}\mu(A_{k-1}\dot{\cup}A_k)$$

$$=(-1)^{t-2}\begin{pmatrix}k-3\\t-2\end{pmatrix}\sum_{1\leqslant i_1<i_2\leqslant k}\mu(A_{i_1}\dot{\cup}A_{i_2}).$$

因此, $a_{t-2}=(-1)^{t-2}\begin{pmatrix}k-3\\t-2\end{pmatrix}=(-1)^{t-2}\begin{pmatrix}k-t+t-2-1\\t-2\end{pmatrix}$.

最后, 计算 $\sum_{i_1=1}^{k}\mu(A_{i_1})$ 的系数.

$$\begin{aligned}&(-1)^{t-1}\Bigg(\sum_{1\leqslant i_1<\cdots<i_{t-1}\leqslant k-2}\Bigg(\sum_{j_1=1}^{i_{t-1}}\mu(A_{j_1})+\mu(A_{k-1})+\mu(A_k)\Bigg)\Bigg)\\&+(-1)^{t-1}\begin{pmatrix}k-3\\t-1\end{pmatrix}\sum_{i_1=1}^{k-2}\mu(A_{i_1})\\=&(-1)^{t-1}\begin{pmatrix}k-3\\t-2\end{pmatrix}\sum_{i_1=1}^{k-2}\mu(A_{i_1})\\&+(-1)^{t-1}\begin{pmatrix}k-2\\t-1\end{pmatrix}\mu(A_{k-1})+(-1)^{t-1}\begin{pmatrix}k-2\\t-1\end{pmatrix}\sum_{i_1=1}^{k-2}\mu(A_k)\\&+(-1)^{t-1}\begin{pmatrix}k-3\\t-1\end{pmatrix}\sum_{i_1=1}^{k-2}\mu(A_{i_1})=(-1)^{t-1}\begin{pmatrix}k-2\\t-1\end{pmatrix}\sum_{i_1=1}^{k}\mu(A_{i_1}).\end{aligned}$$

因此, $a_{t-1}=(-1)^{t-1}\begin{pmatrix}k-2\\t-1\end{pmatrix}=(-1)^{t-1}\begin{pmatrix}k-t+t-1-1\\t-1\end{pmatrix}$.

这样, 证明了 $a_i=(-1)^i\begin{pmatrix}k-t+i-1\\i\end{pmatrix}, i\in\{0,1,\cdots,t-1\}$. □

注 6.1.6　定理 6.1.4 和定理 6.3.1 证明了任何 t-级超级量子测度 μ 完全由其在单点集, 二元集, $\cdots$, 及 t 元集上的值确定.

现在给出超级量子测度和带号超级量子测度空间的构造.

设 $\mathcal{S}_t(\mathcal{A})$ 表示 $\mathcal{A}$ 上的所有带号 t-级超级量子测度, 则 $\mathcal{S}_t(\mathcal{A})$ 是实的线性空间. 由定理 6.1.4 及定理 6.3.1 可知, 每个带号 t-级超级量子测度 μ 完全由其在单点集上的值 $\mu(x_{i_1})=\mu(\{x_{i_1}\})$, 二元集上的值 $\mu(x_{i_1},x_{i_2})=\mu(\{x_{i_1},x_{i_2}\})$, $\cdots$, 及 t 元集上的值 $\mu(x_{i_1},\cdots,x_{i_t})=\mu(\{x_{i_1},\cdots,x_{i_t}\})$ 完全确定, 其中 $i_1,\cdots,i_t\in\{1,\cdots,n\}$ 且 $i_1<\cdots<i_t$.

下面回忆干涉函数的定义 [27, 28, 176].

定义**两点干涉函数**如下:

对任意的 $i,j\in\{1,\cdots,n\}$, 当 $i\neq j$ 时, $I_{ij}^{\mu}=\mu(\{x_i,x_j\})-\mu(x_i)-\mu(x_j)$;

否则 $I_{ii}^{\mu}=0$.

定义**三点干涉函数**如下:

对任意的 $i,j,k\in\{1,\cdots,n\}$, 当 i,j,k 两两不同时,

$$\begin{aligned}I_{ijk}^{\mu}=&\mu(\{x_i,x_j,x_k\})-\mu(\{x_i,x_j\})-\mu(\{x_i,x_k\})\\&-\mu(\{x_j,x_k\})+\mu(x_i)+\mu(x_j)+\mu(x_k);\end{aligned}$$

否则, $I_{ijk}^{\mu}=0$.

一般地, 设 $s\geqslant 2$, 定义 s-**点干涉函数**如下:

对任意的 $i_1,\cdots,i_s\in\{1,\cdots,n\}$, 当 $i_1,\cdots,i_s$ 两两不同时, 不妨假设 $i_1<\cdots<i_s$,

$$\begin{aligned}I_{i_1\cdots i_s}^{\mu}=&\mu(\{x_{i_1},\cdots,x_{i_s}\})-\sum_{i_1\leqslant j_1<\cdots<j_{s-1}\leqslant i_s}\mu(\{x_{j_1},\cdots,x_{j_{s-1}}\})+\cdots\\&+(-1)^{s-2}\sum_{i_1\leqslant j_1<j_2\leqslant i_s}\mu(\{x_{j_1},x_{j_2}\})+(-1)^{s-1}\sum_{j_1=i_1}^{i_s}\mu(x_{j_1}),\end{aligned}$$

否则, $I_{i_1\cdots i_s}^{\mu}=0$.

由上面 $I_{i_1\cdots i_s}^{\mu}$ 的定义可知, 若 $j_1\cdots j_s$ 是 $i_1\cdots i_s$ 的一个置换, 则 $I_{i_1\cdots i_s}^{\mu}=I_{j_1\cdots j_s}^{\mu}$.

定理 6.1.7 若 $i_1,\cdots,i_t\in\{1,\cdots,n\}$ 且 $i_1<\cdots<i_t$, 则带号超级量子测度 $\delta_{i_1},\widehat{\delta_{i_1i_2}},\cdots,\widehat{\delta_{i_1\cdots i_t}}$ 构成线性空间 $\mathcal{S}_t(\mathcal{A})$ 的一组基.

证明 为证线性无关性, 假设

$$\sum_{i_1=1}^{n}c_{i_1}\delta_{i_1}+\sum_{1\leqslant i_1<i_2\leqslant n}c_{i_1i_2}\widehat{\delta_{i_1i_2}}+\cdots+\sum_{1\leqslant i_1<\cdots<i_t\leqslant n}c_{i_1\cdots i_t}\widehat{\delta_{i_1\cdots i_t}}=0.$$

计算左边函数在 $\{x_{i_1}\}$ 处的函数值可得 $c_{i_1}=0$. 由此, 上面方程可写为

$$\sum_{1\leqslant i_1<i_2\leqslant n}c_{i_1i_2}\widehat{\delta_{i_1i_2}}+\cdots+\sum_{1\leqslant i_1<\cdots<i_t\leqslant n}c_{i_1\cdots i_t}\widehat{\delta_{i_1\cdots i_t}}=0,$$

计算左边函数在 $\{x_{i_1},x_{i_2}\}$ 处的函数值可得 $c_{i_1i_2}=0$. 由此上面方程可写为

$$\sum_{1\leqslant i_1<i_2<i_3\leqslant n}c_{i_1i_2i_3}\widehat{\delta_{i_1i_2i_3}}+\cdots+\sum_{1\leqslant i_1<\cdots<i_t\leqslant n}c_{i_1\cdots i_t}\widehat{\delta_{i_1\cdots i_t}}=0.$$

连续使用上面的方法可得方程

$$\sum_{1\leqslant i_1<\cdots<i_t\leqslant n}c_{i_1\cdots i_t}\widehat{\delta_{i_1\cdots i_t}}=0.$$

计算左边函数在 $\{x_{i_1},\cdots,x_{i_t}\}$ 处的函数值可得 $c_{i_1\cdots i_t}=0$.

因此, 对任意的 $i_1,\cdots,i_t\in\{1,\cdots,n\}$ 且 $i_1<\cdots<i_t$, 有 $c_{i_1}=c_{i_1i_2}=\cdots=c_{i_1\cdots i_t}=0$. 这样证明了线性无关性. 下证这组超级量子测度可表示 $\mathcal{S}_t(\mathcal{A})$ 中任意的超级量子测度.

假设 $\mu\in\mathcal{S}_t(\mathcal{A})$, 下证下面方程成立.

$$\mu=\sum_{i_1=1}^{n}\mu(x_{i_1})\delta_{i_1}+\sum_{1\leqslant i_1<i_2\leqslant n}I^{\mu}_{i_1i_2}\widehat{\delta_{i_1i_2}}+\cdots+\sum_{1\leqslant i_1<\cdots<i_t\leqslant n}I^{\mu}_{i_1\cdots i_t}\widehat{\delta_{i_1\cdots i_t}},\tag{6.2}$$

其中 $I^{\mu}_{i_1\cdots i_s}$ 是由 μ 所确定的干涉函数. 只需验证上面方程两边在单点集, 二元集, $\cdots$, 及 t-元集上的值相等.

设 $A\in\mathcal{A}$, 不失一般性, 不妨假设存在 $s\in\{1,\cdots,t\}$ 使得 $A=\{x_1,\cdots,x_s\}$. 则

$$\begin{aligned}
&\left(\sum_{1\leqslant i_1\leqslant n}\mu(x_{i_1})\delta_{i_1}+\sum_{1\leqslant i_1<i_2\leqslant n}I^{\mu}_{i_1i_2}\widehat{\delta_{i_1i_2}}+\cdots+\sum_{1\leqslant i_1<\cdots<i_t\leqslant n}I^{\mu}_{i_1\cdots i_t}\widehat{\delta_{i_1\cdots i_t}}\right)(A)\\
=&\sum_{1\leqslant i_1\leqslant s}\mu(x_{i_1})\delta_{i_1}(A)+\sum_{1\leqslant i_1<i_2\leqslant s}I^{\mu}_{i_1i_2}\widehat{\delta_{i_1i_2}}(A)+\cdots\\
&+\sum_{1\leqslant i_1<\cdots<i_{s-1}\leqslant s}I^{\mu}_{i_1\cdots i_{s-1}}\widehat{\delta_{i_1\cdots i_{s-1}}}(A)+I^{\mu}_{i_1\cdots i_s}\widehat{\delta_{i_1\cdots i_s}}(A)\\
=&\sum_{1\leqslant i_1\leqslant s}\mu(x_{i_1})+\sum_{1\leqslant i_1<i_2\leqslant s}I^{\mu}_{i_1i_2}+\cdots+\sum_{1\leqslant i_1<\cdots<i_{s-1}\leqslant s}I^{\mu}_{i_1\cdots i_{s-1}}+I^{\mu}_{1\cdots s}\\
=&\sum_{1\leqslant i_1\leqslant s}\mu(x_{i_1})+\sum_{1\leqslant i_1<i_2\leqslant s}\mu(x_{i_1},x_{i_2})-\begin{pmatrix}s-1\\1\end{pmatrix}\sum_{i_1=1}^{s}\mu(x_{i_1})\\
&+\sum_{1\leqslant i_1<i_2<i_3\leqslant s}\mu(x_{i_1},x_{i_2},x_{i_3})-\begin{pmatrix}s-2\\1\end{pmatrix}\sum_{1\leqslant i_1<i_2\leqslant s}\mu(x_{i_1},x_{i_2})\\
&+\begin{pmatrix}s-1\\2\end{pmatrix}\sum_{1\leqslant i_1\leqslant s}\mu(x_{i_1})+\cdots\\
&+\sum_{1\leqslant i_1<\cdots<i_{s-1}\leqslant s}\mu(\{x_{i_1},\cdots,x_{i_{s-1}}\})\\
&-\begin{pmatrix}2\\1\end{pmatrix}\sum_{1\leqslant i_1<\cdots<i_{s-2}\leqslant s}\mu(\{x_{i_1},\cdots,x_{i_{s-2}}\})+\cdots\\
&+(-1)^{s-2}\begin{pmatrix}s-1\\s-2\end{pmatrix}\sum_{1\leqslant i_1\leqslant s}\mu(\{x_{i_1}\})
\end{aligned}$$

$$
\begin{aligned}
&+\mu(A)-\sum_{1\leqslant i_1<\cdots<i_{s-1}\leqslant s}\mu(\{x_{i_1},\cdots,x_{i_{s-1}}\})+\cdots\\
&+(-1)^{s-1}\sum_{1\leqslant i_1\leqslant s}\mu(\{x_{i_1}\})\\
=&\left(1-\begin{pmatrix}s-1\\1\end{pmatrix}+\begin{pmatrix}s-1\\2\end{pmatrix}+\cdots\right.\\
&\left.+(-1)^{s-2}\begin{pmatrix}s-1\\s-2\end{pmatrix}\right)\sum_{i_1=1}^{s}\mu(x_1)\\
&+\left(1-\begin{pmatrix}s-2\\1\end{pmatrix}+\begin{pmatrix}s-2\\2\end{pmatrix}+\cdots\right.\\
&\left.+(-1)^{s-2}\begin{pmatrix}s-2\\s-1\end{pmatrix}\right)\sum_{1\leqslant i_1<i_2\leqslant s}\mu(\{x_1,x_2\})+\cdots\\
&+\sum_{1\leqslant i_1<\cdots<i_{s-1}\leqslant s}\mu(\{x_{i_1},\cdots,x_{i_{s-1}}\})\\
&+\mu(A)-\sum_{1\leqslant i_1<\cdots<i_{s-1}\leqslant s}\mu(\{x_{i_1},\cdots,x_{i_{s-1}}\})+\cdots\\
&+(-1)^{s-1}\sum_{1\leqslant i_1\leqslant s}\mu(\{x_{i_1}\})\\
=&\mu(A).
\end{aligned}
$$

□

方程 (6.2) 给出了 t-级超级量子测度的干涉函数表示. 由方程 (6.2) 可得, 当干涉为零时, 任意 t-级超级量子测度将是经典的测度. 基于这个方程, 下面将刻画超级量子测度的乘积.

定理 6.1.8 若 μ 和 ν 分别是 s-级与 t-级超级量子测度, 则它们的乘积 $\mu\nu$ 是 $(t+s)$-级超级量子测度.

证明 由定理 6.1.7, 存在 $c_{i_1}, c_{i_1i_2},\cdots,c_{i_1\cdots i_s}\in\mathbb{R}^+$, 使得

$$
\mu=\sum_{1\leqslant i_1\leqslant n}c_{i_1}\delta_{i_1}+\sum_{1\leqslant i_1<i_2\leqslant n}c_{i_1i_2}\widehat{\delta_{i_1i_2}}+\cdots+\sum_{1\leqslant i_1<\cdots<i_s\leqslant n}c_{i_1\cdots i_s}\widehat{\delta_{i_1\cdots i_s}},
$$

其中 $i_1<\cdots<i_s$ 且 $i_1,\cdots,i_s\in\{1,\cdots,n\}$.

再次使用定理 6.1.7, 存在 $d_{j_1}, d_{j_1j_2},\cdots,d_{j_1\cdots j_t}\in\mathbb{R}^+$, 使得

$$
\nu=\sum_{1\leqslant j_1\leqslant n}d_{j_1}\delta_{j_1}+\sum_{1\leqslant j_1<j_2\leqslant n}d_{j_1j_2}\widehat{\delta_{j_1j_2}}+\cdots+\sum_{1\leqslant j_1<\cdots<j_t\leqslant n}d_{j_1\cdots j_t}\widehat{\delta_{j_1\cdots j_t}},
$$

其中 $j_1<\cdots<j_t$ 且 $j_1,\cdots,j_t\in\{1,\cdots,n\}$.

则 μ 和 ν 的乘积

$$\begin{aligned}\mu\nu =&\left(\sum_{1\leqslant i_1\leqslant n} c_{i_1}\delta_{i_1}+\sum_{1\leqslant i_1<i_2\leqslant n} c_{i_1i_2}\widehat{\delta_{i_1i_2}}+\cdots+\sum_{1\leqslant i_1<\cdots<i_s\leqslant n} c_{i_1\cdots i_s}\widehat{\delta_{i_1\cdots i_s}}\right)\\&\cdot\left(\sum_{1\leqslant j_1\leqslant n} d_{j_1}\delta_{j_1}+\sum_{1\leqslant j_1<j_2\leqslant n} d_{j_1j_2}\widehat{\delta_{j_1j_2}}+\cdots+\sum_{1\leqslant j_1<\cdots<j_t\leqslant n} d_{j_1\cdots j_t}\widehat{\delta_{j_1\cdots j_t}}\right)\\=&\left(\sum_{1\leqslant i_1\leqslant n} c_{i_1}\delta_{i_1}\right)\left(\sum_{1\leqslant j_1\leqslant n} d_{j_1}\delta_{i_1}\right)+\cdots\\&+\left(\sum_{1\leqslant i_1\leqslant n} c_{i_1}\delta_{i_1}\right)\left(\sum_{1\leqslant j_1<\cdots<j_t\leqslant n} d_{j_1\cdots j_t}\widehat{\delta_{j_1\cdots j_t}}\right)+\cdots\\&+\left(\sum_{1\leqslant i_1<\cdots<i_s\leqslant n} c_{i_1\cdots i_s}\widehat{\delta_{i_1\cdots i_s}}\right)\left(\sum_{1\leqslant j_1<\cdots<j_t\leqslant n} d_{j_1\cdots j_t}\widehat{\delta_{j_1\cdots j_t}}\right).\end{aligned}$$

由定理 6.1.3, 在上式右边中的项

$$\left(\sum_{1\leqslant i_1<\cdots<i_s\leqslant n} c_{i_1\cdots i_s}\widehat{\delta_{i_1\cdots i_s}}\right)\left(\sum_{1\leqslant j_1<\cdots<j_t\leqslant n} d_{j_1\cdots j_t}\widehat{\delta_{j_1\cdots j_t}}\right)$$

是 $(s+t)$-级超级量子测度, 而其余的项都是 m-级超级量子测度, 其中 $m<s+t$. 因此, $\mu\nu$ 是 $(s+t)$-级超级量子测度. □

6.2　超级量子测度与带号测度

设 $t\in N$, A^t 是集合 A 的笛卡儿积, $\mathcal{A}^t$ 是 σ-代数 $\mathcal{A}$ 的笛卡儿积. $\mathcal{A}^t$ 上的带号测度 λ 是**对称的**, 若 $\lambda(A_1\times A_2\times\cdots\times A_t)=\lambda(B_1\times B_2\times\cdots\times B_t)$, 这里 B_i 是 A_i 的置换. 称 λ 是**对角正的**, 若对任意的 $A\in\mathcal{A}$ 都有 $\lambda(A^t)\geqslant 0$.

在文献 [27] 中, Gudder 证明了下面的结论.

定理 6.2.1[27]　若 λ 是 $\mathcal{A}^t$ 上对称的对角正的带号测度, 则 $\mu(A)=\lambda(A^t)$ 是 $\mathcal{A}$ 上的 m-级超级量子测度.

在文献 [27] 中, Gudder 猜想上述定理的逆命题也是成立的, 即: 若 μ 是 t-级超级量子测度, 则存在 $\mathcal{A}^t$ 上唯一的对称的对角正的带号测度 λ 使得 $\mu(A)=\lambda(A^t)$. 下面, 对该猜想进行证明.

记 $X=\{x_1,x_2,\cdots,x_n\}$, 任意的 $\overline{x}=(x_{i_1},x_{i_2},\cdots,x_{i_t})\in X^t, i_1,i_2,\cdots,i_t\in\{1,\cdots,n\}$, 设 $C_{\overline{x}}$ 是 $\overline{x}$ 的坐标之集, 即, $C_{\overline{x}}=\{x_{i_s}\in X: x_{i_s}$ 是 $\overline{x}$ 的第 s 个坐标 $\}$. 则 $C_{\overline{x}}$ 完全由 $(x_{i_1},x_{i_2},\cdots,x_{i_t})$ 唯一确定. 假设 $C_{\overline{x}}=\{x_{j_1},\cdots,x_{j_k}\}$, 其中

$j_1 < \cdots < j_k$, $j_1, \cdots, j_k \in \{1, \cdots, n\}$, 则 $k \in \{1, \cdots, t\}$. 令 $[\overline{x}]$ 表示 X^t 中和 $\overline{x}$ 具有相同坐标之集的所有元素, 即 $[\overline{x}] = \{\overline{y} \in X^t : C_{\overline{y}} = C_{\overline{x}}\}$. 用 $|\,[\overline{x}]\,|$ 表示集合 $[\overline{x}]$ 中含元素的个数. 显然, $|\,[\overline{x}]\,| = 1$ 当且仅当 $k = 1$.

若 $|\,[\overline{x}]\,| = 1$, 则 $k = 1$ 且 $(x_{i_1}, x_{i_2}, \cdots, x_{i_t}) = (x_{i_1}, x_{i_1}, \cdots x_{i_1})$, 定义

$$\alpha(\overline{x}) = \mu(x_1);$$

若 $|\,[\overline{x}]\,| > 1$, 则 $k > 1$, 定义

$$\alpha(\overline{x}) = \frac{1}{|\,[\overline{x}]\,|} I^{\mu}_{j_1 \cdots j_k}.$$

容易得到 $|\,[\overline{x}]\,| \in \{1, \cdots, k^t\}$. 具体地, 有下面的递归公式.

设 $k \in \{2, \cdots, t\}$. 令

$$a_t^2 = 2^t - \begin{pmatrix} 2 \\ 1 \end{pmatrix}, a_t^3 = 3^t - \begin{pmatrix} 3 \\ 1 \end{pmatrix} - \begin{pmatrix} 3 \\ 2 \end{pmatrix} a_t^2, \cdots.$$

若定义了 $a_t^2, \cdots, a_t^{k-1}$, 则

$$a_t^k = k^t - \begin{pmatrix} k \\ 1 \end{pmatrix} - \begin{pmatrix} k \\ 2 \end{pmatrix} a_t^2 - \cdots - \begin{pmatrix} k \\ k-1 \end{pmatrix} a_t^{k-1}.$$

这样, $|\,[\overline{x}]\,| = a_t^k$.

对任意的 $\overline{y} \in [\overline{x}]$, 有 $\alpha(\overline{y}) = \alpha(\overline{x})$.

定义带号测度 $\lambda : \mathcal{A}^t \to \mathbb{R}$ 如下: 对任意的 $\Delta \in \mathcal{A}^t$,

$$\lambda(\Delta) = \{\sum \alpha(x_{i_1}, \cdots, x_{i_t}) : (x_{i_1}, \cdots, x_{i_t}) \in \Delta\}.$$

称带号测度 $\lambda : \mathcal{A}^t \to \mathbb{R}$ 是**强对称的**当且仅当 $\overline{y} \in [\overline{x}]$, $\lambda(\overline{x}) = \lambda(\overline{y})$, 对任意的 $\overline{x} \in X^t$ 成立.

特别地, 若 $t = 2$, 则对称的带号测度与强对称的带号测度是相同的. 然而, 当 $t \geqslant 3$ 时, 强对称的带号测度是对称的, 但反之不真.

例 6.2.2 设 $X = \{x_1, x_2, x_3\}$ 且 $\mathcal{A} = 2^X$.

(i) 定义 $\alpha : X^3 \to \mathbb{R}$ 如下: 对任意的 $i, j, k \in \{1, 2, 3\}$,

$$\alpha(x_i, x_j, x_k) = \begin{cases} 1, & |\{i, j, k\}| = 1, \\ \dfrac{1}{6}, & |\{i, j, k\}| = 2, \\ 0, & |\{i, j, k\}| = 3. \end{cases}$$

定义 $\lambda : \mathcal{A}^3 \to \mathbb{R}$ 如下: 对任意的 $\Delta \in \mathcal{A}^3$, $\lambda(\Delta) = \{\sum \alpha(x_{i_1}, x_{i_2}, x_{i_3}) : (x_{i_1}, x_{i_2}, x_{i_3}) \in \Delta\}$. 则 λ 是 $\mathcal{A}^3$ 上对角正的强对称的带号测度.

令 $\mu(A) = \lambda(A^3)$, 对任意的 $A \in \mathcal{A}$. 则 μ 是 $\mathcal{A}$ 上 2-级量子测度, 从而也是 3-级量子测度.

(ii) 定义 $\beta : X^3 \to \mathbb{R}$ 如下: 对任意的 $i, j, k \in \{1, 2, 3\}$, 当 $\{i, j, k\} \neq \{1, 2\}$ 时, $\alpha(x_i, x_j, x_k) = \beta(x_i, x_j, x_k)$. 否则, $\beta(x_1, x_1, x_2) = \beta(x_1, x_2, x_1) = \beta(x_2, x_1, x_1) = \dfrac{1}{12}$, $\beta(x_2, x_2, x_1) = \beta(x_2, x_1, x_2) = \beta(x_1, x_2, x_2) = \dfrac{1}{4}$.

定义 $\chi : \mathcal{A}^3 \to \mathbb{R}$ 如下: 对任意的 $\Delta \in \mathcal{A}^3$, $\chi(\Delta) = \{\sum \beta(x_{i_1}, x_{i_2}, x_{i_3}) : (x_{i_1}, x_{i_2}, x_{i_3}) \in \Delta\}$. 则 χ 是 $\mathcal{A}^3$ 上对角正的对称带号测度. 然而, 它不是强对称的.

令 $\nu(A) = \chi(A^3)$, $A \in \mathcal{A}$, 则 $\nu(\varnothing) = 0$, $\nu(x_1) = \nu(x_2) = \nu(x_3) = 1$, $\nu(\{x_1, x_2\}) = \nu(\{x_1, x_3\}) = \nu(\{x_2, x_3\}) = 3$, $\nu(\{x_1, x_2, x_3\}) = 6$.

易得 $\nu = \mu$, 这样 ν 也是 $\mathcal{A}$ 上 3-级量子测度.

由例 6.2.2, 假设 μ 是 σ-代数 $\mathcal{A} = 2^X$ 上的 3-级量子测度. 可能存在 $\mathcal{A}^3$ 上两个对角正的对称带号测度 λ 与 χ 使得 $\mu(A) = \lambda(A^3) = \chi(A^3)$ 对任意的 $A \in \mathcal{A}$ 成立. 从而, 对 t-级量子测度 μ, 可能存在两个以上的定义在 $\mathcal{A}^t$ 对角正的对称带号测度 λ 与 χ, 使得 $\mu(A) = \lambda(A^t) = \chi(A^t)$ 对任意的 $A \in \mathcal{A}$ 成立. 然后, 可以证明下面的结论.

定理 6.2.3　若 μ 是 $\mathcal{A}$ 上 3-级超级量子测度, 则存在 $\mathcal{A}^3$ 上唯一的对角正的强对称的带号测度 λ 使得 $\mu(A) = \lambda(A^3)$ 对任意的 $A \in \mathcal{A}$ 成立.

证明　定义 $\alpha : X^3 \to \mathbb{R}$ 如下. 对任意的 $(x_i, x_j, x_k) \in X^3$, $i, j, k \in \{1, \cdots, n\}$ 存在以下三种情况:

(1) 若存在 $p \in \{1, \cdots, m\}$ 使得 $\{i, j, k\} = \{p\}$, 则 $\alpha(x_i, x_j, x_k) = \mu(x_p)$, $i, j, k \in \{1, \cdots, n\}$;

(2) 若存在 $p, q \in \{1, \cdots, m\}$ 且 $p < q$ 使得 $\{i, j, k\} = \{p, q\}$, 则 $\alpha(x_i, x_j, x_k) = \dfrac{1}{6} I^{\mu}_{pq}$, $i, j, k \in \{1, \cdots, n\}$;

(3) 若存在 $p, q, r \in \{1, \cdots, m\}$ 且 $p < q < r$ 使得 $\{i, j, k\} = \{p, q, r\}$, 则 $\alpha(x_i, x_j, x_k) = \dfrac{1}{6} I^{\mu}_{pqr}$, $i, j, k \in \{1, \cdots, n\}$.

定义 $\mathcal{A}^3$ 上的带号测度 λ 如下:

$$\lambda(\Delta) = \left\{\sum \alpha(x_i, x_j, x_k) : (x_i, x_j, x_k) \in \Delta\right\}.$$

由于 α 是对称的, 从而 λ 是对称的. 下证 $\lambda(A\times A\times A)=\mu(A)$ 对所有的 $A\in\mathcal{A}$ 成立. 不失一般性, 假设 $A=\{x_1,\cdots,x_m\}$, $m\leqslant n$.

当 $m=1$ 时, $\lambda(A\times A\times A)=\mu(A)$.

当 $m=2$ 时,

$$\begin{aligned}\lambda(A\times A\times A)=&\alpha(x_1,x_1,x_1)+\alpha(x_2,x_2,x_2)+\alpha(x_1,x_1,x_2)+\alpha(x_1,x_2,x_1)\\&+\alpha(x_2,x_1,x_1)+\alpha(x_2,x_2,x_1)+\alpha(x_2,x_1,x_2)+\alpha(x_1,x_2,x_2)\\=&\mu(x_1)+\mu(x_2)+6\alpha(x_1,x_1,x_2)\\=&\mu(x_1)+\mu(x_2)+I_{12}^{\mu}(\{x_1,x_2\})=\mu(\{x_1,x_2\})=\mu(A).\end{aligned}$$

设 $m\in\{3,\cdots,n\}$. 对任意的 $(x_i,x_j,x_k)\in A\times A\times A$, 存在以下三种情况.

(1) 若存在 $p\in\{1,\cdots,m\}$ 使得 $\{i,j,k\}=\{p\}$, 则 $\alpha(x_i,x_j,x_k)=\mu(x_i)$, $i,j,k\in\{1,\cdots,n\}$; 从而有 $\sum_{\{i,j,k\}=\{p\},p\in\{1,\cdots,m\}}\alpha(x_i,x_j,x_k)=\mu(x_p)$.

(2) 若存在 $p,q\in\{1,\cdots,m\}$ 且 $p<q$ 使得 $\{i,j,k\}=\{p,q\}$, 则 $\alpha(x_i,x_j,x_k)=\dfrac{1}{6}I_{pq}^{\mu}$, $i,j,k\in\{1,\cdots,n\}$; 从而有 $\sum_{\{i,j,k\}=\{p,q\},p<q}\alpha(x_i,x_j,x_k)=I_{pq}^{\mu}$.

(3) 若存在 $p,q,r\in\{1,\cdots,m\}$ 且 $p<q<r$ 使得 $\{i,j,k\}=\{p,q,r\}$, 则 $\alpha(x_i,x_j,x_k)=\dfrac{1}{6}I_{pqr}^{\mu}$, $i,j,k\in\{1,\cdots,n\}$. 从而有 $\sum_{\{i,j,k\}=\{p,q,r\}}\alpha(x_i,x_j,x_k)=I_{pqr}^{\mu}$.

因此, 由方程 (6.2) 可得

$$\begin{aligned}\lambda(A\times A\times A)=&\left\{\sum\alpha(x_i,x_j,x_k):(x_i,x_j,x_k)\in A\times A\times A\right\}\\=&\sum_{p=1}^{m}\mu(x_p)+\sum_{p<q=1}^{m}I_{pq}^{\mu}+\sum_{p<q<r=1}^{m}I_{pqr}^{\mu}\\=&\sum_{p=1}^{m}\mu(x_p)+\sum_{p<q=1}^{m}I_{pq}^{\mu}\widehat{\delta_{pq}}(A)+\sum_{p<q<r=1}^{m}I_{pqr}^{\mu}\widehat{\delta_{pqr}}(A)\\=&\mu(A).\end{aligned}$$

容易验证 λ 是对角正的, 下证唯一性.

假设 $\lambda':\mathcal{A}^3\to\mathbb{R}$ 是对称的带号测度且满足 $\lambda'(A^3)=\mu(A)$, 对任意的 $A\in\mathcal{A}$. 则 $\lambda'(x_i,x_i,x_i)=\lambda(x_i,x_i,x_i)=\mu(x_i)$, $i\in\{1,\cdots,n\}$.

而且, $\lambda'(x_i,x_i,x_j)=\lambda'(x_i,x_j,x_i)=\lambda'(x_j,x_i,x_j)=\lambda'(x_j,x_j,x_i)=\lambda'(x_j,x_i,x_j)=\lambda'(x_i,x_j,x_j)=\dfrac{1}{6}(\lambda'(\{x_i,x_j\}^3)-\lambda'(x_i,x_i,x_i)-\lambda'(x_j,x_j,x_j))=\dfrac{1}{6}(\lambda(\{x_i,x_j\}^3)-\lambda(x_i,x_i,x_i)-\lambda(x_j,x_j,x_j))=\lambda(x_i,x_i,x_j)=\lambda(x_i,x_j,x_i)=\lambda(x_j,x_i,x_j)=\lambda(x_j,x_j,x_i)=$

$\lambda(x_j, x_i, x_j) = \lambda(x_i, x_j, x_j)$, 其中 $i \neq j$, $i, j \in \{1, \cdots, n\}$.

$$\begin{aligned}\lambda'(x_i, x_j, x_k) =&\frac{1}{6}(\lambda'(\{x_i, x_j, x_k\}^3) - 6\lambda'(x_i, x_i, x_j) - \lambda'(x_i, x_i, x_i) - \lambda'(x_j, x_j, x_j))\\=&\frac{1}{6}(\lambda(\{x_i, x_j, x_k\}^3) - 6\lambda(x_i, x_i, x_j) - \lambda(x_i, x_i, x_i) - \lambda(x_j, x_j, x_j))\\=&\lambda(x_i, x_j, x_k),\end{aligned}$$

其中 i, j, k 两两不同且 $i, j, k \in \{1, \cdots, n\}$.

由于带号测度完全由其在单点集上的值确定, 因此, $\lambda = \lambda'$. □

一般情况下, 有下面的结论.

定理 6.2.4 若 μ 是 $\mathcal{A}$ 上的 t-级超级量子测度, 则存在 $\mathcal{A}^t$ 上唯一的对角正的强对称的带号测度 λ 使得 $\mu(A) = \lambda(A^t)$.

证明 若 $t = 3$, 则由定理 6.2.3 可知结论成立. 下设 $t \geqslant 4$.

对任意的 $\Delta_1, \Delta_2 \in \mathcal{A}^t$, 有

$$\begin{aligned}&\lambda(\Delta_1 \dot{\cup} \Delta_2) = \left\{\sum \alpha(x_{i_1}, \cdots, x_{i_t}) : (x_{i_1}, \cdots, x_{i_t}) \in \Delta_1 \dot{\cup} \Delta_2\right\}\\=&\left\{\sum \alpha(x_{i_1}, \cdots, x_{i_t}) : (x_{i_1}, \cdots, x_{i_t}) \in \Delta_1\right\}\\&+\left\{\sum \alpha(x_{i_1}, \cdots, x_{i_t}) : (x_{i_1}, \cdots, x_{i_t}) \in \Delta_2\right\}\\=&\lambda(\Delta_1) + \lambda(\Delta_2),\end{aligned}$$

由 α 的定义可知, λ 是强对称的带号测度.

下面证明对任意的 $A \in \mathcal{A}$, 等式 $\lambda(A^t) = \mu(A)$ 成立.

对任意的 $A \in \mathcal{A}$, 存在 $m \leqslant n$ 使得 $A = \{x_{j_1}, \cdots, x_{j_m}\}$, $j_1 < \cdots < j_m$, $\{j_1, \cdots, j_m\} \subseteq \{1, \cdots, n\}$. 由 λ 的定义可知,

$$\begin{aligned}\lambda(A^t) =& \left\{\sum \alpha(x_{i_1}, x_{i_2}, \cdots, x_{i_t}) : (x_{i_1}, x_{i_2}, \cdots, x_{i_t}) \in A^t, i_1, \cdots, i_t \in \{j_1, \cdots, j_m\}\right\}\\=&\sum_{p=j_1}^{j_m} \alpha(x_p, x_p, \cdots, x_p) + \sum_{j_1 \leqslant p_1 < p_2 \leqslant j_m} I^{\mu}_{p_1 p_2} + \cdots + \sum_{j_1 \leqslant p_1 < \cdots < p_t \leqslant j_m} I^{\mu}_{p_1 \cdots p_t}.\end{aligned}$$

由方程 (6.2) 可得

$$\mu(A) = \sum_{i_1=1}^{m} \mu(x_{i_1})\delta_{i_1}(A) + \sum_{1 \leqslant i_1 < i_2 \leqslant m} I^{\mu}_{i_1 i_2}\widehat{\delta_{i_1 i_2}}(A) + \cdots + \sum_{1 \leqslant i_1 < \cdots < i_t \leqslant m} I^{\mu}_{i_1 \cdots i_t}\widehat{\delta_{i_1 \cdots i_t}}(A).$$

因此 $\lambda(A^t) = \mu(A)$ 成立.

下证 λ 的唯一性. 假设 $\lambda': \mathcal{A}^t \to \mathbb{R}$ 是强对称的带号测度且使得对任意的 $A \in \mathcal{A}$, 等式 $\lambda'(A^t) = \mu(A)$ 成立. 只需证明对任意的 $(x_{i_1}, x_{i_2}, \cdots, x_{i_t}) \in X^t$,

$$\lambda'(x_{i_1}, x_{i_2}, \cdots, x_{i_t}) = \lambda(x_{i_1}, x_{i_2}, \cdots, x_{i_t}). \tag{6.3}$$

对 $\overline{x} \in X^t$, 设 $\overline{x} = (x_{i_1}, x_{i_2}, \cdots, x_{i_t})$. 不妨假设 $C_{\overline{x}} = \{x_{j_1}, \cdots, x_{j_k}\}$, $j_1 < \cdots < j_k$, $j_1, \cdots, j_k \in \{1, \cdots, n\}$, 则 $k \in \{1, \cdots, t\}$.

对 k 使用归纳法, 证明等式 (6.3).

若 $k = 1$, 则 $\lambda'(\overline{x}) = \lambda(\overline{x}) = \mu(x_{i_1})$.

假设对 $1, 2, \cdots, k-1$, 等式 $\lambda'(\overline{x}) = \lambda(\overline{x})$ 成立.

对 $m \in \{2, \cdots, k-1\}$, 令 $S_m = \{A \in 2^{\{x_{j_1}, \cdots, x_{j_k}\}} :| A |= m\}$. 则

$$\begin{aligned}\lambda(\{x_{j_1}, \cdots, x_{j_k}\}^t) = &\sum_{\overline{x_{p_1}} \in [\overline{x_{q_1}}]} \lambda(\overline{x_{p_1}}) + \sum_{C_{\overline{x_{q_2}}} \in S_2} \sum_{\overline{x_{p_2}} \in [\overline{x_{q_2}}]} \lambda(\overline{x_{p_2}}) + \cdots \\ &+ \sum_{C_{\overline{x_{q_{k-1}}}} \in S_{k-1}} \sum_{\overline{x_{p_k}} \in [\overline{x_{q_k}}]} \lambda(\overline{x_{p_k}}) + \sum_{\overline{x_{p_k}} \in [\overline{x_{q_k}}]} \lambda(\overline{x_{p_k}}),\end{aligned}$$

且

$$\begin{aligned}\lambda'(\{x_{j_1}, \cdots, x_{j_k}\}^t) = &\sum_{\overline{x_{p_1}} \in [\overline{x_{q_1}}]} \lambda'(\overline{x_{p_1}}) + \sum_{C_{\overline{x_{q_2}}} \in S_2} \sum_{\overline{x_{p_2}} \in [\overline{x_{q_2}}]} \lambda'(\overline{x_{p_2}}) + \cdots \\ &+ \sum_{C_{\overline{x_{q_{k-1}}}} \in S_{k-1}} \sum_{\overline{x_{p_k}} \in [\overline{x_{q_k}}]} \lambda'(\overline{x_{p_k}}) + \sum_{\overline{x_{p_k}} \in [\overline{x_{q_k}}]} \lambda'(\overline{x_{p_k}}),\end{aligned}$$

对任意的 $r \in \{1, \cdots, k\}$, $\overline{x_{q_r}} \in \{x_{j_1}, \cdots, x_{j_k}\}^t$ 且 $| C_{\overline{x_{q_r}}} |= r$.

由假设及 λ 与 λ' 的强对称性有

$$\lambda'(\overline{x}) = \lambda'(\overline{x_{p_k}}) = \lambda(\overline{x_{p_k}}) = \lambda(\overline{x}). \qquad \square$$

推论 6.2.5 集函数 $\mu : \mathcal{A} \to \mathbb{R}^+$ 是 t-级测度当且仅当存在 $\mathcal{A}^t$ 上唯一的对角正的强对称的带号测度 λ 使得对任意的 $A \in \mathcal{A}$ 都有 $\mu(A) = \lambda(A^t)$.

证明 由于强对称的是对称的, 由定理 6.2.1 和定理 6.2.4 可知结论成立. $\square$

6.3 效应代数上的量子测度

效应代数 $(E; \oplus, 0, 1)$ 上的**测度**是指映射 $\mu : E \to \mathbb{R}^+$ 使得当 $x \oplus y$ 在 E 中存在时总有 $\mu(x \oplus y) = \mu(x) + \mu(y)$.

设 $F=(x_1,x_2,\cdots,x_n)$ 是效应代数 E 中的有限序列. 对 $n\geqslant 3$, 假设 $x_1\oplus x_2\oplus\cdots\oplus x_{n-1}$ 和 $(x_1\oplus x_2\oplus\cdots\oplus x_{n-1})\oplus x_n$ 在 E 中存在, 则可定义 $x_1\oplus x_2\oplus\cdots\oplus x_n=(x_1\oplus x_2\oplus\cdots\oplus x_{n-1})\oplus x_n$. 若 $x_1\oplus x_2\oplus\cdots\oplus x_n$ 在 E 中存在, 则称有限序列 $F:=(x_1,x_2,\cdots,x_n)$ 是**正交的**. 此时, 记 $x_1\oplus x_2\oplus\cdots\oplus x_n=\oplus_{i=1}^n x_i$, 且元素 $\oplus_{i=1}^n x_i$ 称为有限序列 F 的和, 记为 $\oplus F$. 对任意的 $x\in E$, 称使得 $nx=\underbrace{x\oplus\cdots\oplus x}_{n次}$ 存在的最大整数 n 为 x 的**迷向指数**, 记为 $\imath(x)$.

设 E 是效应代数, 称映射 $\mu:E\to\mathbb{R}^+$ 是 **2-级可加的**, 若

$$\mu(x\oplus y\oplus z)=\mu(x\oplus y)+\mu(x\oplus z)+\mu(y\oplus z)-\mu(x)-\mu(y)-\mu(z),$$

$x,y,z\in E$, $x\oplus y\oplus z$ 在 E 中存在.

设 E 是效应代数且 $t\geqslant 2$ 是自然数, 则称映射 $\mu:E\to\mathbb{R}^+$ 是 **t-级可加的**, 若

$$\begin{aligned}\mu(x_1\oplus\cdots\oplus x_{t+1})=&\sum_{1\leqslant i_1<\cdots<i_t\leqslant t+1}\mu(x_{i_1}\oplus\cdots\oplus x_{i_t})\\&-\sum_{1\leqslant i_1<\cdots<i_{t-1}\leqslant t+1}\mu(x_{i_1}\oplus\cdots\oplus x_{i_{t-1}})\\&+\cdots+(-1)^{t-1}\sum_{i_1=1}^{t+1}\mu(x_{i_1}),\end{aligned}$$

$x_1,\cdots,x_{t+1}\in E$, $x_1\oplus\cdots\oplus x_{t+1}$ 在 E 中存在.

设 E 是效应代数. 称 2-级可加的函数 $\mu:E\to\mathbb{R}^+$ 是 **2-级量子测度**, 若满足下列两个连续性条件:

(C1) 若 $x_1\leqslant x_2\leqslant\cdots$ 是 E 中单调递增的序列且 $\bigvee_n x_n$ 在 E 中存在, 则

$$\lim_{n\to\infty}\mu(x_n)=\mu\left(\bigvee_n x_n\right);$$

(C2) 若 $x_1\geqslant x_2\geqslant\cdots$ 是 E 中单调递减的序列且 $\bigwedge_n x_n$ 在 E 中存在, 则

$$\lim_{n\to\infty}\mu(x_n)=\mu\left(\bigwedge_n x_n\right).$$

2-级测度也称为 **q-测度**.

若 t-级可加函数 $\mu:E\to\mathbb{R}$ 满足连续性条件 (C1) 和 (C2), 则称 μ 为**带号超级量子测度**.

若效应代数 E 上的 t-级带号超级量子测度 μ 对任意的 $x,y\in E$, 当 $x\leqslant y$ 时都有 $\mu(x)\leqslant\mu(y)$, 则称 μ 是单调递增的.

2-级带号量子测度也称为带号的 q-测度. 用数学归纳法易证 t-级带号超级量子测度也是 $(t+1)$-级带号超级量子测度. 但反之不真.

设 E 是效应代数, 用 $\mathcal{F}(E)$ 表示 E 上的所有实值函数. 对任意的 $\mu,\nu\in\mathcal{F}(E)$, $r\in\mathbb{R}$, 定义 $(\mu+\nu)(x)=\mu(x)+\nu(x)$, $(r\mu)(x)=r\mu(x)$, $x\in E$. 则 $\mathcal{F}(E)$ 成为一个实的向量空间. 进一步可定义函数 $\mu,\nu\in\mathcal{F}(E)$ 的乘积, $(\mu\nu)(x)=\mu(x)\nu(x), x\in E$. 令 $\mathcal{M}_t(E)$ 表示 E 上所有 t-级带号测度量子测度, 则 $\mathcal{M}_t(E)$ 是 $\mathcal{F}(E)$ 的子空间. 对任意效应代数 E 上的 t-级带号测度 $(t\geqslant 2)$, 有下面的结论.

定理 6.3.1 设 E 是效应代数且 $\mu: E\to\mathbb{R}^+$ 是 t-级带号测度 $(t\geqslant 2)$. 对任意的 $k\geqslant t+1$, $x_1,\cdots,x_k\in E$, 若 $x_1\oplus\cdots\oplus x_k$ 在 E 中存在, 则

$$\begin{aligned}\mu(x_1\oplus\cdots\oplus x_k)=&c_0\sum_{1\leqslant i_1<\cdots<i_t\leqslant k}\mu(x_{i_1}\oplus\cdots\oplus x_{i_t})\\&+c_1\sum_{1\leqslant i_1<\cdots<i_{t-1}\leqslant k}\mu(x_{i_1}\oplus\cdots\oplus x_{i_{t-1}})+\cdots+c_{t-1}\sum_{i=1}^{k}\mu(x_i),\end{aligned}$$

这里 $c_i=(-1)^i\binom{k-t+i-1}{i}, i\in\{0,1,\cdots,t-1\}$.

设 E 是有限效应代数且 $A(E)$ 是 E 的原子之集. 设 $y\in E$, $A\subseteq E$, 对任意的 $x\in A$, 记 $\{z\mid z=y\oplus x, y\oplus x$ 在 E 中存在,$x\in A\}$ 为 $y+A$. 对任意的 $A,B\subseteq E$, 将集合 $\{x\mid x=y\oplus z,\ y\oplus z$ 在 E 中存在, $y\in A,z\in B\}$ 记为 $A+B$. 对子集 $A\subseteq E$, 记 $A+A$ 为 $2A$. 对 $s\geqslant 2$, 记 $A+(s-1)A$ 为 sA. 假设 $A(E)=\{a_1,\cdots,a_n\}$, 则 $sA(E)=\{x\mid$ 存在 $i_1,\cdots,i_s\in\{1,\cdots,n\}$ 且 $i_1\leqslant\cdots\leqslant i_s$ 使得 $x=a_{i_1}\oplus\cdots\oplus a_{i_s}\}$, 对任意的 $s\geqslant 2$. 则由定理 6.3.1, t-级可加函数完全由其在集合 $sA(E)$ 上的值确定, 这里 $s\in\{1,\cdots,t\}$. 这个结果对 t-级带号测度仍然成立.

6.4 具有 Riesz 分解性质的效应代数上的超级量子测度

设 E 是效应代数, 若对任意的 $x_1,x_2,y_1,y_2\in E$, 当 $x_1\oplus x_2=y_1\oplus y_2$ 时, 存在 $z_{ij}\in E$ 使得 $x_i=z_{i1}\oplus z_{i2}$ 且 $y_j=z_{1j}\oplus z_{2j}$, 其中 $i,j\in\{1,2\}$, 则称 E 具有 Riesz **分解性质** (或称满足 RDP). 具有 Riesz 分解性质的效应代数是一类重要的量子结构, 这类效应代数总可以表示成满足 RDP 的偏序群的区间. 由文献 [2] 中定理 1.4.28 和定理 1.7.17 可知每个满足 RDP 的效应代数上总存在一个可加的非零函数. 而且, 任意有限的满足 RDP 的效应代数是格序的; 有限的满足 RDP 的效应代数也是 MV-代数 [88].

对任意的 $a_i \in A(E)$, 定义 $\delta_i : E \to N$ 如下: 对任意的 $x \in E$, $\delta_i(x) = m$, 其中 $m = \max\{n \in N \mid na_i \leqslant x\}$. 则对所有的 $i \in \{1, \cdots, n\}$, δ_i 是 E 上的测度.

对任意的自然数 $s \geqslant 1$ 和序列 $i_1 \leqslant \cdots \leqslant i_s \in \{1, \cdots, n\}$, 定义映射 $\delta_{i_1 \cdots i_s}$: $E \to N$ 如下: $\delta_{i_1 \cdots i_s} := \delta_{i_1} \cdots \delta_{i_s}$, 即, $\delta_{i_1 \cdots i_s}(x) = \delta_{i_1}(x) \cdots \delta_{i_s}(x)$ 对任意的 $x \in E$ 都成立. 特别地, 若 $i_1 = \cdots = i_s$, 则用 $\delta_{i_1}^s$ 表示 $\delta_{i_1 \cdots i_s}$. 对 $s \geqslant 1$, $x \in sA(E)$, 存在唯一序列 $i_1 \leqslant \cdots \leqslant i_s \in \{1, \cdots, n\}$ 使得 $x = a_{i_1} \oplus \cdots \oplus a_{i_s}$, $\delta_{i_1}, \cdots, \delta_{i_s}$ 的乘积定义为 $\delta_{i_1 \cdots i_s}$, 即: 映射 $\delta_{i_1 \cdots i_s} : E \to N$ 满足 $\delta_{i_1 \cdots i_s}(a) = \delta_{i_1}(a) \cdots \delta_{i_s}(a)$, 对任意的 $a \in E$. 因此, 任意的 $x \in sA(E)$ 能唯一确定映射 $\delta_{i_1 \cdots i_s} : E \to N$ 使得 $a_{i_1} \oplus \cdots \oplus a_{i_s} = x$. 设 $\Delta_s(E) = \{\delta_{i_1 \cdots i_s} \mid i_1 \leqslant \cdots \leqslant i_s \in \{1, \cdots, n\}, a_{i_1} \oplus \cdots \oplus a_{i_s} \in sA\}$, 对 $1 \leqslant s \leqslant \imath(a_1) + \cdots + \imath(a_n)$.

例 6.4.1 设 E 是具有 RDP 的有限效应代数, 且 $A(E) = \{a_1, a_2\}$ 是 E 的原子之集, 其中 $\imath(a_1) = 2$, $\imath(a_2) = 3$. 则 $2A(E) = \{2a_1, a_1 \oplus a_2, 2a_2\}$, $3A(E) = \{2a_1 \oplus a_2, a_1 \oplus 2a_2, 3a_2\}$, $4A(E) = \{2a_1 \oplus 2a_3, a_1 \oplus 3a_2\}$, $5A(E) = \{2a_1 \oplus 3a_2\}$, 且 $\Delta_1(E) = \{\delta_1, \delta_2\}$, $\Delta_2(E) = \{\delta_{11}, \delta_{12}, \delta_{22}\}$, $\Delta_3(E) = \{\delta_{112}, \delta_{122}, \delta_{222}\}$, $\Delta_4(E) = \{\delta_{1122}, \delta_{1222}\}$, $\Delta_5(E) = \{\delta_{11222}\}$.

下面考虑满足 RDP 的有限效应代数 E 上的超级量子测度之集 $\Delta_1(E) \cup \cdots \cup \Delta_s(E)$, 并证明它是超级量子测度空间 $\mathcal{M}_s(E)$ 的一组基, 其中 $1 \leqslant s \leqslant \imath(a_1) + \cdots + \imath(a_n)$.

定理 6.4.2 设 E 是满足 RDP 的有限效应代数且自然数 $t \geqslant 2$. 若 μ 是 $(t-1)$-级量子测度且 ν 是可加测度, 则乘积 $\mu\nu$ 是 t-级超级量子测度.

证明 假设 $x_1, \cdots, x_t, x_{t+1} \in E$ 且 $x_1 \oplus \cdots \oplus x_t \oplus x_{t+1}$ 在 E 中存在. 由于 μ 是 $(t-1)$-级可加的, 从而它也是 t-级可加的. 这样,

$$
\begin{aligned}
&\mu(x_1 \oplus \cdots \oplus x_t \oplus x_{t+1}) \\
= &\sum_{1 \leqslant i_1 < \cdots < i_t \leqslant t+1} \mu(x_{i_1} \oplus \cdots \oplus x_{i_t}) \\
&- \sum_{1 \leqslant i_1 < \cdots < i_{t-1} \leqslant t+1} \mu(x_{i_1} \oplus \cdots \oplus x_{i_{t-1}}) + \cdots + (-1)^{t-1} \sum_{i=1}^{t+1} \mu(x_i),
\end{aligned}
$$

且 $\nu(x_1 \oplus \cdots \oplus x_t \oplus x_{t+1}) = \nu(x_1) + \cdots + \nu(x_t) + \nu(x_{t+1})$.

然而,

$$
\begin{aligned}
&\sum_{1\leqslant i_1<\cdots<i_t\leqslant t+1}\mu\nu(x_{i_1}\oplus\cdots\oplus x_{i_t})\\
&-\sum_{1\leqslant i_1<\cdots<i_{t-1}\leqslant t+1}\mu\nu(x_{i_1}\oplus\cdots\oplus x_{i_{t-1}})+\cdots+(-1)^{t-1}\sum_{1\leqslant i\leqslant t+1}\mu\nu(x_i)\\
=&\sum_{1\leqslant i_1<\cdots<i_t\leqslant t+1}\mu(x_{i_1}\oplus\cdots\oplus x_{i_t})\nu(x_{i_1}\oplus\cdots\oplus x_{i_t})\\
&-\sum_{1\leqslant i_1<\cdots<i_{t-1}\leqslant t+1}\mu(x_{i_1}\oplus\cdots\oplus x_{i_{t-1}})\nu(x_{i_1}\oplus\cdots\oplus x_{i_{t-1}})+\cdots\\
&+(-1)^{t-1}\sum_{i=1}^{t+1}\mu\nu(x_i)\\
=&\sum_{1\leqslant i_1<\cdots<i_t\leqslant t+1}\left[\sum_{i_1\leqslant j_1<\cdots<j_{t-1}\leqslant i_t}\mu(x_{j_1}\oplus\cdots\oplus x_{j_{t-1}})\nu(x_{i_1}\oplus\cdots\oplus x_{i_t})\right.\\
&-\sum_{i_1\leqslant j_1<\cdots<j_{t-2}\leqslant i_t}\mu(x_{j_1}\oplus\cdots\oplus x_{j_{t-2}})\nu(x_{i_1}\oplus\cdots\oplus x_{i_t})+\cdots\\
&\left.+(-1)^{t-2}\sum_{j=i_1}^{i_t}\mu(x_j)\nu(x_{i_1}\oplus\cdots\oplus x_{i_t})\right]\\
&-\sum_{1\leqslant i_1<\cdots<i_{t-1}\leqslant t+1}\mu(x_{i_1}\oplus\cdots\oplus x_{i_{t-1}})\nu(x_{i_1}\oplus\cdots\oplus x_{i_{t-1}})+\cdots\\
&+(-1)^{t-1}\sum_{i=1}^{t+1}\mu\nu(x_i).
\end{aligned}
$$

由于 μ 是 $(t-1)$-级可加的, 从而也是 t-级可加的. 这样, 有

$$
\begin{aligned}
&\mu\nu(x_1\oplus\cdots\oplus x_t\oplus x_{t+1})=\mu(x_1\oplus\cdots\oplus x_t\oplus x_{t+1})\nu(x_1\oplus\cdots\oplus x_t\oplus x_{t+1})\\
=&\sum_{1\leqslant i_1<\cdots<i_t\leqslant t+1}\mu(x_{i_1}\oplus\cdots\oplus x_{i_t})\nu(x_1\oplus\cdots\oplus x_t\oplus x_{t+1})\\
&-\sum_{1\leqslant i_1<\cdots<i_{t-1}\leqslant t+1}\mu(x_{i_1}\oplus\cdots\oplus x_{i_{t-1}})\nu(x_1\oplus\cdots\oplus x_t\oplus x_{t+1})\\
&+\cdots+(-1)^{t-1}\sum_{1\leqslant i\leqslant t+1}\mu(x_i)\nu(x_1\oplus\cdots\oplus x_t\oplus x_{t+1})\\
=&\sum_{1\leqslant i_1<\cdots<i_t\leqslant t+1}\mu(x_{i_1}\oplus\cdots\oplus x_{i_t})\nu(x_{i_1}\oplus\cdots\oplus x_{i_t})\\
&+\sum_{\substack{1\leqslant i_1<\cdots<i_t\leqslant t+1\\ \{i_{t+1}\}=\{1,\cdots,t+1\}-\{i_1,\cdots,i_t\}}}\mu(x_{i_1}\oplus\cdots\oplus x_{i_t})\nu(x_{i_{t+1}})\\
&-\sum_{1\leqslant i_1<\cdots<i_{t-1}\leqslant t+1}\mu(x_{i_1}\oplus\cdots\oplus x_{i_{t-1}})\nu(x_{i_1}\oplus\cdots\oplus x_{i_{t-1}})
\end{aligned}
$$

$$
\begin{aligned}
&- \sum_{\substack{1\leqslant i_1<\cdots<i_{t-1}\leqslant t+1\\ \{i_t,i_{t+1}\}=\{1,\cdots,t+1\}-\{i_1,\cdots,i_{t-1}\}}} \mu(x_{i_1}\oplus\cdots\oplus x_{i_{t-1}})\nu(x_{i_t}\oplus x_{i_t+1})+\cdots\\
&+(-1)^{t-1}\sum_{1\leqslant i\leqslant t+1}\mu(x_i)\nu(x_i)\\
&+(-1)^{t-1}\sum_{\substack{1\leqslant i\leqslant t+1\\ \{i_1,\cdots,i_t\}=\{1,\cdots,t+1\}-\{i\}}}\mu(x_i)\nu(x_{i_1}\oplus\cdots\oplus x_{i_t}).
\end{aligned}
$$

由于 μ 是 $(t-1)$-级可加的, 则有

$$
\begin{aligned}
&\sum_{\substack{1\leqslant i_1<\cdots<i_t\leqslant t+1\\ \{i_{t+1}\}=\{1,\cdots,t+1\}-\{i_1,\cdots,i_t\}}}\mu(x_{i_1}\oplus\cdots\oplus x_{i_t})\nu(x_{i_{t+1}})\\
=&\sum_{\substack{1\leqslant i_1<\cdots<i_t\leqslant t+1\\ \{i_{t+1}\}=\{1,\cdots,t+1\}-\{i_1,\cdots,i_t\}}}\Bigg[\sum_{i_1\leqslant j_1<\cdots<j_{t-1}\leqslant i_t}\mu(x_{j_1}\oplus\cdots\oplus x_{j_{t-1}})\nu(x_{i_{t+1}})\\
&-\sum_{i_1\leqslant j_1<\cdots<j_{t-2}\leqslant i_t}\mu(x_{j_1}\oplus\cdots\oplus x_{j_{t-2}})\nu(x_{i_{t+1}})\\
&+\cdots+(-1)^{t-2}\sum_{i_1\leqslant j\leqslant i_t}\mu(x_j)\nu(x_{i_{t+1}})\Bigg].
\end{aligned}
$$

然而,

$$
\begin{aligned}
&\sum_{\substack{1\leqslant i_1<\cdots<i_t\leqslant t+1\\ \{i_{t+1}\}=\{1,\cdots,t+1\}-\{i_1,\cdots,i_t\}}}\left(\sum_{i_1\leqslant j_1<\cdots<j_{t-1}\leqslant i_t}\mu(x_{j_1}\oplus\cdots\oplus x_{j_{t-1}})\nu(x_{i_{t+1}})\right)\\
=&\sum_{\substack{1\leqslant i_1<\cdots<i_{t-1}\leqslant t+1\\ \{i_t,i_{t+1}\}=\{1,\cdots,t+1\}-\{i_1,\cdots,i_{t-1}\}}}\mu(x_{i_1}\oplus\cdots\oplus x_{i_{t-1}})\nu(x_{i_t}\oplus x_{i_t+1}),\\
&\sum_{\substack{1\leqslant i_1<\cdots<i_t\leqslant t+1\\ \{i_{t+1}\}=\{1,\cdots,t+1\}-\{i_1,\cdots,i_t\}}}\left(-\sum_{i_1\leqslant j_1<\cdots<j_{t-2}\leqslant i_t}\mu(x_{j_1}\oplus\cdots\oplus x_{j_{t-2}})\nu(x_{i_{t+1}})\right)\\
=-&\sum_{\substack{1\leqslant i_1<\cdots<i_{t-2}\leqslant t+1\\ \{i_{t-1},i_t,i_{t+1}\}=\{1,\cdots,t+1\}-\{i_1,\cdots,i_{t-2}\}}}\mu(x_{i_1}\oplus\cdots\oplus x_{i_{t-2}})\nu(x_{i_{t-1}}\oplus x_{i_t}\oplus x_{i_{t+1}}),\\
&\cdots,\\
&\sum_{1\leqslant i_1<\cdots<i_t\leqslant t+1;\{i_{t+1}\}=\{1,\cdots,t+1\}-\{i_1,\cdots,i_t\}}\left((-1)^{t-2}\sum_{i_1\leqslant j\leqslant i_t}\mu(x_j)\nu(x_{i_{t+1}})\right)\\
=&(-1)^{t-2}\sum_{\substack{1\leqslant i\leqslant t+1\\ \{i_1,\cdots,i_t\}=\{1,\cdots,t+1\}-\{i\}}}\mu(x_i)\nu(x_{i_1}\oplus\cdots\oplus x_{i_t}).
\end{aligned}
$$

因此有

$$
\begin{aligned}
&\mu\nu(x_1 \oplus \cdots \oplus x_t \oplus x_{t+1}) \\
=&\sum_{1\leqslant i_1<\cdots<i_t\leqslant t+1} \mu\nu(x_{i_1} \oplus \cdots \oplus x_{i_t}) - \sum_{1\leqslant i_1<\cdots<i_{t-1}\leqslant t+1} \mu\nu(x_{i_1} \oplus \cdots \oplus x_{i_{t-1}}) \\
&+ \cdots + (-1)^{t-1} \sum_{1\leqslant i\leqslant t+1} \mu\nu(x_i),
\end{aligned}
$$

从而 $\mu\nu$ 是 t-级可加的超级量子测度. □

定理 6.4.3 设 E 是满足 RDP 的有限效应代数且 $A(E)=\{a_1,\cdots,a_n\}$ 是 E 的原子之集. 对 $t\geqslant 2$, 若 $i_1\leqslant\cdots\leqslant i_t$, $i_1,\cdots,i_t\in\{1,\cdots,n\}$, 则映射 $\delta_{i_1\cdots i_t}$ 是 t-级可加的超级量子测度.

证明 对 t 使用数学归纳. 若 $t=2$, 则由定理 6.4.2 可知 $\delta_{i_1\cdots i_t}$ 是 2-级量子测度. 假设结论对 $t-1$ 成立. 注意到 $\delta_{i_1\cdots i_t}=\delta_{i_1\cdots i_{t-1}}\delta_{i_t}$, $\delta_{i_1\cdots i_t}$ 是 $\delta_{i_1\cdots i_{t-1}}$ 与 δ_{i_t} 的乘积. 由假设可知 $\delta_{i_1\cdots i_{t-1}}$ 是 $(t-1)$-级超级量子测度, 利用定理 6.4.2 可知 $\delta_{i_1\cdots i_t}$ 是 t-级量子测度. □

定理 6.4.4 设 E 是满足 RDP 的有限效应代数且 $A(E)=\{a_1,\cdots,a_n\}$ 是 E 的原子之集. 对任意的 $i\in\{1,\cdots,n\}$, 若原子 $a_i\in A(E)$ 的迷向指数 $\imath(a_i)$ 是 p, 则对任意的 $q>p$, 映射 $\delta_{j_1j_2\cdots j_q}$ 是 p-级超级量子测度, 其中 $j_1=\cdots=j_q=i$.

证明 不失一般性, 假设 $i=1$. 首先, 证明 $\delta_1,\delta_1^2,\cdots,\delta_1^p$ 是线性无关的. 假设存在实数 $c_1,\cdots,c_p$ 使得

$$
c_1\delta_1+c_2\delta_1^2+\cdots+c_p\delta_1^p=0. \tag{6.4}
$$

计算方程左边在 $a_1,2a_1,\cdots,pa_1$ 处的值, 将得到下面关于 $c_1,\cdots,c_p$ 的线性方程

$$
\begin{gathered}
c_1+c_2+\cdots+c_p=0,\\
2c_1+2^2c_2+\cdots+2^pc_p=0,\\
\cdots,\\
pc_1+p^2c_2+\cdots+p^pc_p=0.
\end{gathered}
$$

由克拉默法则, 这些线性方程具有唯一零解 $c_1=\cdots=c_p=0$.

因此, 函数 $\delta_1,\delta_1^2,\cdots,\delta_1^p$ 是线性无关的.

对任意的实数 $c_1, \cdots, c_p$, 线性组合 $c_1\delta_1 + c_2\delta_1^2 + \cdots + c_p\delta_1^p$ 是 E 上的 p-级量子测度. 这样, 只需证明对任意的 $q > p$, δ_1^q 可以由 $\delta_1, \delta_1^2, \cdots, \delta_1^p$ 线性表示. 下证存在 $c_1, \cdots, c_p$ 使得

$$\delta_1^q = c_1\delta_1 + c_2\delta_1^2 + \cdots + c_p\delta_1^p.$$

计算上面方程两边函数在 $a_1, 2a_1, \cdots, pa_1$ 处的函数值, 可得关于 $c_1, \cdots, c_p$ 的线性方程

$$c_1 + c_2 + \cdots + c_p = 1,$$

$$2c_1 + 2^2c_2 + \cdots + 2^pc_p = 2^2,$$

$$\cdots,$$

$$pc_1 + p^2c_2 + \cdots + p^pc_p = p^p.$$

利用克拉默法则, 可知存在唯一的实数 $c_1, \cdots, c_p$ 使得 $\delta_1^q = c_1\delta_1 + c_2\delta_1^2 + \cdots + c_p\delta_1^p$. □

定义 6.4.5　设 E 是效应代数且 μ 是 E 上的 t-级量子测度 $(t \geqslant 2)$. 称 μ 是**严格的** t-级量子测度, 若 μ 不是 $(t-1)$-级量子测度.

定理 6.4.6　设 E 是满足 RDP 的有限的效应代数且 $A(E) = \{a_1, \cdots, a_n\}$ 是 E 的原子之集. 对任意满足 $2 \leqslant t \leqslant \imath(a_1) + \cdots + \imath(a_n)$ 的自然数 t, 若 $\delta_{i_1\cdots i_t} \in \Delta_t(E)$, 则 $\delta_{i_1\cdots i_t}$ 是严格的 t-级超级量子测度.

证明　由定理 6.4.2, 任意满足 $2 \leqslant t \leqslant \imath(a_1) + \cdots + \imath(a_n)$ 的自然数 t, $\delta_{i_1\cdots i_t}$ 是 t-级超级量子测度. 下面验证它不是 $(t-1)$-级超级量子测度. 一方面, 有

$$\begin{aligned}
&\delta_{i_1 i_2\cdots i_t}(a_{i_1} \oplus a_{i_2} \oplus \cdots \oplus a_{i_t})\\
=&\delta_{i_1}(a_{i_1} \oplus a_{i_2} \oplus \cdots \oplus a_{i_t})\delta_{i_2}(a_{i_1} \oplus a_{i_2} \oplus \cdots \oplus a_{i_t})\cdots\delta_{i_t}(a_{i_1} \oplus a_{i_2} \oplus \cdots \oplus a_{i_t})\\
=&\sum_{j_1, j_2, \cdots, j_t \in \{1,2,\cdots,t\}} \delta_{i_1}(a_{i_{j_1}})\delta_{i_2}(a_{i_{j_2}})\cdots\delta_{i_t}(a_{i_{j_t}})\\
=&\sum_{\{j_1, j_2, \cdots, j_t\} = \{1,2,\cdots,t\}} \delta_{i_1}(a_{i_{j_1}})\delta_{i_2}(a_{i_{j_2}})\cdots\delta_{i_t}(a_{i_{j_t}})\\
&+\sum_{j_1, j_2, \cdots, j_t \in \{1,2,\cdots,t\}, |\{j_1, j_2, \cdots, j_t\}| = t-1} \delta_{i_1}(a_{i_{j_1}})\delta_{i_2}(a_{i_{j_2}})\cdots\delta_{i_t}(a_{i_{j_t}}) + \cdots\\
&+\sum_{j_1, j_2, \cdots, j_t \in \{1,2,\cdots,t\}, |\{j_1, j_2, \cdots, j_t\}| = 1} \delta_{i_1}(a_{i_{j_1}})\delta_{i_2}(a_{i_{j_2}})\cdots\delta_{i_t}(a_{i_{j_t}});
\end{aligned}$$

另一方面, 注意到对任意的 $s \in \{1, 2, \cdots, t-1\}$, 有

$$\sum_{1\leqslant j_1<j_2<\cdots<j_s\leqslant t}\delta_{i_1i_2\cdots i_t}(a_{i_{j_1}}\oplus a_{i_{j_2}}\oplus\cdots\oplus a_{i_{j_s}})$$

$$=\sum_{j_1,j_2,\cdots,j_t\in\{1,2,\cdots,t\},|\{j_1,j_2,\cdots,j_t\}|=s}\delta_{i_1}(a_{i_{j_1}})\delta_{i_2}(a_{i_{j_2}})\cdots\delta_{i_t}(a_{i_{j_t}})$$

$$+\binom{t-(s-1)}{s-(s-1)}\sum_{j_1,j_2,\cdots,j_t\in\{1,2,\cdots,t\},|\{j_1,j_2,\cdots,j_t\}|=s-1}\delta_{i_1}(a_{i_{j_1}})\delta_{i_2}(a_{i_{j_2}})\cdots\delta_{i_t}(a_{i_{j_t}})$$

$$+\binom{t-(s-2)}{s-(s-2)}\sum_{j_1,j_2,\cdots,j_t\in\{1,2,\cdots,t\},|\{j_1,j_2,\cdots,j_t\}|=s-2}\delta_{i_1}(a_{i_{j_1}})\delta_{i_2}(a_{i_{j_2}})\cdots\delta_{i_t}(a_{i_{j_t}})+\cdots$$

$$+\binom{t-1}{s-1}\sum_{j_1,j_2,\cdots,j_t\in\{1,2,\cdots,t\},|\{j_1,j_2,\cdots,j_t\}|=1}\delta_{i_1}(a_{i_{j_1}})\delta_{i_2}(a_{i_{j_2}})\cdots\delta_{i_t}(a_{i_{j_t}}).$$

这样有

$$\sum_{1\leqslant j_1<j_2<\cdots<j_{t-1}\leqslant t}\delta_{i_1i_2\cdots i_t}(a_{i_{j_1}}\oplus a_{i_{j_2}}\oplus\cdots\oplus a_{i_{j_{t-1}}})$$

$$-\sum_{1\leqslant j_1<j_2<\cdots<j_{t-2}\leqslant t}\delta_{i_1i_2\cdots i_t}(a_{i_{j_1}}\oplus a_{i_{j_2}}\oplus\cdots\oplus a_{i_{j_{t-2}}})+\cdots$$

$$+(-1)^{t-2}\sum_{1\leqslant j_1\leqslant t}\delta_{i_1i_2\cdots i_t}(a_{i_{j_1}})$$

$$=\sum_{j_1,j_2,\cdots,j_t\in\{1,2,\cdots,t\},|\{j_1,j_2,\cdots,j_t\}|=t-1}\delta_{i_1}(a_{i_{j_1}})\delta_{i_2}(a_{i_{j_2}})\cdots\delta_{i_t}(a_{i_{j_t}})$$

$$+\left[\binom{t-(t-2)}{1}-1\right]\sum_{j_1,j_2,\cdots,j_t\in\{1,2,\cdots,t\},|\{j_1,j_2,\cdots,j_t\}|=t-2}$$

$$\delta_{i_1}(a_{i_{j_1}})\delta_{i_2}(a_{i_{j_2}})\cdots\delta_{i_t}(a_{i_{j_t}})+\cdots$$

$$+\left[\binom{t-(t-s)}{s-1}-\binom{t-(t-s)}{s-2}+\cdots+(-1)^{s-2}\binom{t-(t-s)}{1}+(-1)^{s-1}\right]$$

$$\cdot\sum_{j_1,j_2,\cdots,j_t\in\{1,2,\cdots,t\},|\{j_1,j_2,\cdots,j_t\}|=t-s}\delta_{i_1}(a_{i_{j_1}})\delta_{i_2}(a_{i_{j_2}})\cdots\delta_{i_t}(a_{i_{j_t}})+\cdots$$

$$+\left[\binom{t-1}{t-2}-\binom{t-1}{t-3}+\cdots+(-1)^{t-3}\binom{t-1}{1}+(-1)^{t-2}\right]$$

$$\cdot\sum_{j_1,j_2,\cdots,j_t\in\{1,2,\cdots,t\},|\{j_1,j_2,\cdots,j_t\}|=1}\delta_{i_1}(a_{i_{j_1}})\delta_{i_2}(a_{i_{j_2}})\cdots\delta_{i_t}(a_{i_{j_t}})$$

$$=\sum_{j_1,j_2,\cdots,j_t\in\{1,2,\cdots,t\},|\{j_1,j_2,\cdots,j_t\}|=t-1}\delta_{i_1}(a_{i_{j_1}})\delta_{i_2}(a_{i_{j_2}})\cdots\delta_{i_t}(a_{i_{j_t}})$$

$$+\sum_{j_1,j_2,\cdots,j_t\in\{1,2,\cdots,t\},|\{j_1,j_2,\cdots,j_t\}|=t-2}\delta_{i_1}(a_{i_{j_1}})\delta_{i_2}(a_{i_{j_2}})\cdots\delta_{i_t}(a_{i_{j_t}})+\cdots$$

$$+\sum_{j_1,j_2,\cdots,j_t\in\{1,2,\cdots,t\},|\{j_1,j_2,\cdots,j_t\}|=1}\delta_{i_1}(a_{i_{j_1}})\delta_{i_2}(a_{i_{j_2}})\cdots\delta_{i_t}(a_{i_{j_t}}).$$

由

$$\begin{aligned}
&\delta_{i_1i_2\cdots i_t}(a_{i_1}\oplus a_{i_2}\oplus\cdots\oplus a_{i_t})\\
&-\Bigg[\sum_{1\leqslant j_1<j_2<\cdots<j_{t-1}\leqslant t}\delta_{i_1i_2\cdots i_t}(a_{i_{j_1}}\oplus a_{i_{j_2}}\oplus\cdots\oplus a_{i_{j_{t-1}}})\\
&-\sum_{1\leqslant j_1<j_2<\cdots<j_{t-2}\leqslant t}\delta_{i_1i_2\cdots i_t}(a_{i_{j_1}}\oplus a_{i_{j_2}}\oplus\cdots\oplus a_{i_{j_{t-2}}})+\cdots\\
&+(-1)^{t-2}\sum_{1\leqslant j_1\leqslant t}\delta_{i_1i_2\cdots i_t}(a_{i_{j_1}})\Bigg]\\
=&\sum_{\{j_1,j_2,\cdots,j_t\}=\{1,2,\cdots,t\}}\delta_{i_1}(a_{i_{j_1}})\delta_{i_2}(a_{i_{j_2}})\cdots\delta_{i_t}(a_{i_{j_t}})\\
\geqslant&\delta_{i_1}(a_{i_1})\delta_{i_2}(a_{i_2})\cdots\delta_{i_t}(a_{i_t})=1\neq 0,
\end{aligned}$$

有 $\delta_{i_1i_2\cdots i_t}$ 不是 $(t-1)$-级超级量子测度. □

例 6.4.7　设 E 是满足 RDP 的有限的效应代数且 $A(E)=\{a_1,a_2\}$ 是 E 的原子之集, 其中 $\imath(a_1)=2$, $\imath(a_2)=3$. 记 $\Delta_1(E)=\{\delta_1,\delta_2\}$, $\Delta_2(E)=\{\delta_{11},\delta_{12},\delta_{22}\}$, $\Delta_3(E)=\{\delta_{112},\delta_{122},\delta_{222}\}$, $\Delta_4(E)=\{\delta_{1122},\delta_{1222}\}$, $\Delta_5(E)=\{\delta_{11222}\}$. 则

(i) $\Delta_1(E)\cup\Delta_2(E)\cup\cdots\cup\Delta_5(E)$ 是 E 上一组线性无关的超级量子测度;

(ii) $\Delta_1(E)\cup\Delta_2(E)\cup\cdots\cup\Delta_5(E)$ 是 $\mathcal{M}_5(E)$ 中的一组基.

证明　(i) 假设存在 $d_1,d_2,d_{11},\delta_{12},d_{22},d_{112},d_{122},d_{222},d_{1122},d_{1222},d_{11222}\in R$ 使得

$$\begin{aligned}
&d_1\delta_1+d_2\delta_2+d_{11}\delta_{11}+d_{12}\delta_{12}+d_{22}\delta_{22}\\
&+d_{112}\delta_{112}+d_{122}\delta_{122}+d_{222}\delta_{222}\\
&+d_{1122}\delta_{1122}+d_{1222}\delta_{1222}\\
&+d_{11222}\delta_{11222}=0.
\end{aligned}$$

则有

$$\begin{aligned}
&(d_1\delta_1+d_{11}\delta_{11})\\
&+(d_2+d_{12}\delta_1+d_{112}\delta_{11})\delta_2\\
&+(d_{22}+d_{122}\delta_1+d_{1122}\delta_{11})\delta_{22}
\end{aligned}$$

$$+(d_{222}+d_{1222}\delta_1+d_{11222}\delta_{11})\delta_{222}=0.$$

计算上面方程在 $a_1, 2a_1$ 处的值有

$$d_1+d_{11}=0,$$
$$2d_1+2^2d_{11}=0,$$

从而 $d_1=d_{11}=0$.

计算方程

$$(d_2+d_{12}\delta_1+d_{112}\delta_{11})\delta_2$$
$$+(d_{22}+d_{122}\delta_1+d_{1122}\delta_{11})\delta_{22}$$
$$+(d_{222}+d_{1222}\delta_1+d_{11222}\delta_{11})\delta_{222}=0$$

在 $a_2, 2a_2, 3a_2$ 处的值, 可得

$$d_2+d_{22}+d_{222}=0,$$
$$2d_2+2^2d_{22}+2^3d_{222}=0,$$
$$3d_2+3^2d_{22}+3^3d_{222}=0,$$

从而 $d_2=d_{22}=d_{222}=0$.

这样方程

$$(d_1\delta_1+d_{11}\delta_{11})$$
$$+(d_2+d_{12}\delta_1+d_{112}\delta_{11})\delta_2$$
$$+(d_{22}+d_{122}\delta_1+d_{1122}\delta_{11})\delta_{22}$$
$$+(d_{222}+d_{1222}\delta_1+d_{11222}\delta_{11})\delta_{222}=0$$

可写为

$$(d_{12}\delta_1+d_{112}\delta_{11})\delta_2$$
$$+(d_{122}\delta_1+d_{1122}\delta_{11})\delta_{22}$$
$$+(d_{1222}\delta_1+d_{11222}\delta_{11})\delta_{222}=0.$$

令 $\mu_1=d_{12}\delta_1+d_{112}\delta_{11}$, $\mu_2=d_{122}\delta_1+d_{1122}\delta_{11}$, $\mu_3=d_{1222}\delta_1+d_{11222}\delta_{11}$, 且 $\mu=\mu_1\delta_2+\mu_2\delta_{22}+\mu_3\delta_{222}$, 则上述方程可写为 $\mu=0$,

计算 μ 在 $a_1 \oplus a_2, a_1 \oplus 2a_2, a_1 \oplus 3a_3$ 处的值,

$$\mu_1(a_1)+\mu_2(a_1)+\mu_3(a_1)=0,$$
$$2\mu_1(a_1)+2^2\mu_2(a_1)+2^3\mu_3(a_1)=0,$$
$$3\mu_1(a_1)+3^2\mu_2(a_1)+3^3\mu_3(a_1)=0,$$

可得 $\mu_1(a_1)=\mu_2(a_1)=\mu_3(a_1)=0$.

计算 μ 在 $2a_1 \oplus a_2, 2a_1 \oplus 2a_2, 2a_1 \oplus 3a_3$ 处的值, 有

$$\mu_1(2a_1)+\mu_2(2a_1)+\mu_3(2a_1)=0,$$
$$2\mu_1(2a_1)+2^2\mu_2(2a_1)+2^3\mu_3(2a_1)=0,$$
$$3\mu_1(2a_1)+3^2\mu_2(2a_1)+3^3\mu_3(2a_1)=0,$$

从而 $\mu_1(2a_1)=\mu_2(2a_1)=\mu_3(2a_1)=0$.

利用上面方程有 $\mu_1(a_1)=\mu_1(2a_1)=0$, $\mu_2(a_1)=\mu_2(2a_1)=0$, $\mu_3(a_1)=\mu_3(2a_1)=0$, 使用克拉默法则可得 $d_{12}=d_{112}=0$, $d_{122}=d_{1122}=0$, $d_{1222}=d_{11222}=0$.

(ii) 假设 ν 是 E 上的 5-级超级量子测度, 则 ν 完全由其在集合 $iA(E)$ 上的值确定, 这里 $i \in \{1,2,\cdots,5\}$. 下证 ν 是 $\Delta_1(E)\cup\Delta_2(E)\cup\cdots\cup\Delta_5(E)$ 的线性组合. 只需证明存在一列实数 $d_1, d_2, d_{11}, \cdots, d_{11222}$ 使得

$$\begin{aligned}\nu =& d_1\delta_1+d_2\delta_2+d_{11}\delta_{11}+d_{12}\delta_{12}+d_{22}\delta_{22}\\ &+d_{112}\delta_{112}+d_{122}\delta_{122}+d_{222}\delta_{222}\\ &+d_{1122}\delta_{1122}+d_{1222}\delta_{1222}\\ &+d_{11222}\delta_{11222}.\end{aligned}$$

类似于 (i), 可验证存在 $d_1, d_2, d_{11}, \cdots, d_{11222} \in \mathbb{R}$ 使得上述方程成立.

这样, 就完成了证明. □

例 6.4.8 设 E 是满足 RDP 的有限的效应代数且 $A(E)=\{a_1,a_2,a_3\}$ 是 E 的原子之集, 其中 $\imath(a_1)=1$, $\imath(a_2)=2$, $\imath(a_2)=2$. 记 $\Delta_1(E)=\{\delta_1,\delta_2,\delta_3\}$, $\Delta_2(E)=\{\delta_{12},\delta_{13},\delta_{22},\delta_{23},\delta_{33}\}$, $\Delta_3(E)=\{\delta_{122},\delta_{123},\delta_{223},\delta_{233}\}$, $\Delta_4(E)=\{\delta_{1223},\delta_{1233}\}$, $\Delta_5(E)=\{\delta_{12233}\}$. 则

(i) $\Delta_1(E)\cup\Delta_2(E)\cup\cdots\cup\Delta_5(E)$ 是 E 上一组线性无关的超级量子测度;

(ii) $\Delta_1(E)\cup\Delta_2(E)\cup\cdots\cup\Delta_5(E)$ 是 $\mathcal{M}_5(E)$ 的一组基.

证明 首先证明 $\Delta_1(E)\cup\Delta_2(E)\cup\Delta_3(E)\cup\Delta_4(E)$ 是一组线性无关的超级量子测度.

(i) 假设存在实数 $d_1, d_2, d_3, \delta_{12}, d_{13}, d_{22}, d_{23}, d_{33}, d_{122}, d_{123}, d_{223}, d_{233}, d_{1223}, d_{1233}, d_{12233}\in\mathbb{R}$ 使得

$$\begin{aligned}&d_1\delta_1+d_2\delta_2+d_3\delta_3+d_{12}\delta_{12}+d_{13}\delta_{13}+d_{22}\delta_{22}+d_{23}\delta_{23}+d_{33}\delta_{33}\\&+d_{122}\delta_{122}+d_{123}\delta_{123}+d_{223}\delta_{223}\\&+d_{1223}\delta_{1223}+d_{1233}\delta_{1233}\\&+d_{12233}\delta_{12233}=0.\end{aligned}$$

计算上式在 a_1 处的值可得 $d_1=0$.

计算方程

$$\begin{aligned}&d_2\delta_2+d_3\delta_3+d_{12}\delta_{12}+d_{13}\delta_{13}+d_{22}\delta_{22}+d_{23}\delta_{23}+d_{33}\delta_{33}\\&+d_{122}\delta_{122}+d_{123}\delta_{123}+d_{223}\delta_{223}\\&+d_{1223}\delta_{1223}+d_{1233}\delta_{1233}\\&+d_{12233}\delta_{12233}=0\end{aligned}$$

在 $a_2, 2a_2$ 处的值, 可得 $d_2+d_{22}=0$, $2d_2+2^2d_{22}=0$, 从而 $d_2=d_{22}=0$.

计算方程

$$\begin{aligned}&d_3\delta_3+d_{12}\delta_{12}+d_{13}\delta_{13}+d_{23}\delta_{23}+d_{33}\delta_{33}\\&+d_{122}\delta_{122}+d_{123}\delta_{123}+d_{223}\delta_{223}\\&+d_{1223}\delta_{1223}+d_{1233}\delta_{1233}\\&+d_{12233}\delta_{12233}=0\end{aligned}$$

在 $a_3, 2a_3$ 处的值, 可得 $d_3+d_{33}=0$, $2d_3+2^2d_{33}=0$, 从而 $d_3=d_{33}=0$.

这样, 方程

$$\begin{aligned}&d_1\delta_1+d_2\delta_2+d_3\delta_3+d_{12}\delta_{12}+d_{13}\delta_{13}+d_{22}\delta_{22}+d_{23}\delta_{23}+d_{33}\delta_{33}\\&+d_{122}\delta_{122}+d_{123}\delta_{123}+d_{223}\delta_{223}\\&+d_{1223}\delta_{1223}+d_{1233}\delta_{1233}\\&+d_{12233}\delta_{12233}=0\end{aligned}$$

可写为

$$
\begin{aligned}
&(d_{12}\delta_{12}+d_{122}\delta_{122})\\
&+(d_{13}\delta_1+d_{23}\delta_2+d_{123}\delta_{12}+d_{223}\delta_{22}+d_{1223}\delta_{122})\delta_3\\
&+(d_{1233}\delta_{12}+d_{122}\delta_{122})\delta_{33}=0.
\end{aligned}
$$

令 $\mu_0=d_{12}\delta_{12}+d_{122}\delta_{122}$, $\mu_1=d_{13}\delta_1+d_{23}\delta_2+d_{123}\delta_{12}+d_{223}\delta_{22}+d_{1223}\delta_{122}$, $\mu_2=d_{1233}\delta_{12}+d_{122}\delta_{122}$, $\mu=\mu_0+\mu_1\delta_3+\mu_2\delta_{33}$, 则上述方程可写为 $\mu=0$.

计算 μ 在 $a_1\oplus a_2, a_1\oplus a_2\oplus a_3, a_1\oplus a_2\oplus 2a_3$ 处的值可得

$$
\begin{aligned}
&\mu_0(a_1\oplus a_2)=0,\\
&\mu_0(a_1\oplus a_2)+2\mu_1(a_1\oplus a_2)+2^2\mu_2(a_1\oplus a_2)=0,\\
&\mu_0(a_1\oplus a_2)+3\mu_1(a_1\oplus a_2)+3^2\mu_2(a_1\oplus a_2)=0,
\end{aligned}
$$

从而 $\mu_0(a_1\oplus a_2)=\mu_1(a_1\oplus a_2)=\mu_2(a_1\oplus a_2)=0$.

计算 μ 在 $a_1\oplus 2a_2, a_1\oplus 2a_2\oplus a_3, a_1\oplus 2a_3\oplus 2a_3$ 处的值可得

$$
\begin{aligned}
&\mu_0(a_1\oplus 2a_2)=0,\\
&\mu_0(a_1\oplus 2a_2)+2\mu_1(a_1\oplus 2a_2)+2^2\mu_2(a_1\oplus 2a_2)=0,\\
&\mu_0(a_1\oplus 2a_2)+3\mu_1(a_1\oplus 2a_2)+3^2\mu_2(a_1\oplus 2a_2)=0,
\end{aligned}
$$

从而 $\mu_0(a_1\oplus 2a_2)=\mu_1(a_1\oplus 2a_2)=\mu_2(a_1\oplus 2a_2)=0$.

计算 μ 在 $a_1, a_1\oplus a_3, a_1\oplus 2a_3; a_2, a_2\oplus a_3, a_2\oplus 2a_3$ 处的值可得

$$
\begin{aligned}
&\mu_(a_1)=0,\\
&\mu_0(a_1)+\mu_1(a_1)+\mu_2(a_2)=0,\\
&\mu_0(a_1)+2\mu_1(a_1)+2^2\mu_2(a_1)=0;\\
&\mu_(a_2)=0,\\
&\mu_0(a_2)+\mu_1(a_2)+\mu_2(a_2)=0,\\
&\mu_0(a_2)+2\mu_1(a_2)+2^2\mu_2(a_2)=0,
\end{aligned}
$$

从而 $\mu_0(a_1)=\mu_1(a_1)=\mu_2(a_1)=0$, $\mu_0(a_2)=\mu_1(a_2)=\mu_2(a_2)=0$.

由于 μ_0,μ_1,μ_2 是 3-级超级量子测度且这些量子测度在 $l_1a_1\oplus l_2a_2$ $((l_1,l_2)\in\{0,1\}\times\{0,1,2\})$ 处的值为 0, 从而 $\mu_0=\mu_1=\mu_2=0$.

而且, 由于 $\Delta_1(E)\cup\Delta_2(E)\cup\cdots\cup\Delta_4(E)$ 是一组线性无关的超级量子测度, 方程 $\mu_0=\mu_1=\mu_2=0$ 的系数全为 0, 从而结论成立.

(ii) 假设 ν 是 E 上的 5-级超级量子测度. 则 ν 完全由其在 $A_i(E)$ 上的值确定, 这里 $i\in\{1,2,\cdots,5\}$. 下证 ν 是 $\Delta_1(E)\cup\cdots\cup\Delta_5(E)$ 的线性组合. 只需证明存在一组实数 $d_1,d_2,d_{11},\cdots,d_{11222}$ 使得

$$\begin{aligned}\nu=&d_1\delta_1+d_2\delta_2+d_{11}\delta_{11}+d_{12}\delta_{12}+d_{22}\delta_{22}\\&+d_{112}\delta_{112}+d_{122}\delta_{122}+d_{222}\delta_{222}\\&+d_{1122}\delta_{1122}+d_{1222}\delta_{1222}\\&+d_{11222}\delta_{11222}.\end{aligned}$$

类似于 (i), 可以验证存在实数 $d_1,d_2,d_{11},\cdots,d_{11222}$ 使得上述方程成立. □

类似于上面的两个例子, 可以证明下面的结论.

定理 6.4.9 设 E 是满足 RDP 的有限效应代数且 $A(E)=\{a_1,\cdots,a_n\}$ 是 E 的原子之集. 对任意的 $s\in\{1,\cdots,\sum_{i=1}^n\imath(a_i)\}$, 带号的超级量子测度 $\bigcup_{i=1}^s\Delta_i(E)$ 是 $\mathcal{M}_s(E)$ 的一组基.

证明 证明的过程类似于例 6.4.7 和例 6.4.8, 其过程不是很复杂, 故略去证明. □

推论 6.4.10 设 E 是满足 RDP 的有限效应代数且 $A(E)=\{a_1,\cdots,a_n\}$ 是 E 的原子之集, 则 $\mathcal{M}_s(E)$ 任意带号的超级量子测度能够分解成两个递增的超级量子测度之差.

证明 任给 $\mu\in\mathcal{M}_s(E)$, 由定理 6.4.9 知存在唯一的有限序列 $\mu_1,\cdots,\mu_q\in\bigcup_{i=1}^s\Delta_i(E)$ 及唯一的一组实数 $r_1,\cdots,r_q$ 且满足 $r_1\times\cdots\times r_q\neq0$ 使得 $\mu=r_1\mu_1+\cdots+r_q\mu_q$. 不失一般性, 假设 $r_1,\cdots,r_p>0$ 且 $r_{p+1},\cdots,r_q<0$, 则 $\mu=(r_1\mu_1+\cdots+r_p\mu_p)-((-r_{p+1})\mu_{p+1}+\cdots+(-r_q)\mu_q)$. 显然, 任给 $\delta\in\bigcup_{i=1}^s\Delta_i(E)$, δ 是单调递增的映射, 即, 任给 $x,y\in E$, 若 $x\leqslant y$, 则 $\delta(x)\leqslant\delta(y)$. 而 $(r_1\mu_1+\cdots+r_p\mu_p)$ 和 $(-r_{p+1})\mu_{p+1}+\cdots+(-r_q)\mu_q$ 均是单调递增的超级量子测度. □

6.5 超级量子测度的表示

本节尝试给出效应代数上超级量子测度的表示. 一方面, 将建立效应代数上超级量子测度与干涉函数的关系; 另一方面, 将展示效应代数上超级量子测度与带号

测度之间的关系.

文献 [162] 中给出了布尔代数上的实值函数与可加函数之间的关系. 下面将研究效应代数上这些函数之间的关系.

定义 6.5.1　设 E 是满足 RDP 的有限效应代数, 且 $A(E)=\{a_1,\cdots,a_n\}$ 是 E 的原子之集. 设 μ 是 E 上满足条件 $\mu(0)=0$ 的实值函数. 称函数 $I^\mu:E\to\mathbb{R}$ 是**干涉函数**, 若

(i) $I^\mu(0)=0$;

(ii) $x\in E\setminus\{0\}$,

$$I^\mu(x):=\sum_{1\leqslant i_1<\cdots<i_s\leqslant t}(-1)^{t-s}\mu(x_{i_1}\oplus\cdots\oplus x_{i_s}),\tag{6.5}$$

其中 $x=x_1\oplus x_2\oplus\cdots\oplus x_t$, $x_1,x_2,\cdots,x_t\in A(E)$.

函数值 $I^\mu(x_1\oplus x_2\oplus\cdots\oplus x_t)$ 表示了元素 E 中元素 $x_1,x_2,\cdots,x_t$ 之间的干涉量. 从而函数 I^μ 给出了 μ 成为可加测度的偏差, 因此也给出了 E 中元素间的干涉情况. 由 I^μ 的定义可知 I^μ 由实值函数 μ 完全确定. 根据下面的定理 6.5.2 可知, μ 与 I 是相互唯一确定的.

定理 6.5.2　设 E 是满足 RDP 的有限效应代数且 $A(E)=\{a_1,\cdots,a_n\}$ 是 E 的原子之集. 对 $1\in E$, 存在唯一的一组原子 $x_1,x_2,\cdots,x_t$ 使得 $1=x_1\oplus x_2\oplus\cdots\oplus x_t$, 其中 $t=\imath(a_1)+\cdots+\imath(a_n)$. 假设 μ 是 E 上实值函数且 $\mu(0)=0$. 则存在唯一的满足条件 $I(0)=0$ 的函数 $I:E\to\mathbb{R}$ 使得

$$\mu=\sum_{\substack{1\leqslant i_1<i_2<\cdots<i_s\leqslant t\\ y=x_{i_1}\oplus x_{i_2}\oplus\cdots\oplus x_{i_s}}}I(y)\chi_y,\tag{6.6}$$

其中

$$\chi_y(x)=\begin{cases}1, & x\geqslant y,\\ 0, & \text{其他}.\end{cases}$$

按照式 (6.5) 定义函数 $I:E\to R$.

证明　对 $x\in E\setminus\{0\}$, 不失一般性, 假设存在唯一的原子序列 $x_1,\cdots,x_m$ 使得 $x=x_1\oplus\cdots\oplus x_m$, 其中 $1\leqslant m\leqslant t=\imath(a_1)+\cdots+\imath(a_n)$. 按照定义 6.5.1 可得

$$\Bigg(\sum_{\substack{1\leqslant i_1<i_2<\cdots<i_s\leqslant t\\ y=x_{i_1}\oplus x_{i_2}\oplus\cdots\oplus x_{i_s}}}I(y)\chi_y\Bigg)(x)$$

$$
\begin{aligned}
&= \sum_{\substack{1 \leqslant i_1 < i_2 < \cdots < i_s \leqslant t \\ y = x_{i_1} \oplus x_{i_2} \oplus \cdots \oplus x_{i_s}}} I(y)\chi_y(x) \\
&= \sum_{\substack{1 \leqslant i_1 < i_2 < \cdots < i_s \leqslant m \\ y = x_{i_1} \oplus x_{i_2} \oplus \cdots \oplus x_{i_s}}} I(y) \\
&= \sum_{\substack{1 \leqslant i_1 < i_2 < \cdots < i_s \leqslant m \\ y = x_{i_1} \oplus x_{i_2} \oplus \cdots \oplus x_{i_s}}} \sum_{\substack{j_1 < \cdots < j_l \\ \{j_1, \cdots, j_l\} \subseteq \{i_1, \cdots, i_s\}}} (-1)^{s-l} \mu(x_{j_1} \oplus \cdots \oplus x_{j_l}) \\
&= \sum_{\substack{j_1 < j_2 < \cdots < j_l \\ \{j_1, \cdots, j_l\} \subseteq \{i_1, \cdots, i_s\}}} \left((-1)^l \mu(x_{j_1} \oplus \cdots \oplus x_{j_l}) \sum_{1 \leqslant i_1 < \cdots < i_s \leqslant m} (-1)^s \right) \\
&= (-1)^m \mu(x)(-1)^m = \mu(x),
\end{aligned}
$$

这样, 证明了方程 (6.6).

下证 I 的唯一性. 若存在另外一个函数 $J: E \to \mathbb{R}$ 使得

$$
\mu = \sum_{\substack{1 \leqslant i_1 < i_2 < \cdots < i_s \leqslant t \\ y = x_{i_1} \oplus x_{i_2} \oplus \cdots \oplus x_{i_s}}} J(y)\chi_y,
$$

则对 $x \in E \setminus \{0\}$, 不失一般性, 假设存在唯一的原子序列 $x_1, \cdots, x_m$ 使得 $x = x_1 \oplus \cdots \oplus x_m$, 其中 $1 \leqslant m \leqslant t = \imath(a_1) + \cdots + \imath(a_n)$. 这样,

$$
\begin{aligned}
J(x) &= (-1)^m J(x_1 \oplus \cdots \oplus x_m)(-1)^m \\
&= (-1)^m \sum_{\substack{1 \leqslant i_1 < i_2 < \cdots < i_s \leqslant m \\ y = x_{i_1} \oplus x_{i_2} \oplus \cdots \oplus x_{i_s}}} \left(J(y) \cdot \sum_{\substack{1 \leqslant j_1 < \cdots < j_l \leqslant m \\ \{i_1, \cdots, i_s\} \subseteq \{j_1, \cdots, j_l\}}} (-1)^l \right) \\
&= (-1)^m \sum_{\substack{1 \leqslant j_1 < \cdots < j_l \leqslant m \\ \{i_1, \cdots, i_s\} \subseteq \{j_1, \cdots, j_l\}}} \left((-1)^l \sum_{1 \leqslant i_1 < \cdots < i_s \leqslant m} J(x_{i_1} \oplus x_{i_2} \oplus \cdots \oplus x_{i_s}) \right) \\
&= (-1)^m \sum_{1 \leqslant j_1 < \cdots < j_l \leqslant m} (-1)^l \mu(x_{j_1} \oplus \cdots \oplus x_{j_l}) \\
&= \sum_{1 \leqslant j_1 < \cdots < j_l \leqslant m} (-1)^{m-l} \mu(x_{j_1} \oplus \cdots \oplus x_{j_l}) \\
&= I(x).
\end{aligned}
$$

□

下面将给出效应代数上超级量子测度与对称的带号测度之间的关系. 经典力学中, 可测量之集是布尔代数, 且复合系统用布尔代数的直积来表示. 而两个量子系统 P 及 Q 的复合系统 L 用张量积来表示, 即 $L = P \otimes Q$ [79]. 为了研究复合量子

系统的可观测量之集的代数结构, Dvurečenskij 在文献 [71], [72] 中首先引入了差分偏序集的张量积的定义. 后来在文献 [181] 中, 引入了有限多个差分偏序集张量积的定义. 而效应代数与差分偏序集是等价的, 因为部分加法运算和减法运算可以相互转化. 因此, 差分偏序集张量积的结果也可用于效应代数. 首先回忆关于效应代数张量积的一些定义和基本结论 [181, 78].

设 $E_1,\cdots,E_n,F$ 是效应代数, 其中 $n\geqslant 2, n\in N$. 称映射 $\gamma: E_1\times\cdots\times E_n\to F$ 是 n **元态射** (或多元态射), 若 γ 满足下面条件:

(i) 对 $x,y\in E_i$, 若 $x\oplus y$ 存在, $z_j\in E_j, i\neq j, 1\leqslant i,j\leqslant n$, 则 $\gamma(u_j)_{j\leqslant n}\oplus\gamma(v_j)_{j\leqslant n}$ 存在, 其中 $u_j=q_j=v_j, j\neq i$, 且 $u_i=x, v_i=y$, $\gamma(u_j)_{j\leqslant n}\oplus\gamma(v_j)_{j\leqslant n}=\gamma(z_j)_{j\leqslant n}$, 其中 $z_j=q_j$, $j\neq i$, $z_i=u_i\oplus v_i=x\oplus y$;

(ii) $\gamma(1,\cdots,1)=1$.

设 $E_1,\cdots,E_n$ 是效应代数, 这里 $n\geqslant 2$, $n\in N$. 效应代数 $E_1,\cdots,E_n$ 的**张量积**是序对 (T,τ), 其中 T 是效应代数, $\tau: E_1\times\cdots\times E_n\to T$ 是满足下面条件的 n 元态射:

(i) 若 F 是效应代数且 $\gamma: E_1\times\cdots\times E_n\to F$ 是 n 元态射, 则存在态射 $\phi: T\to F$ 使得 $\gamma=\phi\circ\tau$;

(ii) T 中任意元都是形如 $\tau((x_i)_{i\leqslant n})$ 的有限个元素的正交和, 其中 $x_i\in E_i, i\leqslant n$.

若 $E_1,\cdots,E_n$ 的张量积存在, 则在同构意义下是唯一的. 通常, 把张量积 (T,τ) 表示成 $T=E_1\otimes\cdots\otimes E_n$. 对任意的 $(x_1,\cdots,x_n)\in E_1\times\cdots\times E_n$, 用 $x_1\otimes\cdots\otimes x_n$ 表示 $x_1,\cdots,x_n$ 的张量积, 即, $\tau(x_1,\cdots,x_n)=x_1\otimes\cdots\otimes x_n$. 特别地, 用 $\otimes^n x$ 表示 $\tau(x,\cdots,x)$. 当 $E_1=\cdots=E_n=E$ 时, 用 $\otimes^2 E$ 表示 $E_1\otimes E_2$, 用 $\otimes^n E$ 表示 $E_1\otimes\cdots\otimes E_n$. 而且, 由下面的定理, 对自然数 $n\geqslant 3$, $(\otimes^{n-1}E)\otimes E$ 与 $\otimes^n E$ 是同构的.

定理 6.5.3[78]　(i) 设 A,B 及 C 是效应代数. 若 $(A\otimes B)\otimes C$ 存在, 则 $A\otimes(B\otimes C)$ 存在且它们是同构的.

(ii) 若 $\mathcal{E}$ 是一组效应代数且其中任意两个效应代数的张量积存在, 则这组效应代数中的任意有限多个效应代数的张量积总是存在的.

设 E 是满足 RDP 的效应代数, 则对任意的 $t\geqslant 2, t\in N$, 由上述定理可知 $\otimes^t E$ 总是存在的.

引理 6.5.4　设 E 是具有 RDP 的有限效应代数, 且 $A(E)$ 是 E 的原子之集. 对任意的 $t\geqslant 2$, 若 λ 是 $\otimes^t E$ 上的带号测度, 则 λ 完全由其在集合 $\{a_{i_1}\otimes a_{i_t}\mid$

$a_{i_1},\cdots,a_{i_t}\in A(E)\}$ 上的值确定.

证明 由于 $\otimes^t E$ 是由 $\{x_1\otimes\cdots\otimes x_t \mid (x_1,\cdots,x_t)\in\prod^t E\}$ 有限生成的, 则带号测度完全由其在 $\{x_1\otimes\cdots\otimes x_t \mid (x_1,\cdots,x_t)\in\prod^t E\}$ 上的值唯一确定.

任给 $1\leqslant j\leqslant t$, 存在唯一的原子序列 $a_{j_1},\cdots,a_{j_s}\in A(E)$ 使得 $x_j=a_{j_1}\oplus\cdots\oplus a_{j_s}$. 令 $J=\prod_{j=1}^t\{j_1,\cdots,j_s\}$, 则有

$$x_1\otimes\cdots\otimes x_t=\sum_{(k_1,\cdots,k_t)\in J}(a_{k_1}\otimes\cdots\otimes a_{k_t}),$$

从而

$$\lambda(x_1\otimes\cdots\otimes x_t)=\lambda\left(\sum_{(k_1,\cdots,k_t)\in J}a_{k_1}\otimes\cdots\otimes a_{k_t}\right)=\sum_{(k_1,\cdots,k_t)\in J}\lambda(a_{k_1}\otimes\cdots\otimes a_{k_t}).$$

这样, 命题成立. □

设 E 是满足 RDP 的有限的效应代数且 $A(E)=\{a_1,\cdots,a_n\}$ 是 E 的原子之集, μ 是 E 上的 t-级超级量子测度.

(i) 如下定义映射 $f:\prod^t A(E)\to E$: 对任意的 $(a_{i_1},\cdots,a_{i_t})\in\prod^t A(E)$, 令 $A=\{a_{i_j}\mid j=1,\cdots,t\}$, 不失一般性, 设 $A=\{a_1,\cdots,a_s\}$, 其中 $s\leqslant n$. 用 l_i 表示集合 $\{i_j\mid a_i=a_{i_j},i_j\in\{i_1,\cdots,i_t\}\}$ 中元素的个数. 即, l_i 表示 a_i 在 $(a_{i_1},\cdots,a_{i_t})$ 中重复出现的次数.

对 $i=1,2,\cdots,s$, 设 $m_i=\min\{l_i,\imath(a_i)\}$, 则 $m_1a_1\oplus\cdots\oplus m_sa_s$ 在 E 中存在且由 $(a_{i_1},\cdots,a_{i_t})$ 唯一确定. 特别地, 若对任意的 $i\in\{1,\cdots,n\}$ 都有 $\imath(a_i)=1$, 则 $x=a_1\oplus\cdots\oplus a_s$.

(ii) 令 $R(f)=\{x\in E\mid x=f(a_{i_1},\cdots,a_{i_t}),(a_{i_1},\cdots,a_{i_t})\in\prod^t A(E)\}$, 且用 $|f^{-1}(x)|$ 表示集合 $f^{-1}(x)=\{(a_{i_1},\cdots,a_{i_t})\in\prod^t A(E)\mid f(a_{i_1},\cdots,a_{i_t})=x\}$ 中元素的个数.

称带号测度 $\lambda:\otimes^t E\to\mathbb{R}$ 是**对称的**, 若对任意的 $(a_{i_1},\cdots,a_{i_t})\in\prod^t A(E)$, $\lambda(a_{i_1}\otimes\cdots\otimes a_{i_t})=\lambda(y_1\otimes\cdots\otimes y_t)$, 这里 $y_1\cdots y_t$ 是 $a_{i_1}\cdots a_{i_t}$ 的置换. 易知若 λ 是对称的带号测度, 则对任意的 $x_1\otimes\cdots\otimes x_t\in\otimes^t E$, $\lambda(x_1\otimes\cdots\otimes x_t)=\lambda(y_1\otimes\cdots\otimes y_t)$, 其中 $y_1\cdots y_t$ 是 $x_1\cdots x_t$ 的置换.

称带号测度 $\lambda:\otimes^t E\to R$ 是**对角正的**, 若对任意的 $x\in E$, 都有 $\lambda(\otimes^t x)\geqslant 0$.

称带号测度 $\lambda:\otimes^t E\to R$ 是**强对称的**, 若对任意的 $(a_{i_1},\cdots,a_{i_t})\in\prod^t A(E)$, 只要 $f(a_{i_1},\cdots,a_{i_t})=f(a_{j_1},\cdots,a_{j_t})$, 则有 $\lambda(a_{i_1}\otimes\cdots\otimes a_{i_t})=\lambda(a_{j_1}\otimes\cdots\otimes a_{j_t})$.

显然, 强对称的带号测度必然是对称的, 但反之不真.

定理 6.5.5　设 E 是满足 RDP 的有限的效应代数且 $A(E)=\{a_1,\cdots,a_n\}$ 是 E 的原子之集. 若 $\lambda:\otimes^t E\to\mathbb{R}$ 是对角正的对称的带号测度, 对任意的 $x\in E$, 令 $\mu(x)=\lambda(\otimes^t x)$, 则 μ 是 E 上的 t-级超级量子测度.

证明　对固定的 $y\in E$, 注意到 $\lambda_y(x)=\lambda(y\otimes x)$ 是 $\otimes^{t-1}E$ 上对称的带号测度. 对 t 使用数学归纳法证明定理. 由 [183, 定理 4.9], 当 $t=2$ 时结论成立. 现假设结论对 $t-1\geqslant 1$ 成立. 令 λ 是 $\otimes^t E$ 上对称的对角正的带号测度且定义 $\mu(x)=\lambda(\otimes^t x)$. 对任意的 $y\in E$ 定义 $\mu_y(x)=\lambda_y(\otimes^{t-1}x)$. 由归纳假设 μ_y 是 $(t-1)$-级可加的, 因此 μ_y 是 t-级可加的. 令 $y=x=x_1\oplus\cdots\oplus x_{t+1}$, 则

$$
\begin{aligned}
\mu(x_1\oplus\cdots\oplus x_{t+1}) =&\lambda(\otimes^t x)=\lambda_x(\otimes^{t-1}x)\\
=&\mu_x(x_1\oplus\cdots\oplus x_{t+1})\\
=&\sum_{1\leqslant i_1<\cdots<i_t\leqslant t+1}\mu_x(x_{i_1}\oplus\cdots\oplus x_{i_t})\\
&-\sum_{1\leqslant i_1<\cdots<i_{t-1}\leqslant t+1}\mu_x(x_{i_1}\oplus\cdots\oplus x_{i_{t-1}})\\
&+\cdots+(-1)^t\sum_{i=1}^{t+1}\mu_x(x_i).
\end{aligned}
$$

注意到

$$
\begin{aligned}
\mu_x(x_i)=\lambda_x(\otimes^{t-1}x_i)=\lambda((\otimes^{t-1}x_i)\otimes x)&=\sum_{j=1}^{t+1}\lambda((\otimes^{t-1}x_i)\otimes x_j)\\
=\mu(x_i)+\sum_{j\in\{1,\cdots,t+1\}\backslash\{i\}}\lambda((\otimes^{t-1}x_i)\otimes x_j).&
\end{aligned}
$$

对 $1\leqslant i_1<i_2\leqslant t+1$,

$$
\begin{aligned}
\mu_x(x_{i_1}\oplus x_{i_2})&=\lambda_x(\otimes^{t-1}(x_{i_1}\oplus x_{i_2}))=\lambda((\otimes^{t-1}(x_{i_1}\oplus x_{i_2}))\otimes x)\\
&=\sum_{j=1}^{t+1}\lambda((\otimes^{t-1}(x_{i_1}\oplus x_{i_2}))\otimes x_j)\\
&=\mu(x_{i_1}\oplus x_{i_2})+\sum_{j\in\{1,\cdots,t+1\}\backslash\{i_1,i_2\}}\lambda((\otimes^{t-1}(x_{i_1}\oplus x_{i_2}))\otimes x_j).
\end{aligned}
$$

对 $1\leqslant i_1<i_2<i_3\leqslant t+1$,

$$\begin{aligned}&\mu_x(x_{i_1}\oplus x_{i_2}\oplus x_{i_3})\\=&\mu(x_{i_1}\oplus x_{i_2}\oplus x_{i_3})+\sum_{j\in\{1,\cdots,t+1\}\backslash\{i_1,i_2,i_3\}}\lambda((\otimes^{t-1}(x_{i_1}\oplus x_{i_2}\oplus x_{i_3}))\otimes x_j).\end{aligned}$$

$\cdots$,

对 $1\leqslant i_1<\cdots<i_t\leqslant t+1$,

$$\begin{aligned}&\mu_x(x_{i_1}\oplus\cdots\oplus x_{i_t})\\=&\mu(x_{i_1}\oplus\cdots\oplus x_{i_t})+\sum_{j\in\{1,\cdots,t+1\}\backslash\{i_1,\cdots,i_t\}}\lambda((\otimes^{t-1}(x_{i_1}\oplus\cdots\oplus x_{i_t}))\otimes x_j).\end{aligned}$$

将 $\mu_x(x_{i_1}),\mu_x(x_{i_1}\oplus x_{i_2}),\cdots,\mu_x(x_{i_1}\oplus\cdots\oplus x_{i_t})$ 代入 $\mu(x_1\oplus\cdots\oplus x_{t+1})$ 可得 μ 是 t-级可加的. □

现在一个自然的问题是, 对 $t\geqslant 2$, 给定一个效应代数 E 上的 t-级超级量子测 μ, 是否存在效应代数 $\otimes^t E$ 上的带号测度 λ 使得对任意的 $x\in E$ 有 $\lambda(\otimes^t x)=\mu(x)$? 文献 [184] 中证明了对布尔代数 B 上的任意的 t-级超级量子测度 μ, 存在 $\prod^t B$ 上对角正的对称的带号测度 λ 使得对任意的 $x\in E,\lambda(x_1,\cdots,x_t)=\mu(x)$.

但是对于效应代数上的超级量子测度, 情况将变得复杂. 对效应代数 E 上的 2-级量子测度 μ, 可能不存在 $E\otimes E$ 上的带号测度 λ 使得 $\lambda(x\otimes x)=\mu(x),x\in E$ [183].

文献 [183] 给出了对效应代数 E 上的 2-级量子测度存在带号测度 λ 使得 $\lambda(x\otimes x)=\mu(x)$ 成立的一些充分必要条件. 下面继续研究超级量子测度与带号测度之间的关系.

设 E 是满足 RDP 的有限的效应代数且 $A(E)=\{a_1,\cdots,a_n\}$ 是 E 的原子之集. 假设 μ 是 E 上的 t-级超级量子测度.

如下定义 $\alpha:\prod^t A(E)\to R$,

$$\alpha(a_{i_1},\cdots,a_{i_t})=\begin{cases}\mu(a), & a_{i_1}=\cdots=a_{i_t}=a,\\ \dfrac{1}{|f^{-1}(x)|}I^{\mu}(x), & \text{其他},\end{cases}$$

其中 $x=f(a_{i_1},\cdots,a_{i_t})$.

如下定义函数 $\lambda:\otimes^t E\to R$,

$$\lambda(x)=\left\{\sum\alpha(a_{i_1},a_{i_2},\cdots,a_{i_t})\,\middle|\,\sum(a_{i_1}\otimes\cdots\otimes a_{i_t})=x\right\}. \tag{6.7}$$

易知 λ 是 $\otimes^t E$ 上对角正的强对称的带号测度.

μ 若是满足 RDP 的有限的效应代数 E 上的量子测度且满足条件 $\mu(ma)=m^2\mu(a)$, 对任意的 $a\in A(E)$, 则存在 $E\otimes E$ 上唯一的对角正的强对称的带号测度 λ 使得对任意的 $x\in E,\mu(x)=\lambda(x\otimes x)$ [183].

定理 6.5.6　设 E 是满足 RDP 的有限效应代数且原子之集是单点集 $\{a\}$, a 的迷向指数是 $\imath(a)=n\geqslant 2$. 对 $1<t\leqslant n$, 假设 μ 是满足条件 $\mu(la)=l^t\mu(a)$ $(1\leqslant l\leqslant \imath(a))$ 的 t-级超级量子测度, 则存在 $\otimes^t E$ 上唯一对角正的对称带号测度 λ 使得对任意的 $x\in E$, $\lambda(\otimes^t x)=\mu(x)$ 成立.

证明　定义映射 $\lambda:\otimes^t E\to\mathbb{R}$ 如下, $\lambda(\otimes^t a)=\alpha(a,\cdots,a)=\mu(a)$, 且 $\lambda(x_1\otimes\cdots\otimes x_t)=\{\sum\alpha(a_{i_1},a_{i_2},\cdots,a_{i_t})\mid\sum(a_{i_1}\otimes\cdots\otimes a_{i_t})=x_1\otimes\cdots\otimes x_t\}$. 注意到 $\otimes^t E$ 由 $\otimes^t a$ 有限生成, 从而 λ 是对角正的对称的带号测度且对任意的 $x\in E$, $\lambda(\otimes^t x)=\mu(x)$.

假设存在另外一个对角正的对称的带号测度 η 使得对任意的 $x\in E,\eta(\otimes^t x)=\mu(x)$. 则 $\eta(\otimes^t a)=\mu(a)=\lambda(\otimes^t a)$, 因此, 对任意的 $x\in\otimes^t E\setminus\{0\}$, 存在 $l_1,\cdots,l_t\in\{1,\cdots,\imath(a)\}$ 使得 $x=(l_1a)\otimes\cdots\otimes(l_ta)=(l_1\times\cdots\times l_t)(a\otimes\cdots\otimes a)$. 因此, $\eta(x)=(l_1\times\cdots\times l_t)\eta(\otimes^t a)=(l_1\times\cdots\times l_t)\mu(a)=\lambda(x)$, 故 $\eta=\lambda$. □

当满足 RDP 的有限效应代数中的原子的迷向指数均为 1 时, 此效应代数就是布尔代数 [2]. 若 E 是有限的布尔代数, 对任给的 t-级超级量子测度 μ, 存在 E^t 上的唯一的对角正的强对称的带号测度 λ 使得 $\mu(x)=\lambda(x,\cdots,x)$[184]. 类似地, 有下面的结论.

定理 6.5.7　设 E 是满足 RDP 的有限效应代数且 $A(E)=\{a_1,\cdots,a_n\}$ 是 E 的原子之集. 对任意的 $1\leqslant i\leqslant n$, 假设 $\imath(a_i)=1$. 则函数 $\mu:E\to\mathbb{R}^+$ 是 t-级可加的当且仅当存在 $\otimes^t E$ 上唯一的对角正的对称的带号测度 λ 使得对任意的 $x\in E$, $\lambda(\otimes^t x)=\mu(x)$.

证明　由定理 6.5.5, 只需证明必要性.

任给 $x\in E$, 存在 $m\leqslant n$ 使得 $x=a_{j_1}\oplus\cdots\oplus a_{j_m}$, $j_1<\cdots<j_m$, $\{j_1,\cdots,j_m\}\subseteq\{1,\cdots,n\}$. 由 λ 的定义可知

$$\begin{aligned}\lambda(\otimes^t x)&=\left\{\sum\alpha(a_{i_1},a_{i_2},\cdots,a_{i_t}):(a_{i_1}\otimes\cdots\otimes a_{i_t})\in\otimes^t E,i_1,\cdots,i_t\in\{j_1,\cdots,j_m\}\right\}\\&=\sum_{p=j_1}^{j_m}\alpha(a_p,a_p,\cdots,a_p)+\sum_{\substack{j_1\leqslant p_1<p_2\leqslant j_m\\ y=a_{p_1}\oplus a_{p_2}}}I_y^\mu+\cdots+\sum_{\substack{j_1\leqslant p_1<\cdots<p_t\leqslant j_m\\ y=a_{p_1}\oplus\cdots\oplus a_{p_t}}}I_y^\mu.\end{aligned}$$

由方程 (6.6), 有

$$\mu(x)=\sum_{i_1=1}^{m}\mu(x_{i_1})\chi_{i_1}(x)+\sum_{\substack{1\leqslant i_1<i_2\leqslant m\\ y=a_{i_1}\oplus a_{i_2}}}I_y^{\mu}\chi_y(x)+\cdots+\sum_{\substack{1\leqslant i_1<\cdots<i_t\leqslant m\\ y=a_{i_1}\oplus\cdots\oplus a_{i_t}}}I_t^{\mu}\chi_y(x).$$

因此, $\lambda(\otimes^t x)=\mu(x)$ 成立.

下证 λ 的唯一性. 假设 $\lambda':\otimes^t E\to\mathbb{R}$ 是强对称的带号测度且 $\lambda'(\otimes^t x)=\mu(x)$, 对每个 $x\in E$. 只需证明对任意的 $(x_{i_1},x_{i_2},\cdots,x_{i_t})\in\prod^t A(E)$,

$$\lambda'(x_{i_1}\otimes x_{i_2}\otimes\cdots\otimes x_{i_t})=\lambda(x_{i_1}\otimes x_{i_2}\otimes\cdots\otimes x_{i_t}).\tag{6.8}$$

任给 $\overline{x}=(x_{i_1},x_{i_2},\cdots,x_{i_t})\in\prod^t A(E)$, 用 $\otimes\overline{x}$ 表示 $x_{i_1}\otimes x_{i_2}\otimes\cdots\otimes x_{i_t}$. 设 $C_{\overline{x}}$ 是 $\overline{x}$ 的坐标之集, 即, $C_{\overline{x}}=\{x_{i_s}:\overline{x}=(x_{i_1},x_{i_2},\cdots,x_{i_t}),s=1,\cdots,t\}$. 用 $[\overline{x}]$ 表示集合 $\{\overline{y}\in\prod^t A(E)\mid C_{\overline{x}}=C_{\overline{y}}\}$. 假设 $C_{\overline{x}}=\{x_{j_1},\cdots,x_{j_k}\}$, $j_1<\cdots<j_k$, $j_1,\cdots,j_k\in\{1,\cdots,n\}$, 则 $k\in\{1,\cdots,t\}$ 且 $x_{j_1}\oplus\cdots\oplus x_{j_k}$ 在 E 中存在.

对 k 使用数学归纳法, 证明等式 (6.8) 成立.

若 $k=1$, 则 $\lambda'(\otimes\overline{x})=\lambda(\otimes\overline{x})=\mu(x_{j_1})$.

假设 $\lambda'(\otimes\overline{x})=\lambda(\otimes\overline{x})$ 在 $1,2,\cdots,k-1$ 时成立.

现假设 $C_{\overline{x}}=\{x_{j_1},\cdots,x_{j_k}\}$, $j_1<\cdots<j_k$. 对 $m\in\{2,\cdots,k-1\}$, 令 $S_m=\{A\in 2^{\{x_{j_1},\cdots,x_{j_k}\}}:\mid A\mid=m\}$. 则

$$\begin{aligned}
&\mu(x_{j_1}\oplus\cdots\oplus x_{j_k})\\
=&\lambda\left(\otimes^t(x_{j_1}\oplus\cdots\oplus x_{j_k})\right)\\
=&\sum_{\overline{x_{p_1}}\in[\overline{x_{q_1}}]}\lambda(\otimes\overline{x_{p_1}})+\sum_{C_{\overline{x_{q_2}}}\in S_2}\sum_{\overline{x_{p_2}}\in[\overline{x_{q_2}}]}\lambda(\otimes\overline{x_{p_2}})+\cdots\\
&+\sum_{C_{\overline{x_{q_{k-1}}}}\in S_{k-1}}\sum_{\overline{x_{p_k}}\in[\overline{x_{q_k}}]}\lambda(\otimes\overline{x_{p_k}})+\sum_{\overline{x_{p_k}}\in[\overline{x_{q_k}}]}\lambda(\otimes\overline{x_{p_k}}),
\end{aligned}$$

且

$$\begin{aligned}
&\mu(x_{j_1}\oplus\cdots\oplus x_{j_k})\\
=&\lambda'\left(\otimes^t(x_{j_1}\oplus\cdots\oplus x_{j_k})\right)\\
=&\sum_{\overline{x_{p_1}}\in[\overline{x_{q_1}}]}\lambda'(\otimes\overline{x_{p_1}})+\sum_{C_{\overline{x_{q_2}}}\in S_2}\sum_{\overline{x_{p_2}}\in[\overline{x_{q_2}}]}\lambda'(\otimes\overline{x_{p_2}})+\cdots\\
&+\sum_{C_{\overline{x_{q_{k-1}}}}\in S_{k-1}}\sum_{\overline{x_{p_k}}\in[\overline{x_{q_k}}]}\lambda'(\otimes\overline{x_{p_k}})+\sum_{\overline{x_{p_k}}\in[\overline{x_{q_k}}]}\lambda'(\otimes\overline{x_{p_k}}),
\end{aligned}$$

其中 $r \in \{1, \cdots, k\}$, $\overline{x_{p_r}} \in [\overline{x_{q_r}}]$ 且 $|C_{\overline{x_{q_r}}}| = r$.

由归纳假设及 λ 与 λ' 的强对称性有

$$\lambda'(\otimes\overline{x}) = \lambda'(\otimes\overline{x_{p_k}}) = \lambda(\otimes\overline{x_{p_k}}) = \lambda(\otimes\overline{x}). \qquad \square$$

例 6.5.8 设 E 是满足 RDP 的有限效应代数且 $A(E) = \{a_1, a_2\}$, $\imath(a_1) = 1, \imath(a_2) = 3$.

如下定义映射 $\mu: E \to R^+$,

(1) $\mu(a_1) = 2$, $\mu(a_2) = 1$;

(2) $\mu(2a_2) = 8$, $\mu(a_1 \oplus a_2) = 3$;

(3) $\mu(3a_2) = 27$, $\mu(a_1 \oplus 2a_2) = 10$;

(4) $\mu(0) = 0$, $\mu(1) = \mu(a_1 \oplus 3a_2) = 29$.

则易知 μ 是 E 上 3-级超级量子测度且对任意的 $x, mx \in E$, $\mu(mx) = m^3\mu(x)$.

注意到 $\mu(a_1 \oplus pa_2) = \mu(a_1) + \mu(pa_2)$, $1 \leqslant p \leqslant 3$. 且 $I(a_1 \oplus a_2) = I(a_1 \oplus 2a_2) = I(a_1 \oplus 3a_2) = 0$, $I(a_1) = 2$, $I(a_2) = 1$, $I(2a_2) = 6$, $I(3a_2) = 6$.

如下定义 $\alpha: \prod^3 A(E) \to R$,

$$\begin{aligned}
&\alpha(a_1, a_1, a_1) = \mu(a_1), \quad \alpha(a_2, a_2, a_2) = \mu(a_2),\\
&\alpha(a_2, a_1, a_1) = \alpha(a_1, a_2, a_1) = \alpha(a_1, a_1, a_2)\\
=&\frac{1}{3}\left[\mu(a_1 \oplus a_2) - \mu(a_1) - \mu(a_2)\right] = 0,\\
&\alpha(a_1, a_2, a_2) = \alpha(a_2, a_1, a_2) = \alpha(a_2, a_2, a_1)\\
=&\frac{1}{3}\left[\mu(a_1 \oplus 2a_2) - 2\mu(a_1 \oplus a_2) - \mu(2a_2) + \mu(a_1) + 2\mu(a_2)\right] = 0.
\end{aligned}$$

如下定义 $\lambda: \otimes^3 E \to \mathbb{R}$,

$$\lambda(x) = \{\sum \alpha(x_1, x_2, x_3) \mid x = \sum (x_1 \otimes x_2 \otimes x_3), x_1, x_2, x_3 \in A(E)\}.$$

显然, λ 是可加的强对称的带号测度. 容易验证 $\lambda(x \otimes x \otimes x) = \mu(x)$, $x \in E$.

定理 6.5.9 设 E 是满足 RDP 的有限的效应代数且 $A(E) = \{a_1, \cdots, a_n\}$ 是 E 的原子之集. 假设映射 $\mu: E \to \mathbb{R}^+$ 满足下面条件:

(i) 对任意的 $0 \leqslant l_i \leqslant \imath(a_i)$, $\mu(l_1a_1 \oplus \cdots \oplus l_na_n) = \mu(l_1a_1) + \cdots + \mu(l_na_n)$;

(ii) 对任意的 $1 \leqslant l_i \leqslant \imath(a_i)$, $\mu(l_ia_i) = l_i^t\mu(a_i)$.

则映射 μ 是 t-级超级量子测度当且仅当存在 $\otimes^t E$ 上唯一的对角正的对称的带号测度 λ 满足下面条件:

(*) 对任意的 $i \in \{1, \cdots, t\}$, $x_i = l_{i1}a_1 + \cdots + l_{in}a_n \in E$, 则

$$\lambda(x_1 \otimes \cdots \otimes x_t) = \sum_{j=1}^{n}(l_{1j} \times \cdots \times l_{tj})\mu(a_j).$$

特别地, 对任意的 $x \in E$, $\lambda(\otimes^t x) = \mu(x)$.

证明 由定理 6.5.5, 只需证明必要性.

任给 $0 \leqslant l_i \leqslant \imath(a_i)$, $\mu(l_1a_1 \oplus \cdots \oplus l_na_n) = \mu(l_1a_1) + \cdots + \mu(l_na_n)$, 若 $|\{l_i \mid l_i \neq 0\}| \geqslant 2$, 则有

$$\begin{aligned}
&I(l_1a_1 \oplus \cdots \oplus l_na_n)\\
=&\mu(l_1a_1 \oplus \cdots \oplus l_na_n) - \sum_{1\leqslant i_1<\cdots<i_{n-1}\leqslant n}\mu(l_{i_1}a_{i_1} \oplus \cdots \oplus l_{i_{n-1}}a_{i_{n-1}}) + \cdots\\
&+ (-1)^{n-2}\sum_{1\leqslant i_1<i_2\leqslant n}\mu(l_{i_1}a_{i_1} \oplus l_{i_2}a_{i_2}) + (-1)^{n-1}\sum_{1\leqslant i_1\leqslant n}\mu(l_{i_1}a_{i_1})\\
=&[\mu(l_1a_1) + \cdots + \mu(l_na_n)] - \binom{n-1}{1}[\mu(l_1a_1) + \cdots + \mu(l_na_n)] + \cdots\\
&+ (-1)^{n-2}\binom{n-1}{n-2}[\mu(l_1a_1) + \cdots + \mu(l_na_n)]\\
&+ (-1)^{n-1}\binom{n-1}{n-1}[\mu(l_1a_1) + \cdots + \mu(l_na_n)]\\
=&0.
\end{aligned}$$

如下定义 $\alpha: \prod^t A(E) \to R$,

(i) $\alpha(a_1, \cdots, a_1) = \mu(a_1), \cdots, \alpha(a_n, \cdots, a_n) = \mu(a_n)$;

(ii) 当 $|\{i_j \mid j \in \{1, \cdots, t\}\}| \geqslant 2$ 时, $\alpha(a_{i_1}, \cdots, a_{i_t}) = 0$.

如下定义 $\lambda: \otimes^t E \to \mathbb{R}$,

$$\lambda(x) = \{\sum \alpha(x_1, \cdots, x_t) \mid x = \sum(x_1 \otimes \cdots \otimes x_t), x_1, \cdots, x_t \in A(E)\}.$$

显然, λ 是可加的强对称的测度.

而且, 任给 $x_i = l_{i1}a_1 \oplus \cdots \oplus l_{in}a_n \in E$, $i \in \{1, \cdots, t\}$, 有

$$\begin{aligned}
&\lambda(x_1 \otimes \cdots \otimes x_t)\\
=&(l_{11} \times \cdots \times l_{t1})\alpha(a_1, \cdots, a_1) + \cdots + (l_{1n} \times \cdots \times l_{tn})\alpha(a_n, \cdots, a_n)\\
=&\sum_{j=1}^{n}(l_{1j} \times \cdots \times l_{tj})\mu(a_j).
\end{aligned}$$

假设存在另外一个对角正的强对称的带号测度 $\eta:\otimes^t E\to\mathbb{R}$ 使得 $\eta(x_1\otimes\cdots\otimes x_t)=\sum_{j=1}^n(l_{1j}\times\cdots\times l_{tj})\mu(a_j)$. 则对任意的 $(a_{i_1},\cdots,a_{i_t})\in\prod^t A(E)$,

$$\eta(a_{i_1}\otimes\cdots\otimes a_{i_t})=\begin{cases}\mu(a_{i_1}), & i_1=\cdots=i_t,\\ 0, & \text{其他}\end{cases}=\alpha(a_{i_1},\cdots,a_{i_t}).$$

因此, 对任意的 $(a_{i_1},\cdots,a_{i_t})\in\prod^t A(E)$, $\eta(a_{i_1}\otimes\cdots\otimes a_{i_t})=\lambda(a_{i_1}\otimes\cdots\otimes a_{i_t})$, 从而 $\lambda=\eta$. □

例 6.5.10 设 E 是具有 RDP 的有限的效应代数且 $A(E)=\{a_1,a_2\}$ 是 E 的原子之集, 其中 $\imath(a_1)=2,\imath(a_2)=2$. 设 $\mu(a_1)=3,\mu(a_2)=9,\mu(2a_1)=5,\mu(a_1\oplus a_2)=11,\mu(2a_2)=14,\mu(a_1\oplus 2a_2)=15,\mu(2a_1\oplus a_2)=13,\mu(2a_1\oplus 2a_2)=17$. 则映射 $\mu:E\to\mathbb{R}^+$ 是 E 上的 3-级超级量子测度. 但不存在 $\otimes^3 E$ 上对角正的对称的带号测度 λ 使得对任意的 $x\in E$, $\mu(x)=\lambda(x\otimes x\otimes x)$ 成立.

事实上, 反设存在 $\otimes^3 E$ 上对角正的对称的带号测度 λ 使得对任意的 $x\in E$, $\mu(x)=\lambda(x\otimes x\otimes x)$ 成立. 则有下面的等式成立,

$$\begin{aligned}&\mu(a_1\oplus a_2)\\ =&\lambda(a_1\otimes a_1\otimes a_1)+3\lambda(a_1\otimes a_1\otimes a_2)+3\lambda(a_1\otimes a_2\otimes a_2)+\lambda(a_2\otimes a_2\otimes a_2)\\ =&\mu(a_1)+3\lambda(a_1\otimes a_1\otimes a_2)+3\lambda(a_1\otimes a_2\otimes a_2)+\mu(a_2),\end{aligned}$$

$$\begin{aligned}&\mu(a_1\oplus 2a_2)\\ =&\lambda(a_1\otimes a_1\otimes a_1)+3\lambda(a_1\otimes a_1\otimes 2a_2)+3\lambda(a_1\otimes 2a_2\otimes 2a_2)+\lambda(2a_2\otimes 2a_2\otimes 2a_2)\\ =&\mu(a_1)+6\lambda(a_1\otimes a_1\otimes a_2)+12\lambda(a_1\otimes a_2\otimes a_2)+8\mu(a_2),\end{aligned}$$

$$\begin{aligned}&\mu(2a_1\oplus a_2)\\ =&\lambda(2a_1\otimes 2a_1\otimes 2a_1)+3\lambda(2a_1\otimes 2a_1\otimes a_2)+3\lambda(2a_1\otimes a_2\otimes a_2)+\lambda(a_2\otimes a_2\otimes a_2)\\ =&8\mu(a_1)+12\lambda(a_1\otimes a_1\otimes a_2)+6\lambda(a_1\otimes a_2\otimes a_2)+\mu(a_2).\end{aligned}$$

由 $\mu(a_1\oplus a_2)$ 及 $\mu(a_1\oplus 2a_2)$ 的表示可知 $3\lambda(a_1\otimes a_1\otimes a_2)=28$, $3\lambda(a_1\otimes a_2\otimes a_2)=-29$. 然而, 由 $\mu(a_1\oplus a_2)$ 及 $\mu(2a_1\oplus a_2)$ 的表示可知 $3\lambda(a_1\otimes a_1\otimes a_2)=-9$, $3\lambda(a_1\otimes a_2\otimes a_2)=8$. 得到矛盾.

注 6.5.11 设 E 是满足 RDP 的有限效应代数且 $A(E)=\{a_1,\cdots,a_n\}$ 是 E 的原子之集, 其中 $n\geqslant 2$. 假设 $\otimes^t E$ 上的对角正的对称带号测度 λ 满足条件: 对

任意的原子序列 $a_{i_1},\cdots,a_{i_s}\in A(E)$, $\lambda((a_{i_1}\oplus\cdots\oplus a_{i_s})\otimes\cdots\otimes(a_{i_1}\oplus\cdots\oplus a_{i_s}))=\mu(a_{i_1}\oplus\cdots\oplus a_{i_s})$, 只要 $a_{i_1}\oplus\cdots\oplus a_{i_s}$ 在 E 中存在. 则对任意的原子 $a_{i_1},\cdots,a_{i_t}$, 值 $\lambda(a_{i_1}\otimes\cdots\otimes a_{i_t})$ 不能由 $\mu(x)$ 唯一确定, 这里 $x\leqslant a_{i_1}\oplus\cdots\oplus a_{i_t}$. 即, 如下例所示, 可能存在多个超级量子测度确定同一对角正的对称的带号测度.

例 6.5.12 设 $X=\{x_1,x_2,x_3\}$ 且 $E=2^X$. 在 E 上如下定义部分二元加法运算 $\oplus$: 任给 $x,y\in E$, $x\oplus y$ 在 E 中存在当且仅当 $x\cap y=0$, 此时, $x\oplus y:=x\cup y$. 则 $(E;\oplus,\varnothing,X)$ 是满足 Riesz 分解性质的有限效应代数, 也是一个布尔代数.

(i) 定义 $\alpha:X^3\to R$ 如下:

$$
\begin{aligned}
&\alpha(x_1,x_1,x_1)=\alpha(x_2,x_2,x_2)=\alpha(x_3,x_3,x_3)=1,\\
&\alpha(x_1,x_1,x_2)=\alpha(x_1,x_2,x_1)=\alpha(x_2,x_1,x_1)=\frac{1}{6},\\
&\alpha(x_2,x_2,x_1)=\alpha(x_2,x_1,x_2)=\alpha(x_1,x_2,x_2)=\frac{1}{6},\\
&\alpha(x_1,x_1,x_3)=\alpha(x_1,x_3,x_1)=\alpha(x_3,x_1,x_1)=\frac{1}{6},\\
&\alpha(x_3,x_3,x_1)=\alpha(x_3,x_1,x_3)=\alpha(x_1,x_3,x_3)=\frac{1}{6},\\
&\alpha(x_2,x_2,x_3)=\alpha(x_2,x_3,x_2)=\alpha(x_3,x_2,x_2)=\frac{1}{6},\\
&\alpha(x_3,x_3,x_2)=\alpha(x_3,x_2,x_3)=\alpha(x_2,x_3,x_3)=\frac{1}{6},\\
&\alpha(x_1,x_2,x_3)=\alpha(x_1,x_3,x_2)=\alpha(x_2,x_1,x_3)=0,\\
&\alpha(x_2,x_3,x_1)=\alpha(x_3,x_1,x_2)=\alpha(x_3,x_2,x_1)=0.
\end{aligned}
$$

定义 $\lambda:E\otimes E\otimes E\to\mathbb{R}$ 如下:

$$
\lambda(x)=\{\sum\alpha(x_{i_1},x_{i_2},x_{i_3}):\sum(x_{i_1}\otimes x_{i_2}\otimes x_{i_3})=x\},\ \text{对 } x\in E\otimes E\otimes E.
$$

则 λ 是 $E\otimes E\otimes E$ 对角正的强对称的带号测度.

令 $\mu(x)=\lambda(x\otimes x\otimes x)$, $x\in E$. 则有

$$
\mu(\varnothing)=0,\quad \mu(x_1)=\mu(x_2)=\mu(x_3)=1,
$$

$$
\mu(\{x_1,x_2\})=\mu(\{x_1,x_3\})=\mu(\{x_2,x_3\})=3,\quad \mu(\{x_1,x_2,x_3\})=6.
$$

易知 μ 是 E 上的 2-级量子测度, 则它也是 E 上的 3-级量子测度.

(ii) 定义 $\beta: X^3 \to \mathbb{R}$ 如下:

$$\beta(x_1,x_1,x_1)=\beta(x_2,x_2,x_2)=\beta(x_3,x_3,x_3)=1,$$
$$\beta(x_1,x_1,x_2)=\beta(x_1,x_2,x_1)=\beta(x_2,x_1,x_1)=\frac{1}{12},$$
$$\beta(x_2,x_2,x_1)=\beta(x_2,x_1,x_2)=\beta(x_1,x_2,x_2)=\frac{1}{4},$$
$$\beta(x_1,x_1,x_3)=\beta(x_1,x_3,x_1)=\beta(x_3,x_1,x_1)=\frac{1}{6},$$
$$\beta(x_3,x_3,x_1)=\beta(x_3,x_1,x_3)=\beta(x_1,x_3,x_3)=\frac{1}{6},$$
$$\beta(x_2,x_2,x_3)=\beta(x_2,x_3,x_2)=\beta(x_3,x_2,x_2)=\frac{1}{6},$$
$$\beta(x_3,x_3,x_2)=\beta(x_3,x_2,x_3)=\beta(x_2,x_3,x_3)=\frac{1}{6},$$
$$\beta(x_1,x_2,x_3)=\beta(x_1,x_3,x_2)=\beta(x_2,x_1,x_3)=0,$$
$$\beta(x_2,x_3,x_1)=\beta(x_3,x_1,x_2)=\beta(x_3,x_2,x_1)=0.$$

定义 $\chi: E\otimes E\otimes E \to \mathbb{R}$ 如下:

$$\chi(x)=\{\sum\beta(x_{i_1},x_{i_2},x_{i_3}):\sum(x_{i_1}\otimes x_{i_2}\otimes x_{i_3})=x\},\text{对任意的 } x\in E\otimes E\otimes E.$$

则 $\chi(x)$ 是 $E\otimes E\otimes E$ 上对角正的对称的带号测度. 然而, $\chi(x)$ 不是强对称的带号测度.

令 $\nu(x)=\chi(x\otimes x\otimes x)$, $x\in E$. 则有

$$\nu(\varnothing)=0,\quad \nu(x_1)=\nu(x_2)=\nu(x_3)=1,$$
$$\nu(\{x_1,x_2\})=\nu(\{x_1,x_3\})=\nu(\{x_2,x_3\})=3,$$
$$\nu(\{x_1,x_2,x_3\})=6.$$

易知 $\nu=\mu$, 这样 $\nu(x)$ 是 E 上的 3-级量子测度.

定义 6.5.13　设 E 是满足 RDP 的有限效应代数且 $A(E)=\{a_1,\cdots,a_n\}$ 是 E 的原子之集. 对 $t\geqslant 2$, 称 t-级测度 $\mu: E\to\mathbb{R}$ 是**正则的**当且仅当存在 $\otimes^t E$ 上唯一的对角正的对称代数测度 λ 使得 $\mu(x)=\lambda(x\otimes\cdots\otimes x)$, 对任意的 $x\in E$. 此时, 称 λ 是 μ 的**表示**.

例 6.5.14　设 E 是满足 RDP 的有限效应代数且其原子之集是 $A(E)=\{a_1,a_2\}$, 其中 $\imath(a_1)=1,\imath(a_2)=3$. 定义 $\mu: E\to\mathbb{R}^+$ 如下:

(1) $\mu(a_1)=2$, $\mu(a_2)=1$;

(2) $\mu(2a_2)=8$, $\mu(a_1\oplus a_2)=3$;

(3) $\mu(3a_2)=27$, $\mu(a_1\oplus 2a_2)=8$;

(4) $\mu(0)=0$, $\mu(1)=\mu(a_1\oplus 3a_2)=23$. 则易知 μ 是 E 上的 3-级量子测度且 $\mu(mx)=m^3\mu(x)$, $x,mx\in E$.

设 $\lambda(a_1\otimes a_1\otimes a_1)=2$, $\lambda(a_2\otimes a_2\otimes a_2)=1$, $\lambda(a_1\otimes a_1\otimes a_2)=\lambda(a_1\otimes a_2\otimes a_1)=\lambda(a_2\otimes a_1\otimes a_1)=\dfrac{1}{3}$, $\lambda(a_1\otimes a_2\otimes a_2)=\lambda(a_2\otimes a_1\otimes a_2)=\lambda(a_2\otimes a_2\otimes a_1)=-\dfrac{1}{3}$. 且对任意的 $x,y\in\otimes^3E$, $\lambda(x\oplus y)=\lambda(x)+\lambda(y)$, 若 $x\oplus y$ 在 $\otimes^3E$ 中存在. 则有 λ 是 $\otimes^3E$ 上对角正的强对称的带号测度且使得 $\mu(x)=\lambda(x)$.

定理 6.5.15 设 E 是满足 RDP 的有限效应代数且 $A(E)=\{a_1,\cdots,a_n\}$ 是 E 的原子之集, 其中 $n\geqslant 2$. 假设 μ 是 E 上正则的 t-级测度 $(t\geqslant 2)$ 且 $\otimes^tE$ 上的带号测度 λ 是 μ 的表示, 则对任意的自然数序列 l_i, $0\leqslant l_i\leqslant \imath(a_i)$, 有

$$\begin{aligned}
&\mu(l_1a_1\oplus\cdots\oplus l_na_n)\\
=&\lambda\left(\otimes^t(l_1a_1\oplus\cdots\oplus l_na_n)\right)\\
=&\sum_{i=1}^{n}\mu(l_ia_i)\\
&+\sum_{\substack{j_1+\cdots+j_n=t\\0\leqslant j_1,\cdots,j_n\leqslant t-1}}\binom{t}{j_1}\cdots\binom{t-j_1-\cdots-j_{n-2}}{j_{n-1}}l_1^{j_1}\cdots\\
&l_n^{j_n}\lambda((\otimes^{j_1}a_1)\otimes(\otimes^{j_2}a_2)\otimes\cdots\otimes(\otimes^{j_n}a_n)).
\end{aligned}$$

证明 设映射 $\lambda:\otimes^tE\to\mathbb{R}$ 是 μ 的表示, 则对任意的自然数序列 l_i, $0\leqslant l_i\leqslant \imath(a_i)$, 有 $\mu(l_1a_1\oplus\cdots\oplus l_na_n)=\lambda\left(\otimes^t(l_1a_1\oplus\cdots\oplus l_na_n)\right)$.

由于 λ 是对称的, 则对任意的 $a_{j_1},\cdots,a_{j_t}\in A(E)$, $\lambda(a_{k_1}\otimes\cdots\otimes a_{k_t})=\lambda(a_{j_1}\otimes\cdots\otimes a_{j_t})$, 其中 $j_1\cdots j_t$ 是 $k_1\cdots k_t$ 的置换. 而且, λ 是可加的, 易知结论成立. □

由定义 6.5.13 和定理 6.5.15, 直接可得到效应代数上的带号测度是某个 t-级量子测度的表示的必要条件.

推论 6.5.16 设 E 是满足 RDP 的有限效应代数且 $A(E)=\{a_1,\cdots,a_n\}$ 是 E 的原子之集, $n\geqslant 2$. 设 $t\geqslant 2$, μ 是 E 上的 t-级量子测度. 效应代数 $\otimes^tE$ 上对角正的强对称的带号测度 λ 是 μ 的表示, 若 λ 满足方程 $\mu(l_ia_i)=\lambda(\otimes^t(l_ia_i))$ 和

$$\sum_{\substack{j_1+\cdots+j_n=t \\ 0\leqslant j_1,\cdots,j_n\leqslant t-1}} \binom{t}{j_1}\cdots\binom{t-j_1-\cdots-j_{n-2}}{j_{n-1}} l_1^{j_1}\cdots$$

$$\cdot l_n^{j_n}\lambda(((\otimes^{j_1})a_1)\otimes((\otimes^{j_2})a_2)\cdots\otimes((\otimes^{j_n})a_n))$$

$$=\mu(l_1a_1\oplus\cdots\oplus l_na_n)-\sum_{i=1}^{n}\mu(l_ia_i),$$

对任意的自然数序列 $l_i, 0\leqslant l_i\leqslant \imath(a_i), 1\leqslant i\leqslant n.$

参 考 文 献

[1] Birkhoff G, von Neumann J. The logic of quantum mechanics. Annals of Mathematics, Second Series, 1936, 37: 823–834.

[2] Dvurečenskij A, Pulmannová S. New Trends in Quantum Structures. Dordrecht: Kluwer Academic Publishers, 2000.

[3] Gleason A M. Measures on the closed subspaces of a Hilbert space. Journal of Mathematics and Mechanics, 1957, 6: 885–894.

[4] Kalmbach G. Orthomodular Lattices. London: Academic Press, 1983.

[5] Husimi K. Studies on the foundation of quantum mechanics. Proceedings of the Physico-Mathematical Society of Japan, 1937, 19: 766–789.

[6] Kaplansky I. Any orthocomplemented complete modular lattice is a continuous geometry. Annals of Mathematics, Second Series, 1955, 61: 514–541.

[7] Mackey G W. Mathematical Foundations of Quantum Mechanics. New York: Benjanmin, 1963.

[8] Varadarajan V S. Geometry of Quantum Theory. New York: Springer-Verlag, 1985.

[9] Beltrametti E, Cassimelli G. The logic of Quantum Mechanics. Massachusetts: Addison-Wesley, Reading, 1981.

[10] Pták P, Pulmannová S. Orthomodular Structures as Quantum Logics. Dordrecht: Kluwer Academic Publishers, 1991.

[11] Dvurečenskij A. Gleason's Theorem and Its Applications. Dordrecht/Boston/London: Kluwer Academic Publisher, 1993.

[12] Kalmbach G. Quantum Measure and Spaces. Dordrecht: Kluwer Academic Publishers, 1998.

[13] Engesser K, Gabbay D M, Lehmann D. Handbook of Quanumt Logic and Quantm Structures. Amsterdam: North-Holland, 2009.

[14] Giuntini R, Greuling H. Towards a formal language for unsharp properties. Foundations of Physics, 1989, 19: 931–945.

[15] Kôpka F. D-posets of fuzzy sets. Tatra Mountains Mathematical Publications, 1992, 1: 83–87.

[16] Kôpka F, Chovanec F. D-posets. Mathematica Slovaca, 1994, 44: 21–34.

[17] Hedlíková J, Pulmannová S. Generalized difference posets and orthoalgebras. Acta Mathematica Universitatis Comenianae, 1996, 45: 247–279.

[18] Dvurečenskij A, Pulmannová S. Difference posets, effects and quantum measurements. International Journal of Theoretical Physics, 1994, 33: 819–850.

[19] Foulis D, Bennett M K. Effect algebra and unsharp quantum logics. Foundations of Physics, 1994, 24: 1331–1352.

[20] Chovanec F, Kôpka F. D-lattices. International Journal of Theoretical Physics, 1995, 34: 1297–1302.

[21] Georgescu G, Iorgulescu A. Pseudo-MV algebra. Multiple-Valued Logic. An International Journal, 2001, 6: 95–135.

[22] Dvurečenskij A, Vetterlein T. Pseudoeffect algebra. I. Basic properties. International Journal

of Theoretical Physics, 2001, 40: 685–701.

[23] Dvurečenskij A,Vetterlein T. Pseudoeffect algebra. II. Group representations. International Journal of Theoretical Physics, 2001, 40: 703–726.

[24] Cignoli R, D'Ottaviano, Mundici D. Algebraic Foundations of Many-valued Reasoning. Dordrecht: Kluwer Academic Publishers, 2000.

[25] Nielsen M A, Chuang I L. Quantum Computation and Quantum Information. Cambridge: Cambridge University Press, 2010.

[26] Sorkin R. Quantum mechanics as quantum measure theory. Modern Physics Letters A, 1994, 9: 3119–3127.

[27] Gudder S. Finite quantum measure spaces. American Mathematical Monthly, 2010, 117: 512–527.

[28] Salgado R. Some identities for the quantum measure and its generalizations. Modern Physics Letters A, 2002, 17: 711–728.

[29] Surya S, Wallden P. Quantum covers in quantum measure theory. Foundations of Physics, 2010, 40: 585–606.

[30] Ying M S. Foundations of Quantum Programming. San Francisco: Morgan Kaufmann Publishers, 2016.

[31] Shang Y, Lu X, Lu R Q. Computing power of turing machines in the framework of unsharp quantum logic. Theoretical Computer Science, 2015, 598(20): 2–14.

[32] 尚云. 量子逻辑中有效代数与伪有效代数的研究. 西安：陕西师范大学博士学位论文, 2005.

[33] Lei Q, Wu J D. Generalized effect algebras of positive self-adjoint linear operators on Hilbert spaces. International Journal of Theoretical Physics, 2014, 53: 3981–3987.

[34] 武俊德, 周选昌, 赵闵亨. 标度效应代数上的理想拓扑型收敛定理. 中国科学 E, 2007, 50: 41–45.

[35] Riečanová Z, 武俊德. 由精确测量元控制的效应代数上的态. 中国科学 A, 2007, 37: 1377–1384.

[36] Tao Y Y, Lai H L, Zhang D X. Quantale-valued preorders: Globalization and cocompleteness. Fuzzy Sets and Systems, 2014, 256: 236–251.

[37] Zhou X N, Li Q G, Wang G J. Residuated lattice and lattice effect algebras. Fuzzy Sets and Systems, 2007, 158: 904–914.

[38] Zhang X H, Fan X S. Pseudo-BL algebras and pseudo-effect algebras. Fuzzy Sets and Systems, 2008, 159: 95–106.

[39] Yang Y C, Rump W. Pseudo-MV algebras as L-algebras. Journal of Multiple-Valued Logic and Soft Computing, 2012, 19: 621–632.

[40] 李海洋. 伪有效代数及格值模糊拓扑空间中若干问题的研究. 西安：陕西师范大学博士学位论文, 2008.

[41] Riečanová Z. Generalization of blocks for D-lattice and lattice ordered effect algebras. International Journal of Theoretical Physics, 2000, 39: 231–237.

[42] Dvurečenskij A. Pseudo MV-algebras are intervals in ℓ-group. Journal of the Australian Mathematical Society, 2002, 72: 427–445.

[43] Di Nola A, Dvurečenskij A, Jakubík J. Good and bad inifinitesimals and states on pseudo MV-effect algebras. Order, 2004, 21: 293–314.

[44] Dvurečenskij A. Perfect effect algebras are categorically equivalent with Abelian interpolation

po-groups. Journal of the Australian Mathematical Society, 2007, 82: 183–207.

[45] Di Nola A, Dvurečenskij A, Tsinakis C. On perfect GMV-algebras. Communications in Algebra, 2008, 36: 1221–1249.

[46] Birkhoff G. Lattices theory. Rhode Island: American Mathematical Society, Providence, 1967.

[47] Grätzer G. General Lattice Theory. New York: Academic Press, 1978.

[48] Gierz G, Hofmann K H, Keimel K, et al. A Compendium of Continuous Lattices. Berlin: Springer, 1980.

[49] Johnstone P T. Stone Spaces. Cambridge: Cambridge University Press, 1982.

[50] 王国俊. L-Fuzzy 拓扑空间论. 西安: 陕西师范大学出版社, 1988.

[51] 郑崇友, 樊磊, 崔宏斌. Frame 与连续格. 北京: 首都师范大学出版社, 2000.

[52] Davey B A, Priestley H A. Introduction to Lattice and Order. 2nd ed. Cambridge: Cambridge University Press, 2002.

[53] 王国俊. 数理逻辑引论与归结原理. 北京: 科学出版社, 2006.

[54] Bennett M K, Foulis D. Phi-symmetric effect algebras. Foundations of Physics, 1995, 25: 1699–1722.

[55] Chevalier G, Pulmannová S. Some ideal lattices in partial abelian momoids and effect algebras. Order, 2000, 17: 75–92.

[56] Goodearl K R. Partially Ordered Abelian Groups with Interpolation. Rhode Island: American Mathematical Society, Providence, 1986.

[57] Wilce A. Partial Abelian monoids. International Journal of Theoretical Physics, 1995, 34: 1807–1812.

[58] Wilce A. Perspectivity and congruence in partial Abelian semigroups. Mathematica Slovaca, 1998, 48: 117–135.

[59] Gudder S, Pulmannová S. Quotients of partial abelian monoids. Algebra Universalis, 1997, 38: 395-421.

[60] Jenča G. Notes on R1-ideals in Partial Abelian monoids. Algebra Universalis, 2000, 43: 307–319.

[61] Lahti P, Maczynski M. Partial order of quantum effects. Journal of Mathematical Physics, 1995, 36: 1673–1680.

[62] Morelnad T, Gudder S. Infima of Hilbert spaces effects. Linear Algebra and its Applications, 1999, 286: 1–17.

[63] Chang C C. Algebraic analysis of many-valued logic. Transactions of the American Mathematical Society, 1958, 88: 467–490.

[64] 颉永建. 具有 Riesz 分解性质的广义效应代数. 陕西师范大学学报, 2009, 37: 1–4.

[65] Bugajski S, Gudder S, Pulmannová S. Convex effect algebras, states ordered effect algebras and ordered linear spaces. Reports on Mathematical Physics, 2000, 45: 371–388.

[66] Pulmannová S. Divisible effect algebras and interval effect algebras. Commentations Mathematicae Universitatis Carolinae, 2001, 42: 219–236.

[67] Pulmannová S. Divisible effect algebras. International Journal of Theoretical Physics, 2004, 43: 1573–1585.

[68] Wyler O. Clans. Compositio Mathematica, 1965, 17: 172–189.

[69] 颉永建, 李永明, 任林源. N 可分效应代数. 计算机研究与发展, 2008, 45: 154–157.

[70] Foulis D J, Bennett M K. Tensor product of orthoalgebras. Order, 1993, 10: 271–282.

[71] Dvurečenskij A. Tensor product of difference posets. Transactions of the American Mathematical Society, 1995, 347: 1043–1057.

[72] Dvurečenskij A. Product of difference posets and effect algebras. International Journal of Theoretical Physics, 1995, 34: 1337–1348.

[73] Gudder S, Greechie R. Effect algebras counter-examples. Mathematica Slovaca, 1996, 46: 317–326.

[74] Gudder S. Morphism, Tensor products and σ-effect algebras. Reports on Mathematical Physics, 1998, 42: 321–346.

[75] Foulis D. Coupled physical systems. Foundations of Physics, 1989, 19: 905–922.

[76] Gudder S. Chain tensor products and interval effect algebras. International Journal of Theoretical Physics, 1997, 36: 1085–1098.

[77] Pulmannová S. Coupling of quantum logics. International Journal of Theoretical Physics, 1983, 22: 837–850.

[78] Pulmannová S. Tensor products of quantum structures and their applications in quantum measurements. International Journal of Theoretical Physics, 2003, 42: 907–919.

[79] Foulis D, Pták P. On the tensor product of a Boolean algebra and an orthoalgebra. Czechoslovak Mathematical Journal, 1995, 45: 117–126.

[80] Baer R. Free sums of groups and their generalizations, an analysis of the associative law. American Journal of Mathematics, 1949, 41: 706–742.

[81] Buskes G, Vanrooij A. The Archimedean ℓ-group tensor product. Order, 1993, 10: 93–102.

[82] Wehrung F. Tensor product of structures with interpolation. Pacific Journal of Mathematics, 1996, 176: 267–285.

[83] 颉永建, 李永明. 区间效应代数的张量积. 数学进展, 2010, 38: 107–110.

[84] Goodearl K R. Partially Ordered Abelian Groups with Interpolation. Rhode Island: Mathematical Surveys and Monographs No. 20, American Mathematical Society, Providence, 1986.

[85] Jenča G, Pulmannová S. Qutients of partial abelian monoids and the Riesz decomposition property. Algebra Universalis, 2002, 47: 443–477.

[86] Jenča G, Pulmannová S. Orthocomplete effect algebras. Proceedings of the American Mathematical Society, 2003, 131: 2663–2671.

[87] Dvurečenskij A. Central elements and Cantor-Bernstein's theorem for pseudo-effect algebras. Journal of the Australian Mathematical Society, 2003, 74: 121–143.

[88] Dvurečenskij A, Chovanec F, Rybáriková E. D-hommorphisms and atomic σ-complete Boolean D-posets. Soft Computing, 2000, 4: 9–18.

[89] Dvurecenskij A,Xie Y J. Atomic effect algebras with the Riesz decomposition property. Foundations of Physics, 2012, 42: 1078–1093.

[90] Bennett M K, Foulis D J. Interval and scale effect algebras. Advances in Applied Mathematics, 1997, 19: 200–215.

[91] 李永明. 标度广义效应代数与标度效应代数的结构. 数学学报, 2008, 51: 863–876.

[92] Xie Y J, Li Y M, Yang A L. E-perfect effect algebras. Soft Computing, 2012, 16: 1923–1930.

[93] Vetterlein T. Existence of states on pseudoeffect algebras. International Journal of Theoretical Physics, 2003, 42: 673–695.

[94] Navara M, Rogalewicz V. The pasting constructions for orthomodular posets. Mathematische Nachrichten, 1991, 154: 157–168.

[95] Navara M, Pták P, Rogalewicz V. Enlargements of quantum logics. Pacific Journal of Mathematics, 1988, 135: 361–369.

[96] Navara M, Rogalewicz V. Construction of orthomodular lattices with given state spaces. Demonstratio Mathematica, 1988, 21: 481–493.

[97] Greechie R J. Orthomodular lattices admitting no states. Journal of Combinatorial Theory, Series A, 1971, 10: 119–132.

[98] Navara M. An orthomodular lattice admitting no group-valued measure. Proceedings of the American Mathematical Society, 1994, 122: 7–12.

[99] Navara M. Two descriptions of state spaces of orthomodular structures. International Journal of Theoretical Physics, 1999, 38: 3163–3178.

[100] Navara M. State spaces of orthomodular structures. Rendiconti dell'Istituto di Matematica dell'Università di Trieste. 2000, 31: 143–201.

[101] Navara M. Existence of states on quantum structures. Information Sciences, 2009, 179: 508–514.

[102] Riečanová Z. Proper effect algebras admitting no states. International Journal of Theoretical Physics, 2001, 40: 1683–1691.

[103] Riečanová Z. Smearings of states defined on sharp elements onto effect algebras. International Journal of Theoretical Physics, 2002, 41: 1511–1524.

[104] Riečanová Z. Continuous effect algebras admitting order-continuous states. Fuzzy sets and Systems, 2003, 136: 41–54.

[105] Riečanová Z. The existence of states on every archimedean atomic lattice effect algebra with at most five blocks. Kybernetika, 2008, 44: 430–440.

[106] Chovanec F, Jurečková M. MV-algebra pasting. International Journal of Theoretical Physics, 2003, 42: 1913–1926.

[107] Riečanová Z. Pasting of MV-effect algebras. International Journal of Theoretical Physics, 2004, 43: 1875–1883.

[108] Greechie R, Foulis D, Pulmannová S. The center of an effect algebra. Order, 1995, 12: 91–106.

[109] Jenča G, Riečanová Z. On sharp elements in lattice ordered effect algebras. BUSEFAL, 1999, 80: 24–49.

[110] Riečanová Z. Sharp elements in effect algebras. International Journal of Theoretical Physics, 2001, 40: 913–920.

[111] Riečanová Z. Subalgebras, intervals and central elements of generalized effect algebra. International Journal of Theoretical Physics, 1999, 38: 3209–3220.

[112] Paseka J, Riečanová Z. Isomorphism theorems on generalized effect algebras based on atoms.

Information Sciences, 2009, 179: 521–528.

[113] Xie Y J, Li Y M, Yang A L. The pasting constructions of lattice ordered effect algebras. Information Sciences, 2010, 180: 2476–2486.

[114] Xie Y J, Li Y M, Yang A L. The pasting constructions for effect algebras. Mathematica Slovaca, 2014, 64: 1051–1074.

[115] Xie Y J, Li Y M, Yang A L. Pasting of lattice-ordered effect algebras. Fuzzy Sets and Systems, 2015, 260: 77–96.

[116] Dvurečenskij A, Vetterlein T. Generalized pseudo-effect algebras. Lectures on soft computing and fuzzy logic,Advances in Soft Computing, 2001, 89–111.

[117] Dvurečenskij A. Central elements and Cantor-Bernstein's theorem for pseudoeffect algebras. Journal of the Australian Mathematical Society, 2003, 74: 121–143.

[118] Dvurečenskij A,Vetterlein T. On Pseudo-effect algebras which can be covered by pseudo MV-algebras. Demonstratio Mathematica, 2003, 36: 261–282.

[119] Dvurečenskij A, Vetterlein T. Non-Commutative algebras and quantum structures. International Journal of Theoretical Physics, 2004, 43: 1559–1612.

[120] Dvurečenskij A. Holland's theorem for pseudoeffect algebras. Czechoslovak Mathematical Journal, 2006, 56: 47–59.

[121] Li H Y, Li S G. Congruences and ideals in pseudoeffect algebras. Soft Computing, 2008, 12: 487–492.

[122] Dvurečcenskij A, Vetterlein T. Congruences and states on pseudoeffect algebras. Foundations of Physics Letters, 2001, 14: 425–446.

[123] Rachůnek J. A non-commutative generalization of MV-algebras. Czechoslovak Mathematical Journal, 2002, 52: 255–273.

[124] Dvurečenskij A, Vetterlein T. Algebras in the positive cone of po-groups. Order, 2002, 19: 127–146.

[125] Xie Y J, Li Y M, Guo J S, et al. Weak commutative pseudoeffect algebras. International Journal of Theoretical Physics, 2011, 50: 1186–1197.

[126] Xie Y J, Li Y M. Central elements in pseudoeffect algebras. Mathematica Slovaca, 2010, 60: 1–20.

[127] Gudder S. Sharply dominating effect algebras. Tatra Mountains Mathematical Publications, 1998, 15: 23–30.

[128] Gudder S. S-dominating effect algebras. International Journal of Theoretical Physics, 1998, 37: 915–923.

[129] Tkadlec J. Central elements of atomic effect algebras. International Journal of Theoretical Physics, 2005, 44: 2295–2302.

[130] Shang Y, Li Y M, Chen M Y. Anti-BZ-structure in effect algebras. International Journal of Theoretical Physics, 2004, 43: 395–368.

[131] 颉永建, 李永明. 由可精确测量元控制的弱可换的伪效应代数. 计算机工程与应用, 2008, 34: 23–25.

[132] Gudder S, Pulmannová S. Quotients of partial abelian monoids. Algebra Universalis, 1997, 38: 395–421.

[133] Pulmannová S. Congruences in partial abelian semigroups. Algebra Universalis, 1997, 37: 119–140.

[134] Dvurečenskij A. Ideals of pseudo-effect algebras and their applications. Tatra Mountains Mathematical Publications, 2003, 27: 45–65.

[135] Pulmannová S, Vincekoá E. Riesz ideals in generalized effect algebras and in their unitizations. Algebra Universalis, 2007, 57: 393–417.

[136] Xie Y J, Li Y M. Riesz ideals in generalized pseudo-effect algebra and their unitizations. Soft Computing, 2010, 14: 387–398.

[137] Hájek P. Observations on non-commutative fuzzy logic. Soft Computing, 2003, 8: 38–43.

[138] Adámek J, Herrlich H, Strecker G E. Abstract and Concrete Categories: The Joy of Facts. New York: Originally published by: John Wiley and Sons,1990. Republished in: Reprints in Theory and Applications of Categories, No. 17 (2006) pp. 1–507. http://www.tac.mta.ca/tac/reprints/articles/17/tr17.pdf[2017-6-12].

[139] Belluce L P, Di Nola A, Letieri A. Local MV-algebras. Rendiconti del Circolo Matematico di Palermo, 1993, 42: 347–361.

[140] Di Nola A, Lettieri A. Perfect MV-algebras are categorical equivalent to Abelian ℓ-groups. Studia Logica, 1994, 53: 417–432.

[141] Buhagiar D, Chetcuti E, Dvurečenskij A. Loomis-Sikorski representation of monotone σ-complete effect algebras. Fuzzy Sets and Systems, 2006, 157: 683–690.

[142] Dvurečenskij A. States and radicals of pseudo-effect algebras. Atti del Seminario Matematico e Fisico dell'Università di Modena, 2004, 52: 85–103.

[143] Di Nola A, Dvurečenskij A, Hyčko M, et al. Entropy on effect algebras with the Riesz decomposition property II: MV-algebras. Kybernetika, 2005, 41: 161–176.

[144] Dvurečenskij A. On n-perfect GMV-algebras. Journal of Algebra, 2008, 319: 4921–4946.

[145] Dvurečenskij A. Cyclic elements and subalgebras of GMV-algebras. Soft Computing, 2010, 14: 257–264.

[146] Dvurečenskij A, Vetterlein T. Algebras in the positive cone of po-groups. Order, 2002, 19: 127–146.

[147] Fuchs L. Partially Ordered Algebraic Systems. Oxford-New York: Pergamon Press, 1963.

[148] Glass A M W. Partially Ordered Groups. Singapore, New-Jersey, London, Hong Kong: World Scientific, 1999.

[149] Hájek P. Observations on non-commutative fuzzy logic. Soft Computing, 2003, 8: 38–43.

[150] Rachůnek J. A non-commutative generalization of MV-algebras. Czechoslovak Mathematical Journal, 2002, 52: 255–273.

[151] Dvurečenskij A, Krňávek J. The lexicographic product of po-groups and n-perfect pseudo effect algebras. International Journal of Theoretical Physics, 2013, 52: 2760–2772.

[152] Riečanová Z. Effect algebraic extensions of generalized effect algebras and two-valued states. Fuzzy Sets and Systems, 2008, 159: 1116–1122.

[153] Riečanová Z, Marinová I. Generalized homogeneous, prelattice and MV-effect algebras. Kybernetika, 2005, 41: 129–142.

[154] Dvurečenskij A, Xie Y J. n-perfect and Q-perfect pseudo effect algebras. International Journal of Theoretical Physics, 2014, 53: 3380–3390.

[155] Dvurečenskij A, Xie Y J, Yang A L. Discrete $(n+1)$-valued states and n-perfect pseudo-effect algebras. Soft Computing, 2013, 17: 1537–1552.

[156] Dvurečenskij A. Lexicographic pseudo MV-algebras. Journal of Applied Logic, 2015, 13: 825–841.

[157] Dvurečenskij A. H-perfect pseudo MV-algebras and their representations. Mathematica Slovaca, 2015, 65: 761–788.

[158] Botur M, Dvurečenskij A. Kite n-perfect pseudo effect algebras. Reports on Mathematical Physics, 2015, 76: 291–315.

[159] Dvurečenskij A. Lexicographic effect algebras. Algebra Universalis, 2016, 75: 451–480.

[160] Phillips E R. An Introduction to Analysis and Integration Theory. London: Intext, 1971.

[161] Bauer H. Measure and Integration Theory. Berlin, New York: Walter de Gruyter, 2001.

[162] Pap E. Null-Additive Set Functions. Dordrecht: Kluwer, 1995.

[163] Grabisch M. k-order additive discrete fuzzy measures and their representation. Fuzzy Sets and Systems, 1997, 92: 167–189.

[164] Mesiar R. k-order additive measures. International Journal Of Uncertainty, Fuzziness and Knowledge-Based Systems, 1999, 6: 561–568.

[165] Mesiar R. Generlizations of k-order additive discrete measures. Fuzzy Sets and Systems, 1999, 102: 423–428.

[166] Combarro E F, Miranda P. On the structure of the k-additive fuzzy measures. Fuzzy Sets and Systems, 2010, 161: 2314–2327.

[167] Gagolewski M, Mesiar R. Monotone measures and universal integrals in a uniform framework for the scientific impact assessment problem. Information Sciences, 2014, 263: 166–174.

[168] Li J, Mesiar R, Pap E. Atoms of weakly null-additive monotone measures and integrals. Information Sciences, 2014, 257: 183–192.

[169] 曾谨言. 量子力学教程. 3 版. 北京: 科学出版社, 2014.

[170] Gell-Mann M, Hartle J B. Classical equations for quantum systems. Physical Review D, 1993, 47: 3345–3382.

[171] Griffiths R B. Consistent histories and the interpretation of quantum mechanics. Journal of Statistical Physics, 1984, 36: 219–272.

[172] Griffiths R B. Consistent Quantum Theory. Cambridge: Cambridge University Press, 2002.

[173] Gudder S. A histories approach to quantum mechanics. Journal of Mathematical Physics, 1998, 39: 5772–5788.

[174] Gudder S. Morphisms, tensor products and σ-effect algebras. Reports on Mathematical Physics, 1998, 42: 321–346.

[175] Gudder S. Quantum measure and integration theory. Journal of Mathematical Physics, 2009, 50, 123509.

[176] Gudder S. Quantum measure theory. Mathematics Slovaca, 2010, 60: 681–700.

[177] Gudder S. An anhomomorphic logic for quantum mechanics. Journal of Physics A, 2010, 43,

095302.

[178] Gudder S. Quantum integrals and anhomomorphic logics. Journal of Mathematical Physics, 2010, 51, 112101.

[179] Gudder S. Quantum measures and the coevent interpretation. Reports on Mathematical Physics, 2011, 67: 681–700.

[180] Isham C. Quantum logic and the histories approach to quantum theory. Journal of Mathematical Physics, 1994, 35: 2157–2185.

[181] Pulmannová S. Difference posets and the histories approach to quantum theories. International Journal of Theoretical Physics, 1995, 34: 189–210.

[182] Sorkin R. Quantum mechanics without the wave function. Journal of Physics A, 2007, 40: 3207–3231.

[183] Yang A L, Xie Y J. Quantum measures on finite effect algebras with the Riesz decomposition properties. Foundations of Physics, 2014, 44: 1009–1037.

[184] Xie Y J, Yang A L, Ren F. Super quantum measures on finite spaces. Foundations of Physics, 2013, 43: 1039–1065.

[185] Xie Y J, Yang A L, Ren F. Super quantum measures on effect algebras with the Riesz decomposition properties. Journal of Mathematical Physics, 2015, 56, 103509; doi: 10.1063/1.4933324.